Fred Unterseher Jeannene Hansen Bob Schlesinger

Handbuch der Holographie

Fred Unterseher Jeannene Hansen Bob Schlesinger

Handbuch der Holographie

Wie mache ich Hologramme selber?

Popa

Originaltitel: Holography Handbook,
Making Holograms the Easy Way.
Aus dem Amerikanischen übertragen von
Eva-Maria Fröling, H. M. Mielke und Hans Pfitzinger.

Redaktionelle Bearbeitung
der deutschsprachigen Ausgabe:
Paul Post.

Umschlaggestaltung Zembsch' Werkstatt
unter Verwendung eines Hologramms
(3D - Zonenplatte/ pinhole ring - background; 6.8.87)
von Fred Unterseher, hergestellt von Volker Mirau.

ISBN 3-925818-01-4

DRUCK UND BINDUNG: Druckerei CAMPIN, Tournai — Belgien

Vorwort

Warum gibt es kein Buch, das auf einfache Art und ohne viel Hokuspokus erklärt, wie man Hologramme macht? Muß man dazu ein wissenschaftlicher Zauberer sein? Oder muß man zumindest ein reicher Zauberer sein? Muß man nicht Angst vor den Strahlen aus der Laserkanone haben?

Solche Fragen werden uns immer wieder gestellt. Die Erfindung der Holographie liegt bereits über vierzig Jahre zurück, und die Herstellung von Hologrammen mit Laserlicht gibt es auch schon seit fast dreißig Jahren. Man sollte nicht glauben, daß diese Fragen immer noch auftauchen - es ist aber so.

Die Holographie ist möglicherweise das aufregendste und revolutionärste Medium dieses Jahrhunderts, es wird aber auch sehr leicht mißverstanden und falsch dargestellt. Wir sind entschlossen, etwas dagegen zu unternehmen und dem ganzen Hokuspokus den Wind aus den Segeln zu nehmen. Schluß mit diesen Holographietexten, in denen so viele mathematische Formeln stehen, daß man nicht mehr weiß, ob man das Ding überhaupt richtig herum hält. Schluß auch mit den Veröffentlichungen, die nur unvollständige Informationen geben oder Techniken beschreiben, die einfach nicht funktionieren.

Holographie ist leicht. Jeder kann qualitativ gute Hologramme machen, ohne spezielle Vorkenntnisse. Holographie ist nicht teuer, sie macht Spaß und bietet vielfältige, kreative Ausdrucksmöglichkeiten. Das vorliegende Buch soll dies beweisen, oder besser gesagt, es soll zeigen, wie man es sich selbst beweisen kann.

Dieses Buch basiert auf der Erfahrung der Herstellung von tausenden von Hologrammen während der letzten Jahre und der Unterrichtung von hunderten von Schülern, die ihrerseits wiederum unzählige Hologramme angefertigt haben. Wir wissen, daß sie leicht zu machen sind. Wir glauben, daß wir über die Jahre einige wichtige Tips gesammelt haben, um sowohl die Arbeitsschritte so kurz wie möglich zu halten, als auch die üblichen Fallen zu umgehen. Wir beschreiben nicht nur, wie man Hologramme mit möglichst geringem Aufwand herstellt, sondern auch, wie man eventuelle Fehler und Probleme erkennt und ausräumt. Darin sehen wir die Aufgabe eines guten Arbeitsbuches: es soll ein Buch sein, mit dem man tatsächlich während des Holographierens arbeiten kann, das helfen soll, eigene Methoden zu entwickeln und vielleicht sogar zu neuen Entdeckungen führen kann.

Dies ist ein Buch, mit dem man gleich ans Machen geht. Fragen werden hinterher gestellt. Wir zeigen, wie man die Ausrüstung einkauft[1] oder selber macht, wie man das Labor einrichtet und wie man alle möglichen Arten von Hologrammen macht. Danach erst beschäftigen wir uns ein wenig mit der Theorie - die unserer Meinung nach viel leichter zu begreifen ist, wenn man die Praxis bereits hinter sich hat. Außerdem ist hier die Theorie einfach zu lesen, da auch in diesem Teil der lockere Stil des Buches beibehalten wurde. Diejenigen, die sich näher mit der holographischen Theorie befassen wollen, finden hilfreiche Hinweise in der kommentierten Bibliographie am Ende des Buches.

Weitere Kapitel des Buches werden die Holographie als künstlerisches Medium besprechen und Zusammenhänge aufzeigen, wie das Funktionsprinzip konzeptionell verwendet werden kann, um zahlreiche Naturphänomene zu erklären.

Der Leser sollte das Buch als Handwerkszeug betrachten oder als einfaches Mittel, um seinen persönlichen Zugang zu diesem Medium zu finden. Die von uns beschriebenen optischen Aufbauten sind nicht die einzig möglichen, es gibt meist viele Wege, die zum gewünschten Resultat führen. Wir fanden sie aber für Anfänger besonders leicht und hoffen, daß sie mit wachsender Vertrautheit mit den Medien zu anderen, kreativen Möglichkeiten animieren. Spätere Auflagen dieses Buches könnten neue, zukunftsweisende Ideen, die wir oder andere bis dahin entwickeln, aufzeigen.

[1]Wie bei allem heutzutage, ändern sich die Preise für eine holographische Ausrüstung schnell und meist steigend. Die aufgeführten Preise werden also bald nicht mehr auf dem aktuellen Stand sein. Die Kosten für ein holographisches Labor sind mit denen für eine photographische Dunkelkammer vergleichbar und können relativ günstig sein.

Die Erfahrungen eines Holographen sind ihrer Natur nach evolutionär, und wir hoffen, daß das Buch ein wertvoller Begleiter während dieses Prozesses ist, sowohl während der Anfangsphase als auch bei fortgeschrittener Arbeit.

Wir befinden uns heute in den frühen Tagen der Holographie. Wir könnten uns mit den ganz frühen Photographen vor 1868 vergleichen, die visuelle Magie auf einem großen Feld ungekannter Möglichkeiten vorführten. Oder mit einem Astronaut unserer Zeit, der sich auf die Reise in völlig unbekannte Regionen macht. Wir heißen Sie als Mit-Pioniere willkommen, mit uns die Aufregung zu erleben, bei einer neuen Sache von Anfang an mit dabei zu sein.

Wer die Anweisungen dieses Buches befolgt, wird erstaunt sein über den Erfolg. Für bestimmte Phasen der Herstellung möchten wir jeden Holographen auf die K.I.S.S.-Philosophie verweisen:

»Keep It Sweet and Simple« (In etwa: es sich schön einfach machen.) Es soll daran erinnern, daß die einfachste Methode oft die beste ist.

Inhalt

Materialkunde

Holographie für Anfänger

Holographie für Fortgeschrittene

Anhang

Einleitung

»Was in aller Welt ist Holographie?« Diese Frage hört man heutzutage immer seltener, da doch der Begriff »Hologramm« in Science-Fiction-Büchern oder Filmen auftaucht und echte Hologramme in der Werbung verwendet werden, in Museen und Galerien betrachtet und als Schmuck oder Geschenk gekauft werden können.

Der Zauber eines Hologramms bietet uns ein nie enden wollendes Gefühl der Verwunderung. Das Hologramm selber ist nichts anderes als ein flaches Stück Film oder Glas, es wirkt jedoch wie ein Fenster. Betrachtet man ein Hologramm, so ist es, als ob man durch ein Tor einer nicht existenten dreidimensionalen Welt von unglaublicher Realität schaut. Bewegt man den Kopf von oben nach unten oder von rechts nach links, kann man tatsächlich um bestimmte Teile des Bildes herumschauen. Aber das 3-D-Bild ist keine Sinnestäuschung. Einige andere Techniken, wie die Stereophotographie, täuschen die Dreidimensionalität mit Hilfe flacher Photos nur vor. Die Holographie ist die erste echte dreidimensionale Abbildungsmethode, da sie genau rekonstruiert, was das Licht tatsächlich tut, wenn es von einem reellen Objekt reflektiert wird. Warum ein Hologramm so funktioniert, wird später im Buch erklärt.

Es gibt eine Reihe ganz unterschiedlicher Hologrammtypen. Einige davon, wie z.B. akustische Hologramme, benötigen noch nicht einmal Licht. Für unsere Zwecke beschränken wir uns auf optische Hologramme, die es uns erlauben, unglaubliche visuelle Objekte zu schaffen.

Von den vielfältigen optischen Hologrammarten ist vielleicht das laserlichtsichtbare Transmissionshologramm das bekannteste. Hierbei wird das Laserlicht mit Hilfe einer Linse aufgefächert und leuchtet so die Hologrammplatte aus. Der Betrachter steht vor der Platte, auf der dem Laser gegenüberliegenden Seite, das Laserlicht »strahlt« durch das Hologramm. Wie durch ein »Fenster« kann der Betrachter durch das Hologramm hindurch auf die dahinterliegende dreidimensionale Szenerie schauen.

Bei der Herstellung eines Reflexionshologramms wird Laserlicht benötigt, für die Betrachtung des Bildes genügt aber normales weißes Licht. Die Beleuchtungsquelle befindet sich hier auf der gleichen Seite des Hologramms wie der Betrachter, das Licht wird also von der Platte zu ihm hin reflektiert.

Auch bei den Transmissionshologrammen gibt es solche, die mit weißem Licht betrachtet werden können und die ein besonders helles Bild ergeben. Dies gilt für Regenbogen- und Offene-Blende-Hologramme. Diese Hologramme können zu »Pseudo-Reflexionshologrammen« verwandelt werden, indem man sie verspiegelt.

Weitere Hologrammarten sind: das zylindrische Hologramm, bei dem man ganz um ein Objekt herumschauen kann; das holographische Stereogramm, mit dem man sich bewegende und lebende Objekte zeigen kann; das gepulste Hologramm für holographische Portraits; und echtfarbige Hologramme, die mit rotem, grünem und blauem Laserlicht belichtet werden. Wie man sich vorstellen kann, sind einige Arten in der Herstellung komplizierter als andere. Wir werden sie alle besprechen und ihre Anfertigung beschreiben, außer den ganz wenigen, für die zu komplizierte Gerätschaften erforderlich sind.

Was ein Hologramm nicht ist

Es gibt einige Dinge, die landläufig als Hologramm bezeichnet werden, es aber nicht sind. Wenn z.B. im Krieg der Sterne Prinzessin Leia aus R2D2 herausspringt, so ist das genausowenig ein Hologramm, wie die im gleichen Film vorkommenden Schachfiguren. Hier hat man mit bestimmten Filmtechniken (»Matte-Screening«) versucht, etwas wie ein Hologramm aussehen zu lassen. Auch die freischwebenden Bilder in der Geisterbahn von Disneyland sind durch konventionellere optische Techniken entstanden. Oft werden für solche Effekte doppelte Parabolspiegel benutzt, die Dinge an Orten erscheinen lassen, an denen sie sich nicht wirklich befinden (diese Technik wird auch bei einem z.Zt. beliebten Objekt angewendet, das aus einer Schachtel mit einem Loch im Deckel besteht, über dem eine Geldmünze frei im Raum zu schweben scheint). Hologramme entstehen auch keineswegs dadurch, daß man Laserstrahlen in die Luft schickt und dort, wo sie sich kreuzen, Figuren erscheinen. Wir zeigen Ihnen, wie man »echte« Hologramme macht.

Was ein Hologramm ist

Die Spannung, die man bei der Betrachtung eines Hologramms empfindet, wird durch das Selbermachen eines Hologramms bei weitem übertroffen. Das Hologramm muß auf einem speziellen optischen Tisch angefertigt werden, damit während der Belichtung alles absolut stillsteht. Wir werden zeigen, wie man einen solchen Tisch einfach und preiswert selber bauen kann. Anschließend nehmen wir einen Laser (einen von der billigeren Art, der übrigens keine Löcher in Sie oder Ihre Lieben brennen wird) und spalten den Laser-Strahl in zwei Teile. Ein Teilstrahl wird den Aufnahmegegenstand beleuchten, der andere dient als sogenannter Referenzstrahl. Beide Strahlen treffen auf die holographische Platte, interferieren miteinander und werden während der Belichtung in der Plattenschicht gespeichert. Bei manchen Hologrammen muß der Strahl nicht geteilt werden, wie bei denen, die wir als erste besprechen werden. Das Hologramm wird dann auf ähnliche Weise wie in der Photographie entwickelt. Nach der Entwicklung muß das Hologramm nur noch mit der richtigen Lichtquelle beleuchtet werden (abhängig von dem Hologrammtyp) und der Aufnahmegegenstand wird wie durch Zauber dreidimensional sichtbar.

Eine kurze Geschichte der Holographie

Schon lange vor der Erfindung des Lasers wurde das erste Hologramm von Dr. Dennis Gabor, Wissenschaftler am Imperial College in London, erdacht und angefertigt. 1948 veröffentlichte er einen Artikel über Mikroskopie mit Hilfe der Rekonstruktion von Wellenfronten. Als erster erkannte er die ehrfurchtgebietenden Möglichkeiten des Phänomens der Interferenzfähigkeit des Lichts, 1971 erhielt er dafür den Nobelpreis für Physik. Ursprünglich lag Gabors Interesse darin, ein mit sehr kurzwelligem Licht beleuchtetes Bild zu speichern, z.B. mit Röntgenstrahlen, und es mit sehr langwelligem Licht zu rekonstruieren. Er dachte, so eine viel präzisere Abbildungsqualität für das Elektronenmikroskop erreichen zu können.

Dr. Dennis Gabor erhält den Nobel-Preis aus der Hand des Königs von Schweden.

Gabors größtes Problem bestand darin, die passende Lichtquelle für seine Versuche zu finden. Es gab weder eine taugliche Quelle für Röntgenstrahlen noch ein Gerät, das die geeignete Art sichtbares Licht abstrahlte. Gabors frühe Hologramme waren noch behelfsmäßig, aber er gelangte zu besseren Ergebnissen durch eine sehr sorgfältige Filterung des Lichts, ein Versuch, die Art von Licht zu erhalten, mit der uns dreizehn Jahre später der Laser versorgte. Dennoch war dieses Licht nicht »rein« genug: die Strahlung war stark geschwächt. Seine Hologramme unterscheiden sich deutlich von denen, die man heute zu sehen bekommt und waren nicht in der Lage, dreidimensionale Szenen zu speichern.

Abgesehen von den Arbeiten einiger weniger Wissenschaftler, wurde während des folgenden Jahrzehnts nur sehr wenig auf diesem Feld veröffentlicht. 1960 wurde der Laser erfunden.

J.N. Denisyuk

Forscher, wie Denisyuk in der UdSSR und Leith und Upatnieks von der Universität Michigan in den USA, die mit Gabors Arbeit vertraut waren, benutzten dieses spezielle neue Licht zusammen mit einigen neuen optischen Techniken, um die ersten brauchbaren Hologramme herzustellen. Während der folgenden Jahre waren die wissenschaftlichen Fachzeitschriften voll mit Veröffentlichungen dazu und eine große Zahl Laboratorien stürzten sich auf das, was als eine der aufregendsten Erfindungen des Jahrhunderts galt. Hunderte von Patenten wurden angemeldet und wissenschaftliche Institute und Großlaboratorien konkurrierten in der Entwicklung von holographischen Verfahren wie das 3-D-Fernsehen oder die holographische Interferometrie zur zerstörungsfreien Werkstoffprüfung von z.B. Flugzeugtragflächen unter Belastung (eine heutzutage sehr verbreitete technische Anwendung der Holographie). Auf jeden Fall waren alle fasziniert von dem Zauber der dreidimensionalen Abbildung, die wie aus dem Nichts aus einem flachen Stück Film oder Glas entstand.

Emmett Leith, Leiter des Teams der Universität von Michigan das Laser Hologramme entwickelte, zeigt ein Beispiel.

Was die historische Entwicklung der Holographie angeht, wird fast immer angenommen, daß man zur Betrachtung der frühen Hologramme einen Laser benötigte, während es erst die neueren Entwicklungen erlauben, ganz gewöhnliches Licht zu benutzen. Tatsächlich wurden fast gleichzeitig, wenn auch unabhängig voneinander, zwei unterschiedliche Arten von Hologrammen entwickelt: das laserlichtsichtbare Transmissionshologramm und das weißlichtsichtbare Reflexionshologramm. In den USA wurde zu Anfang hauptsächlich mit Transmissionshologrammen gearbeitet, da sie für eine große Anzahl von Anwendungsmöglichkeiten in den Laboratorien sehr geeignet schienen. Auf Vorführungen wurden meistens diese Hologramme gezeigt. Seit einiger Zeit gewinnen Reflexionshologramme immer mehr an Bedeutung, weil die Technik für qualitativ bessere Resultate bis zur industriellen Fertigung vervollkommnet wurde.

Als Ende der sechziger Jahre sowohl das Interesse als auch der Geldfluß (Verteidigungsetat) bei den wissenschaftlichen Instituten und kommerziell ausgerichteten Großlaboratorien abzunehmen begann, da schien die ursprüngliche Begeisterung unter den Wissenschaftlern für die praktischen Anwendungsmöglichkeiten zu verebben, obwohl die Weiterentwicklung voranschritt. Das nächste Kapitel in der Geschichte der Holographie hing aber nicht von den Instituten und Großlaboratorien ab, zu unserem Glück.

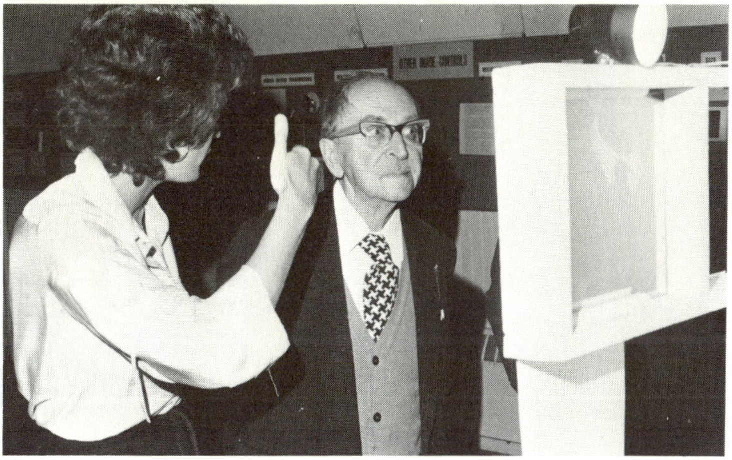

Rosemary Jackson, Leiterin des Museum of Holography, und Dennis Gabor im MOH.

Vor den späten sechziger Jahren wurde allgemein angenommen, daß die für die Herstellung von Hologrammen notwendige Ausrüstung für jeden Hobby-Forscher oder Künstler zu kostspielig sein würde. Die Technologie war in professionellen optischen Laboratorien entwickelt worden, folgerichtig glaubte man, daß sogar für das einfachste Hologramm eine Ausrüstung im Wert von zigtausend Mark nötig sei. All dies änderte sich, als ein ehemaliger Wissenschaftler und Laser-Pionier namens Lloyd Cross, der mit Leith und Upatnieks an der Universität von Michigan gearbeitet hatte, sich mit einigen Künstlern zusammentat. Sie hatten keinen Zugang zu den für holographische Forschung zur Verfügung stehenden großen Geldern aus der Industrie oder von der Regierung. So fanden sie heraus, wie sie kostengünstig Hologramme herstellen konnten, die genauso gut oder sogar besser waren als die aus den großen Wissenschaftslaboratorien.

Wie haben sie das geschafft? Das Geheimnis lag einfach im Verstehen einiger grundlegender Prinzipien der Holographie und der Anwendung von ein wenig gesundem Menschenverstand. Es war möglich, ein Holographielabor aufzubauen aus Gegenständen, die man auf dem Sperrmüll finden konnte. Und dieses Labor war in vieler Hinsicht besser als die, die viele tausend Dollar gekostet hatten (Technokraten seien auf der Hut! Es könnte sich hier um eine versteckte Lektion handeln).

Lloyd Cross

Mit der Entdeckung, daß die Technologie sehr vereinfacht werden konnte, kam auch die Einsicht, daß die Holographie nicht nur ausgebildeten Physikern beigebracht werden, sondern daß es jedermann lernen konnte. Die meisten Photographen verstehen nicht mathematisch genau die physikalischen Prinzipien ihrer Arbeit, warum sollte man es also von den Holographen erwarten?

Mit diesem Grundgedanken zog Lloyd nach Kalifornien und gründete mit mehreren Künstlern zusammen (u.a. einem der Autoren dieses Buches) 1971 die erste Schule für Holographie in San Francisco.

Viele hundert Personen ohne wissenschaftliche Vorbildung nahmen an Kursen in praktischer Holographie teil, und brachten ihrerseits wiederum vielen Hunderten bei, wie man qualitativ gute Hologramme macht. Es entstanden viele kleine Kellerlabors, in denen unabhängige Forscher und Künstler zu Schrittmachern in der Technik und in der Entwicklung wurden und die so die Lücke füllten, die der Niedergang der Großlaboratorien hinterlassen hatte. Den Bemühungen dieser Amateurholographen verdanken wir viele bedeutende technische Fortschritte. Als Folge dieser Entwicklung entstand eine reiche Vielfalt: Künstler beschäftigten sich mit der Ästhetik des neuen Mediums, Unternehmer gründeten kleine Firmen zur Herstellung holographischer Produkte und in der

Vor der San Francisco School of Holography, 1975. Von Links: Lloyd Cross, Michael Kan, T.H. Jeong, Emmet Leith.

wissenschaftlichen Welt wurden weiterhin die neuesten Erkenntnisse veröffentlicht und setzten somit die Holographie auf den Lehrplan des Physikstudiums und anderer Studiengänge.

In diesem Sinne haben wir das vorliegende Buch geschrieben. Wir werden zeigen, daß jeder, der mit einem praktischen Sinn für das Grundlegende ausgerüstet ist, an den oben beschriebenen Aktivitäten teilhaben kann.

Wir glauben, daß sich die Holographie während des letzten Jahrzehnts weit über ihren Ursprung als neugiererweckende Novität hinaus entwickelt hat. Sie hat sich ihre Anerkennung im Kunst-Establishment erkämpft, als eigenständiges Bildmedium, mit den ihr eigenen Gesetzen. Unternehmen haben begonnen, ihr wirtschaftliches Potential professionell auszubauen. Es ist offensichtlich, daß das Hologramm in vielen Anwendungsbereichen eine wichtige Rolle spielen wird. Möge dieses Buch für Sie ein brauchbarer Führer zur Entwicklung Ihrer eigenen Ideen sein, auf einem Gebiet, das sich sicher in den nächsten Jahren dramatisch entwickeln wird. Für den Einstieg in die Wunderwelt räumlicher Abbildungen, wünschen wir Ihnen alles Gute!

»Hand in Jewels« von Robert Schinella. Ausgestellt von Cartier, dem internationalen Juwelier, auf New Yorks Fifth Avenue, 1972 und 1979. Das holographische Bild schien sich durch Cartiers Schaufensterscheibe hindurch auf den Gehsteig der 5th Avenue zu projizieren. Eine Frau war davon derart erschüttert, daß sie das Bild als Teufelswerk bezeichnete und mit dem Regenschirm attackierte. Die meisten Leute blieben jedoch einfach stehen und starrten es verblüfft an.

Materialkunde

Einführung

Um ein brauchbares, ja ein hervorragendes Hologramm herzustellen, müssen Sie sich eine gewisse Grundausstattung zulegen. Dieses Kapitel befaßt sich mit dem Bau und der Anschaffung der notwendigen Einrichtungsgegenstände. Wir beginnen mit der Beschreibung der Ausrüstung, die zum Aufbau eines holographischen Labors mit kostengünstigsten Mitteln erforderlich ist. Das schließt auch den Bau eines optischen Tisches ein. Es gibt grundsätzlich drei verschiedene Bauarten. Dann folgt die Ausstattung der Dunkelkammer, wo die Hologramme »entwickelt« werden, und der Bau optischer Halterungen, die Spiegel, Linsen usw. auf dem Tisch befestigen. Den übrigen Aufbauteilen: Laser, Spiegel, Linsen und Strahlenteiler, die in die selbstgebauten Halterungen installiert werden, wenden wir uns anschließend zu, wobei deren Bezug durch unser Hersteller- und Lieferanten-Register erleichtert werden soll. Zu den Gerätschaften unserer Einrichtung gehört noch der Belichtungsmesser. In dem folgenden Teil sind die technischen Voraussetzungen ausführlich erläutert, die man für fortgeschrittenere Aufnahmetechniken benötigt. Jenen, die lieber einen Aufnahmetisch, Halterungen usw. kaufen, anstatt ihn selbst zu bauen, wird eine Auswahl kompletter Ausrüstungen empfohlen. Schließlich beschäftigen wir uns mit den verschiedenartigen Aufnahmematerialien (Film, Platten), die man zur Herstellung von Hologrammen verwendet. Am Schluß dieses wichtigen Kapitels werden Sie im Stande sein, Ihr erstes Hologramm herzustellen.

Die Konstruktion des optischen Tisches

In diesem Kapitel:

Stabilität
Sandkasten-Holztisch
Sandkasten-Betontisch
Metall-Betontisch
Andere Tischsysteme
Interferometer

Stabilität

Hologramme müssen in einer vollkommen schwingungs- und vibrationsfreien Raumsituation hergestellt werden. Um dies zu erreichen, benötigen wir eine Oberfläche, auf der wir die optischen Elemente installieren können, und die gleichzeitig die uns täglich umgebenden Bewegungen und Schwingungen absorbiert.

Dumpfe Töne mit niedrigen Frequenzen, wie solche, die von vorbeifahrendem Verkehr oder dem schlagzeug-übenden Nachbarn hervogerufen werden, neigen dazu, sich leicht auf der Erdoberfläche zu verbreiten, wobei sie die meisten Gegenstände (ihre holographischen Aufbauten eingeschlossen), in beinahe unmerkliche Schwingung versetzten. Das reicht, um ein Hologramm zu verderben.

Das Problem wird dadurch gelöst, daß man ein schwingungsdämpfendes System verwendet, das aus einer sehr schweren Tischplatte auf der Basis von Luftfedern besteht. Luft gehört zu den wirksamsten Dämpfungselementen, die es gibt, und Tischplatten mit hohem Eigengewicht sind sehr träge und geraten nur schwer in Bewegung.

Allgemein werden bei optischen Tischen große Grundplatten aus Granit oder Stahl verwendet mit angepaßten pneumatischen Füßen, zum Preis von mehreren tausend Mark. Wir werden hier Konstruktionen vorstellen, wie man ausgezeichnete schwingungsfreie Aufnahmetische herstellt, die so gut wie nichts kosten.

Ein einfallsreiches System wurde von Jerry Pethick, Lloyd Cross und anderen entwickelt und in der Schule für Holographie in San Francisco ausgiebig benutzt. Der optische Tisch besteht einfach aus einem schweren Sandkasten, der auf gewöhnlichen Schläuchen von Autoreifen lagert. Dieser »Sandkasten-Tisch« ist immer noch einer der vielseitigsten, die es gibt. Er ist nicht nur billig, er erleichtert auch die Handhabung der optischen Elemente, die Verschiebung der Linsen und Spiegel, die auf PVC-Röhren montiert sind, die in den Sand hineingebohrt werden.

Es ist leicht einzusehen, weshalb das Sandsystem so gut funktioniert. Der typische Sandkasten-Tisch wird mit beinahe einer Tonne Sand gefüllt und das Ganze ruht auf der Luft in den Schläuchen. Das ist eine äußerst stabile Masse (für unsere Zwecke kann man den gesamten Sand als ein festes Objekt betrachten). Die Elemente, die in den Sand gebohrt werden, werden mit zu einem festen Bestandteil dieser Masse. Sand ist derartig schwingungsdämpfend, daß nur ganz wenige Beeinträchtigungen noch die optischen Elemente erreichen können. Und Sand ist billig. Für Holographen, die nicht über fünfstellige Budgets verfügen, ist Sand ganz besonders zu empfehlen.

Wo man den Tisch aufstellt

Schwingungsdämpfung ist ein relativer Begriff. Jeder Körper schwingt bis zu einem gewissen Grad ständig. Bei Erschütterung und Geräuschen geraten Körper merkbar in Schwingung (jeder, der schon ein Erdbeben erlebt hat, kann das bestätigen).

Deshalb ist es wichtig, den Sandkasten-Tisch in einer möglichst ruhigen Umgebung aufzustellen. Eine Höhle z.B. wäre optimal. Falls das nicht praktikabel ist, sollten Sie das Erdgeschoß, die Garage oder die Kellerräume bevorzugen. Ein Betonboden ist am besten. Wenn irgend möglich, meiden Sie Holzböden oder die oberen Stockwerke. Gebäude neigen dazu, Erschütterungen zu verstärken (je höher man hinaufsteigt, um so schlimmer wird es). Das heißt jetzt nicht, daß es unmöglich ist, Hologramme in einem Mietshaus herzustellen. Stadtbewohner sollten jetzt nicht entmutigt werden. Aber wenn Sie wirklich im sechsundzwanzigsten Stockwerk wohnen, müssen Sie um einiges sorgfältiger vorgehen. Wenn Sie in einem hohen Gebäude neben einem Bahngelände oder einer Eisenhütte leben, müssen Sie wahrscheinlich aufgeben. Fangen Sie woanders an.

Es ist darauf zu achten, daß der Arbeitsraum vollkommen abgedunkelt werden kann. Schließlich werden die Hologramme auf dem Tisch belichtet. Die verwendeten Platten und Filme sind nicht nur für Laserlicht, sondern auch für gewöhnliches Licht empfindlich. Man kann sich das gut vorstellen, wenn man sich den gesamten holographischen Aufbau als Innnenraum einer riesigen Kamera vorstellt. Wenn eine Kamera mit Film geöffnet und dem Licht ausgesetzt wird , dann ist der Film natürlich verdorben. So ist es auch mit dem Raum, wo sich der Aufnahmetisch befindet, der absolut dunkel sein muß, während man mit der holographischen Platte (oder dem Film) arbeitet, bevor man sie entwickelt.

Einen Raum kann man auf verschiedene Art und Weise abdunkeln. Einige Schichten vollkommen lichtundurchlässigen Materials eignen sich zum Abdecken der Fenster (schwarze Plastikfolie ist dafür bestens geeignet). Undichte Stellen können mit schwarzem Klebeband abgedeckt werden. Eine gute Methode, Lichteinfall zu entdecken, besteht darin, alle Lampen auszuknipsen und die Augen einige Minuten an die Dunkelheit zu gewöhnen. Dann schaut man nach Lichtflecken, die immer noch von draußen eindringen.

Man muß kein absoluter Perfektionist sein in punkto Verdunkelung. Holographische Emulsionen sind viel weniger lichtempfindlich als normales photographisches Filmmaterial. Es ist jedoch am besten, den Raum sicherheitshalber so dunkel wie möglich zu machen.

Konstruktion

Im folgenden stellen wir zwei verschiedene Konstruktionen für Sandkasten-Tische vor. Die erste, von Lloyd Cross entwickelte Konstruktion ist der Sandkasten-Holztisch, eine Holzkonstruktion, die unter Spannung von Metallstreben zusammengehalten und mit Sand gefüllt wird. Die zweite Konstruktion hat eine Basisbetonplatte mit hochgemauerten Seiten, die den Sand halten. Eine dritte Konstruktion, der magnetische

Metall-Betontisch, wird im Anschluß behandelt. Der Magnettisch wird für Anfänger in der Holographie nicht empfohlen, da die optischen Bauelemente dafür teurer und im allgemeinen schwieriger einzurichten sind. Für ernsthafte holograpische Arbeiten ist er jedoch ein hervorragender Ausrüstungsgegenstand.

Für und Wider

Die Vorteile des Sandkasten-Holztisches sind in mancher Hinsicht anziehend. Er kann preiswert hergestellt werden und die Materialien sind einfach zu beschaffen. Er ist einfach auf- und abzubauen. Daher kann man ihn ohne weiteres an einen anderen Ort transportieren. Die Nachteile: Holz ist »lebendiger« als Beton und neigt dazu, zu schwingen (verwendet man Preßspanplatten anstelle von Brettern, dann können die Schwingungen etwas gedämpft werden). Hinzu kommt, daß sich Holz unter Druck über einen langen Zeitraum hinweg verformt, weshalb die Lebensdauer eines solchen Tisches geringer ist.

Der Sandkasten-Betontisch wird für alle Standorte empfohlen, an denen mehrere Störfaktoren herrschen und Stabilität zum Problem werden kann, ebenso aber auch für Holographen, die sich ernsthafter mit der Arbeit befassen. Dieser Tisch kann nicht so leicht abgebaut und versetzt werden wie der Sandkasten-Holztisch. Andererseits ist er so billig, daß man ihn nicht mitnehmen muß, falls man umzieht. Was Ihr Nachmieter dazu sagt, steht auf einem anderen Blatt. Welchen Tisch man wählt, hängt davon ab, ob man der Stabilität oder der Möglichkeit zum Transport den Vorzug gibt. Wir schlagen für den Anfang den Holztisch vor, insbesondere, wenn Sie oft umziehen oder nicht sicher sind, wie weit Sie sich der Holographie widmen wollen.

Der Sandkasten-Holztisch

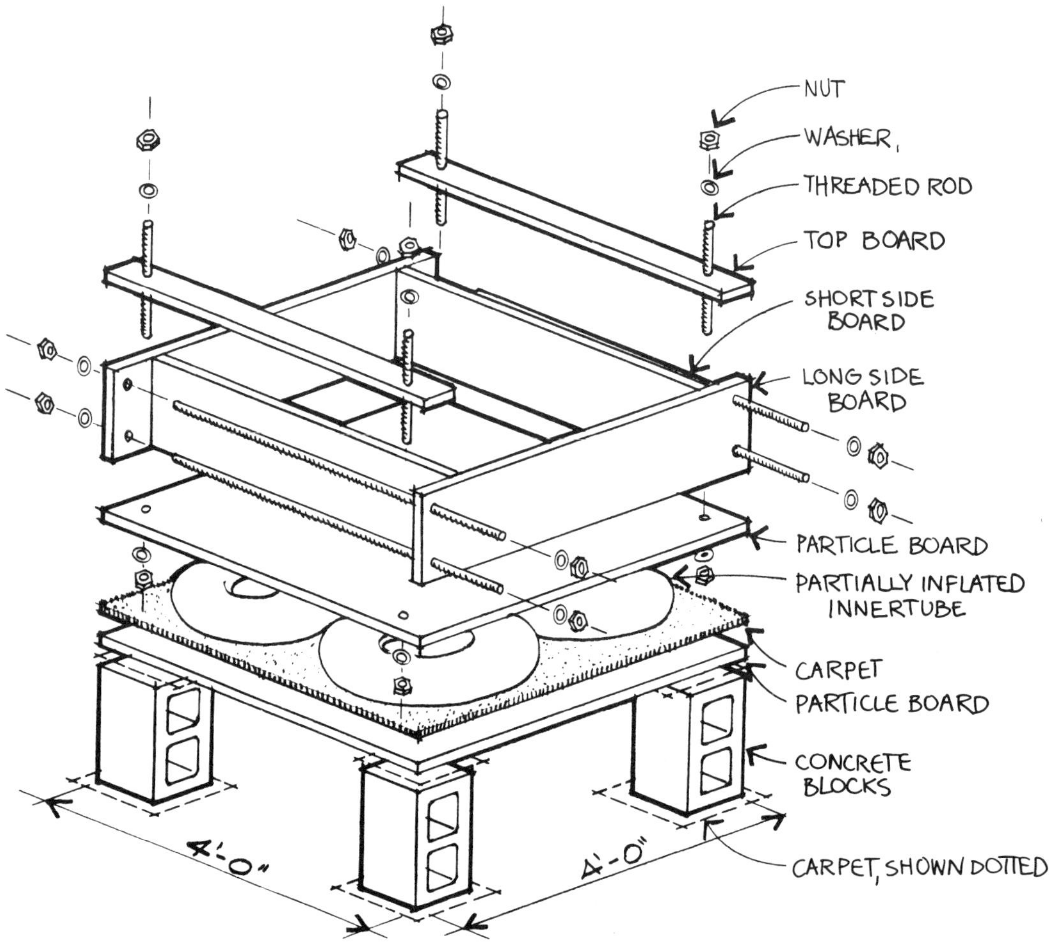

nut = *Mutter*
washer = *Unterlegscheibe*
threaded rod = *Gewindestab*
top board = *Oberbrett*
short side board = *Endbrett*
long side board = *Seitenbrett*
particle board = *Spanplatte*
partially inflated innertube = *Teilweise aufgepumpter Schlauch*
carpet = *Teppichboden*
particle board = *Sperrholzplatte*
concrete blocks = *Hohlblocksteine*
carpet, shown dotted = *Teppichfliesen, gestrichelt eingezeichnet*
4'-0" = *1200 mm*

☐ Material für einen Sandkasten-Holztisch in den Abmessungen 1200 x 1200 x 300 mm:

- 5 Hohlblocksteine 200 x 200 x 400 mm.
- Teppichboden: Alte (saubere) Teile, die an die Berührungspunkte unterschiedlicher Materialien gelegt werden (z.B. wo die Schläuche das Holz berühren). Sie werden einige 200 x 200 mm große Teile benötigen und zwei 1200 x 1200 mm große Stücke.
- Schläuche: 4 kleinere Größen (z.B. von einem Motorrad oder einem Kleinwagen), mit einem Durchmesser von etwa 500 mm wären ideal.
- 0,5 m^3 Grobsand (das entspricht etwa einer $^3/_4$ Tonne; Sie lassen sich diese Menge besser liefern).

☐ Holz:

- Spanplatten sind vorzuziehen, da sie weniger schwingungsanfällig sind. Folgende Teile werden benötigt:
- 2 Sperrholz- oder Spanplatten 1200 x 2400 mm, 20 mm stark.
- 2 20-25 mm dicke Bretter, 100 x 1200 mm groß, aus Fichte oder Kiefer.

☐ Eisenwaren:

- 16 Muttern M 10 mit passenden Unterlegscheiben.
- 4 Gewindestäbe M 10, 400 mm lang und 5 Gewindestäbe M 10, 1250 mm lang (das ist schon alles, was Sie benötigen).

☐ Werkzeug:

- Eine Holzsäge.
- Eine Bohrmaschine mit einem 11er-Aufsatz.
- Zwei 10er Schraubenschlüssel.

  Um die Gewindestäbe zu bearbeiten:
- Eine Eisensäge.
- Weiches Aluminium, um das Gewinde zu schützen.
- Eine gute Feile (schön, aber nicht unbedingt notwendig).

Wie in der Zeichnung angegeben, sägen Sie die beiden Platten in je zwei Hälften. Nehmen Sie eines der 1200 x 1200 mm großen Teile und sägen Sie es weiter in vier gleich große Teile, um die Seitenwände des Tisches (300 mm hoch) zu erhalten.

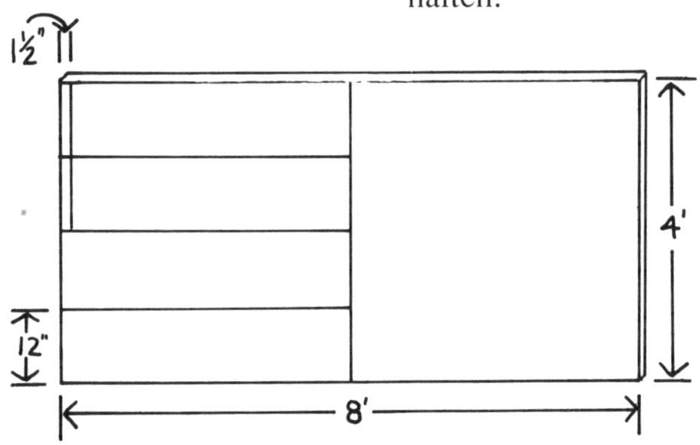

Zwei von diesen Stücken müssen noch um 40 mm gekürzt werden. Sie haben jetzt vier Seitenwände, zwei 300 x 1200 mm und zwei 300 x 1160 mm groß. Die Festholz-Bretter dienen dazu, die Bodenplatte und die Wände und im Endeffekt den gesamten Tisch zusammenzuhalten. Lesen Sie weiter, es erklärt sich von selbst.

12" = *300 mm*
1 ¹/₂" = *40 mm*
8' = *2400 mm*
4' = *1200 mm*

Nehmen Sie die beiden längeren Wandseiten und klemmen oder binden Sie sie fest zusammen, genau übereinander. Das Geheimnis hier besteht darin, die Löcher alle zur gleichen Zeit zu bohren, damit sie genau übereinstimmen (auf diese Weise bohrt man vier Löcher und erhält acht). Die Zeichnung zeigt eine Bohrung an jeder Ecke, vier Zentimeter von jeder Seite nach innen versetzt.

long sides = *Seitenbretter*
c-clamp or tape = *Schraubzwinge oder Klebeband*

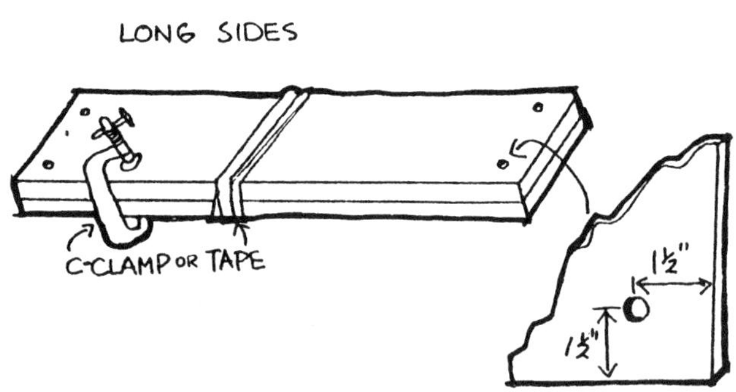

Zusätzlich kann man genau in der Mitte des 1200 mm langen Bretts, 40 mm vom Rand entfernt, ein weiteres Loch bohren.

Da hindurch läuft ein fünfter Gewindestab zur Erhöhung der Stabilität.

Um die nächsten vier Löcher in der Bodenplatte (1200 x 1200 mm) zu bohren, sollte man sehr vorsichtig vorgehen. Folgen Sie genau der Zeichnung, wenn Sie die Löcher markiert haben, überprüfen Sie sie noch einmal, bevor Sie bohren. Der Bohrpunkt ist 40 mm von der einen Seite und 60 mm von der anderen Seite entfernt. Prüfen Sie nach, ob Sie eine gerade Linie von einem Loch zum anderen und parallel zum Rand ziehen können. Wenn Sie es falsch machen, werden Sie verstehen, weshalb wir versucht haben, Sie zu warnen.

Wenn Sie den vorherigen Schritt bewältigt haben, wird Ihnen die letzte Bohrarbeit nicht schwer fallen.

Klemmen Sie die beiden Festholz-Bretter (300 x 1200 mm) an das Bodenbrett, das Sie soeben mit Löchern versehen haben. Es dient als Schablone für die beiden Löcher, die Sie bohren müssen (40 mm vom Ende und 60 mm von der Seite entfernt).

Wenn Sie die Gewindestäbe selbst zuschneiden müssen, dann ist es jetzt Zeit dazu. Fünf Gewindestäbe M 10, 1250 mm lang werden benötigt. Diese Stücke laufen längs des 1200 mm langen Tisches. An ihren Enden ist 25 mm Platz für Unterlegscheiben und Muttern vorgesehen.

Das fünfte Gewinde kann zur Verstärkung an der Unterseite des Tisches eingezogen werden. Aus den verbleibenden Teilen schneiden Sie vier 4 mm lange Stücke. Damit haben Sie genug Spielraum an den Enden für Muttern und Unterlegscheiben.

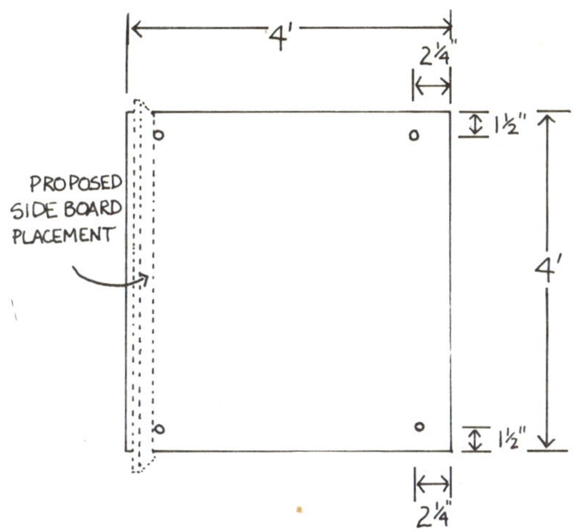

Aufsicht
Bohren Sie die Löcher mit Bohrereinsatz M11

proposed side board placement = *Anordnung der Seitenwand*
$2^1/4$" = *60 mm*
$1^1/2$" = *40 mm*

Ein Tip fürs Sägen: Wenn Sie das Gewinde absägen, legen Sie es im Schraubstock zwischen weiches Aluminium, um es zu schützen. Das Aluminium wird sich in das Gewinde drücken, ohne es zu beschädigen. Die Muttern gehen leichter auf das Gewinde, wenn die Enden mit einer Feile bearbeitet werden (nur genug, um die scharfen Kanten abzufeilen).

first, assemble sides = *Zuerst die Seitenbretter aneinandersetzen*
second, add tops and base tighten nuts same way = *Oberbretter und Boden verschrauben, Muttern gleichmäßig anziehen*
tighten nuts on either end of threaded rod at same time with 2 wrenches = *Muttern an jedem Ende der Gewindestäbe gleichzeitig mit 2 Schraubenschlüsseln anziehen*
threaded rod on inside of box sides = *Gewindestab an der Innenseite des Seitenbretts*
additional threaded rod 1 1/2" from base centered (optional) = *Wahlweise zusätzlichen Gewindestab 40 mm über dem Boden zentriert*
1 1/2" = 40 mm 2 1/4" 60 mm

Setzen Sie die beiden Längswände auf die Bodenplatte einander gegenüber und stecken Sie durch jedes der vier Löcher eine Gewindestange, dazu eine Unterlegscheibe und eine Mutter an jedem Ende (8 Unterlegscheiben und 8 Muttern insgesamt).

Schieben Sie die kürzeren Wände zwischen die langen Wände innerhalb der Gewindestäbe. Schrauben Sie eine Unterlegscheibe und eine Mutter an das Ende jedes 400 mm langen Gewindestabes. Schieben Sie sie durch die vier Löcher von der Unterseite her, damit sie aus der Innenseite des Tisches ragen.

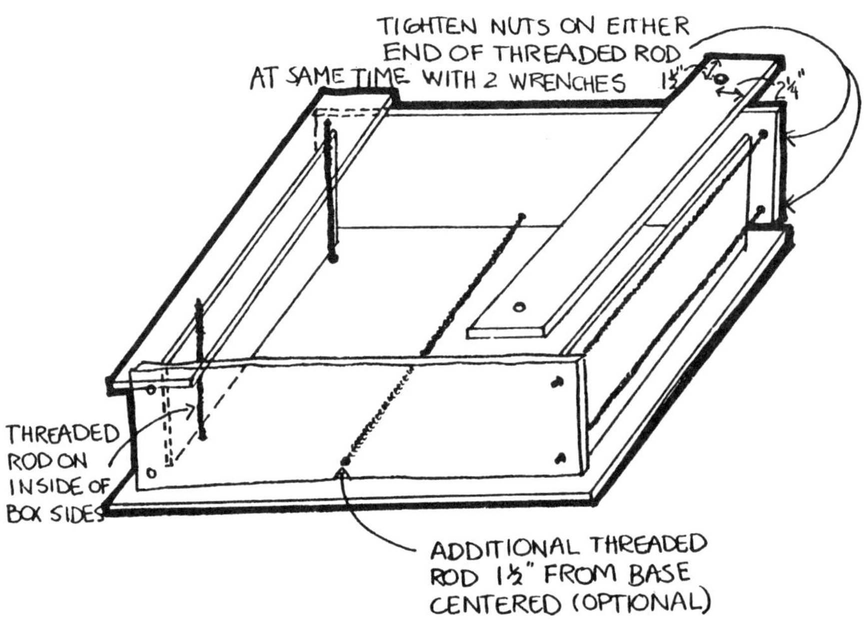

Legen Sie die übrig gebliebenen 100 x 1200 mm Bretter auf die Oberseite des Tisches; bringen Sie Löcher und Stäbe in Übereinstimmung; schieben Sie die M 10, 400 mm langen Gewindestäbe durch die Löcher und ziehen Sie die letzten vier Muttern und Unterlegscheiben an der Oberseite an.

Indem Sie die langen und kurzen Gewindestäbe nachziehen, sehen Sie, wie sich der Druck verstärkt und die Bretter rechtwinklig zueinander gehalten werden.

Richten Sie es so ein, daß von den M 10, 400 mm langen Gewinden, den Unterlegscheiben und den Muttern so wenig wie möglich an der Unterseite herausschaut, weil die Schläuche, auf denen sie aufsitzen, sonst beschädigt werden könnten.

Zusätzlich kann der fünfte Gewindestab hinzugefügt und mit Muttern und Unterlegscheiben befestigt werden. Das wird Verwindungen in der Konstruktion vermeiden. Falls Sie die Löcher für dieses Gewinde bereits gebohrt haben, müssen Sie es sowieso tun, da Ihnen sonst der Sand durch diese Löcher rieselt.

Zunächst richten Sie fünf Hohlblocksteine auf Teppichbodenstücke aus, legen Sie die restlichen Teppichteile und eine der beiden übrigen 1200 x 1200 mm großen Holzplatten darauf. Darüber legen Sie einen 1200 x 1200 mm Teppich und dann eine Schicht Schläuche. Überdecken Sie die Schläuche mit Teppichboden. Dann legen Sie die zweite Platte auf den Teppichboden, sie soll dem Tischboden mehr Gewicht verleihen. Auf diese Platte kommt der zweite 1200 x 1200 mm Teppich. Ist alles hergerichtet, wird der Sandkasten, den Sie vorher gebaut haben, auf diesen obersten Teppichboden gelegt. Achten Sie darauf, daß die Muttern und Stangen auf der Unterseite des Kastens nicht mit den Schläuchen in Berührung kommen können. Um den Sand einzufüllen, legen Sie vorsichtig einen Sack nach dem anderen in die Mitte des Tisches und schneiden den Sack oben auf. Ziehen Sie ihn langsam weg und lassen Sie den Sand aus der Öffnung fließen. Heben Sie die leeren Säcke auf, um sie bei Umzug oder Transport des Tisches zur Hand zu haben.

Bei 1200 x 1800 oder 2400 mm Tischen: Verstärkungen gleichzeitig mit Seitenbrettern anbringen (siehe Zeichnung).

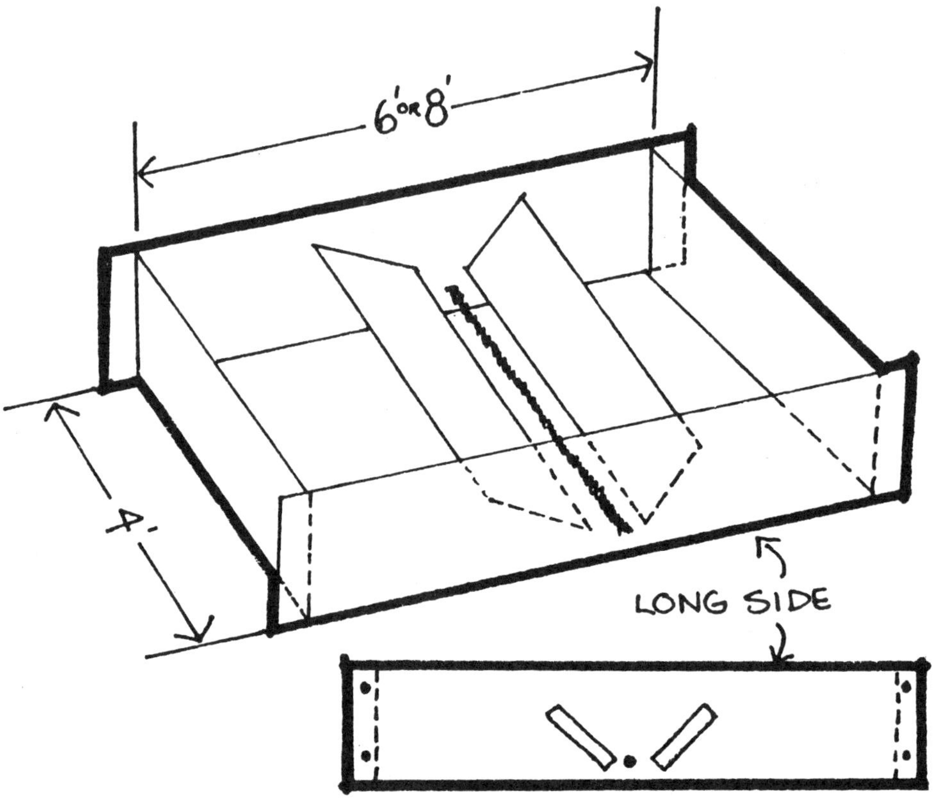

6" or 8" = *1800 mm oder 2400 mm* long side = *Längsbrett*

Bekenntnisse eines 1200 x 2400 mm Sandkisten-Holztischkonstrukteurs

Sind alle Materialien beieinander, die zur Konstruktion eines Sandkasten-Holztisches nötig sind, dann paßt alles nun in schon angegebener Weise wie ein Bausatz zusammen. Zwei Leute können den Tisch in weniger als einer Stunde zusammenbauen, und wenn Sie dazu noch alle Ihre Freunde zu einer Party einladen, haben Sie die Sandsäcke in ca. 15 Minuten eingefüllt.

Das Schöne an diesem Tisch ist, daß Sie ihn mitnehmen können, falls Sie umziehen und damit Ihre Investition nicht verlieren. Auch wenn Sie ihn zurücklassen, macht das keinen besonders großen Verlust aus, und Ihr Nachmieter hat genug Gesprächsstoff. Mir selber kam die Transportmöglichkeit besonders zupass, denn ich habe meinen Tisch dreimal an einen anderen Ort verlegt. Der folgende Kommentar soll weder einschränken noch erhebt er Anspruch auf Vollständigkeit. Die Konstruktion funktioniert, aber lassen Sie sich nicht vom Experimentieren oder Verbessern abhalten.

Bild 1

Hier sieht man mich bei der Herrichtung eines Schlauch-Sandwiches. Das Brot vertreten in diesem Fall reichlich Teppichteile. Es liegen Teppichteile zwischen dem Betonboden und den Hohlblocksteinen, zwischen den Steinen und der Bodenplatte, zwischen dem Holz und den Schläuchen und oben auf den Schläuchen. Ich habe kleine Schläuche aus den Reifen eines Gabelstaplers verwendet, weil sie die praktischste Größe hatten. Die Schläuche sollten nicht zu prall aufgepumpt werden, nur bis zu dem Punkt, wo der Gummi anfängt, sich auszudehnen. Andere schlagen vor, die Ventile frei zugänglich zu machen, da die Schläuche mit der Zeit Luft verlieren und wieder aufgepumpt werden müssen. Doch es geht auch ohne Schwierigkeiten mit einem Wagenheber: Ich bocke, falls notwendig, den Tisch auf und wechsle den Reifen...

Bild 2 und 3

Die vorgebohrte Preßspanplatte wird auf die mit Teppich belegten Schläuche gelegt. Dann wird das vorgebohrte Verstärkungsbrett auf die Platte gelegt. Sie können sich jetzt schon vorsichtig in die Mitte stellen und feststellen, wie fest der Boden bereits ist.

Bild 4

Die Seitenbretter hochhalten und sie durch die Gewindestäbe miteinander verbinden. Die Muttern nur soweit anschrauben, daß die Stäbe nicht herausschlüpfen. Die Bretter bleiben von alleine stehen.

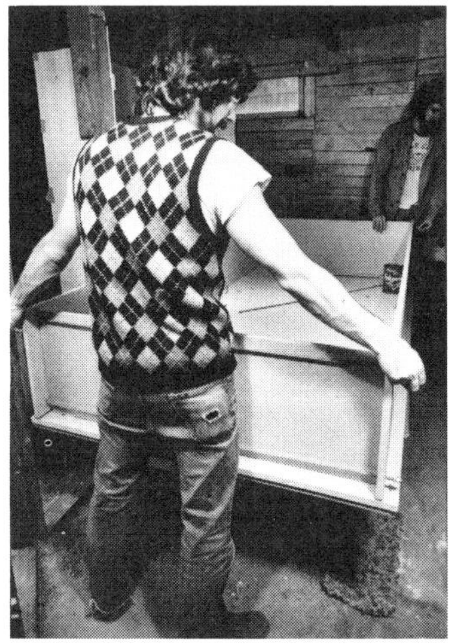

Bild 5

Die Endbretter einfügen. Wie man sieht, befinden sich die Stäbe, die in Bild 4 eingesetzt wurden, ausserhalb des Kastens. Außerdem wird Ihnen deutlich auffallen, da? Holographen manchmal Löcher in ihren Hosen haben, weil es kein besonders lukrativer Job ist.

Bild 6

An diesem Punkt sind die Längsbretter bereits mit den waagerechten Gewindestäben befestigt, und die senkrechten Gewindestäbe werden durch die Seitenbretter nach unten in die Bodenplatte eingefügt. Verwenden Sie immer Unterlegscheiben zwischen Muttern und Holz. Die Muttern fest, aber nicht zu fest anziehen.

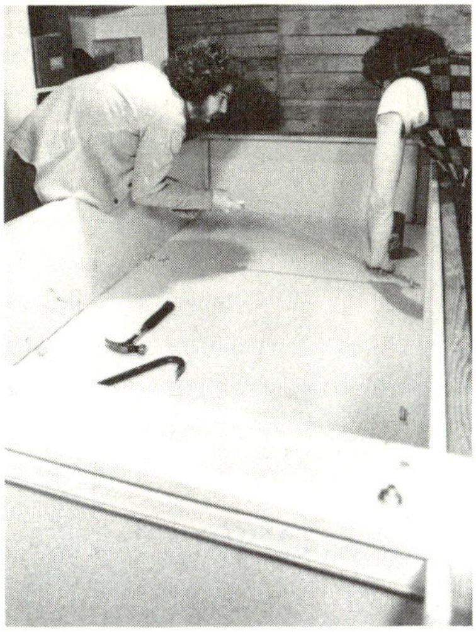

Bild 7

So sollte man die Gewindestäbe nicht einsetzen: von innen durch die Bohrlöcher, Seitenwand und Längsbrett, aber wegen der Enge des Raums hatten wir keine andere Wahl

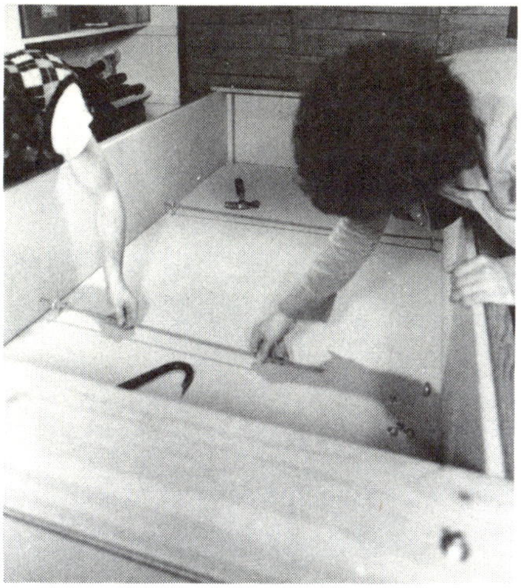

Bild 8

So sollte es sein: Der Gewindestab wird von einer Seite zur anderen durch die Bohrlöcher geschoben. Die Muttern werden alle angezogen, einschließlich der an der Unterseite des Tisches, die von den durchgebohrten Führungsringen stammen, welche den inneren Gewindestäben zusätzliche Spannung verleihen. Alle Ritzen zwischen den Brettern sollten mit Holzspachtel oder anderem Füllmaterial bearbeitet werden, damit kein Sand herausläuft.

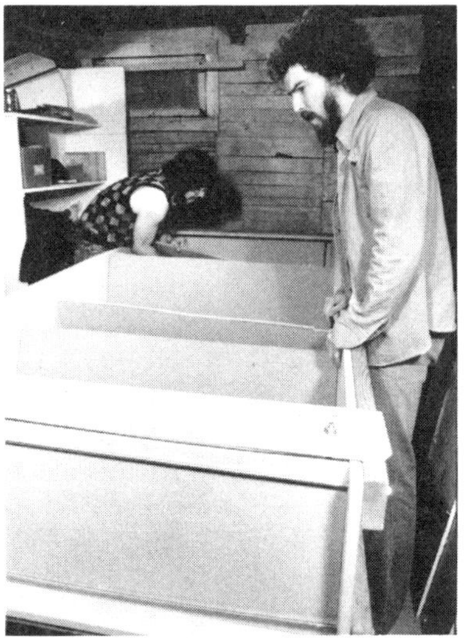

Bild 9

Zusätzliche Bretter wurden zur Verstärkung zwischen die Seitenwände geklemmt. Sie wurden später wieder entfernt, da sie beim Einstecken der PVC-Röhre, um die optischen Elemente zu positionieren, störten. Ich würde diesen Schritt gleich ganz weglassen.

Bild 10

Der Kasten ist jetzt für den Sand, den Laser und die Holographie bereit.
Beachten Sie, daß die senkrechten Gewindestäbe innerhalb des Kastens angebracht sind. Genausogut für unsere Zwecke ist eine 1200 x 1600 mm Kasten- Konstruktion mit nur einem inneren Gewindestab, der durch die Mitte führt.

Der Sandkasten-Betontisch

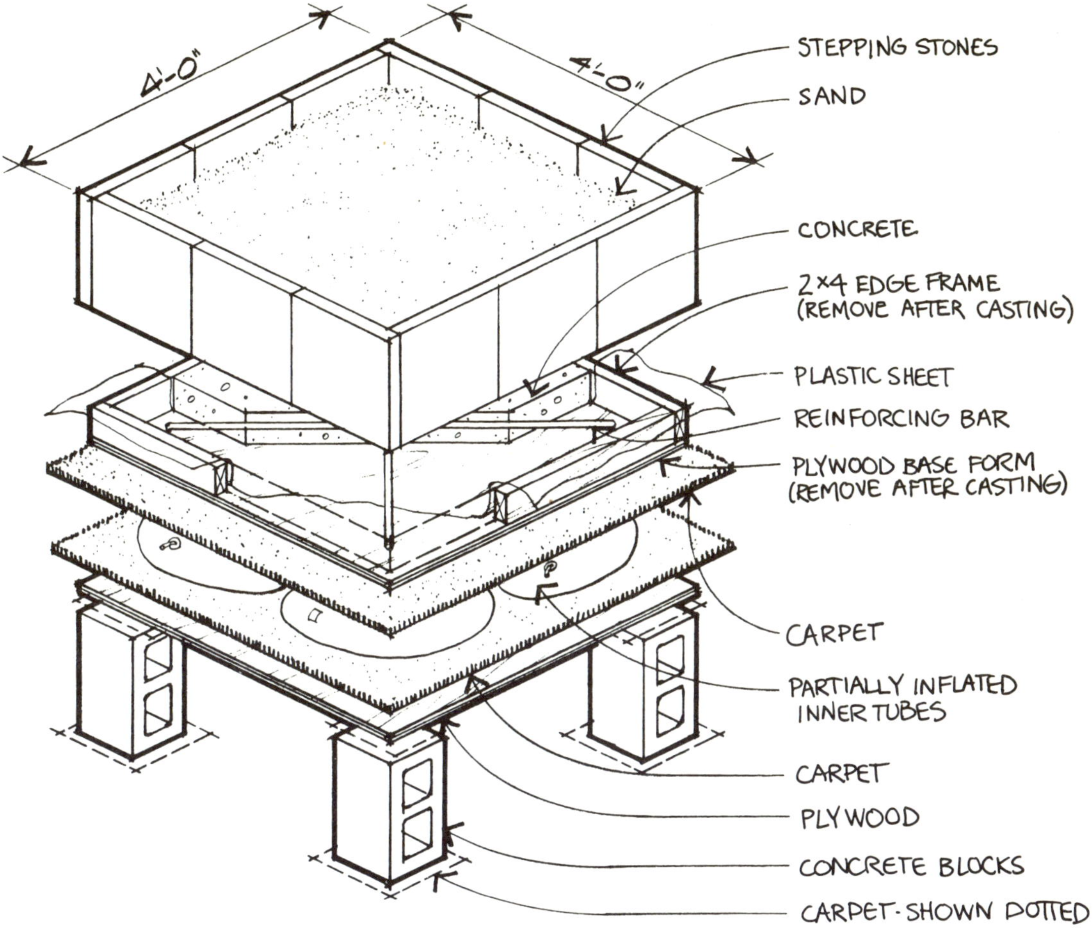

stepping stones = *Pflastersteine*
sand = *Sand*
concrete = *Beton*
2 x 4 edge frame (remove after casting) = *50 x 100 mm Kantholzrahmen (nach dem Betonieren entfernen)*
plastic sheet = *Plastikplane*
reinforcing bar = *Rundstahlstab zur Bewehrung*
plywood base form (remove after casting) = *Sperrholzboden (nach dem Betonieren entfernen)*
carpet = *Teppichboden*
partially inflated inner tubes = *Teilweise aufgepumpte Schläuche*
carpet = *Teppichboden*
plywood = *Sperrholzplatte*
concrete blocks = *Hohlblocksteine*
carpet, shown dotted = *Teppichfliesen, gestrichelt*
4'-0" = *1200 mm*

☐ Material für den Bau eines 1200 x 1200 mm großen Sandkasten-Betontisches:

- 5 Hohlblocksteine 200 x 200 x 400 mm.
- 1 preiswerte Sperrholz- oder Spanplatte 1200 x 2400 mm, 20 mm stark.
- Jede Menge alter Teppichboden, um zwei 1200 x 1200 mm große Flächen mit 100 mm Rand und die Endseiten der Hohlblocksteine abzudecken.
- Drei oder vier kleine Schläuche (z.B. von einem Motorrad oder Kleinwagen).
- 6 laufende Meter Kantholz, 50 x 100 mm, für den Rahmen des Betongusses. Sägen Sie die Hölzer folgendermaßen zu: 2 zu 900 mm Länge, 2 zu 1200 mm Länge; 1 Abziehbrett etwa 1500 mm lang.
- Eine große Plastikplane 4 - 6 mm stark, als Unterlage für den Betonguß.
- 2 Rundstahlstäbe etwa 120 mm lang und 4 mm dick oder dicker Maschendraht, um den Beton zu bewehren. Man kann auch beides nehmen.
- 12 Pflastersteine 50 x 300 x 400 mm, als Sandkastenrahmen.
- Kalkzementmörtel aus 1 Teil Zement, 8 Teilen Sand und 2 Teilen Kalkhydrat.
- 4 50-kg- Säcke Zement Z 275, 1000 l Betonkiessand, 200 l Wasser ergeben 1 m^3 B 120 Betonmischung (Sie können sich Fertigbeton von einem Transportmischer anfahren lassen).
- 750 kg Grobsand.
- Sonstiges: Eine Spule Draht, Nägel, Maurerkelle, Eimer und Mörtelkasten.

☐ Für fortgeschrittene Aufbauten empfehlen wir einen 1200 x 2400 mm Tisch. Das Vorgehen ist dasselbe, nur benötigt man mehr Material:

- 15 Hohlblocksteine 200 x 200 x 400 mm.
- 2 preiswerte Sperrholz- oder Spanplatten 20 x 1200 x 2400 mm.
- 10 laufende Meter Kantholz 50 x 100 mm für den Rahmen des Betongusses. Sägen Sie die Hölzer folgendermaßen zu: 2 zu 1200 mm Länge, 2 zu 2400 mm Länge; 1 Abziehbrett 1800 mm lang.

- 1 Plastikplane 3000 x 6000 mm, 4 - 6 mm stark.
- 6000 mm Rundstahlstab oder genug dicker Maschendraht um den Beton zu bewehren.
- 20 Pflastersteine 50 x 300 x 400 mm, als Sandkastenrahmen.
- Kalkzementmörtel aus 1 Teil Zement, 8 Teilen Sand und 2 Teilen Kalkhydrat.
- 8 50-kg-Säcke Zement Z 275, 2000 l Betonkiessand, 200 l Wasser ergeben 2 m^3 B 120 Betonmischung.
- 1500 kg Grobsand.
- Sonstiges: Eine Spule Draht, Nägel, Maurerkelle, Eimer und Mörtelkasten.

Bevor Sie anfangen, legen Sie eine Plastikplane auf den Boden. Dadurch schonen Sie den Boden und erleichtern sich das Aufräumen. Stellen Sie die Hohlblocksteine so auf, daß in jeder Ecke eines 1200 x 1200 mm großen Quadrates einer steht. Ein weiterer kommt in die Mitte. Der fertige Tisch wird etwa 800 mm hoch sein. Legen Sie genug Teppichboden unter und auf die Blöcke, gewöhnlich reicht ein 240 x 240 mm großes Teil.

Überall, wo zwei Schichten zusammenkommen, sollte Teppichboden dazwischenliegen.

Legen Sie die 1200 x 1200 mm große Platte auf die mit Teppichboden bedeckten Blöcke und breiten Sie weiteren Teppich über die ganze Oberfläche der Platte aus. Alter Teppichboden tut's in jedem Fall, überprüfen Sie aber, ob sich noch Klammern oder Nägel darin befinden, die die Schläuche beschädigen könnten. Die nächste Schicht besteht aus Schläuchen, die fast bis zum Maximum aufgepumpt sind (nicht übertreiben!).

Befestigen Sie die Seitenhölzer auf der zweiten Spanplatte, um einen vorläufigen Gußrahmen zu bilden. Später werden diese Hölzer entfernt. Wenden Sie den Kasten und befestigen Sie den Teppichboden mit Klammern oder Nägeln auf der Untergrundplatte, so, daß diese nicht mit den Schläuchen in Berührung kommen können.

Drehen Sie den fertigen Rahmen richtig herum auf die Schläuche. Legen Sie eine Plastikplane in den Kasten hinein, so daß sie überlappt. Sie wird verhindern, daß Feuchtigkeit ins Holz dringt.

Das übriggebliebene Brett brauchen Sie, um den Beton abzuziehen.

Wenn Sie soweit sind, ist es angeraten, den Maschendraht zuzuschneiden oder zwei Rundstahlstäbe zu einem Kreuz zu verdrahten, um es später beim Gießen in den Rahmen einzubetten.

Mischen Sie die Betonzutaten Zement und Kiessand im Verhältnis 1:6. Geben Sie Wasser zu (siehe Material).

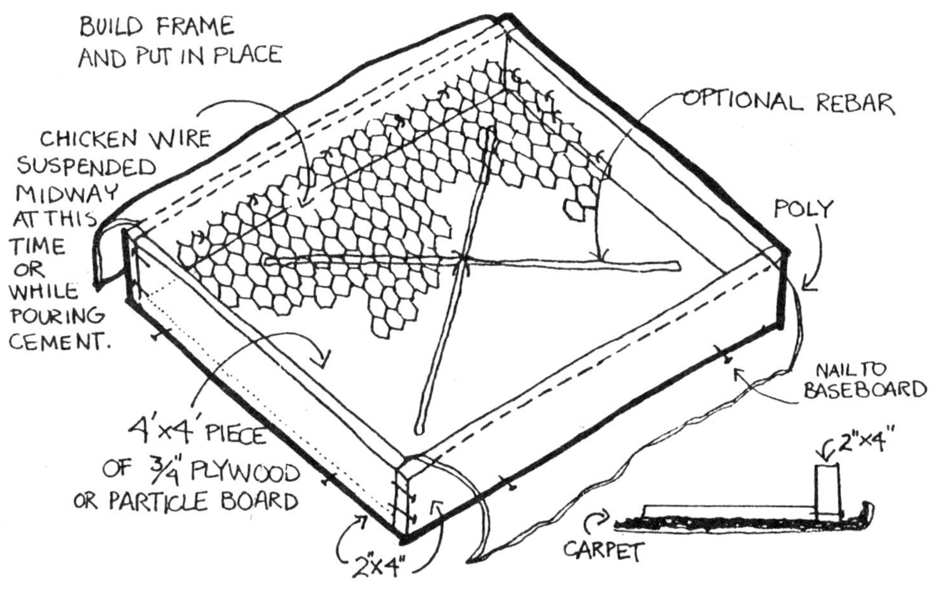

build frame and put in place = *Rahmen bauen und aufstellen*
chicken wire suspended midway at this time or while pouring cement = *Maschendraht auf halber Höhe aufhängen oder während des Betonierens einlegen*
4' x 4' piece of $^3/_4$" plywood or particle board = *1200 x 1200 mm Sperrholz oder Spanplatte*
optional rebar = *wahlweise Rundstahlstab*
poly = *Plastikplane*
nail to baseboard = *an die Bodenplatte nageln*
carpet = *Teppichboden*
2" x 4" = *50 x 100 mm*

Füllen Sie den Rahmen mit dem plastischen Beton halb auf und stampfen Sie ihn gründlich ein. Drücken Sie den Maschendraht oder das Rundstahlstabkreuz vorsichtig in den feuchten Beton ein. Sie überdecken diese Verstärkung, indem Sie die zweite Ladung Beton einbringen, feststampfen und mit dem Abziehbrett abgleichen.

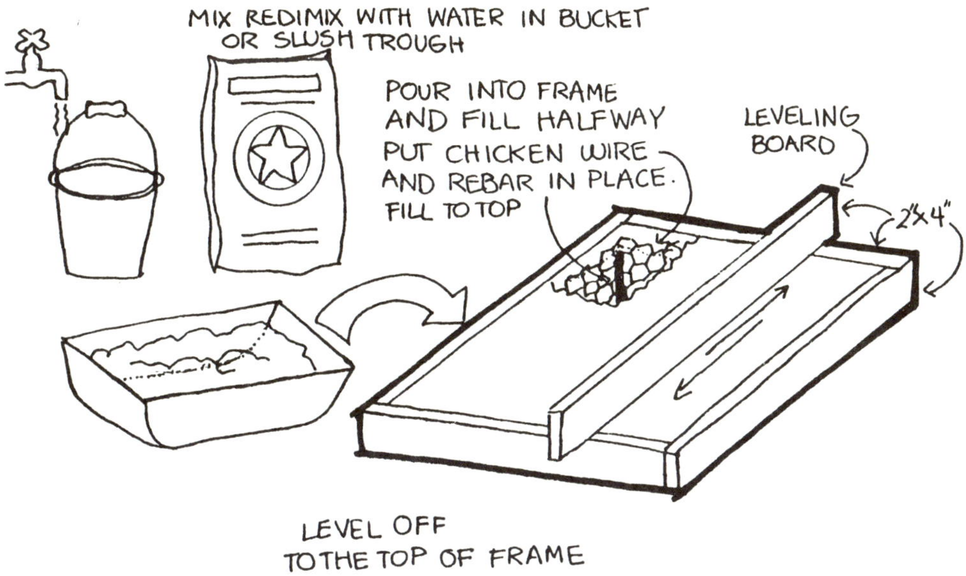

Beton soll immer frisch auf frisch verarbeitet werden. Es ist derselbe Vorgang wie beim Betonieren eines Fundaments. Wenn Sie sich nicht sicher genug fühlen beim Umgang mit Zement und Kiessand, fragen Sie einfach Ihren Baustoffhändler. Er hat sicher ein paar Tips für Sie auf Lager.

Wenn Sie wollen, können Sie nach dem genauen Ausgleich der Oberkante Metallhaken in den Beton eindrücken, solange dieser noch feucht ist. Diese Handgriffe erleichtern Ihnen den Transport, falls Sie mal umziehen müssen (achten Sie aber darauf, wo Sie später die Pflastersteine setzen werden).

Nach 2 Stunden beginnt der Beton zu erstarren, nach 4-5 Stunden läßt er sich nicht mehr verformen. Der Beton muß feucht gehalten werden, damit er richtig abbindet und sich keine Risse bilden können. Besprenkeln Sie daher die Oberfläche alle 3 - 4 Stunden mit Wasser. Sie sollten die Rahmenhölzer frühestens nach 3 Tagen vorsichtig abschlagen.

mix redimix with water in bucket or slush trough = *Zement und Betonkiessand 1:6 im Mörtelkasten mit Wasser vermischen*
pour into frame and fill halfway put chicken wire and rebar in place fill to top = *in den Rahmen aufbringen und einstampfen, auf halber Höhe Maschendraht und Rundstahlstab einbetten, weiter Beton einbringen*
level off to the top of the frame = *feststampfen und abgleichen*
leveling board = *Abziehbrett*
2" x 4" = *50 x 100 mm*

Der Beton ist immer noch feucht und kann leicht brechen. Vorsichtig die Plastikplane abschneiden, ohne die Schläuche zu beschädigen.

Machen Sie sich mit Ihren Pflastersteinen vertraut, indem Sie sie um die Betonplatte aufstellen. Sie bilden den Mauerrahmen und sollten 300 mm hoch sein. Lassen Sie zwischen den einzelnen Steinen 10 mm Platz für die Mörtelfuge. Indem Sie im voraus die Steine setzen, stehen Sie am Schluß nicht mit einem Stein da, der zu groß ist für den verbleibenden Zwischenraum. Jetzt können Sie mit dem Mörteln beginnen.

Mörteln ist die schwierigste und schmutzigste Arbeit beim Bau dieses Tisches. Ziehen Sie Gummihandschuhe an. Mischen Sie ein $^{3}/_{4}$ Eimer voll Mörtel aus 1,5 Teilen Kalkhydrat, 1 Teil Zement und 8 Teilen Sand zu. Für die Wasserzugabe gibt es kein festes Rezept. Der Wassergehalt ist richtig bemessen, wenn aufgehäufter Mörtel auf einem Stein, der um etwa 80 Grad geneigt gehalten wird, nicht abgleitet. Jetzt haben Sie alle Voraussetzungen für einen glatten Arbeitsverlauf geschaffen.

Zuerst feuchten Sie mit Pinsel oder Sprühkanne die Betonkante an. Geben Sie den Mörtel zur Bettung des Steines auf die Kante und verteilen ihn mit der Kelle zu einer 20 mm dicken Schicht. Tauchen Sie den ersten Stein in einen Eimer Wasser und drücken Sie ihn in das Mörtelbett. Fassen Sie den zweiten feuchten Stein, nehmen mit der Kellenspitze wenig Mörtel auf und streichen ihn, 20 mm dick, auf die Kopffläche des Steines ab. Setzen Sie den Stein neben den ersten in das Mörtelbett ein und schieben ihn zur Stoßfuge hin, so daß überschüssiger Mörtel herausquillt. Lage des Steins nach der in der Flucht der ersten oberen Steinkante von Wand zu Wand gespannten Schnur prüfen. Noch besser: Verwenden Sie Ihren Laserstrahl als Richtschnur. Es empfiehlt sich, an einer Ecke anzufangen. Setzen Sie so Stein nach Stein.

Denken Sie daran: Keine Scheu vor Fragen in der Baustoffhandlung. Falls Sie sich verschätzt haben, können Sie immer noch Mörtel einfüllen oder einen halben Stein einfügen. Erzählen Sie Ihren Freunden einfach, Sie hätten es so geplant. Vergessen Sie nicht, das Bauwerk über eine Zeit von 24 Stunden immer wieder zu befeuchten.

mix mortar mix + 1qt. mortar glue (concrete adhesive) = *Mischen Sie Kalkzementmörtel 2:1:8*
figure out how many blocks are needed = *Stellen Sie die Steine auf, um zu sehen, wieviel Sie brauchen*

Zeit, den Sand einzufüllen. Legen Sie die Sandsäcke in den Tisch oder schaufeln den Sand hinein. Langsam ausleeren bzw. füllen, um nicht zuviel Druck auf die frischen Wände auszuüben.

Zur Erinnerung: Das Ziel, falls Sie es vor lauter Maurer- und Betonarbeiten noch nicht aus den Augen verloren haben, ist beste Schwingungsisolierung und größtmögliche Stabilität. Einfach ausgedrückt, eine schwere Masse auf Luft liegt ruhig und will ruhig bleiben.

Später, wenn Sie mehr Platz brauchen, können Sie noch einen zweiten 1200 x 1200 mm Tisch längsseitig anbauen, um alle Vorteile eines 1200 x 2400 mm großen Tisches zu kriegen.

Der Metall-Betontisch

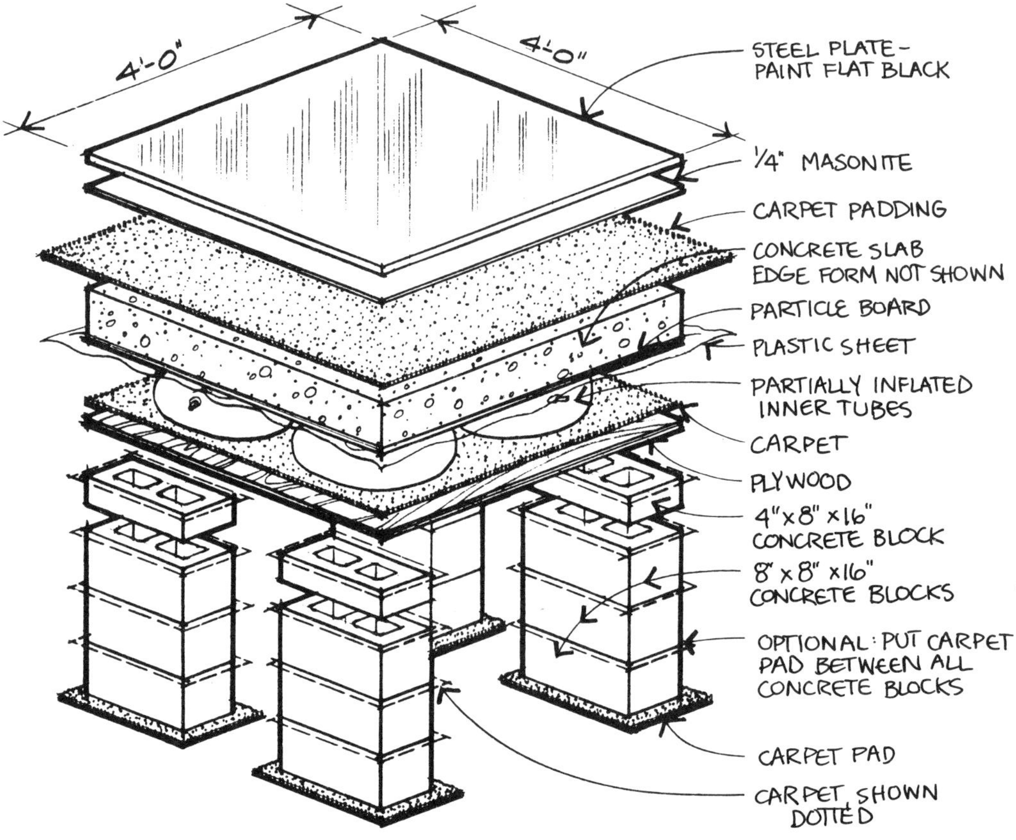

steel plate - paint flat black = *Stahlplatte - mattschwarz angestrichen*
1/4" masonite = *Hartholzplatte 5 mm stark*
carpet padding = *Teppichboden*
concrete slab edge form not shown= *Betonblock, Rahmen nicht gezeichnet*
particle board = *Spanplatte*
plastic sheet = *Plastikplane*
partially inflated inner tubes = *Teilweise aufgepumpte Schläuche*
carpet = *Teppichboden*
plywood = *Sperrholz*
4" x 8" x 16" concrete block = *100 x 200 x 400 mm Hohlblocksteine*
8" x 8" x 16" concret blocks = *200 x 200 x 400 mm Hohlblocksteine*
optional: put carpet pad between all concrete blocks = *Wahlweise: Teppichfliesen zwischen alle Steine*
carpet pad = *Teppichfliesen*
carpet, shown dotted = *Teppich gestrichelt eingezeichnet*

Dieser Tisch ist einfach ein Betontisch ohne Sand, eine Kombination aus teuren professionellen Aufnahmetischen und dem Sandsystem. Der Zweck der Metalloberfläche, die aus Stahl besteht, ist magnetische Halterungen für die optischen Bauelemente benützen zu können. Der Betonblock ist höher gelegt worden, um eine bessere Arbeitshöhe zu gewährleisten, schließlich gibt es hier keine 300 mm hohe Sandschicht. Deshalb liegen die Hohlblocksteine 200 x 200 x 400 mm mit der Längsseite auf. So wird auch eine bessere Stabilität erreicht. Sie liegen in drei Schichten übereinander, jeweils mit Teppichbodenschichten dazwischen. Das hohe Gewicht des Betonblocks wird ein zufälliges Verschieben verhindern. Ein vierter, schmälerer Hohlblockstein obendrauf bringt eine noch bequemere Arbeitshöhe.

In bekannter Weise wird das Schläuche-Sandwich hergerichtet und darauf wird im Holzrahmen wie zuvor betoniert. Wenn der Beton seine Endhärte erreicht hat, breiten Sie eine Filzunterlage oder ähnliches Material aus. Eine dünne Stahlplatte, die man zugeschnitten im Stahlhandel erhält, wird auf den Filz gelegt (ankleben ist nicht nötig). Anschließend mit mattschwarzer Farbe lackieren.

Magnetische Halterungen, obwohl die bequemste Befestigungsart, erfordern mehr Geschick beim Aufbau. Anfänger sollten in jedem Fall mit dem Sandsystem arbeiten. Die Magnethalter sind schwierig und mit großem Zeitaufwand einzurichten. Die Vorteile liegen darin, daß die optischen Elemente fester an der gewählten Stelle sitzen und bei professioneller Arbeit auch für wiederholte Aufnahmen nicht verrückt werden müssen.

Einige komplizierte Techniken, wie Regenbogenhologramme mit Mehrfachbelichtungen, sind auf Stahlplatten leichter herzustellen. Teure optische Komponenten halten außerdem länger, weil sie nicht mit Sand in Berührung kommen.

Man kann auch auf einen Sandtisch eine Spanplatte legen und obendrauf Stahlblech. So hat man beides - einen Metalltisch und, wenn nötig, die Flexibilität eines Sandtisches.

Informationen über den Bau von Halterungen für Metalltische finden Sie am Ende des Kapitels über den Bau optischer Komponenten.

Alternative Tische

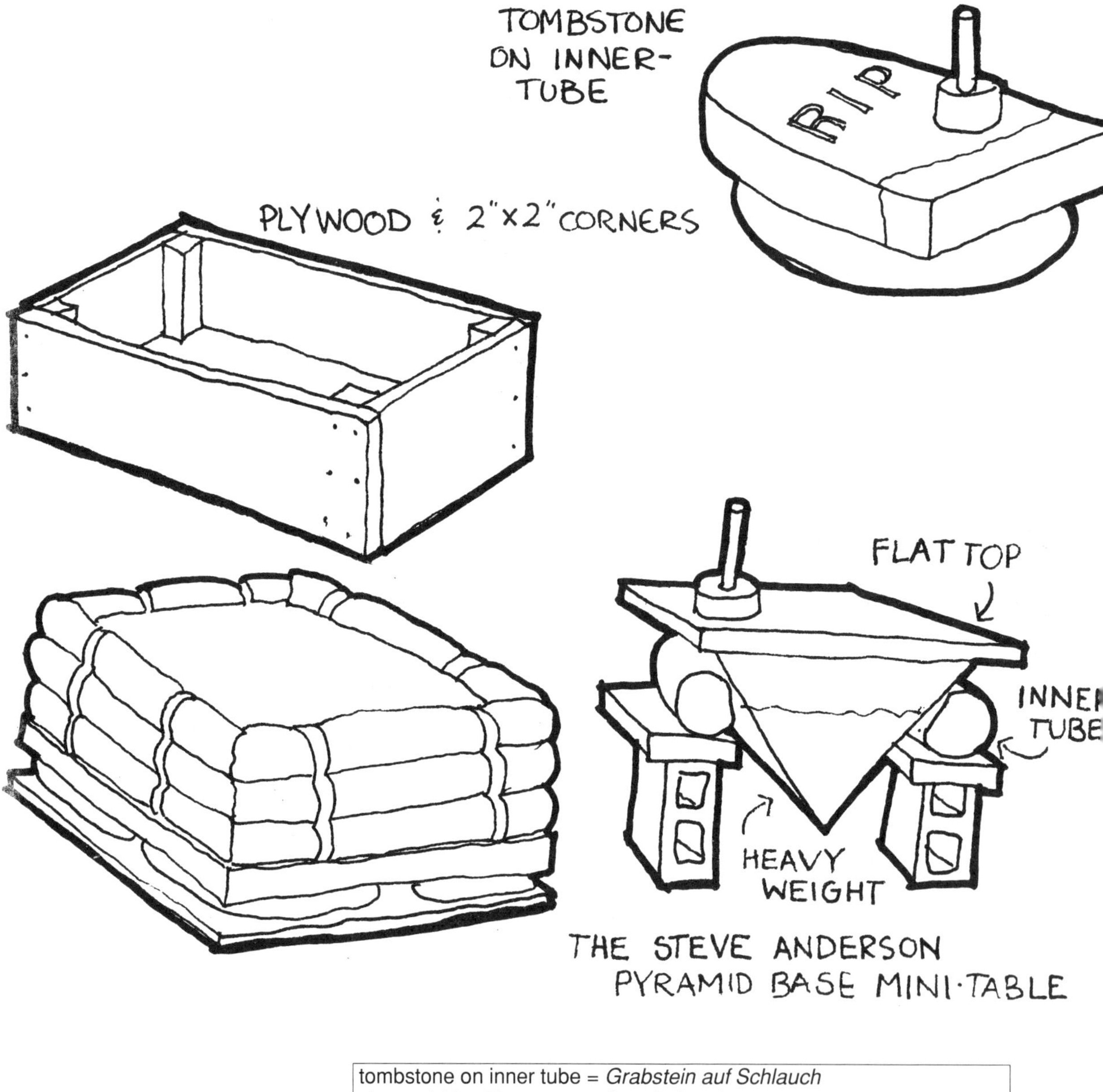

tombstone on inner tube = *Grabstein auf Schlauch*
plywood 2" x 2" corners = *Sperrholz mit 50 x 50 mm Holzecken*
flat top = *Platte*
inner tube = *Schlauch*
heavy weight = *Gewicht*
The Steve Anderson pyramid base mini table = *Der Steve Anderson-Pyramiden-Minitisch*

Interferometer

Mit dem leicht aufzubauenden Interferometer kann festgestellt werden, ob ein Ort für holographische Arbeiten geeignet ist. Anders ausgedrückt: Ob er relativ erschütterungsfrei und ohne ständige Geräusche ist. Einen Ort zu testen, bevor man einen Tisch baut, ist sehr ratsam, wenn man bedenkt, wie schwer eine knappe Tonne Sand und ein halbes Dutzend Hohlblocksteine sind, wenn man sie ein zweites Mal bewegen muß. Derselbe Aufbau kann später angewendet werden, um den fertigen Tisch zu testen (wobei der Tisch anstelle der kleinen Sandkiste tritt).

☐ Sie brauchen:

- 1 Laser.
- 3 Oberflächenspiegel mit Befestigung.
- 1 Strahlenteiler.
- 1 Linse -11 oder -13, auf Halterung.
- 1 Reifenschlauch.
- einen stabilen Pappkarton.
- 1 Kantholz 600 x 600 mm, so groß wie der Pappkarton.
- etwas Sand.
- weißen Karton, auf den man das Licht projiziert.
- Außerdem sollten Sie die Kapitel über den Kauf von Laser und Optiken sowie über den Bau von optischen Komponenten gelesen und ebendiese (notwendigerweise) gebaut oder gekauft haben.

Legen Sie zuerst das Holz auf den mit Luft gefüllten Schlauch, dann stellen Sie den Pappkarton darauf und den füllen Sie mit Sand, 100 mm hoch.

Positionieren Sie den Laser entweder auf den Sand oder daneben, so daß der Strahl etwa 100 mm parallel über der Sandoberfläche fliegt.

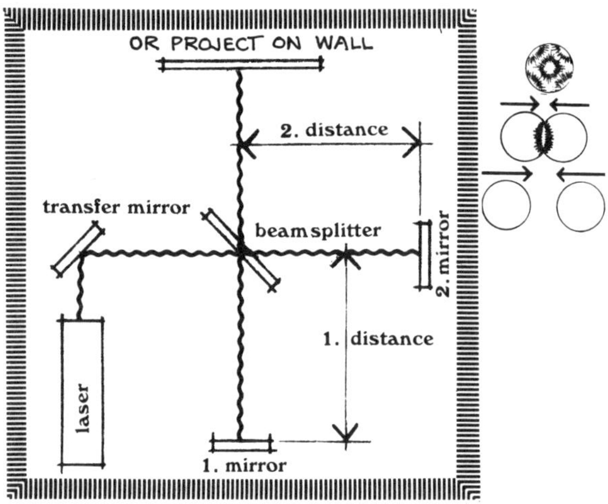

Strahlen überlagern, bis Muster erscheint

Der erste Umlenkspiegel lenkt den Strahl in die Mitte des Tisches oder des Kartons. Befestigen Sie den Spiegel, um den Strahlengang zu halten. Der Strahlenteiler wird, wenn er sorgfältig eingestellt ist, zwei Strahlen produzieren, der erste Strahl fliegt geradeaus weiter, der zweite wird um 90 Grad abgelenkt und vom Planspiegel 1 so reflektiert, daß er den Strahlenteiler wieder erreicht. Der Strahl läuft weiter und erreicht sein Ziel, den weißen Karton.

Messen Sie die Entfernung zwischen Planspiegel 1 und dem Strahlenteiler.

or project on wall = *Oder auf Wand projizieren*
(transfer) mirror = *(Umlenk)Spiegel*
distance = *Entfernung*
beamsplitter = *Strahlenteiler*

Planspiegel 2, in den ersten Strahlengang gesetzt, richtet den Strahl zurück zum Strahlenteiler. Er sollte die gleiche Entfernung zum Strahlenteiler haben wie Planspiegel 1.

Zwei Punkte sollten auf dem Karton sichtbar sein, einer, der vom Planspiegel 1 und ein zweiter, der vom Planspiegel 2 reflektiert wird. Verschieben Sie die Spiegel so, daß die beiden Punkte sich überlagern und Sie auf dem Karton einen Punkt und vielleicht einige Interferenzstreifen sehen.

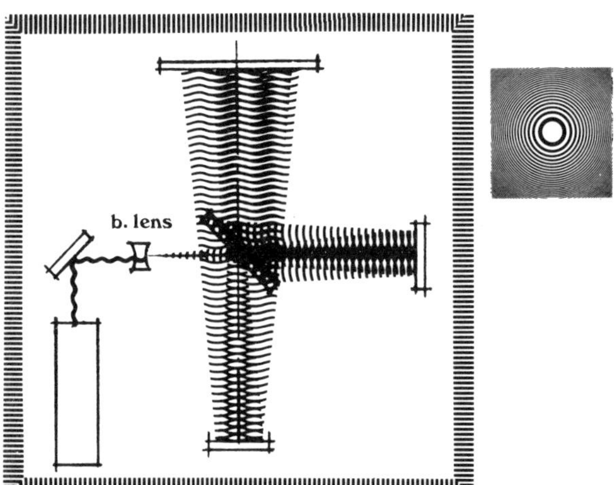

Linse vor Strahlenteiler plazieren (b)

Eine Linse, die entweder in Position B oder C plaziert wird, weitet den Punkt auf, um so die Interferenzstreifen besser sichtbar zu machen.

Keine Interferenzstreifen? Dann müssen Sie die Spiegel sorgfältig verstellen; die beiden Punkte des Laserlichts müssen sich perfekt überdecken.

lens = *Linse*

Geben Sie dem Interferometer-Aufbau etwa 15 bis 30 Minuten Zeit, um sich zu beruhigen. Je nach Stabilität der Raumsituation sollten die Interferenzstreifen sich immer langsamer bewegen, bis zum Stillstand. Merke: Bewegungen oder lauter Lärm im Raum können, genauso wie Außengeräusche (vorbeidonnernde Laster oder eine Büffelherde in wilder Flucht), die Interferenzstreifen stören und sie wieder in Bewegung setzen.

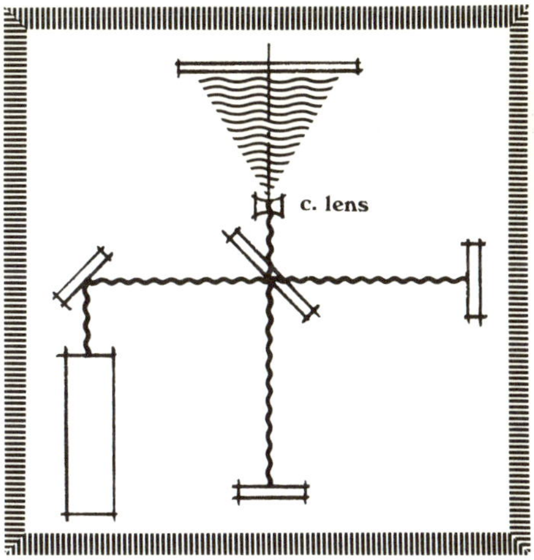

Linse hinter Strahlenteiler plazieren (c)

lens = *Linse*

Ein anderes sichtbares Phänomen ist die Verschiebung, hervorgerufen durch das in-den-Sand-stecken der Komponenten. Während der ersten 15 bis 20 Minuten nach dem Aufbau des Interferometers werden die schwarzen und roten Linien langsam über den Karton wandern. Lassen Sie sich davon nicht entmutigen, die Verschiebung kommt häufig vor und wird wieder aufhören ... in den meisten Fällen.

Wenn sich die Interferenzstreifen (regulär oder verschoben) nicht zur Ruhe setzen, wird die Umgebung zu unruhig sein. Dann muß ein anderer Ort gefunden werden.

Wenn alles getestet und der Tisch gebaut ist, können Sie ein weiteres Interferometer im Sand des neuen Tisches aufbauen. Verschiedene Tests zeigen Ihnen dann, wie lange es dauert, bis sich der Tisch beruhigt hat, dabei erweist sich das Gesetz der Trägheit der Masse.

Den Tisch anschubsen oder auf den Boden stampfen wird die Stabilität einige Augenblicke unterbrechen. Dann bewegen sich die Interferenzstreifen schnell oder verschwinden vollkommen. Wenn der Tisch allerdings stabil ist, werden sie rasch ihre Ausgangslage wieder einnehmen und zum Stillstand kommen.

Das Schwarz (oder die Ausblendung von Licht) das Sie sehen (oder nicht sehen), entsteht dadurch, daß sich beide Strahlen überlagern, interferieren und sich gegenseitig auslöschen. Das Schwarz wird nur möglich, wenn die beiden Strahlen sich vereinigen: Decken Sie einen der Strahlen mit einer Karte ab, verschwindet das Interferenzmuster.

Körperwärme kann ebenfalls den Weg des Strahls beeinflussen. Die Hitze eines Streichholzes genügt, um die Interferenzstreifen sichtbar in Bewegung zu setzen, wenn man es in den Lichtstrahl hält. Die Holographie ist für Schwankungen der Raumtemperatur sehr anfällig. Ganz offensichtlich ist ein zugiger Platz nicht der geeignetste Ort für einen Aufnahmetisch.

Die Interferenzstreifen, die Sie sehen, sind eine Vergrößerung der gleichen Art Interferenzstreifen, die ein Hologramm bilden.

Die Dunkelkammer

In diesem Kapitel:
Ausstattung der Dunkelkammer
Arbeitsbecken
Dunkelkammerchemie

Unter dem Begriff »Dunkelkammer« versteht man einen Raum, der dunkel ist oder verdunkelt werden kann.

Sie verdunkeln den Raum in der gleichen Weise, wie Sie es mit dem Raum, in dem sich der Aufnahmetisch befindet, bewerkstelligt haben. Obwohl beide Räume technisch gesprochen Dunkelkammer genannt werden können, werden wir diese Bezeichnung nur für den Bereich verwenden, in dem das Hologramm bearbeitet oder »entwickelt« wird. Die Leser, die mit dem Entwickeln oder Vergrößern von Photos vertraut sind, werden merken, daß an einer holographischen Dunkelkammer nichts besonderes ist. Die Funktion ist die gleiche: Einen Platz zur Verfügung zu haben, an dem lichtempfindliches Material behandelt werden kann.

Es kann sein, daß Sie bereits über eine Dunkelkammer verfügen oder zumindest die Voraussetzungen dazu haben, ohne große Umbauarbeiten vornehmen zu müssen. Am besten eignet sich ein Badezimmer oder eine Abstellkammer. Ein Verlies wäre noch besser, falls Sie zufällig in einem mittelalterlichen Schloß wohnen. Was Sie auch immer wählen, ein Ort in der Nähe des Aufnahmetisches ist auf jeden Fall vorzuziehen, da das Hologramm nach der Belichtung direkt von einem Raum in den anderen gebracht und vor Licht geschützt werden muß. Es geht ohne weiteres auch in einem einzigen Raum, aber die meisten Leute werden, soweit sie über zwei Räume verfügen, den einen zum Aufnehmen, den anderen zum Entwickeln benützen.

Einige Arbeitsschritte beim Entwickeln werden im Dunkeln ausgeführt, der Rest bei Licht. Es wäre daher auch möglich, den ersten Teil im optischen Raum zu erledigen, den Rest im Bad oder einem anderen Raum mit Wasseranschluß. Man kann aber auch eine Abstellkammer als Dunkelbereich hernehmen. Um Ihnen bei der Planung behilflich zu sein, kann man die Arbeitsvorgänge in folgende Abschnitte teilen:

green safelight near development = *Grünes Dunkelkammerlicht in der Nähe der Entwicklung*
D-19 = *D-19 Entwickler*
stop = *Stopbad*
fix = *Fixierbad*
hypo clear = *Fixierklärbad*
timer = *Schaltuhr*
bleach = *Bleichbad*
sink = *Becken*
photoflo = *Netzmittel*

Entwickeln im Dunkeln: Hier werden Sie nur Platz brauchen für drei Schalen oder Schüsseln, die Dunkelkammerlampe und sich selbst.

Entwickeln bei Licht: Sie brauchen ein Becken oder fließendes Wasser, eine Arbeitsfläche für ein paar weitere Chemikalien, eine Steckdose und einen Platz zum Trocknen.

Leute mit größeren Ambitionen wollen vielleicht ihre eigene Dunkelkammer entwerfen und einrichten. Das kann auf viele verschiedene Arten getan werden, weshalb wir es Ihrer Phantasie überlassen, die passendste Lösung zu finden.

Es mag hilfreich sein, an dieser Stelle rasch den Entwicklungsvorgang zu beschreiben, damit Sie in etwa wissen, wie die Dinge angeordnet werden müssen. Die belichtete Platte oder der Film geht vom Entwickler ins Wasserbad und dann ins Fixierbad, dies alles in einem Bereich, der ordentlich verdunkelt ist. Sie haben dabei die Dunkelkammerbeleuchtung an und werden die Platte immer wieder aus dem Entwickler ziehen, um zu prüfen, wie es vorangeht. Dabei halten Sie die Platte dicht an der Dunkelkammerlampe (oder gegen einen weißen Schirm daneben). Deshalb werden Sie Ihre Dunkelkammerlampe an einer Stelle anbringen, die Ihnen dies erleichtert. Nach dem Fixierbad (dritte Schüssel oder Schale), können Sie die normale Beleuchtung anmachen oder die Platte in den anderen, hellen Raum bringen.

Hier durchläuft, je nach Hologrammtyp, die Platte drei, vier weitere chemische Schritte und muß dabei nach jedem Schritt gewässert werden. Achten Sie darauf, daß Sie genügend Bewegungsfreiheit haben. Schließlich muß die Platte getrocknet werden. Tun Sie das am besten dort, wo die Platte angelehnt werden und abtropfen kann oder wo Sie sie mit einem Haarföhn trocknen können.

Das sind die Forderungen, die an einen Entwicklungsraum gestellt werden. Sie sollten noch einige Regale oder Schränkchen für die Chemikalien und Hilfsmittel einplanen und schon sind Sie fertig eingerichtet.

Arbeitsbecken

Wenn Sie eine Dunkelkammer von Grund auf neu anlegen und über einen guten Platz mit Wasseranschluß und Ausguß verfügen, möchten Sie vielleicht gleich Ihr eigenes Becken bauen. Manche Holographen bevorzugen ein großes Arbeitsbecken wegen der leichteren Handhabung beim Entwicklungsprozeß. Große, im Handel erhältliche Arbeitsbecken sind oft sehr teuer, aber man kann selber eins schon für unter DM 50,- herstellen.

Der Trick dabei besteht in der einfachen Beherrschung, ein Brett von der Größe 1200 x 2400 mm zu zerteilen. Zum Beispiel: Sie wollen ein Becken von 2000 mm Länge bauen. Sie zerteilen eine gute Spanplatte (mindestens 20 mm dick) wie folgt:

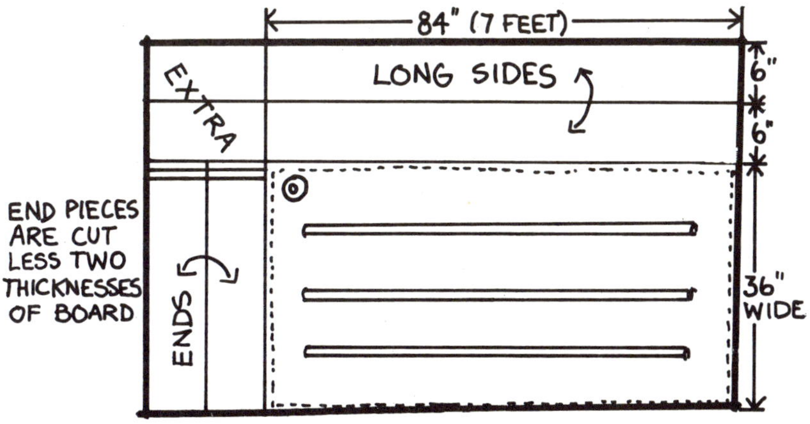

84" (7 feet) = *2000 mm*
long sides = *Seiten*
ends = *Endbretter*
end pieces are cut less two thicknesses of board = *abzüglich zwei Brettstärken sägen*
6" = *150 mm*
36" wide = *900 mm breit*

Damit bekommen Sie ein Becken, das 2000 mm lang, 900 mm breit und 150 mm tief ist. Sägen Sie die Bretter so gerade wie möglich und setzen Sie sie stumpf aneinander.

Kaufen Sie einen Abfluß und bohren Sie ein Loch mit dem entsprechenden Durchmesser in einer Ecke des Ausgußbodens.

Man macht das am besten mit einer Lochsäge, die im Bohrfutter der Maschine eingespannt wird.

Nageln und leimen Sie die Teile zu einem Kasten.

Wenn Sie wollen, können Sie Rippen aus halben Rundhölzern auf den Kistenboden leimen, damit die Schalen nicht so herumrutschen und der Wasserabfluß gewährleistet ist.

Dichten Sie alle Verbindungsstellen mit Silikonkleber und versiegeln den ganzen Kasten mit einigen Schichten DD-Lack. Auf ein Gestell oder Tischböcke montiert kann das Becken auf die richtige Höhe (850 mm) gebracht werden. Dies kann vor oder nach dem Versiegeln geschehen. Sorgen Sie dafür, daß der ganze Kasten sich leicht in Richtung Abfluß senkt, so daß das Wasser in die richtige Ecke abfließt. Lackieren Sie alles mit einigen Schichten Emailfarbe und verbinden Sie das Arbeitsbecken mit dem Abflußrohr - oder lassen es von einem Installateur anbringen.

legs = *Füße*
$^1/_2$" rounds = *Rundholz, 13mm*

Ausstattung der Dunkelkammer

- 6 - 7 Schalen, möglichst mit Deckel, groß genug, um 100 x 125 mm (4 x 5 inch) große Platten aufzunehmen.
- Ein Arbeitstisch.
- Eine schwache, grüne Dunkelkammerbeleuchtung.

- Weißes Licht, mit dem das fertige Hologramm betrachtet werden kann. Benützen Sie dazu eine klare, nicht matte, Glühbirne.
- Einen Meßbehälter für die Chemikalien.
- Rührstäbchen und Meßlöffel.
- Einen Trichter.
- Kunststoff-Flaschen zur Aufbewahrung der Chemikalien.
- Papierhandtücher.
- Gummihandschuhe.
- Eine einfache Schaltuhr.
- Ein Haarföhn.
- Ein Gummiwischer.
- Eine Wässerungswanne, die in das Becken paßt.
- Ein Gummischlauch, an die Wasserleitung angeschlossen, um die Wanne zu wässern.

Für eine besonders schicke Dunkelkammer sollten Sie noch folgendes bereitstellen:
- Eine Aquariumheizung, um den Entwickler zu wärmen (was manchmal erwünscht ist).
- Eine Schürze, zum Schutz der Kleidung.
- Eine gute Schaltuhr.
- Ein Schneidegerät.
- Ein automatischer Filmentwickler für DM 20.000 - falls Sie wirklich ganz toll einsteigen wollen.

Ein prima Gummiwischer kann leicht hergestellt werden, indem man ein PVC-Rohr (mindestens 125 mm lang) einschneidet und einen Scheibenwischergummi hineinschiebt. Die billigen, flexibleren Wischblätter sind am besten, weil sie die Emulsion nicht so leicht verkratzen, wie die normalen Photowischer. Ein Wischer für 100 x 130 mm (4 x 5 inch) Platten sollte mindestens 150 mm lang sein. Für 200 x 250 mm (8 x 10 inch) Platten ist eine Länge von 300 mm erforderlich.

Dunkelkammerchemie

Es gibt eine Anzahl unterschiedlicher Entwickler, Bleichbäder usw., die momentan von Holographen verwendet werden. Eine echte Revolution bei den chemischen Verfahren findet zur Zeit statt. Wir erwarten, daß die größten Verbesserungen auf dem Gebiet der Holographie aufgrund verbesserter Entwicklungsrezepturen erzielt werden. Wir führen hier diejenigen auf, die zur Zeit am effektivsten sind und bei Niederschrift des Buches am gebräuchlichsten. Wir empfehlen aber, sich in der Fachliteratur über die neuesten Methoden auf dem laufenden zu halten.

Wir fangen an mit einer Aufstellung der Chemikalien, die sich über die Jahre als verläßlich erwiesen haben (eine Ausnahme bildet das neue Bleichbad für Reflexionshologramme, weil es eine wesentliche Verbesserung gegenüber früheren darstellt). Eine Aufstellung weiterer gebräuchlicher Chemikalien folgt anschließend.

Diese Grundausrüstung kann man im Photofachhandel kaufen:

☐ Entwickler: Kodak D-19. Wie angegeben mischen und dann im Verhältnis 1:4 (Entwickler : Wasser) verdünnen. Die Verdünnung bringt feinere Körnigkeit. Setzen Sie für den Anfang mindestens vier Liter Lösung an.

☐ Stopbad: Jedes handelsübliche Stopbad tut's. Nach Gebrauchsanleitung mischen. Genug ansetzen, um die benutzte Kunststoff-Flasche zu füllen.

☐ Fixierbad: Setzen Sie irgendein konfektioniertes Fixiersalz an. Lösen Sie rund vier Liter oder mehr Arbeitslösung nach Anweisung auf. Wir nehmen immer Kodak Rapid Fix.

☐ Fixierklärbad: Entfernt den Fixierer. Jede Marke kann verwendet werden. Wie angegeben mischen. Vier Liter Konzentration aufheben und bei Bedarf verdünnen, laut Gebrauchsanweisung auf der Verpackung.

☐ Netzmittel: Viele Hersteller bieten Flüssigkonzentrate an. Wir nehmen Kodak 200. Wie angegeben verdünnen. Setzen Sie soviel an, damit Sie im Bedarfsfall darauf zurückgreifen können.

Der Zweck des Bleichbades ist es, den Beugungswirkungsgrad des Hologramms zu erhöhen (d.h. ein helleres Bild zu erzeugen). Es gibt viele Bleichmittelrezepturen, und oft werden für Transmissionshologramme andere Bleichmittel als für Reflexionshologramme benutzt.

Wir empfehlen die folgenden, deren Substanzen im Chemikalienhandel erhältlich sind:

☐ Bleichbad für Transmissionshologramme:
In einem Liter Wasser auflösen:
- Etwa ein Eßlöffel Kalium-hexacyanoferrat(III).
- Etwa ein Eßlöffel Kaliumbromid (wenn Sie wollen, können Sie Kalium-hexacyanoferrat(III) durch Kupferbromid ersetzen).

☐ Bleichbad für Reflexionshologramme:
- PBQ-Bleichbad: Dies ist ein neues Bleichmittel, das vor kurzem von Nick Philips und anderen entwickelt wurde. Die magische Zutat dabei ist Parabenzochinon, abgekürzt PBQ. Diese Bleichlösung und ihre Dämpfe sind giftig, deshalb sollte man immer Handschuhe tragen, wenn man damit arbeitet und tunlichst vermeiden, die Dämpfe einzuatmen. Verwenden Sie es in einem gut belüfteten Raum (alle Bleichmittel sollten mit größter Vorsicht benutzt werden). Trotzdem ist dieses Bleichbad viel sicherer als das Quecksilberchlorid-Bleichbad, das vorher für Reflexionshologramme gebräuchlich war (siehe andere Bleichmittel).
  Lösen Sie in einem Liter Wasser auf:

Kaliumbromid	30 g
Borsäure	15 g
Kaliumdichromat	2 g

  Kurz vor Gebrauch lösen:

PBQ	2 g

Nachdem der Lösung das PBQ hinzugefügt wurde, muß das Bleichbad innerhalb von 15 Minuten verwendet werden (siehe »Herstellung von Reflexionshologrammen«).

Alle Chemikalien sollten fest verschlossen aufbewahrt werden, wenn sie nicht in Gebrauch sind (manche können leicht mit dem Trichter in Glas- oder Plastikbehälter abgefüllt werden). Wir ziehen es vor, die Bleichlösungen in den Behältern anzusetzen, in denen wir sie aufbewahren, damit nichts verschüttet wird, wenn man die Substanzen von einem Behälter in den anderen kippt.

Photographie-Chemikalien haben nur eine beschränkte Lebensdauer und müssen deshalb in Abständen ersetzt werden. Die Häufigkeit hängt von der Chemikalie ab und davon, wie oft sie benutzt wird. Der D-19 Entwickler und das oben erwähnte Transmissionsbleichbad halten eine lange Zeit, egal, ob sie im Regal stehen oder oft benutzt werden. Das Reflexionsbleichbad hält, wie erwähnt, nicht lange. Das Fixierbad wird gewöhnlich etwas häufiger ersetzt, je nach Gebrauch, und das kann man mit einer Testlösung, die im Fotolabor erhältlich ist, ausprobieren. Allgemein gesprochen: Die meisten halten einige Wochen, manche sogar einige Monate.

Wir empfehlen Stopbad, Fixierklärbad und Netzmittel an jedem Arbeitstag neu anzusetzen.

Allgemein wird empfohlen, sich bei allen Vorgängen an die Standardhandhabung der Dunkelkammerchemikalien zu halten, alle Behälter zu beschriften und alles unzugänglich für Kinder aufzubewahren.

Alternative Dunkelkammerchemikalien

Entwickler

☐ Neofin Blau-Entwickler: Hergestellt von Tetenal Photowerk, Hamburg und Berlin, in guten Photolabor-Geschäften erhältlich.

Dieser Entwickler macht Hologramme von exzellenter, streifenfreier Qualität. Wir ziehen ihn dem Kodak D-19 vor, obwohl er wesentlich teurer ist (die Lösung wird nur einmal benutzt und dann weggeschüttet). Wir empfehlen ihn besonders für Regenbogenhologramme, sowohl für das Masterhologramm als auch für die Kopien. Der Entwickler wird als Konzentrat in kleinen Flaschen angeboten. Die Kosten können niedrig gehalten werden, wenn man nur einen Teil eines Fläschchens verbraucht, und nur soviel Verdünnung herstellt, wie man für eine Platte benötigt.

☐ GP-8-Entwickler: Dieser feinkörnige Entwickler wurde in der Sowjetunion erfunden und ist dort offenbar heute weit verbreitet. Ein Artikel über die Möglichkeiten dieses Entwicklers von Nick Philips, Loughborough University of Technology in England, erschien Mai 1979 in der Zeitschrift »Holosphere«. Die Zutaten für die Mischung sind in guten Chemiefachhandlungen erhältlich:

Phenidon	0,026 g
Hydrochinon	0,650 g
wasserfreies Natriumsulfit	13 g
Kalium-Hydroxid	1,380 g
Ammonium thiocyanat	3,120 g
destilliertes Wasser	1 l

Der Entwickler sollte nur einmal verwendet werden. Die besten Resultate erzielt man, wenn die Platte etwas überbelichtet wird.

☐ GP-61-Entwickler: Diese Lösung wird momentan von Agfa-Gevaert für Transmissionshologramme empfohlen, die mit ihrer neuen Emulsion aus der HD-Serie hergestellt wurden. Wir sind bis jetzt von der Lösung nicht besonders hingerissen, auch nicht von den mit GP-62 erzielten Resultaten, s. unten. Aber wir führen sie auf, damit Sie experimentieren können:

destilliertes Wasser	0,7 l
Metol	6 g
Hydrochinon	7 g
Phenidon	0,8 g
wasserfreies Natriumsulfit	30 g
wasserfreies Natriumkarbonat	60 g
Kaliumbromid	2 g
EDTA (oder Agfa: Sequestrene)	1 g

mit destilliertem Wasser auf 1 l Gesamtmenge auffüllen.

☐ GP-62: Dieser Entwickler wird für Reflexionshologramme benutzt (zusammen mit einigen speziellen Bleichmitteln), um die Wiedergabe in etwa derselben Farbwellenlänge zu erreichen, die für die Herstellung des Hologramms benutzt wurde (z.B. roter Farbton mit Helium-Neon-Laser), ohne Tri-Äthanolamin zu verwenden (siehe »Herstellung von Reflexionshologrammen«). Wir haben herausgefunden, daß es tatsächlich funktioniert, wenn auch die Bilder nicht besonders hell werden. Hier die Entwicklerformel, in zwei Teilen, die vor Gebrauch vermischt werden:

☐ Teil A:

destilliertes Wasser	0,7 l
Metol	15 g
Pyrogallol	7 g
wasserfreies Natriumsulfit	20 g
Kaliumbromid	4 g
EDTA	2 g

mit destilliertem Wasser auf 1 l Gesamtmenge auffüllen.

☐ Teil B:

destilliertes Wasser	0,7 l
wasserfreies Natriumkarbonat	60 g

mit destilliertem Wasser auf 1 l Gesamtmenge auffüllen.

Um die nötige Lösung zu erhalten, vermischt man einen Teil von Lösung A mit zwei Teilen Wasser und einem Teil Lösung B.

A und B für sich sind beständig, doch die Mischung der beiden kann nur 1 bis 2 Stunden verwendet werden.

Vorsicht: Beim Umgang und Mischen dieses Entwicklers immer Handschuhe tragen, da Pyrogallol giftig ist und Hautreizungen verursacht.

☐ Kodak D-8-Entwickler: Manche Holographen haben damit bessere Ergebnisse erzielt als mit D-19. Wir haben es noch nicht probiert, doch wir haben gehört, daß T.H. Jeong vom Lake Forest College (auch die Firma Intergraf) eine erfolgreiche Technik entwickelt hat.

Für besonders klare Ergebnisse verwendet Steve Benton einen Entwickler, den er PAAP nennt:

Ascorbinsäure (Vitamin C)	18 g
Natriumhydroxid	12 g
dibasisches Natriumphosphat	28,4 g
destilliertes Wasser	1 l
Kurz vor der Benutzung gibt man hinzu:	
Phenidon	0,5 g

Andere Bleichmittel

Obwohl die obengenannten Bleichmittel für Transmissions- und Reflexionshologramme unserer Meinung nach exzellent sind (sie sind leicht erhältlich und einfach in der Anwendung), gibt es Alternativen. Die verschiedenen Bleichmittel beeinflussen die Emulsion auf unterschiedliche Weise. Manche bringen hellere Bilder hervor auf Kosten von Korn und Klarheit. Andere bringen klarere Bilder hervor, die nicht so hell sind, oder sie verursachen instabile Emulsionen, wodurch das Hologramm nur eine kurze Lebensdauer hat. Nick Philips hat sich ausgiebig mit den Auswirkungen einer Anzahl von Bleicherbädern auf die Emulsionen befaßt, und einige seiner Ergebnisse wurden auf der Konferenz der Society of Photo-optical Instrumentation Engineers (SPIE) im Mai 1979 präsentiert.

Je nach verwendeter Formel und Emulsion, kann das Bleichen entweder nach dem Fixieren (Standard-Bleichmittel) oder sofort nach dem Entwickeln oder dem Stopbad (Umkehr-Bleichmittel) vorgenommen werden. Die einzelnen Schritte werden unten in den Vorgehensweisen bei Transmissions- und Refelexionshologrammen beschrieben. Wir ziehen bei Transmissionshologrammen das Standard-Bleichbad vor, da die Entscheidung, ob man bleicht oder nicht, oft nach dem Betrachten des fertigen Hologramms getroffen wird. Reflexionshologramme müssen gebleicht werden, da sonst das Bild ganz schwach erscheint. Das PBQ-Bleichbad wird als Umkehr-Bleichmittel benutzt. Ein weiteres Reflexionsbleichbad, das Quecksilberchlorid verwendet, wird als Standard-Bleiche benutzt.

Andere Bleichmittel:

☐ Quecksilberchlorid-Bleichmittel: Dies war jahrelang das Standard-Bleichbad für Reflexionshologramme. Es ist extrem toxisch, weshalb es sehr sorgfältig behandelt werden muß, sowohl beim Mischen als auch bei der folgenden Handhabung damit. Manche Leute ziehen es immer noch der PBQ-Bleiche vor - man kann es unbegrenzt lange aufbewahren, es ist leicht zu handhaben und bringt helle Ergebnisse.

In einem Liter Wasser auflösen:

- ca. 1 Eßlöffel Quecksilberbromid.
- ca. 1 Eßlöffel Kaliumbromid.

Variationen für die PBQ-Bleiche: Nick Philips hat auch die folgende Formel verwendet:

In einem Liter destilliertem Wasser auflösen:

Kaliumbromid	30 g
Borsäure	1,5 g
PBQ	2 g

Innerhalb von 15 Minuten nach dem Mischen verwenden.

Jeff Milton behauptet, er habe das Instabilitätsproblem gelöst, das bei der Verwendung von PBQ auftaucht. Obwohl die Tests noch nicht abgeschlossen sind, führen wir die Formel für experimentelle Zwecke an:

In einem Liter destilliertem Wasser auflösen:

Schwefelsäure 1 g

(Merke: Säure wird immer dem Wasser hinzugefügt, niemals umgekehrt!)

Kaliumbromid 5 g
Methyl Paraben 2 g
(Methyl Paraben ist ein Konservierungsmittel)
Wasserstoffperoxid4 g
(Auch Wasserstoffperoxid soll die Lebensdauer verlängern. Dieses Zeug wird oft als Lösung verkauft, man muß also herausfinden, wieviel Gramm reines H_2O_2 darin ist.)
Kaliumalaun 5 g
(Kaliumalaun ist ein Emulsionshärter)
PBQ 1 g
Wenn gewünscht, kann man noch 1 g Phenosafranin hinzufügen, als Desensibilisierer. Milton behauptet, die obige Mischung hätte eine lange Lebensdauer (mindestens einige Monate).

☐ Brombleichbad: Der Gebrauch dieses Bleichbads kann einen hohen Beugungswirkungsgrad bringen. Allerdings kann das Bild ziemlich rauschig werden. Das Hologramm wird entweder in verdünnter Bromlösung gebleicht, oder man läßt Bromdämpfe in einem geschlossenen Behälter darauf einwirken. Brom ist höchst toxisch und ätzend, und extreme Vorsicht sollte beim Umgang damit walten (nicht einatmen!). Einige ernsthafte Holographen ziehen die Ergebnisse dieses Bleichmittels vor. Das Bleichbad kann sowohl für Transmissions- als auch Reflexionshologramme verwendet werden, gewöhnlich als Umkehrbleichbad.

☐ GP-431-Bleichbad: Wird gewöhnlich zusammen mit dem GP-61-Entwickler verwendet, für Transmissionshologramme:
Wasser 0,6 l
Eisennitrat 9-Hydrat 150 g
Kaliumbromid 30 g
Lösen Sie 0,3 g Phenosafranin in 0,2 l Methanol und geben Sie sie zur obigen Mischung dazu. Dann mit Wasser auffüllen, bis man einen Liter erhält. Vor dem Gebrauch 1 Teil Bleichbad in 4 Teilen Wasser auflösen.

☐ Unsere bevorzugten Chemikalien:

Nachdem wir viele Formeln ausprobiert haben, hier nun unsere Empfehlungen für beste Resultate:

- Für Transmissionshologramme:
  Neofin oder D-19 Entwickler.
  Hexacyanoferrat (III)-Bleichbad.
- Für Reflexionshologramme:
  Neofin oder D-19 Entwickler.
  PBQ Umkehrbleichbad oder Quecksilber-Chloridstandardbleichbad.

Alternative Fixierer

Benton behauptet, daß Schnellfixierer oft das Entwickler-Silber angreifen können, während sie das unentwickelte Silberhalegonid entfernen. Er zieht die folgenden Formeln vor: Erst einen nichthärtenden Fixierer (wie er beim normalen Fixieren benutzt wird) und später ein Härterbad, kurz vor der letzten Wasserspülung.

☐ Nichthärtender Fixierer F-24

Wasser mit 50 °C	0,5l
Natriumthilosulfat: $5H_2O$	240g
Natriumsulfit wasserfrei	10 g
Natriumbisulfit	25 g

Wasser zugeben, um einen Liter zu erhalten.

☐ Härterbad

Unterhalb 18°C verwenden

Wasser	0,5 l
Formaldehyd	0,01 l
Natriumkarbonat (monohydrat)	5 g

Wasser zugeben, um einen Liter zu erhalten.

Bau der optischen Komponenten

In diesem Kapitel:

Grundausrüstung
Sandtisch-Halterungen
Spiegel
Linsen
Strahlenteiler
Variable Strahlenteiler
Plattenhalter
Verschlüsse
Metalltischhalterungen
Belichtungsmesser
Raumfilter

Die optischen Halterungen können, wie der Tisch, leicht selbst hergestellt werden. Dazu gehört nur ein minimaler Aufwand an Arbeit und Geld. Die K.I.S.S.-Philosophie (»Keep It Sweet and Simple«) wird dabei bis zum Grund ausgeschöpft; Improvisation steht im Vordergrund!

Die Befriedigung, die man aus der eigenen Herstellung der Komponenten ziehen kann, ist in höchstem Maße lohnend. Dazu kommt, daß man durch die Eigenkonstruktion genau die Grenzen der Instrumente kennenlernt. Auch lernt man so am besten, käuflich erworbene Komponenten für seine eigenen Zwecke umzubauen oder bauen zu lassen.

Ähnliche Komponenten können auch käuflich erworben werden, aber in den meisten Fällen sind sie zu speziell, zu sehr automatisiert und zu teuer. Diese Komponenten, die speziell für den Magnettisch verkauft werden, können für die Benutzung im Sandtisch angepaßt werden. Die K.I.S.S.-Komponenten, die hier präsentiert werden, arbeiten genauso gut, wenn nicht besser, als die von den kommerziellen Herstellern ursprünglich für die Holographie entwickelten Komponenten.

Man kann unsere Komponenten mit einer großen Anzahl von optischen Geräten ausrüsten. Eine Auswahl brauchbarer

Spiegel, Linsen und Strahlteiler finden Sie im folgenden Kapitel über den Kauf von Materialien. Zusätzlich werden am Ende dieses Kapitels komplette Bausätze aufgeführt, darunter empfohlene optische Geräte für Anfänger, Fortgeschrittene und Schulen oder Profistudios.

Werkzeuge

- Handsäge oder elektrische Säge
- Bohrmaschine mit verschiedenen Bohrern
- Zange
- Schraubenzieher
- Schraubstock (ein kräftiger Fuß tut's auch)
- Lineal

wahlweise:

- Versilberte Strahlenteilerklemme, 7 x 15 mm (von »Edmund Scientific«-Versand).
- Glasschneider.
- Schwarze Farbe, um Rohr und Holzplatte zu besprühen.
- Sandpapier.
- Feile zum Vergrößern der Bohrlöcher.
- Bandsäge zum Absägen des Rohrs.
- Sperrholz- oder Hartholzplatte, 1200 mm x 1200 mm, 5 mm dick, für Halterungen und Plattenhalter.
- Eine Auswahl von Schrauben und Muttern.
- Ein PVC-Rohr, 4 bis 5 Meter lang, entweder mit 60 mm oder 40 mm Durchmesser.
- Einen mattschwarzen Karton, nicht glänzend.
- Kleber - Fünfminutenepoxy, Ponal, Stabilit.

Sandtisch-Halterungen

Es gibt einige Vorbereitungsarbeiten, die sofort getan und für späteren Gebrauch beiseitegelegt werden können.

Etwas Schneidearbeit wird Sie mit genug PVC-Rohr ausstatten, um damit Linsen- und Spiegelhalterungen, Strahlenteiler und einige Plattenhalter herstellen zu können. Spitz zugeschnitten, wird sich das Rohr leichter in den Sand stecken lassen.

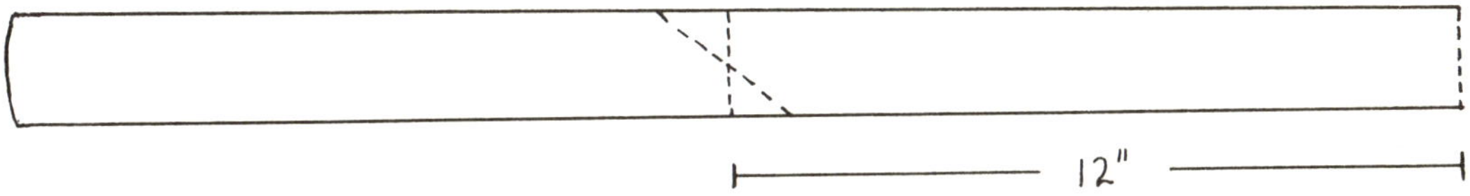

12" = *300 mm*

Der Innendurchmesser des Rohrs muß genau gemessen werden, um die Breite des Hartholzes zu bestimmen. Zählen Sie zu dieser Messung einfach 30 mm hinzu und schneiden Sie einige Streifen mit dieser Breite ab. 120 mm lange Latten von dieser Breite passen für Spiegel- und Linsenplatten (es kann sein, daß Sie noch längere Stücke brauchen, also lassen Sie noch ungeschnittene Streifen übrig).

Obwohl nicht unbedingt notwendig, kann es nicht schaden, die frisch abgesägten Rohrstücke und das Holz abzuschmirgeln. Ein Anstrich mit schwarzer Farbe verhindert spätere Lichtreflexe.

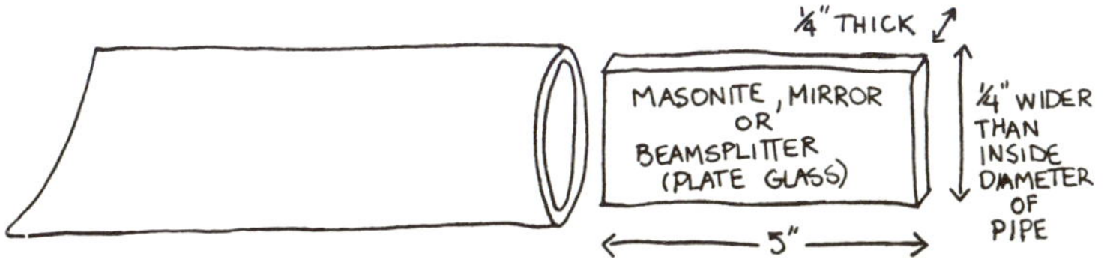

masonite, mirror or beamsplitter (plare glass) = *Hartholz, Spiegel oder Strahlenteiler (Glasscheibe)*
$^{1}/_{4}$" thick = *6,5 mm stark*
$^{1}/_{4}$" wider thaninside diameter of pipe = *6,5 mm breiter als Innendurchmesser des Rohrs*
5" = *125 mm*

Legen Sie sich die gezeigten Teile zurecht, spannen Sie das Rohr in den Schraubstock und schieben Sie ein 120 mm langes Holzstück hinein. (Unser Rat für Leute ohne Schraubstock: die Fußtechnik.) Nachdem das Holz hineingesteckt wurde und der Druck weggenommen ist, wird das Rohr das Holz festhalten, da es ständig zu seinem ursprünglichen Zustand zurückkehren will.

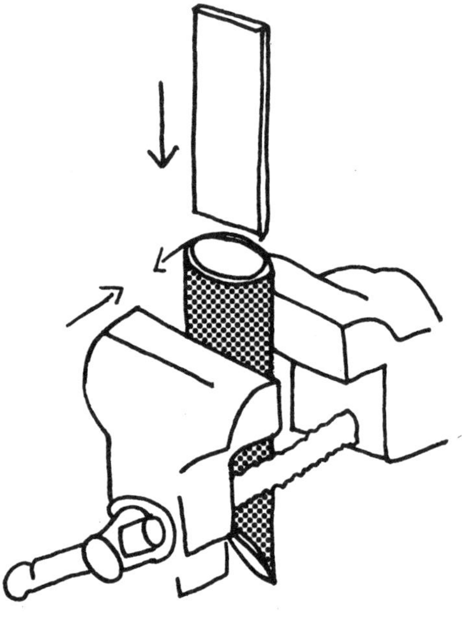

Spiegel

Spiegel werden für den Holographen nutzlos, wenn sie Fingerabdrücke oder Kratzer abbekommen. Behandeln Sie sie mit Sorgfalt, besonders, wenn sie an die Halterungen angepaßt werden.

Oft werden die Spiegel mit einem Schutzüberzug geliefert, der erst nach der Montage entfernt werden sollte.

Eine Anzahl von Klebern ist geeignet, den Spiegel an das Holz oder direkt an das PVC-Rohr zu kleben. Wir empfehlen Silicon, da es leicht anzuwenden und ebenso leicht zu entfernen ist, falls man das zu einem späteren Zeitpunkt wünscht. Eine Möglichkeit ohne Kleber auszukommen, besteht darin, den Spiegel direkt in das Rohr zu stecken, wie es vorhin mit dem Holz beschrieben wurde, oder einen Schlitz ins obere Ende des Rohrs zu schneiden, um einen größeren Spiegel aufzunehmen. Allerdings wird bei diesen Methoden ein Teil der Spiegeloberfläche verschwendet.

Nachdem der Spiegel befestigt ist, kann die Schutzschicht entfernt werden, indem man vorsichtig ein Stück Klebeband auf eine Ecke klebt und die Schicht vorsichtig anhebt und dann über den Spiegel abzieht. Denken Sie daran, die Spiegeloberfläche nie mit den Fingern zu berühren.

mirror carefully viced into pipe = *Spiegel sorgfältig in das Rohr geklemmt*
mount mirror (or masonite and mirror) directly onto pipe = *den Spiegel (oder Holz mit Spiegel) direkt am Rohr befestigen*

apply glue to back of smaller mirrors = *den Kleber auf der Rückseite kleinerer Spiegel verteilen*
level and stabilize pipe for overnite drying = *das Rohr zum Trocknen über Nacht waagerecht und verkeilt lagern*

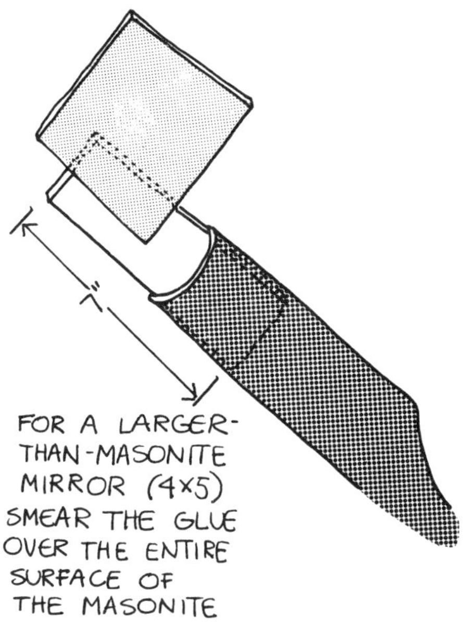

for a larger-than-masonite mirror (4 x 5) smear the glue over the entire surface of the masonite = *für einen Spiegel der größer als das Holz ist (100 x 130 mm), sollte der Kleber über der ganzen Holzoberfläche verstrichen werden*

Es kann billiger sein, einen großen Spiegel mit einem Glasschneider in mehrere kleine zu zerschneiden (am leichtesten geht das bei dünnen Spiegeln). Einen Spiegel mit Schutzschicht auf einer flachen Oberfläche festkleben, eine gerade Linie ziehen und das Glas von der anderen Seite beklopfen (Vorschlag: Erst einmal mit einem normalen Glas derselben Stärke versuchen). Auf diese Weise kann man aus großen Spiegeln kleinere von gewünschter Größe zurechtschneiden.

1

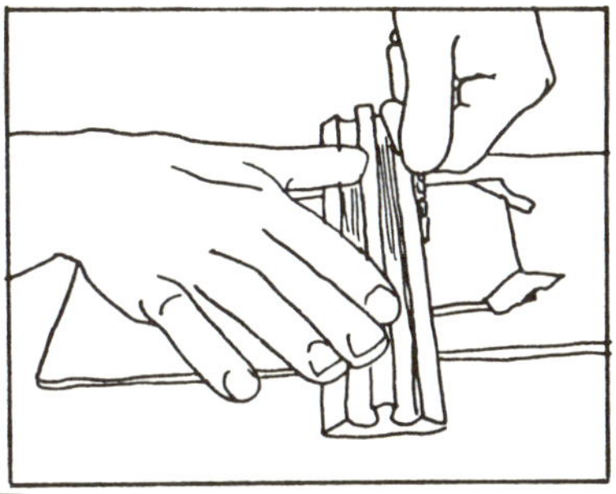

2

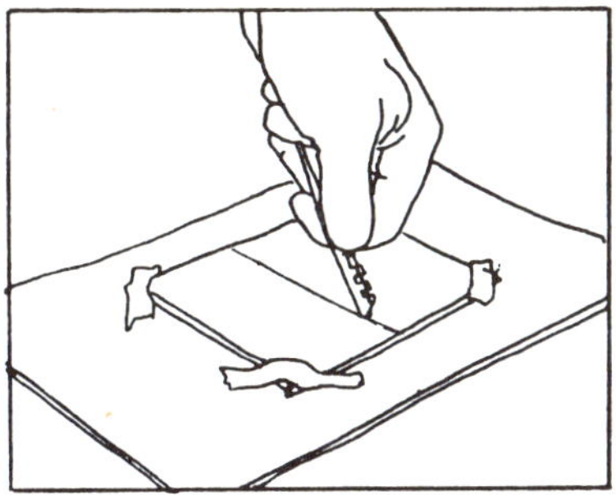

3

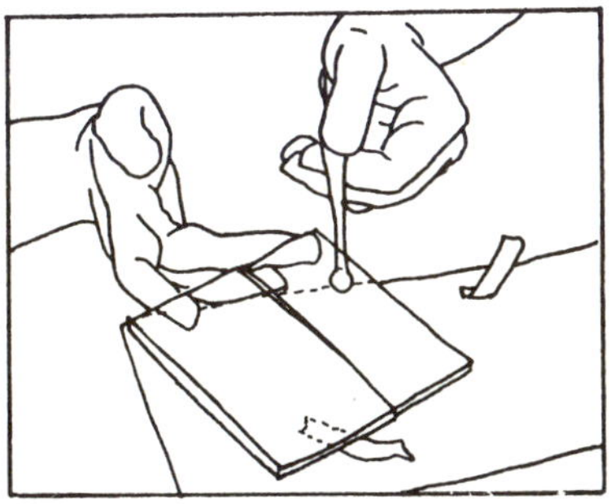

4

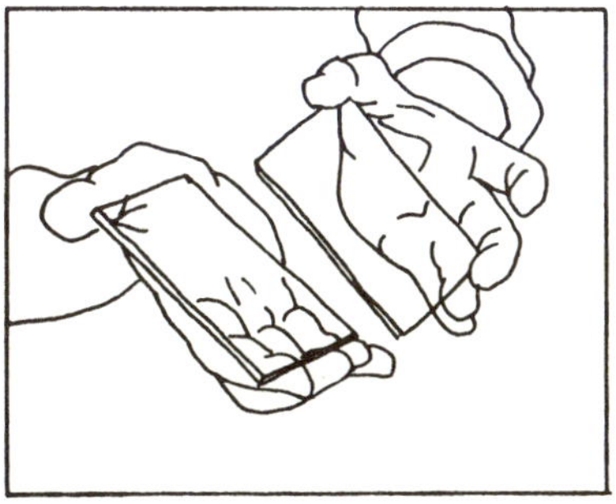

5

Größere Spiegelhalterungen

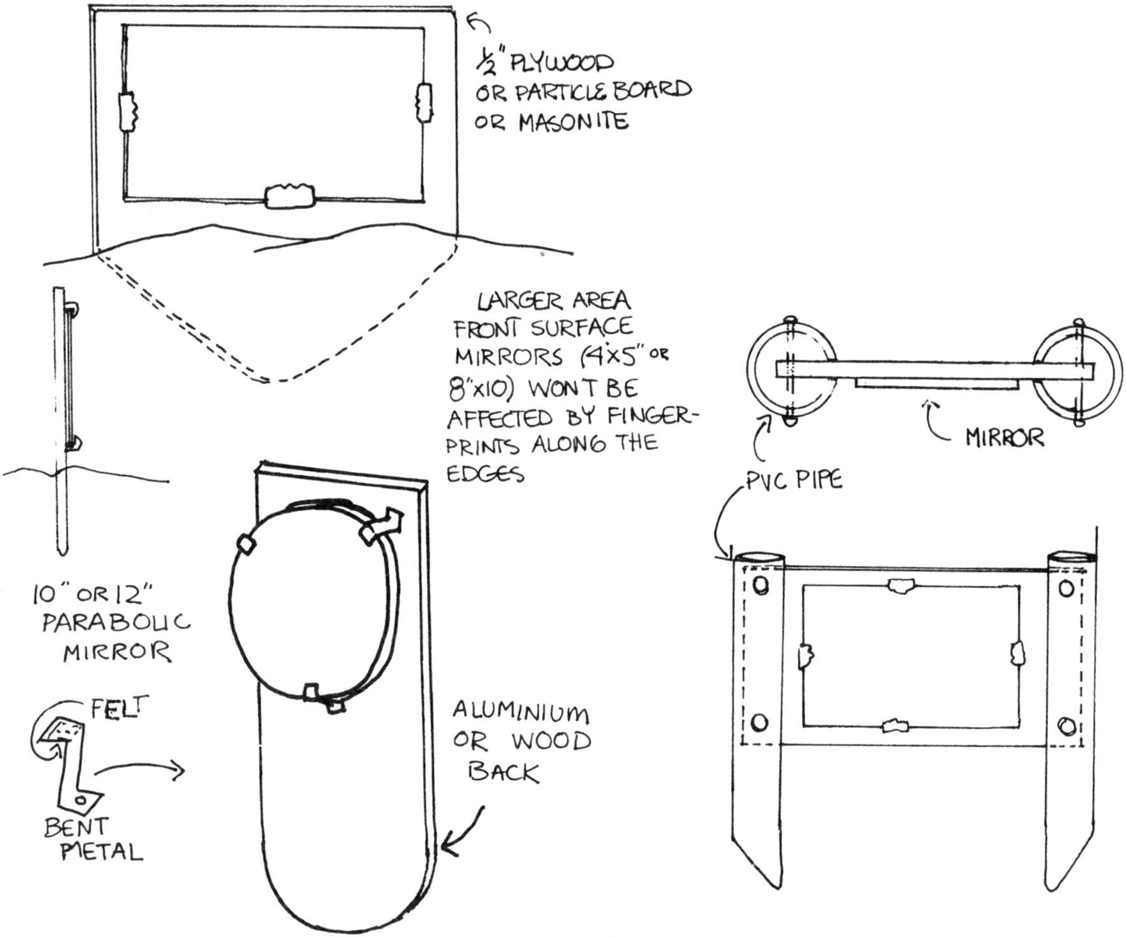

larger area front surface mirrors (4" x 5" or 8" x 10") won't be affected by fingerprints along the edges = *Größere Spiegel (100 x 130 oder 200 x 250 mm) werden von Fingerabdrücken an de Ecken nicht unbrauchbar*
$^{1}/_{2}$" plywood or particle board or masonite = *15 mm Sperrholz oder Preßplatte oder Hartholz*
mirror = *Spiegel*
pvc pipe = *PVC-Rohr*
10" or 12" parabolic mirror = *Parabolspiegel, 350 oder 400 mm*
felt = *Filz*
bent metal = *gebogenes Metall*
aluminium or wood back = *Aluminium oder Holz als Rückteil*

Vorrichtung zum Anbringen obenliegender Spiegel

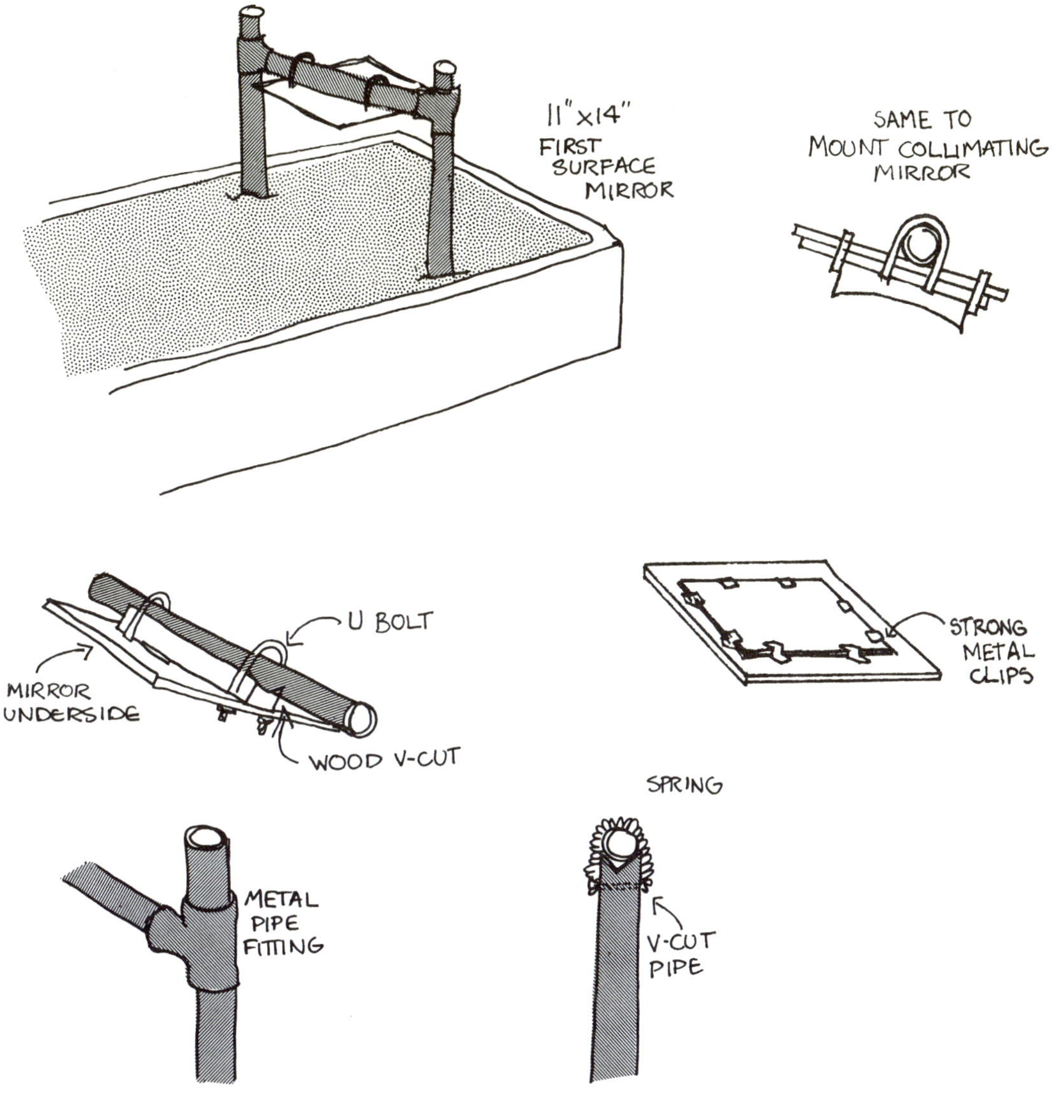

11" x 14" first surface mirror = *280 x 350 mm erster Oberflächenspiegel*
strong metal clips = *starke Metallklammern*
same to mount collimating mirror = *genauso für Hohlspiegel*
mirror underside = *Spiegelunterseite*
u bolt = *U-Klammer*
wood v-cut = *Holz mit V-Einschnitt*
metal pipe fitting = *Metallrohrbefestigung*
string = *Feder*
v-cut pipe = *V-förmig geschnittenes Rohr*

Herstellen einer Spiegelhalterung mit Werkzeugmaschinen

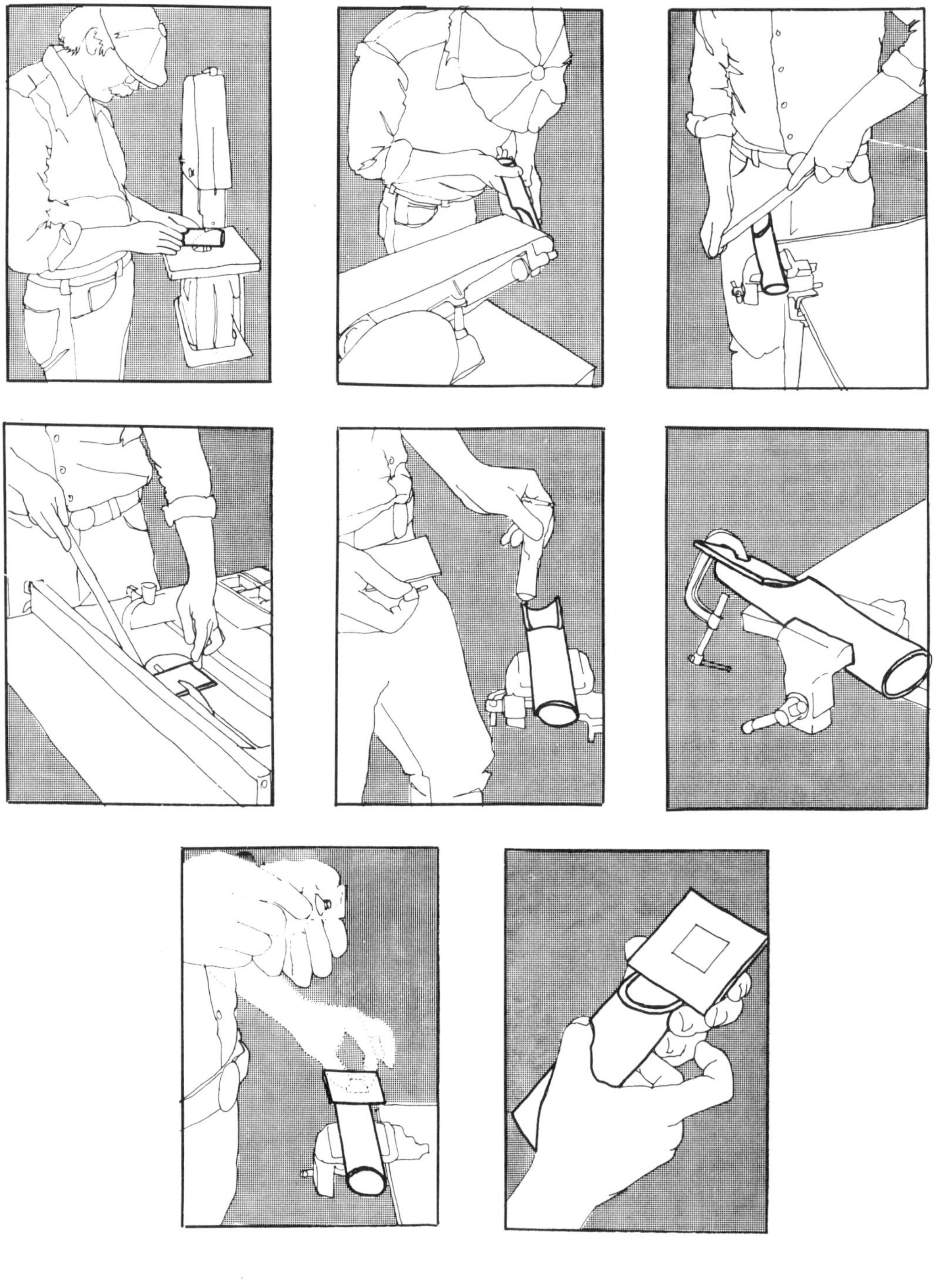

Linsen

masonite = *Hartholz*
1/8" - 1/4" thick = *bis 10 mm dick*
4" = *100 mm*
spray black (before mounting lens) = *schwarz sprühen vor dem Einsetzen der Linse*
a 1/4 inch wider than inside diameter of pvc pipe = *5 mm breiter als der Innendurchmesser des PVC-Rohrs*

Ein Loch mit einem 3 mm kleineren Durchmesser als der Linsendurchmesser wird in die Holzplatte gebohrt. Das Loch soll deshalb kleiner sein, weil ein Rand zum Festkleben benötigt wird. (Man kann die Linse auch genau passend ins Bohrloch setzen, doch oft bleibt dabei ein Rand, der Licht durchläßt.) Danach wird das Holz in das PVC-Rohr gesetzt. Man sollte darauf achten, die Linse während der Prozedur sauber zu halten. Linsen sind zwar im allgemeinen leichter zu reinigen als Spiegel, doch es ist immer am besten, sie nur am Rand anzufassen. Die Linse sollte sauber sein, bevor sie festgeklebt wird, da es oft schwierig ist, bestimmte Teile der Oberfläche zu erreichen, wenn sie einmal angebracht ist. Wenn es notwendig sein sollte, eine Linse zu reinigen, benutzt man immer spezielle Reinigungsflüssigkeit und Linsenpapier, das im Photoladen erhältlich ist (sie zeigen einem dort auch, wie es richtig gemacht wird).

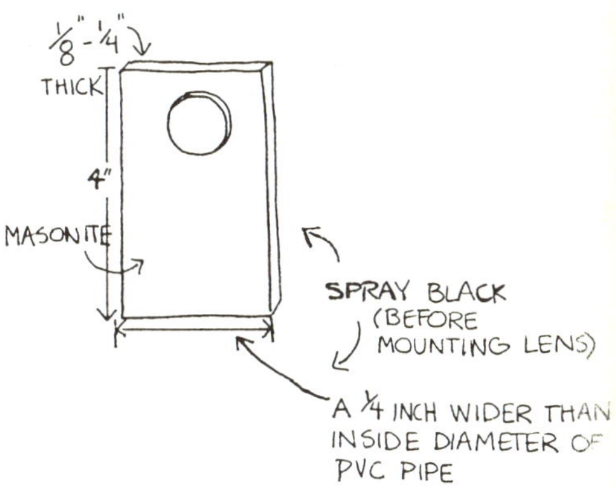

Beim Festkleben die Linse zuerst nach der Mitte des Bohrloches zentrieren. Darauf achten, daß ringsum Kontakt zum Holz besteht. Dann den Kleber um den Rand herum auftragen und das Ganze in horizontaler Lage trocknen lassen.

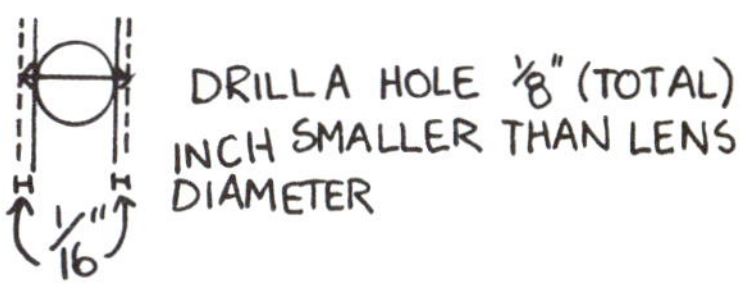

Die hier gezeigten Variationen: Ein Hartholzausschnitt für eine größere Linse, eine Verlängerungslinse für schwer erreichbare Winkel, eine direkt auf das Rohr montierte Linse und einige Arten austauschbarer Halterungen. Sorgfältig gebaute und ästhetisch gelungene Vorrichtungen sind zweifellos sehr anziehend, aber im Endeffekt kommt es auf die Funktionsfähigkeit an. Denken Sie an die K.I.S.S.-Philosophie.

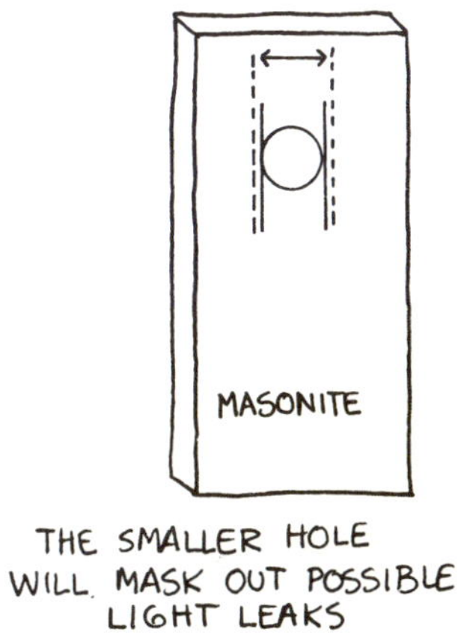

drill a hole 1/8" (total) inch smaller than lens diameter = *ein Loch mit insgesamt 3 mm kleineren Durchmesser als der Linsendurchmesser* 1/16" = *1,5 mm*
masonite = *Hartholz*
the smaller hole will mask out possible light leaks = *das kleinere Loch verdeckt mögliche lichtdurchlässige Stellen*

1

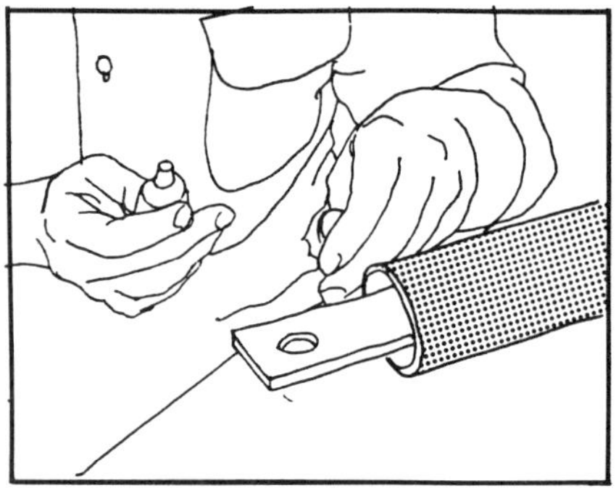

2

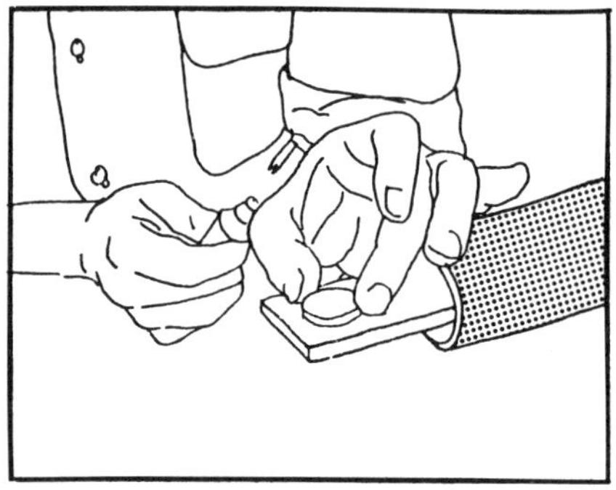

3

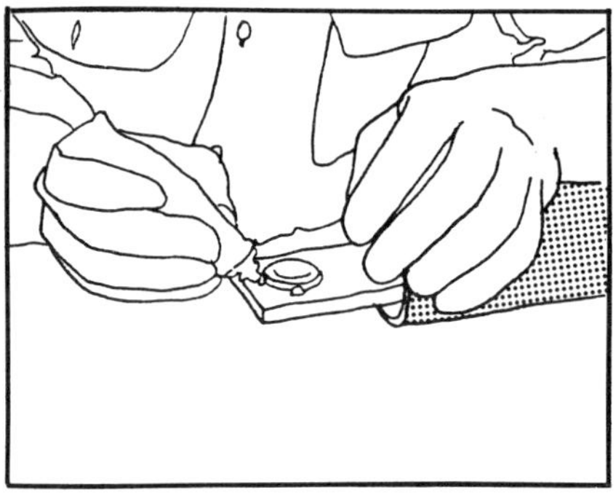

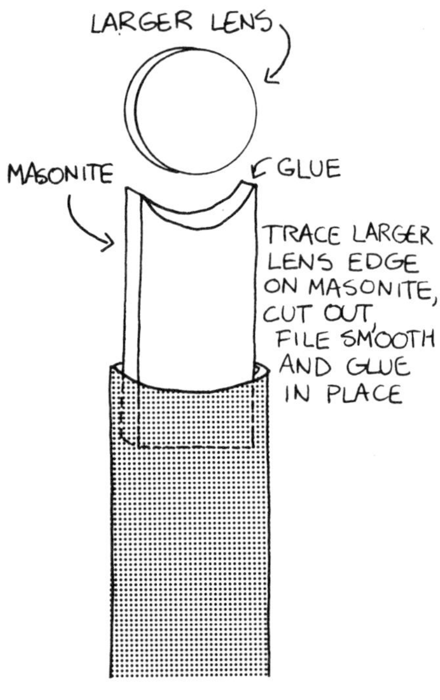

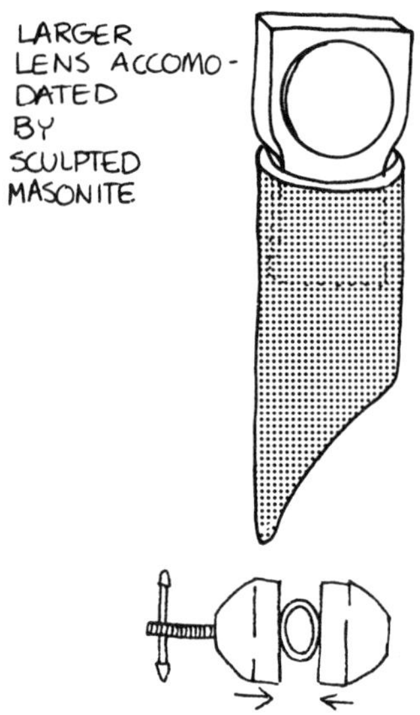

larger lens = *Größere Linse*
masonite = *Hartholz*
glue = *Klebstoff*
trace larger lens edge on masonite, cut out file smooth and glue in place = *den Umriß der Linse auf dem Holz aufzeichnen, ausschneiden, glattfeilen und festkleben*
larger lens accomodated by sculpted masonite = *Größere Linse in passend geschittenem Hartholz*

Alternativen

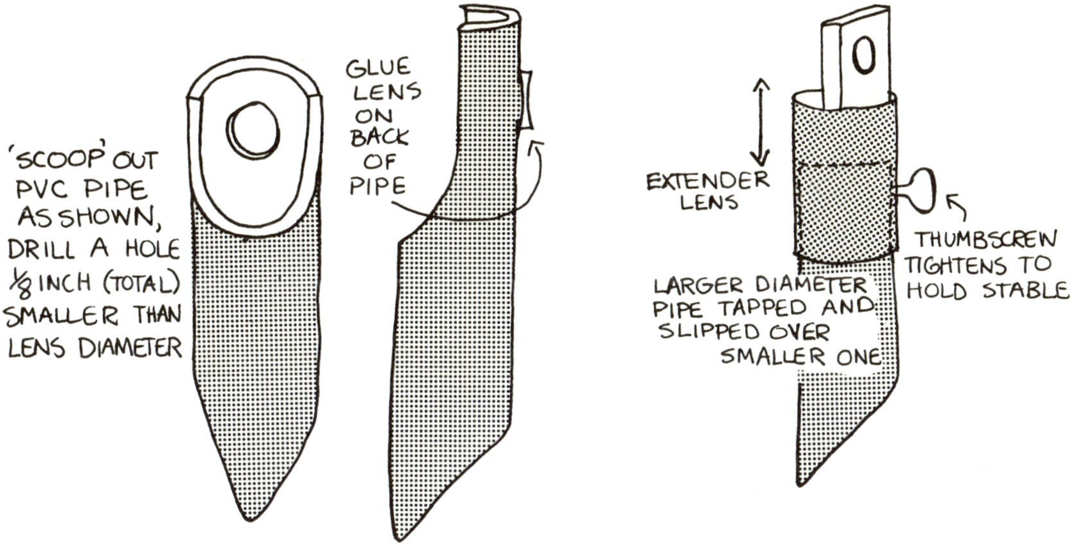

'scoop' out pvc pipe as shown, drill a hole $^{1}/_{8}$ inch (total) smaller than lens diameter = *PVC-Rohr ausschneiden, ein Loch mit 3mm kleinerem Durchmesser bohren*
glue lens on back of pipe = *die Linse auf die Rückseite des Rohres kleben*
extender lens = *ausfahrbare Linse*
larger diameterpipe tapped and slipped over smaller one = *Rohr mit größerem Durchmesser wird über kleineres geschoben*
Tumbsrew tightens to hold stable = *Daumenschraube anziehen damit es festhält*
interchangeable mounts = *auswechselbare Halterungen*
$^{1}/_{4}$" notch in block of wood to hold masonite = *5 mm Einschnitt im Holzblock, um die Hartholzplatte zu halten*
$^{1}/_{4}$" notch in pvc pipe = *5 mm Einschnitt im PVC-Rohr*
tap (threaded holes) and add thumbscrews to wood/pipe = *Bohrlöcher für Daumenschrauben am Holz/Rohr*

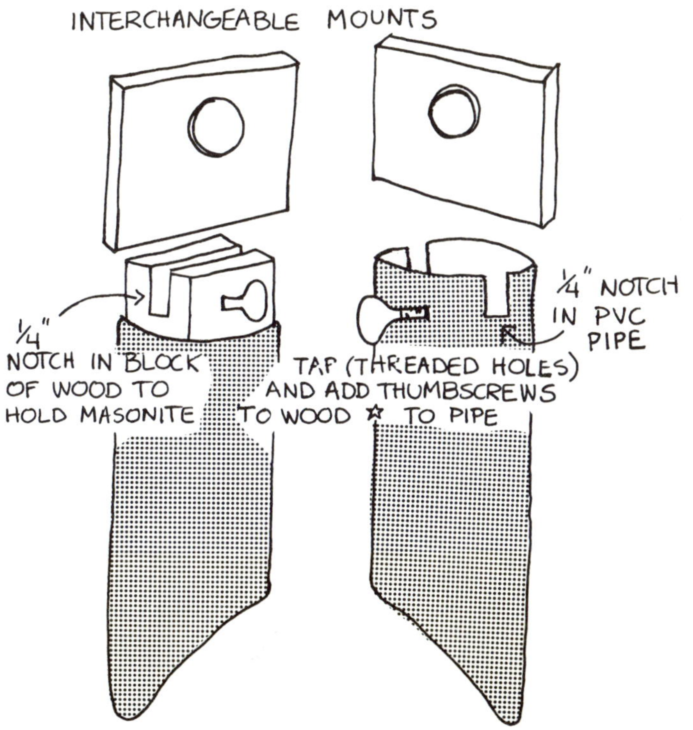

Strahlenteiler

Für einfache Hologramme braucht man zwei spezielle Strahlenteiler, einen 90:10 und einen 50:50. Für die fortgeschrittenere Holographie ist ein variabler Strahlenteiler von unschätzbarem Wert.

Der am einfachsten zu bauende ist der 90:10, eine einfache Glasplatte von 5 mm Dicke, die in ein Rohr gesteckt wird. Obwohl man es Strahlenteiler 90:10 nennt, ist die Lichtverteilung (nach etwas Absorption) eigentlich 80 % durchlässiges Licht, 15 % Licht reflektiert von der Vorderseite des Glases und ein kleinerer Prozentsatz von der zweiten Oberfläche.

Es ist wichtig, daß das Glas mindestens 5 mm dick ist, weil das refelektierte Licht sich sonst selbst im Weg ist.

90/10 beam splitters = *90:10 Strahlenteiler*
1/4" thick glass = *5 mm dickes Glas*
masonite = *Hartholz*
5% reflected of back surface = *5% reflektiert von der Rückseite*
reflected beam 15% = *reflektierter Strahl 15%*
80% transmitted beam = *80% des Strahls gehen hindurch*

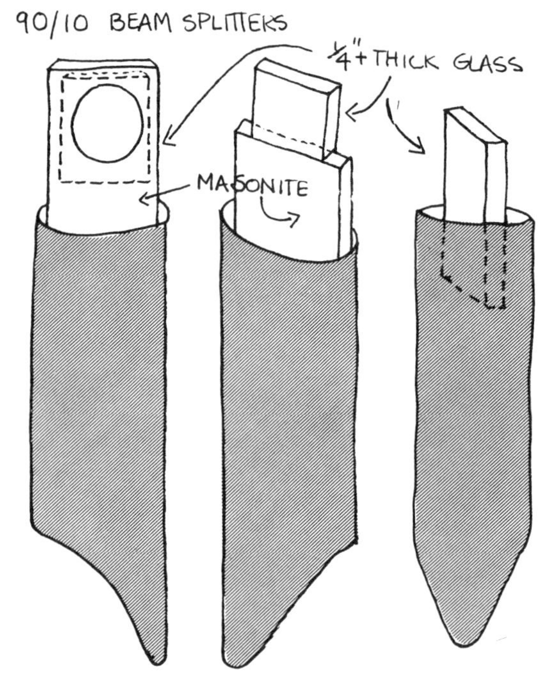

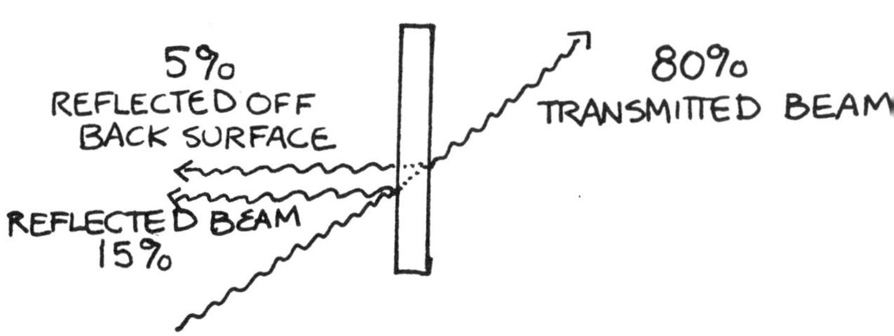

Der 50:50 Strahlenteiler, ein Glasstück in der Form eines Grabsteines (zu beziehen von »Edmund Scientific«), kann an ein Hartholzstück angeklebt werden, ohne viel von der Nutzfläche zu verlieren.

Andere Möglichkeiten: Eine Kerbe in das PVC-Rohr oder in das Hartholzstück schneiden und Klebstoff und Glas einfügen.

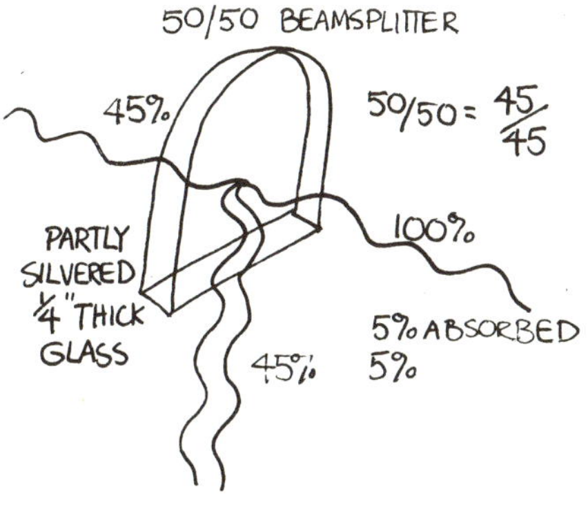

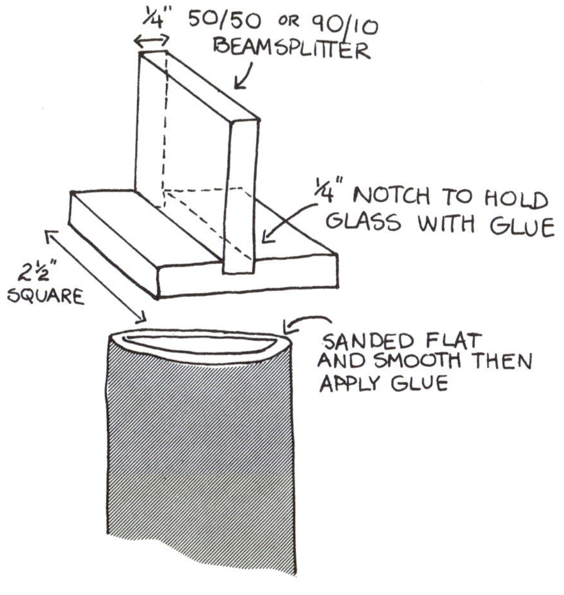

50/50 beamsplitter = *50:50 Strahlenteiler*
partly silvered 1/4" thick glass = *Teilversilbertes 5 mm dickes Glas*
5% absorbed = *5% absorbiert*
1/4" = *5 mm*
50/50 or 90/10 beamsplitter = *50:50 oder 90:10 Strahlenteiler*
1/4" notch to hold glass with glue = *5 mm-Kerbe um das Glas einzukleben*
2 1/2 square = *60 mm Quadrat*
sanded flat and smooth then apply glue = *Glattschmirgeln und dann Klebstoff auftragen*

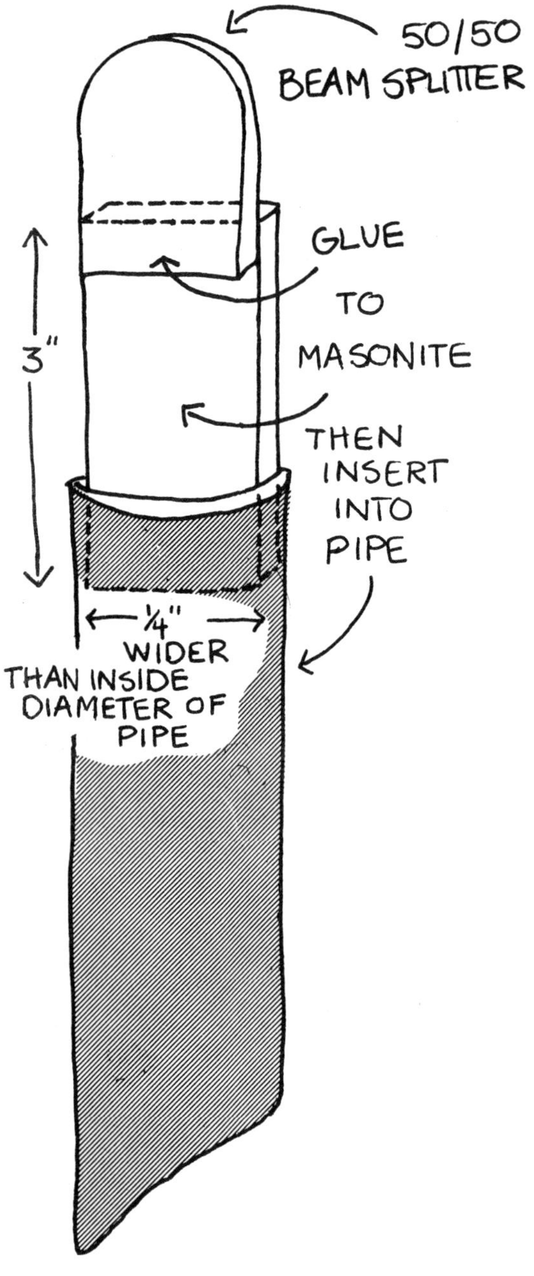

50/50 beamsplitter = *50:50 Strahlenteiler*
glue to masonite = *ankleben an Hartholz*
then insert into pipe = *dann in das Rohr schieben*
$^1/_4$" wider than inside diameter of pipe = *5 mm breiter als der Innendurchmesser des PVC-Rohrs*

Variable Strahlenteiler

Der variable Strahlenteiler ist lediglich ein Strahlenteiler, der das Verhältnis der Intensität von reflektiertem zu durchgelassenem Strahl verstellen kann. Er besteht aus einem Spiegel, der in Abstufungen versilbert ist von 5% bis zu etwa 98% Reflexion. Diese Strahlenteiler werden entweder als Scheibe (vorzuziehen, aber teuer) oder als rechtwinkliger »Keil« mit linearer Veränderung angeboten. Es gibt preiswerte Keile, die auf verschiedene Art montiert werden und einfach auf ihrer Längsachse verschoben werden können, um den Reflexionsanteil zu verändern. Der Keil kann in einen runden Strahlteiler verwandelt werden (s. Zeichnung nächste Seite), wobei die Drehung der Hartholzscheibe dazu führt, daß der Strahl durch unterschiedliche Stellen des Strahlenteilers dringt.

Unglücklicherweise ist die Trägerschicht des Keils sehr dünn, und Licht, das zwischen der Vorder- und Rückseite manchmal eindringt, kann unerwünschte Diffraktionsmuster bilden. Für den Anfang ist das nicht weiter kritisch, doch bei Arbeiten von höherer Qualität ist es oft störend. Die variable Regelscheibe, wie sie im Abschnitt über den Kauf der Instrumente beschrieben wird, ist unserer Meinung nach für fortgeschrittene oder ernsthafte Holographie unumgänglich.

Experimentierfreudige und kompetente optische Konstrukteure können versuchen, das Problem der Trägerschicht des Keils zu lösen, indem sie das dünne Glasstück mit einem guten Optikkleber auf ein 5 mm dickes Glasstück kleben. Denken Sie daran, daß die beschichtete Seite des Strahlenteilers außen bleibt. Beim Gebrauch sollte der Strahl immer zuerst mit der beschichtete Seite zusammentreffen.

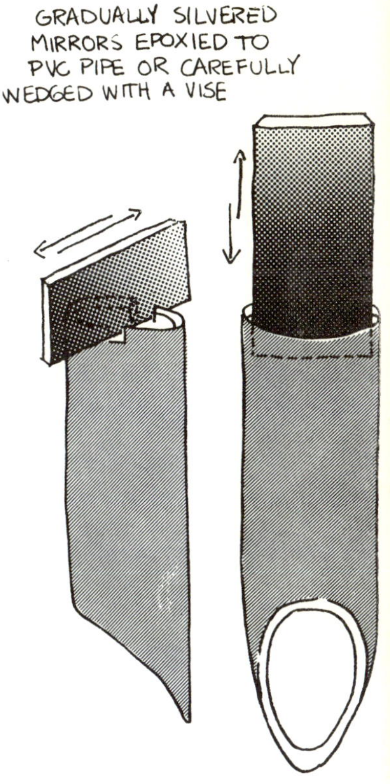

gradually silvered mirrors epoxied to pvc pipe or carefully wedged with a vise = *Stufenweise beschichtete Spiegel, die an das PVC-Rohr geklebt oder vorsichtig mit dem Schraubstock eingeklemmt wurden*

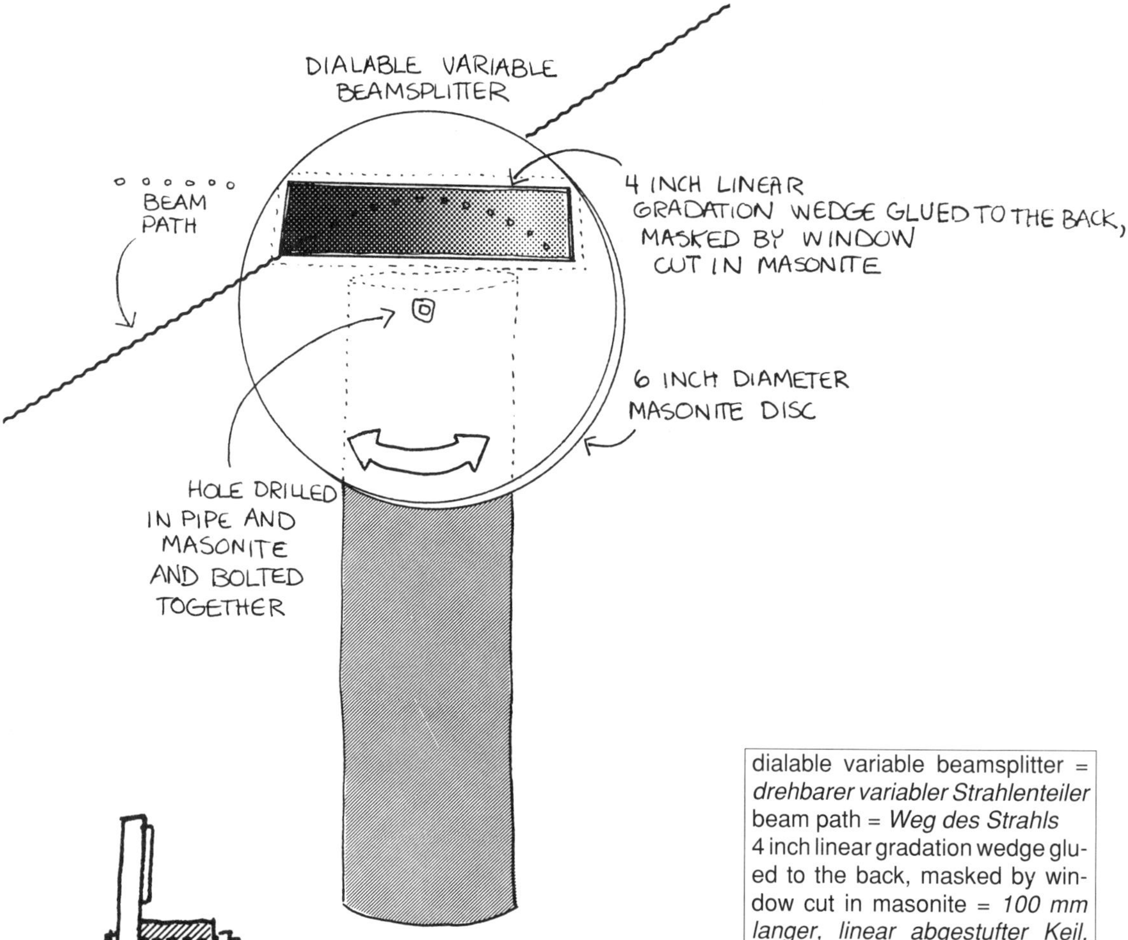

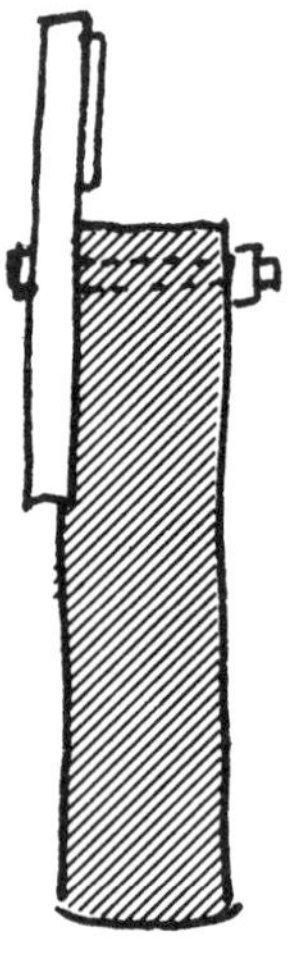

dialable variable beamsplitter = *drehbarer variabler Strahlenteiler*
beam path = *Weg des Strahls*
4 inch linear gradation wedge glued to the back, masked by window cut in masonite = *100 mm langer, linear abgestufter Keil, der auf der Rückseite aufgeklebt und durch ein Fenster im Hartholz sichtbar ist*
6 inch diameter masonite disc = *Hartholzscheibe mit 150 mm Durchmesser*
hole drilled in pipe and masonite and bolted together = *Loch, das in Holz und Rohr gebohrt und verschraubt wurde*

Plattenhalter

In diesem Kapitel werden wir Techniken zur Konstruktion von Geräten besprechen, mit denen holographische Platten oder Filme auf dem Holographietisch zur Belichtung festgehalten werden.

Plattenhalter zu entwerfen gehört zu den erfindungsreichsten Arbeiten beim Holographieren. Für einfache Hologramme sind die Halterungen ziemlich unkompliziert. Wenn man jedoch anfängt, nach anspruchsvollen Entwürfen zu arbeiten, erfordern neue Techniken oft neue Plattenhalter. Man muß sich nur ins Gedächtnis rufen, wie jung die Holographie ist und wie schnell sie sich weiterentwickelt, um zu verstehen, daß Plattenhalter für einige Arten von Hologrammen nicht zu kaufen sind, auch wenn man es möchte. Hinzu kommt, daß wir die hier beschriebenen für vielseitiger und doch billiger halten als alle anderen.

saw blade = *ausfräsen*
1/4" thick = *5 mm dick*

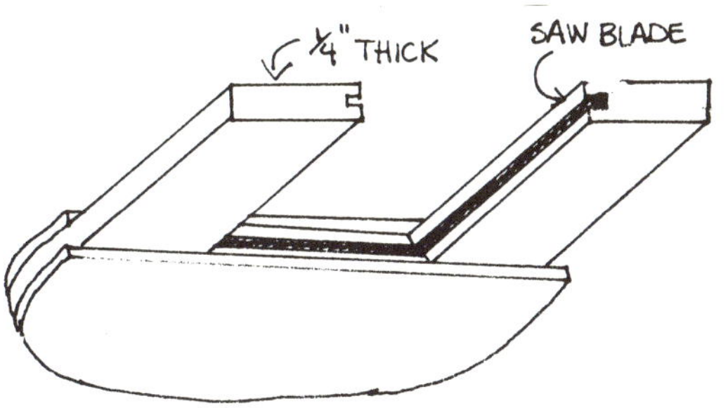

Die gebräuchlichsten Filmmaterialien sind auf 100 x 130 mm (4 x 5 inch) Glasplatten erhältlich. Deshalb reicht auch für alle grundlegenden holographischen Aufbauten eine 100 x 130 mm-Halterung (4 x 5 inch) aus (außer für das Bildebenenhologramm, wo zwei benötigt werden). Das gleiche Grunddesign kann dann auf andere Plattenhalter angewandt und für andere Größen und Arten modifiziert werden.

Der Halter ist im Grunde ein dreiteiliges, U-förmiges Sandwich, bei dem das Innenstück etwas größer ausgeschnitten ist als die beiden äußeren. Der Halter hat eine konische Unterseite, die es erlaubt, ihn in den Sand zu stecken.

Obwohl der Plattenhalter und die Unterseite aus einem Stück sein können, empfehlen wir, eine separate, abnehmbare Unterseite zu konstruieren, um die Vielseitigkeit des Halters zu erhöhen.

glue and bolt, sandwich between masonite half circles = *kleben und die Teile zwischen Hartholzplatten festschrauben*

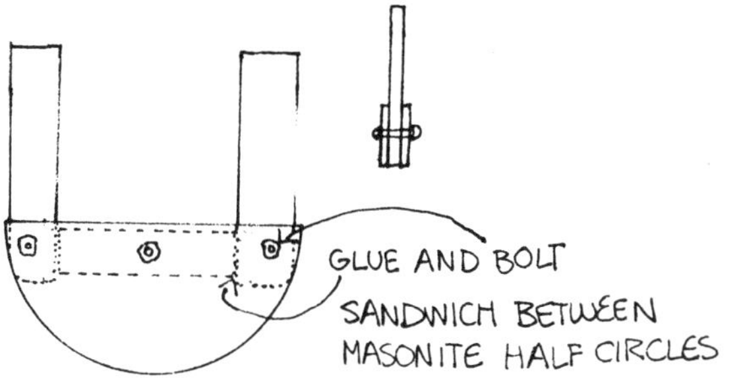

Der Halter kann dann in einer horizontalen oder vertikalen Position auf dem Tisch benützt werden, je nachdem, wie er an der Unterseite festgemacht ist. Oder er kann ohne Unterteil verwendet werden, als Einsatz in einem 200 x 250 mm - Halter (8 x 10 inch), um Testbelichtungen vorzunehmen. Man sollte sich der Gesamtstärke des Halters bewußt sein, wenn man ihn für diesen Zweck benützen will und möglicherweise beide Größen zu gleicher Zeit bauen.

Konstruktion des Halters:

Man braucht dazu:

- Zwei 200 x 250 mm (8 x 10 inch) große Hartholzstücke, 3 mm dick oder dünner (oder gehärtetes Aluminium).
- 200 x 250 mm (8 x 10 inch) Plastik, Karton oder ähnliches.
- 100 x 130 mm (4 x 5 inch) Glasplatte.
- Kleber oder Schrauben, um sie zusammenzuhalten.

Die Platte sollte gut in den Halter passen, ohne hin- und herzurutschen, doch sie sollte locker hineingeschoben und herausgezogen werden können; denken Sie daran, daß Sie die Platte im Dunkeln laden werden. Um den Halter herzustellen, braucht man eine richtige 100 x 130 mm (4 x 5 inch) Platte als Schablone. Da man zuerst einen Plattenhalter bauen muß, bevor man ein Hologramm machen kann, muß man eine unbelichtete Platte benutzen (man wird sie dabei ruinieren, weil sie dem Licht ausgesetzt wird, aber für gute Paßform ist es das wert). Vergessen Sie nicht, die Plattenschachtel in völliger Dunkelheit zu öffnen, eine herauszunehmen und die Schachtel dann zu schließen, bevor Sie das Licht anmachen.

Die Platte wird zuerst als Maßstab für die Dicke des inneren Stückes des dreiteiligen Sandwichs benutzt. Dieses Distanzstück muß etwas dicker als die Platte sein. Um es herzustellen, legen Sie die Platte auf glatten Untergrund. Legen Sie einen Stapel Karten oder Papier daneben, der etwas höher ist als die Dicke der Platte. Kleben Sie den Stapel zusammen und schneiden Sie ihn zu auf 200 x 250 mm (8 x 10 inch).

Die Platte wird jetzt als Vorlage benutzt, um einen Teil des Stapels auszuschneiden, damit man das U-förmige Distanzstück erhält. Legen Sie die Platte auf den Stapel, zentrieren Sie sie der Länge nach an einer Seite und schneiden Sie einfach darum herum.

Diesen Teil auszuschneiden ergibt das gewünschte Distanzstück.

Benützen Sie jetzt die beiden Außenstücke, schneiden Sie U-förmige Umrisse in jedem aus, die etwa 3 mm weniger messen als das Distanzstück.

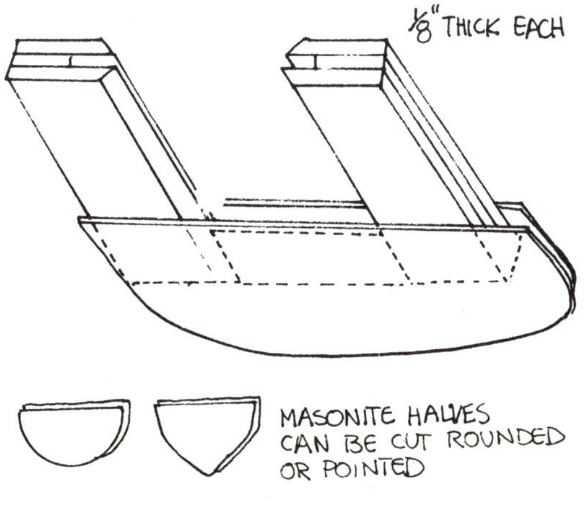

masonite halves can be cut rounded or pointed = *die Hartholzteile können sowohl rund als auch spitz ausgeschnitten werden*
1/8" thick each = *je 3 mm*

An diesem Punkt sollten Sie die U-förmigen Ränder an beiden Außenstücken auf einer Seite abschrägen. Das reduziert den Schatten, den die Ränder des Halters auf die Platte werfen können.

Die drei Teile können dann zusammengeklammert, gebohrt und verschraubt oder verklebt werden (versuchen Sie, die Öffnung des Distanzstücks zwischen den äußeren Teilen so genau wie möglich zu zentrieren).

Als nächstes bohren Sie zwei Löcher unten und an den Seiten, wie in der Zeichnung zu sehen (die Löcher sollten an beiden Halterteilen den gleichen Abstand voneinander haben). Sie dienen dazu, die Halter an einer Basis zu befestigen.

Die Basis des Plattenhalters sollte so gebaut werden, daß der Halter leicht in den Sand gesteckt werden kann und doch solide stehenbleibt. Wir hatten mit einem U-förmigen oder konischen Holz- oder Aluminiumstück Erfolg, das an den Halter geschraubt wird. Es kann einfach wie in der Zeichnung zu sehen zugeschnitten und mit Bohrlöchern, die denen im Halter entsprechen, versehen werden. Wenn die Löcher im Halter in richtigem Abstand zueinander stehen, kann dieselbe Basis entweder an der Unterseite oder seitlich am Plattenhalter angeschraubt werden. Für den Anfang sollten Sie mit der Unterseite beginnen. Flügelschrauben erleichtern den schnellen Austausch oder die Entfernung der Basisteile. Als letzten Schritt sprühen Sie den gesamten Halter mit schwarzer Farbe ein.

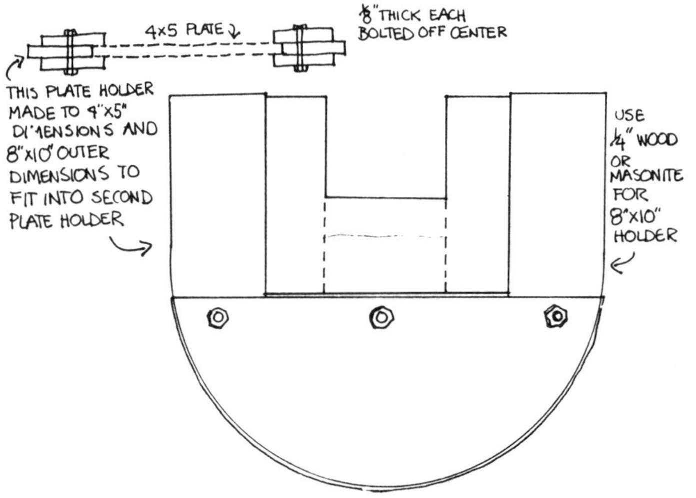

4 x 5 plate = 100 130 mm Platte
$^{1}/_{8}$" thick each bolted off center = *3 mm dick, jede verschoben verschraubt*
his plate holder made to 4" x 5" dimensions and 8" x 10" outer dimensions to fit into second plate holder = *dieser Plattenhalter für 100 x 130 und 200 x 250 mm äußeren Umfang soll in den zweiten Plattenhalter passen*
use $^{1}/_{4}$" wood or masonite for 8" x 10" holder = *für den 200 x 250 mm-Halter 5 mm dickes Holz oder Hartholz verwenden*

Halter für 200 x 250 (8 x 10 inch) oder 300 x 400 mm große Platten können auf die gleiche Weise hergestellt werden, indem man einfach die gewünschte Platte als Schablone benutzt. Wenn Sie keine neue Platte dabei ruinieren wollen, lassen Sie sich vom Glaser eine Glasplatte von der gewünschten Stärke und Größe zurechtschneiden (Stärke und genaue Größe stehen auf der Plattenschachtel). Für Leute, die anspruchsvollere Arbeiten herstellen wollen, empfehlen wir mindestens zwei 100 x 130 (4 x 5 inch) und zwei 200 x 250 mm (8 x 10 inch) große Halter, wovon wenigstens einer der kleineren in einen der größeren passen sollte.

Viele der Anordnungen verwenden den Plattenhalter so, daß er schräg in einem Winkel in den Sand gesteckt wird. Für diese Fälle sollte man eine längere Basis, etwa 250 bis 350 mm lang, verwenden. Es ist einfach, so eine Basis zu bauen und nach Bedarf abwechselnd mit den anderen zu verwenden.

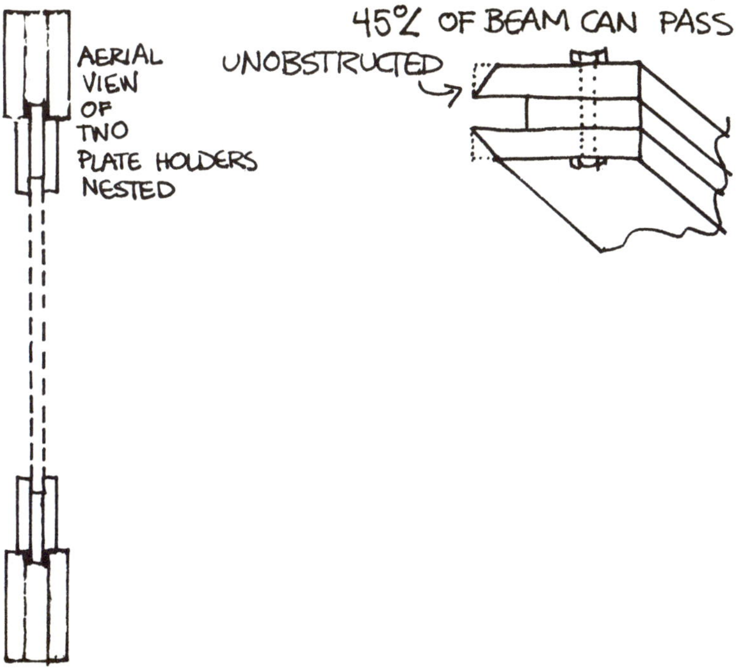

aerial view of two plate holders nested = *zwei ineinander geschobene Plattenhalter von oben gesehen*
45 °< of beam can pass unobstructed = *45 Grad abfeilen für ungestörten Strahleinfall*

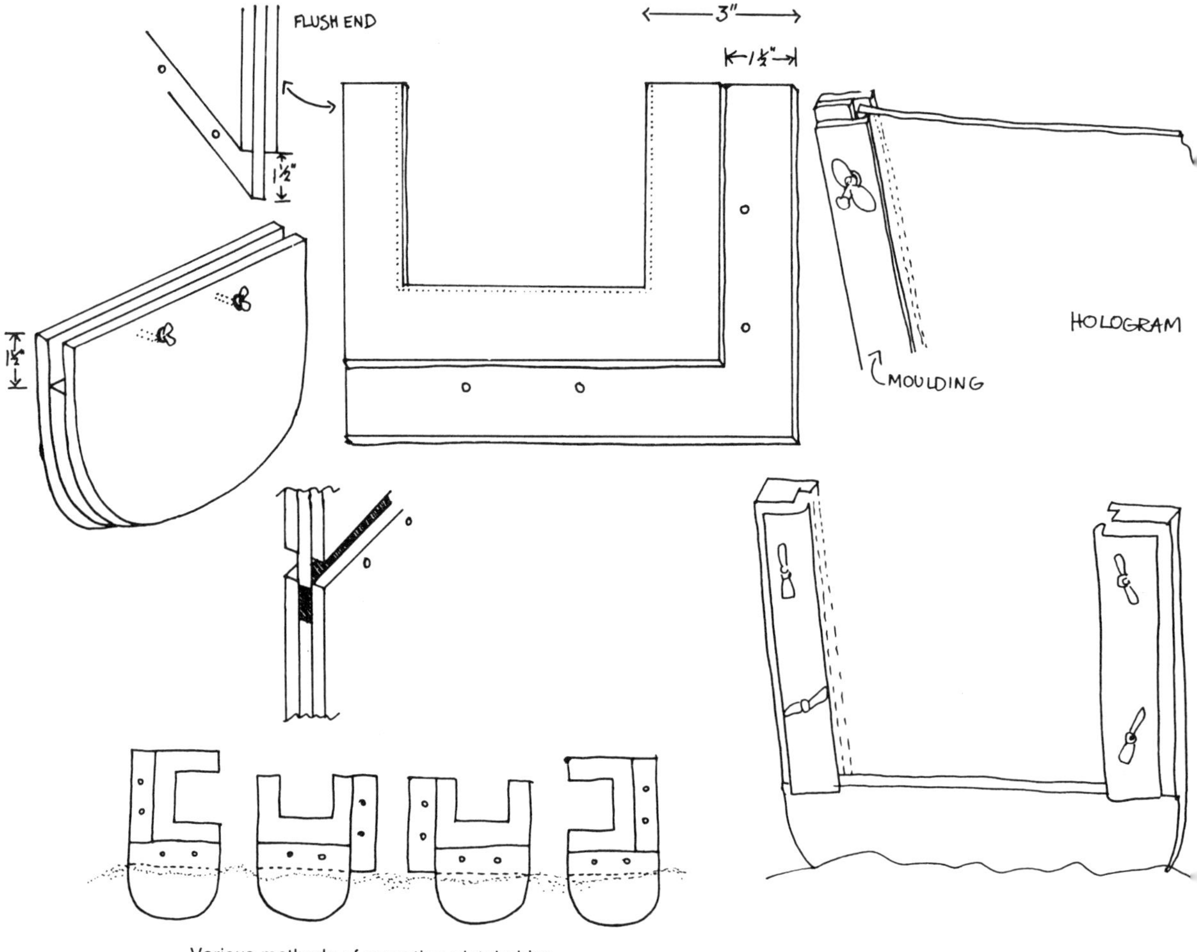

Various methods of mounting plateholder.

flush end = *bündiger Abschluß*
moulding = *Rahmen*
hologram = *Hologramm*
various methods of mounting plateholder = *verschiedene Methoden den Plattenhalter anzubringen*
$1\ ^{1}/_{2}$" = *35 mm*
3" = *75 mm*

Filmhalter

Holographen, die gerade anfangen, müssen sich nicht sofort mit diesen Haltern befassen, da wir empfehlen, lieber mit Glas als mit Film zu arbeiten, bis eine gewisse Routine erreicht ist.

Der am einfachsten zu benützende Filmhalter ist der von einer alten 10 x 13 (4 x 5 inch) Sucherkamera. Der Film wird in den Halter geschoben und eine Abdeckplatte sorgt dafür, daß er im Dunkeln bleibt, bis man ihn benützt (Ihr Photohändler zeigt Ihnen, wie es gemacht wird). Um den Halter auf dem Sandtisch zu plazieren, kann ein Sandwich in der Art des Plattenhalters, aber breit genug, um den Film aufzunehmen, herausgenommen und wieder eingesetzt werden wie eine Platte. Vorgefertigter 10 x 13 (4 x 5 inch) Film ist erhältlich oder kann selbst zugeschnitten werden (siehe Aufnahmematerialien), wobei ein Papierschneider in der Dunkelkammer mit Grünlicht verwendet wird.

6 inch = *150 mm*
12 inch = *300 mm*
glass-film sandwich = *Glas-Film Sandwich*

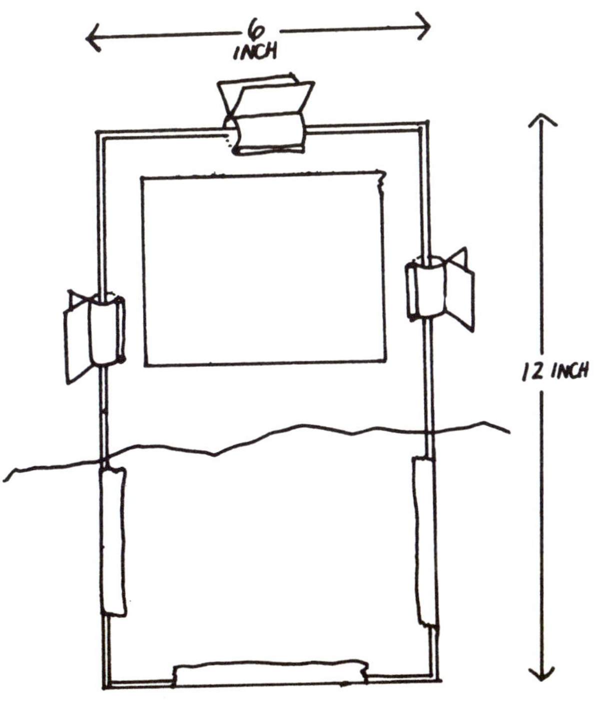

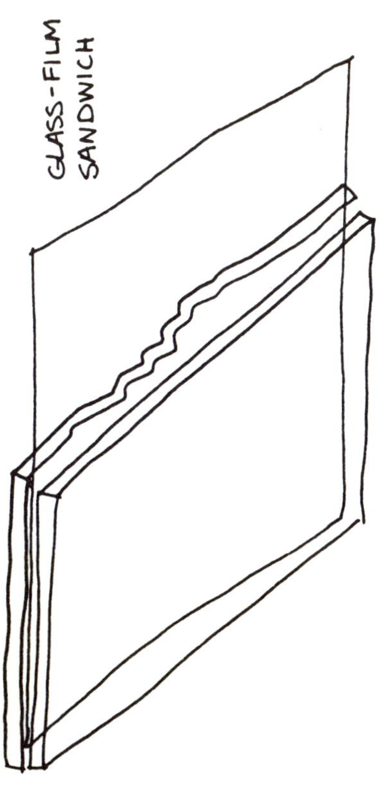

Eine andere Methode, den Film zu verwenden, besteht darin, ihn zwischen zwei Glasplatten zu klemmen. Das Glassandwich kann dann in einen passenden Plattenhalter geschoben werden.

Gebogener Film muß gewöhnlich auf ein gebogenes Stück Aluminium oder Plastik geklebt werden. Wegen der relativen Instabilität des Films muß er gewöhnlich am Halter befestigt und eine Zeitlang (oft über Nacht) in Ruhe gelassen werden, bevor man ihn belichtet.

Index-Match-Halter

Muster, die als Newtonsche Ringe bekannt sind, werden in der fortgeschrittenen Holographie oft als störend empfunden. Sie werden von Licht verursacht, das zwischen den vorderen und hinteren Oberflächen der Glasplatte oder des Films wirksam wird. Einige Platten haben eine Lichthofschutzbeschichtung (Anti-Halo), um diesem Effekt entgegenzuwirken. Die meisten Platten haben sie jedoch nicht. Eine Lösung des Dilemmas ist die Verwendung einer Index-Match-Flüssigkeit zwischen der holographischen Platte oder dem Film und einer tiefschwarzen Platte.

Diese Rückenplatte kann aus einem Stück schwarzen Glases, Plastik oder Metall gemacht werden. Der Plattenhalter ist einfach eine angepaßte Version der vorher beschriebenen. Die Öffnung des Halters muß so groß sein, daß sie die holographische Platte und die Rückenplatte zusammen aufnehmen kann. Um die Platten zusammenzuhalten, klammert man eine Seite eines 90 Grad Metallrahmens an den Halter (s. Zeichnung). Die andere Seite des Rahmens drückt gegen die Platten und hält sie zusammen.

index matching fluid = *Index-Match-Flüssigkeit*
metal molding = *Metallrahmen*

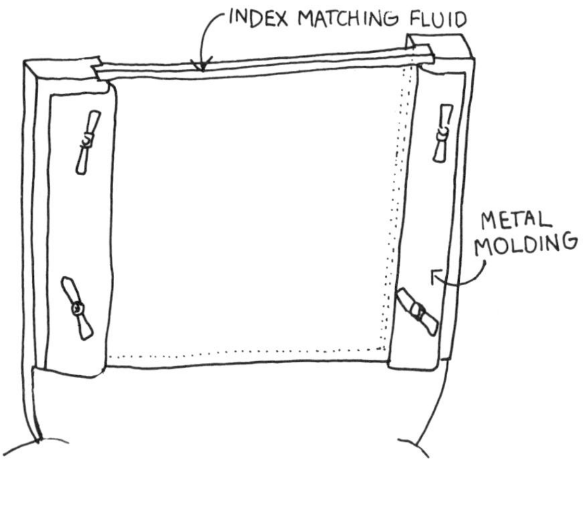

Die Indexflüssigkeit kann entweder im Halter aufgetragen werden oder bevor die Platte eingeschoben wird. Benützt man die erstere Technik, kann die Rückenplatte als fester Bestandteil des Halters gebaut werden. Die holographische Platte wird eingesetzt, indem man den unteren Rand gegen die Rückenplatte drückt und dann mit einem Tropfer einen Tropfen Xylol (die Indexflüssigkeit) an der gemeinsamen Kante verstreicht. Dann wird die holographische Platte vorsichtig hochgeschoben und die beiden Platten zusammengebracht, während man die Flüssigkeit sorgfältig zwischen den beiden verteilt. Es ist am besten, das Xylol auf die Glasseite der Platte, nicht auf der Emulsionsseite anzubringen.

Wenn das Sandwich hergestellt ist, kann man die Klammern festziehen. Man kann das alles unter dem grünen Sicherheitslicht machen, aber am besten übt man vorher mit einem Stück Glas in normalem Licht, bis es klappt.

Man kann auch die beiden Platten außerhalb des Halters zusammenbringen und dann das fertige Sandwich einsetzen. Dabei legt man die Rückenplatte auf eine flache Unterlage und bringt ein paar Tropfen Xylol darauf. Die holographische Platte wird sorgfältig daraufgeschoben, um Blasen zu vermeiden, und dabei verteilt sich die Flüssigkeit zwischen den beiden Platten. Dann schiebt man sie zusammen in den Halter.

Nach der Belichtung kann man das Xylol entweder mit einem Papierhandtuch abwischen oder verdunsten lassen oder einfach im Entwickler auflösen.

Vakuumplatten

Für professionelle Systeme kann eine Vakuumfilmplatte konstruiert werden, indem man ein 5 mm Aluminiumblech mit einem sehr dünnen Bohrer mit vielen Löchern versieht. Die Rückseite der Platte wird mit einem dünnen Distanzstück an den Kanten beklebt und mit einer zweiten Platte verschlossen, so, daß zwischen den beiden flachen Platten ein Hohlraum entsteht. In die hintere Platte kann man eine Öffnung für einen Schlauch bohren und alles gut versiegeln, indem man alle Berührungspunkte mit Silikon bestreicht. Der Schlauch kann an die Ansaugöffnung eines Kompressors angeschlossen werden (ein leicht veränderter Staubsauger tut's auch). Wenn ein Stück Film alle Löcher der Platte bedeckt, wird es sicher festgehalten, wenn das Vakuum erzeugt wird. Die Platte sollte schwarz gesprüht werden, um Streueffekte zu vermeiden (als erfahrener Holograph wissen Sie, daß ein Kompressor weit genug entfernt sein muß, um Erschütterungen zu vermeiden, was einen langen Schlauch erfordert).

space = *Zwischenraum*
very small hole 1/2" apart = *sehr kleine Löcher, 10 mm auseinander*
glass = *Glas*
holo film = *Holofilm*
to vacuum = *zum Kompressor/Staubsauger*

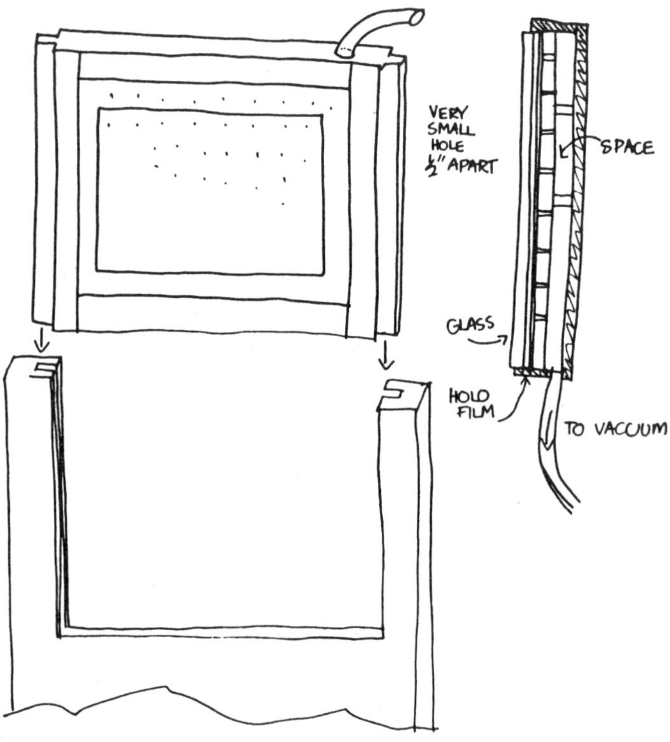

Verschlüsse

Der Verschluß, der in holographischen Anordnungen verwendet wird, dient dazu, den Strahl abzublocken und dann für die erforderliche Belichtungszeit durchzulassen. Die Funktion ist im Grunde dieselbe wie die des Kameraverschlusses in der Photographie: zu regeln, wann und für wie lange Licht den Film/die Platte erreicht.

Selbstgebaute Verschlüsse können leicht auf verschiedene Arten konstruiert werden:

Konstruktion des »Karton-im-Sand-Verschlusses«: dieser Verschluß benötigt weder Denkarbeit noch Ausgaben noch handwerkliches Können oder ein Ingenieursexamen. Ein Karton oder eine Hartholzplatte steckt einfach im Sand und blockiert den Strahl, wird zur Belichtung herausgezogen und nach der gewünschten Zeit wieder hineingesteckt. Der hauptsächliche Nachteil dieses Verschlusses ist seine Neigung, die Stabilität des Systems während der Belichtung zu stören. Deshalb ziehen wir einen der folgenden Fernauslöserverschlüsse vor:

Der einfachste Fernauslöser ist der Guillotine-Verschluß. Ein Holz- oder Metallblock, der in zwei U-förmige Schlitze paßt, wird mit einem Draht oder einer Schnur verbunden, die über eine Fensteröffnung nach oben führt. Wenn an der Schnur gezogen wird, gleitet der Block nach oben und erlaubt dem Strahl, durchzugehen, bis die Schnur losgelassen wird. Wenn der Laser nicht auf dem optischen Tisch montiert ist, kann man den Verschluß einfach direkt vor die Strahlöffnung plazieren. Wenn der Laser auf dem Tisch verwendet wird, muß der Verschluß so montiert werden, daß er keine Erschütterungen auf das System während des Auslösens überträgt, d.h. er kann nicht auf dem Tisch angebracht werden. Man kann ihn auf eine getrennte Plattform stellen und zwar so, daß er über den Tisch vor den Laser reicht. Man kann ihn auch auf einem an der Wand befestigten Arm montieren oder sogar von der Decke hängen lassen.

Eine etwas fortgeschrittenere Version ist der Gebrauch eines Balles und eines Verschlusses von einer alten Plattenkamera. So etwas kann man nach etwas photodetektivischer Arbeit finden und dann ähnlich wie den Guillotine-Verschluß aufbauen.

Der Ball wird zusammengedrückt, wodurch sich der Verschluß öffnet und erst wieder schließt, wenn man den Ball losläßt.

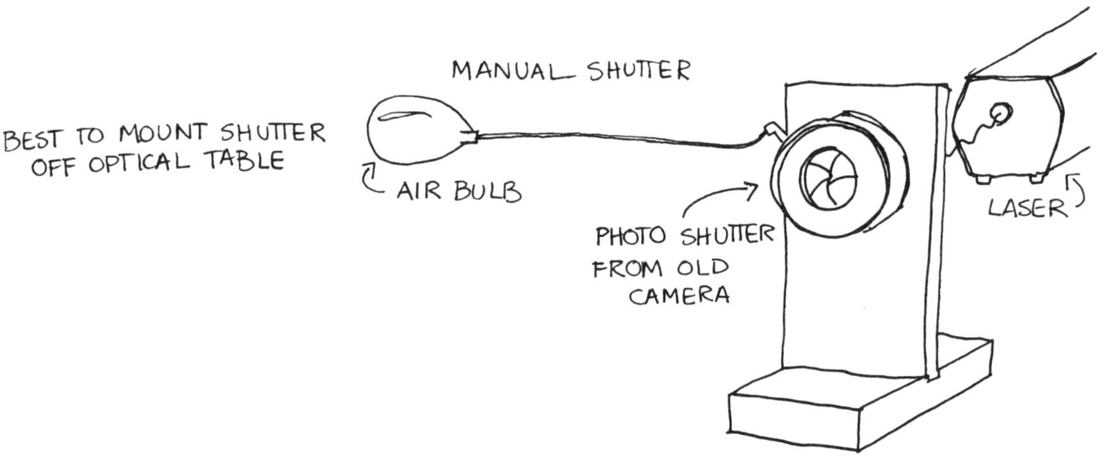

best to mount shutter off optical table = *den Verschluß am besten neben dem Tisch anbringen*
manual shutter = *Handverschluß*
air bulb = *Ball*
photo shutter from old camera = *Verschluß einer alten Kamera*
laser = *Laser*

Das wahrscheinlich raffinierteste Design ist der elektronische Verschluß. Man kann ihn konstruieren unter Zuhilfenahme eines Relais', eines Schalters, eines kleinen Holzstückes und etwas schwarzen Papiers. Das verwendete Relais sollte offen sein, damit man Zugang zu den beweglichen Teilen hat. Daran wird das Holz/Papier befestigt, das den Strahl blockiert. Der Verschluß funktioniert so: Wenn der Strom das Relais erreicht, bewegt es sich und gibt den Strahlengang frei. Wenn der Strom abgeschaltet wird, kehrt das Relais zu seiner Ausgangslage zurück und der Strahl wird wieder blockiert. Wahlweise kann der Schalter mit einer Schaltuhr gekoppelt werden - eine Dunkelkammerschaltuhr ist genau richtig - um die Belichtungszeit automatisch zu kontrollieren (so wie man eine Schaltuhr beim Photovergrößern verwendet).

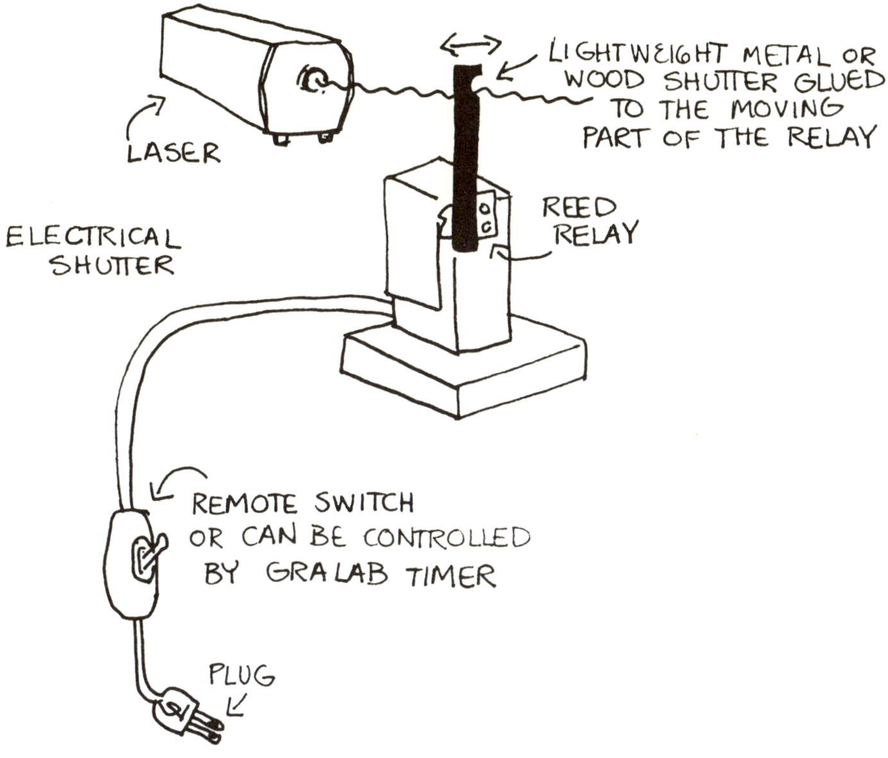

laser = *Laser*
lightweight metal or wood shutter glued to the moving part of the relay = *Leichtmetall- oder Holzverschluß, an den beweglichen Teil des Relais' angeklebt*
electrical shutter = *elektrischer Verschluß*
reed relay = *Rohrrelais*
remote switch or can be controlled by gra lab timer = *Fernschalter oder Schaltuhr*
plug = *Stecker*

rod or pvc pipe = *Stange oder PVC-Rohr*
plaster of paris or mortar mix = *Gips oder Mörtelmix*
set rod in upright and stabilize until plaster sets up = *Stange aufrecht plazieren, bis der Gips hart ist*
coffee can cut down to size = *Kaffeedose, auf die richtige Höhe zugeschnitten*
aluminium rod with threaded hole in one end = *Aluminiumstange mit Gewindeloch an einem Ende*
1 inch = *25 mm*
1 1/2"-2" long threaded rod = *35 bis 50 mm lange Gewindestange*
lock tight or epoxy into place = *fest anziehen oder ankleben*
tapped hole thread size to match threaded rod = *Loch passend zur Gewindestange*
1/2" to 1" thick steel or aluminium plate = *10 bis 25 mm dicke Stahl- oder Aluplatte*

Halterungskomponenten für Stahltische

Wenn man einen Metalltisch anstelle des Sandtisches verwendet, müssen die Komponenten magnetische Ständer statt solcher aus PVC-Rohr haben. Eine Anzahl von Herstellern bietet professionelle Ständer zu im allgemeinen hohen Preisen an. Ständer von guter Qualität kann man aber zu einem Drittel oder einem Zehntel der Kosten bekommen, wenn man statt optischer Komponenten solche aus dem Maschinenbau nimmt. Magnetische Ständer werden als Zeiger oder Halter in Werkstätten benützt und sind optischen Halterungen sehr ähnlich. Sie sind außerdem genausogut. Wir benutzen oft Halterungen von Mitutoyo. Die optischen Komponenten werden einfach an die Stangen angeschraubt oder -geklebt, die an den Ständern befestigt sind.

Eine andere Möglichkeit besteht darin, sich selbst Ständer mit Magneten zu bauen oder einfach sehr schwere, flache Ständer zu benutzen, die sich nicht auf dem Tisch hin und her bewegen.

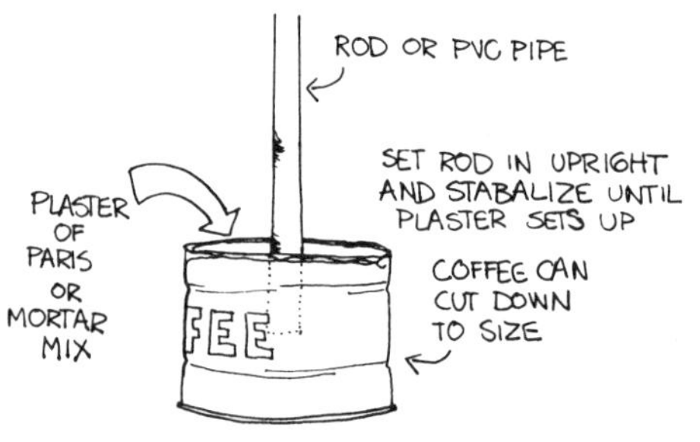

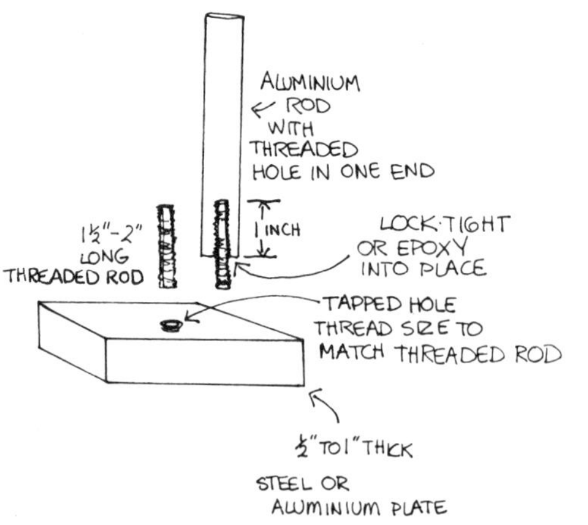

Belichtungsmesser

Obwohl wir die Verwendung eines Belichtungsmessers wie das Modell von »Science Mechanics« (siehe nächstes Kapitel) empfehlen, kann man unter Verwendung eines Volt-Ohmmeters und einer Cadmium-Sulfit-Photozelle leicht und ohne große Kosten selbst ein Gerät konstruieren. Beides erhält man in Elektronikfachgeschäften. Wir empfehlen, ein Meßgerät mit einigen Skalen zu verwenden, um verschiedene Empfindlichkeitsbereiche zu haben. Man muß nur den Draht der Photozelle in die beiden Ausgänge am Meßgerät anschließen (jeder der beiden Drähte kann an jeden Ausgang). Um das Gerät zu eichen, stellt man es auf Ohm und hält die Photozelle an eine sehr helle Lichtquelle. Drehen Sie den Knopf, bis das Meßgerät auf der empfindlichsten Skala Null anzeigt.

Wenn man den Belichtungsmesser benutzt, zeigt er für ein helleres Licht eine niedrigere Nummer an. Das kann zu Verwirrung führen, doch gehört das zu den Eigenheiten dieser Art von Meßgeräten. Merke: Eine Anzeige von 100 wird doppelt so hell sein wie eine von 200.

Benutzt man die verschiedenen Skalen, wird man den Belichtungsmesser unter verschiedenen Bedingungen ablesen können. Zum Beispiel kann es vorkommen, daß die Nadel entweder überhaupt nichts anzeigt oder über die Skala hinausgeht; unter diesen Umständen geht man einfach zu einer passenderen Skala über, damit der Belichtungsmesser korrekt anzeigt.

Raumfilter

Wir empfehlen, den Raumfilter zu kaufen und nur dann selbst zu bauen, wenn man Zugang zu einem guten Maschinenbauzubehörladen hat. Für alle, die es machen wollen oder billiger fahren, wenn sie ihn sich bauen lassen, stellen wir hier das folgende Design vor:

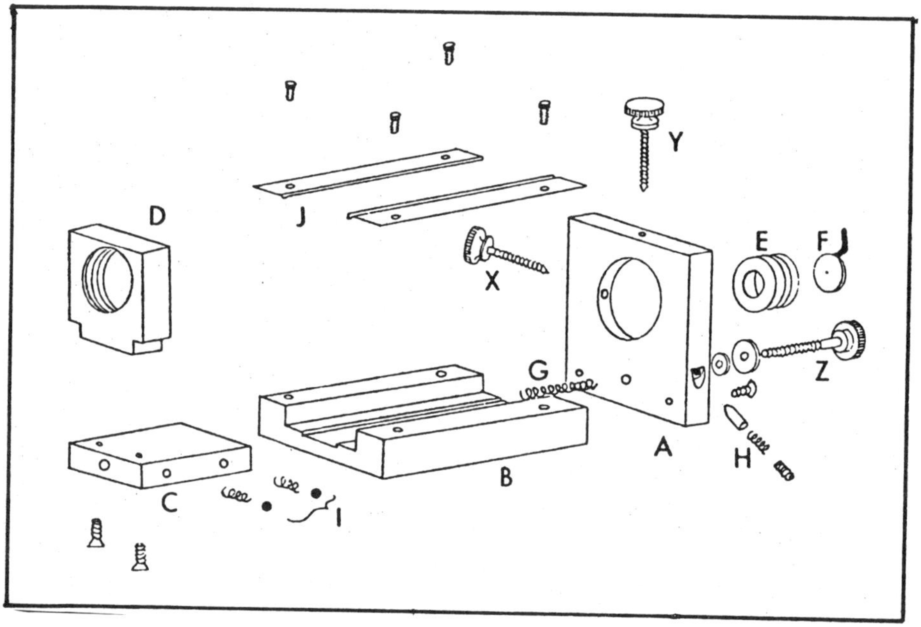

Design für einen preiswerten Raumfilter

von:
Lawrence D. Brooks
Optical Science Center
University of Arizona
Tucson/Arizona

Tabelle: Beschreibung der Einzelteile des Raumfilters (die Buchstaben entsprechen denen in der Zeichnung).

A. Frontplatte: 6,35 x 44,45 x 50,8 mm Aluminium. Ein Loch mit dem Durchmesser 23,81 mm beginnt 19,05 mm unter dem oberen Rand. Ein Gewindeloch seitlich und oben nimmt X und Y auf. Ein Loch wird im 45 Grad Winkel gebohrt und teilweise mit Gewinde versehen, um H aufzunehmen. Ein Loch wird gebohrt, um Z aufzunehmen und innen gegengebohrt, um G aufzunehmen.

B. Bodenplatte: 6,35 x 44,45 x 63,5 mm Aluminium. Ein 25,4 mm breiter und 6,35 mm tiefer Kanal dient der Aufnahme der Mikroskop-Objektivhalter-Platte C.

C. Mikroskop-Objektivhalter-Platte: 6,35 x 38,1 x 24,95 mm Aluminium (sollte 0,005 mm schmaler sein als der Kanal von B). Zur Hälfte mit 8-32 Gewinde (der Rest gebohrt, um Z aufzunehmen). Zwei Löcher seitlich gebohrt, um I aufzunehmen.

D. Mikroskop-Objektivhalter: 9,53 x 25,4 x 38,1 mm Aluminium. Mit Gewinde 20,32 mm 36 AMO versehen, um das Standard Mikroskop-Objektiv aufzunehmen, Gewinde 12,7 mm unter der Oberkante zentriert .

E. Lochblendenhalterung: 19,05 mm Durchmesser x 6,35 mm Stahlscheibe; 9,53 mm Durchbruch; 6,35 mm Durchmesser Flachschulterbohrung (oder groß genug, um F aufzunehmen), 5,84 mm tief. Ein V-Einschnitt wird zentriert um den Rand geschnitten.

F. Lochblendensatz: Lochblendenträger wird an den P-41,990-Ringmagneten von »Edmund« angebracht (Präzisionslochblenden von »Melles Griot« werden empfohlen, weil sie auf einem Träger mit 9,5 mm Durchmesser erhältlich sind). Griff an der Vorderseite des Ringmagneten.

G. Längsspiralfeder: Paßt um Z und ermöglicht eine weiche Scharfeinstellung.

H. Federnadelsatz: Feder geladen, zugespitzte Nadel wird von Stellschraube gehalten. Im 45 Grad Winkel an den Seiten von A angebracht.

I. Querspannungsfedern und Kugellager: Zwei Federn und zwei 3,18 mm Kugeln passen in die Seitenlöcher von C.

J. Gleitschienen: 0,25 mm Berylliumkupferblech wurde zugeschnitten und in die gezeigte Form gepreßt.

X., Y. Feststellschrauben für Lochblenden: 10-32 Messingrändelschrauben wurden gedreht und 8-40er Gewinde eingeschnitten. Die Enden der Stellschrauben wurden so gefeilt, daß sie in die Rillen von E passen. Die Spitze des Gewindes muß auf der Schraubenachse liegen.

Z. Brennpunktjustierung: Eine Rändelschraube mit zwei Unterlegscheiben (eine aus Nylon und eine größere aus Stahl) wurden verwendet, damit sie zur leichteren Handhabung von der Frontplatte absteht.

(Dieser Text erschien ursprünglich als Artikel in der Zeitschrift Holosphere.)

Einkauf von Materialien

In diesem Kapitel:
Kauf des Lasers
Optische Komponenten
Variable Strahlenteiler
Raumfilter
Kollimierungsspiegel
Belichtungsmesser
Verschlüsse
Tische
Aufnahmematerialien

...und wenn Sie es nicht selber bauen wollen, dann kaufen Sie es doch.

Es gibt einige Ausrüstungsgegenstände, die Sie besser kaufen, als selber zu bauen. Das gilt besonders für den Laser, das Herz jedes holographischen Systems, dessen Zusammenbau jenseits des Könnens der meisten Leser dieses Buches liegt. Das gilt gewöhnlich auch für die Raumfilter (außer Sie lassen sie sich von einem Maschinenbauingenieur herstellen). Die ungefaßten Optiken (wie Spiegel, Linsen, Objektive und Strahlenteiler) müssen selbstverständlich auch gekauft werden. Wir empfehlen auch den Kauf eines Belichtungsmessers, obwohl Pläne für den Eigenbau im letzten Kapitel angeführt sind.

Für manche wäre es vielleicht besser, auch die Gegenstände teilweise oder ganz zu kaufen, bei denen wir den Eigenbau empfohlen haben. Wenn das für Sie gilt, werden Sie freudig feststellen, daß Beispiele von professionellen optischen Halterungen, Tischen, Plattenhaltern und Verschlüssen in diesem Kapitel gezeigt werden.

Kauf eines Lasers

Seit der Erfindung des Lasers im Jahre 1960 wurden bereits hunderte verschiedener Modelle und Typen für Tausende unterschiedlicher Anwendungen entwickelt. So gibt es z.B. Festkörperlaser, Gaslaser, Dauerstrichlaser, Pulslaser, Ionenlaser, große Industrie-Schneidelaser und Farbstofflaser. Der Laserstrahl kann polarisiert oder unpolarisiert sein. Die Geräte sind entweder luft- oder wassergekühlt. Es gibt viele verschiedene lasernde Materialien Laserleistungen, Farben, Größen, Ausstattungen sowie Preise. Wie kann man nun aus diesen vielseitigen Angeboten ein für die Holographie geeignetes Instrument auswählen?

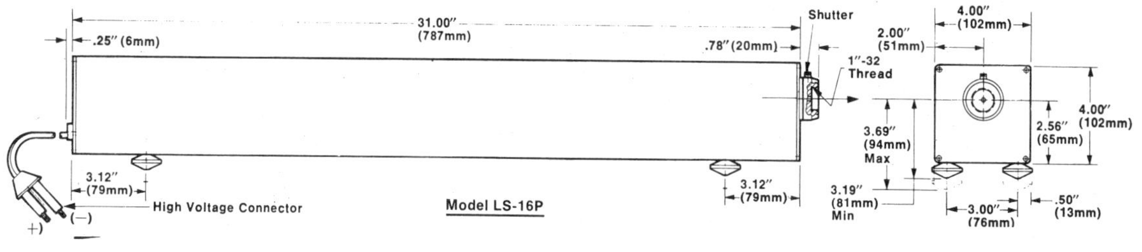

Die Preise der Laser reichen von ca. DM 200,- bis in die Hunderttausende. Glücklicherweise gehören die für optische Holographie geeigneten Laser eher in die untere Preiskategorie.

Die meisten der heutzutage hergestellten Laser senden einen roten Strahl aus, fortlaufend vom Einschalten bis zum Ausschalten des Gerätes. Dieser Strahl kommt aus einer mit einem Gasgemisch von Helium und Neon gefüllten Röhre. Ein Helium-Neon-Laser besteht aus dieser speziell geformten Röhre (die unseren Neonröhren ziemlich ähnlich sieht) und einem dazu passenden Netzgerät für die Stromzufuhr.

Im Vergleich zu anderen CW-Laser (=Dauerstrichlaser), wie dem Argon- oder Helium-Cadmium-Laser, die man ab ca. DM 10.000,- erhält, kann man gute Helium-Neon-Laser bereits für einen Preis von ein paar hundert DM kaufen.

Heutzutage gibt es eine Vielzahl von Herstellern von Helium-Neon-Laser. Einige Leute kaufen sich sogar alte Röhren und bauen ihre eigenen Netzgeräte. Aber woher sie den Laser auch haben, muß er, wenn er für die Herstellung von Hologrammen verwendet werden soll, einigen qualitativen Anforderungen entsprechen. Abgesehen davon, daß es sich um einen Dauerstrichlaser handeln muß (alle erhältlichen He-Ne-Laser gehören in diese Gruppe), muß er in einem TEM_{00} genannten Mode arbeiten (das bezieht sich auf die Kohärenzlänge, auf die wir später noch zu sprechen kommen werden). Das ist extrem wichtig, da es Ihnen wahrscheinlich nicht möglich sein wird, ein Hologramm herzustellen, wenn der Laser nicht in diesem Mode arbeitet. Die meisten Laser, mit denen Sie in Kontakt kommen, werden ohnehin diese Bedingung erfüllen.

Die vielleicht am häufigsten gestellte Frage ist, welche Leistung der Laser haben und von welcher Firma er stammen soll. Die Leistung von He-Ne-Laser wird in Milliwatt angegeben und reicht von 0,5 mW bis hinauf zu 50 mW. Je höher die Leistung des Lasers, desto kürzer wird die Belichtungszeit zur Aufnahme eines Hologrammes. Und desto mehr Möglichkeiten stehen Ihnen für komplizierte Aufbauten und größere Hologramme zur Verfügung. Für mehr Leistung müssen Sie jedoch auch mehr bezahlen! Ein Laser im Bereich von 2 - 5 mW reicht für Anfänger aus, 0,5 - 1 mW ist etwas schwach, erfüllt jedoch auch den Zweck. Wenn Sie es sich jedoch leisten können, sollte die Leistung höher sein. Ernsthafte Holographen arbeiten mit Leistungen von 10 - 50 mW. Diese Laser kosten aber über DM 2.000,-.

Die angegebene Laserleistung ist gewöhnlich das Minimum dessen, was der Laser während der Garantiezeit abgibt. Die tatsächliche Leistung wird etwas höher sein, sie sinkt jedoch mit zunehmendem Alter des Gerätes. Gute Röhren haben eine Lebensdauer von ca. 10.000 Stunden und mehr, was über Jahre hinaus reicht.

Die Wahl des Herstellers ist vielleicht etwas schwieriger. Zum einen gibt es für einen bestimmten Leistungsbereich sehr große Preisdifferenzen (5 mW Laser können zwischen ein paar hundert und über 2.000,- DM kosten). Die besseren kosten mehr und sind ihren Preis auch wert (wenn Sie es sich leisten können). Einige Charakteristika besserer Laser sind z.B. verstellbare und auswechselbare Spiegel (was eine wiederholte Ausrichtung der Röhrenposition ermöglicht), ein polarisierter Strahl und ein separates Netzgerät.

Sie sehen, daß Laser sowohl in zylindrischer als auch in rechtwinkliger Form erhältlich sind. Der wesentliche Unterschied ist, daß der Laser mit dem rechtwinkligen Gehäuse ruhig steht, während der Laser mit dem zylindrischen Gehäuse hin und her rollt.

Nachdem Sie wahrscheinlich nicht möchten, daß Ihr Laser vom Tisch rollt oder Sand ins Gehäuse gelangt, sollten Sie für das zylindrische Modell eine Halterung bauen.

Falls es für Sie schwierig ist, aus dem großen Angebot die richtige Wahl zu treffen, können Sie sich an unsere im Anschluß angeführten Empfehlungen, die auf unseren eigenen Erfahrungen beruhen, halten. Die Adressen finden Sie am Ende dieses Kapitels.

Derzeitig günstigste Angebote

0,5 - 16 mW Bereich:

1. Hughes.
2. Aerotech.
3. Metrologic.
4. Melles Griot.
5. Ealing.
6. Jodon (aber teuer).
7. Coherent (gute Qualität, noch teurer).
8. Spectra Physics (beste Qualität, aber auch am teuersten).
9. NEC.

Durch den Erwerb gebrauchter Laser wären häufig große Ersparnisse möglich, es ist jedoch schwierig, an die entsprechenden Informationen zu kommen.

20 - 50 mW Bereich:

Hierbei handelt es sich um teure Laser, die gewöhnlich nur von Schulen, Firmen oder Leuten mit Geld oder Beziehungen eingekauft werden können.

1. Bei Jodon gibt es günstige Angebote für Systeme, die im wesentlichen mit dem Spectra Physics übereinstimmen, aber preiswerter sind.

2. Geräte von Spectra Physics sind zwar teuer, doch dürfte es sich um die besten handeln. Außerdem wird der beste Service angeboten.

Spectra·Physics
Model 120
Stabilite™ Helium-Neon Laser

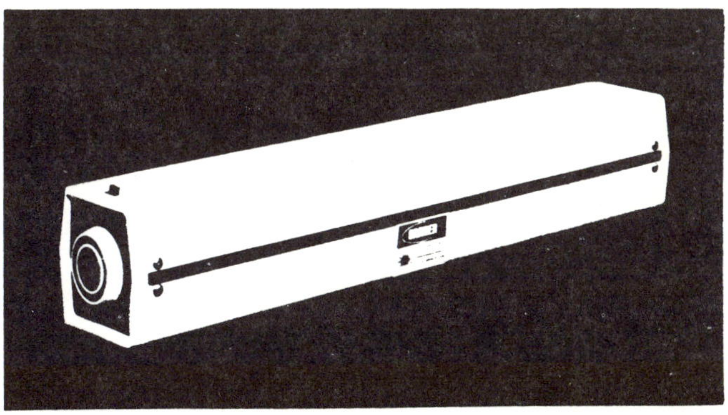

Laser

HN-2

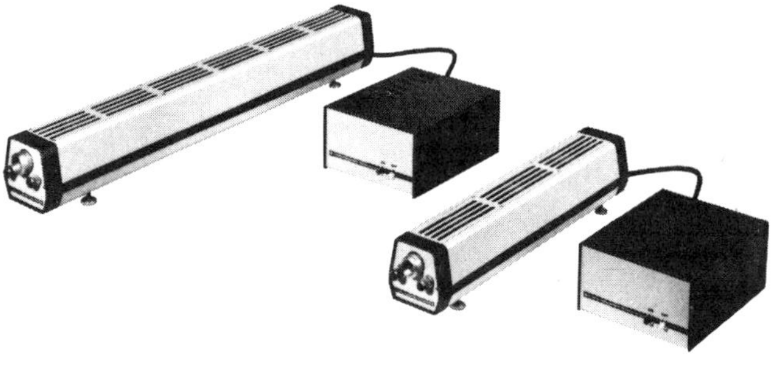

jodon

Vorsichtsmaßnahmen beim Umgang mit Laser

Die für die meisten holographischen Techniken verwendeten Laser sind nicht gefährlich. Da sie aber intensives Licht produzieren, sollte man während des Gebrauches vorsichtig sein. Laserlicht kann - genauso wie das Licht der Sonne - Augenschäden verursachen. Bei Verwendung eines Lasers geringer Leistung wird sich das Licht nicht schädlich auswirken, es sei denn, Sie schauen direkt in den gebündelten Strahl. Man sollte niemals durch den Laserkopf direkt in die Laserröhre schauen und vorsichtig sein, daß man den Strahl nicht in die Augen eines anderen lenkt (z.B. beim Umlenken eines Strahles mit einem Spiegel). Sie brauchen sich vor diesem Licht jedenfalls nicht zu fürchten.

Sobald das Licht mit Hilfe einer Linse aufgefächert ist, kann man sogar direkt in den Strahl schauen. Den gebündelten Strahl kann man sich von allen beliebigen Seiten anschauen, man sollte jedoch nie direkt in den Strahl schauen.

In den jetzt zwanzig Jahren seit denen mit Lasern gearbeitet wird, wurden nur wenige durch Laserlicht verursachte Augenschäden bekannt, wohl deswegen, weil die Gefahr, das Auge direkt in den gebündelten Strahl zu halten, äußerst gering ist.

Die Strahlenschutzbehörde der Vereinigten Staaten entwickelte ein System zur Klassifizierung von Lasern. Alle neuen Laser, die zum Verkauf stehen, müssen einer dieser Klassen zugeordnet sein.

Die Klassen werden folgendermaßen eingeteilt:

Klasse I: Freigestellte Laser. Sie erreichen unter normalen Arbeitskonditionen keine gefährliche Lichtleistung. Es wird keine Klassenbescheinigung benötigt (gewöhnlich 0,5 mW oder weniger).
Klasse II: Laser mit einer zu geringen Lichtleistung, um Retinaschäden zu verursachen, außer wenn jemand über einen längeren Zeitraum direkt in den Strahl schaut (0,5 - 1 mW).

Klasse IIIa: Laser, die Augen mit normaler Helligkeitsempfindlichkeit nicht verletzen. Sie können jedoch Schäden verursachen, wenn das Licht gebündelt in die Augen kommt, wie bei Ferngläsern (gewöhnlich 1 - 2 mW).

Klasse IIIb: Laser, die bei direktem Blick in den Strahl Verletzungen verursachen (gewöhnlich 2 - 50 mW oder mehr). Die meisten in der Holographie verwendeten He-Ne-Laser gehören in diese Gruppe.

Klasse IV: Laser, die nicht nur einen gefährlichen direkten oder reflektierten Strahl erzeugen, sondern auch eine Feuergefahr darstellen oder eine gefährliche diffuse Reflexion produzieren. Die meisten von Ihnen werden kaum jemals einen Laser der Klasse IV verwenden.

Optiken

Die folgenden Optiken können in Verbindung mit den bereits früher beschriebenen Halterungen für Sandtische oder beliebigen anderen Halterungen verwendet werden, um vollständige optische Komponenten zu erhalten. Es stehen sowohl viele unterschiedliche Lieferanten für Optiken als auch eine große Auswahl in Preisen und Spezifikationen zur Verfügung. Einige Beispiele der besten Lieferanten sind hier aufgeführt. Die Artikel, die wir besonders empfehlen, finden Sie im Kapitel »Ausrüstung«.

Die hilfreichsten Quellen für die in der Holographie zu verwendenden Spiegel und Linsen sind die Firmen »Edmund Scientific« und »Pörschke«, von denen sich jeder den Katalog besorgen sollte. Gute Qualität erhält man auch von »Rolyn Optics« und einer Reihe anderer Firmen.

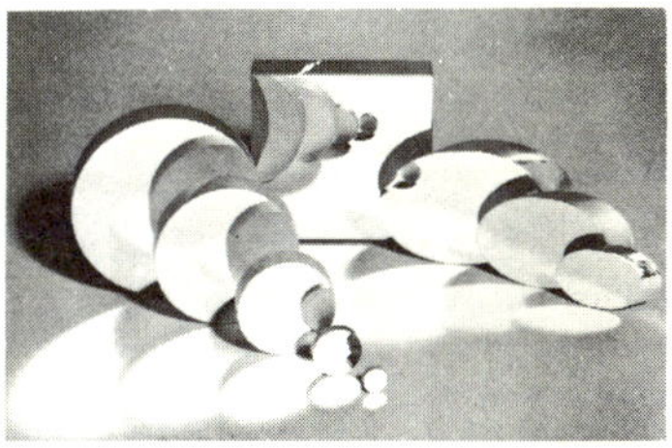

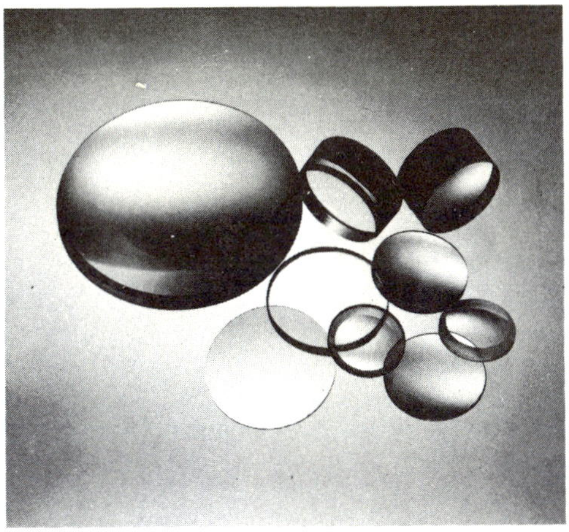

Spiegel

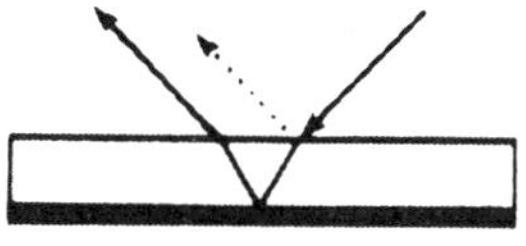

Oberflächenspiegel werden aluminiumverspiegelt. Das Licht trifft auf die Oberfläche und wird reflektiert, ohne daß es andere Schichten zu passieren hat. Die Lichtverluste sind minimal und es gibt keine zweite Lichtbrechung (möglicherweise hervorgerufen durch eine Luft-Glas-Oberfläche). Oberflächenspiegel sind empfindlich, da die Aluminiumschicht durch Kratzer verletzbar ist (darum haben Rückseitenspiegel die Aluminiumschicht auf der Rückseite des Glases). Haushaltsspiegel sind gewöhnlich auf der Rückseite verspiegelt, weil Lichtverlust und Doppelbilder bei der Verwendung bedeutungslos sind.

Linsen

Eine plankonkave Linse (PLV) ist eine divergierende oder negative Linse, an den Rändern stärker als in der Mitte und auf einer Seite eben. Sie läßt ein virtuelles Bild entstehen und wird häufig verwendet, um die Brennweite einer konvergenten Linse zu verlängern, wenn sie paarweise angeordnet werden.

Eine Bikonvex-Linse ist eine konvergierende oder positive Linse. Das Zentrum ist stärker als der Rand. Alle Edmund Scientific Bikonvex-Linsen sind symmetrisch mit gleichen Radien auf beiden Seiten. Linsenfehler wirken sich bei solchen Linsen nur minimal aus, wenn sich Objekt und Abbildung im Verhältnis 1:1 befinden.

Typische Anwendungsgebiete sind z.B. Vergrößerungsapparate, Objektive und einige Kondensor-Systeme.

Eine positive oder konvergierende Meniskuslinse ist eine Konvex-Konkav-Linse, wobei das Zentrum stärker ist als der Rand. Diese Linsen werden mit Filz poliert und in allen Bereichen der Augenoptik eingesetzt. Die Linsenwirkung wird handelsüblich in Dioptrien angegeben.

Negative oder divergierende Meniskuslinsen sind konvex-konkav und an den Rändern stärker als in der Mitte. Die weitere Beschreibung ist ähnlich den positiven Meniskuslinsen. In der Funktion sind sie ähnlich den plankonkaven Linsen.

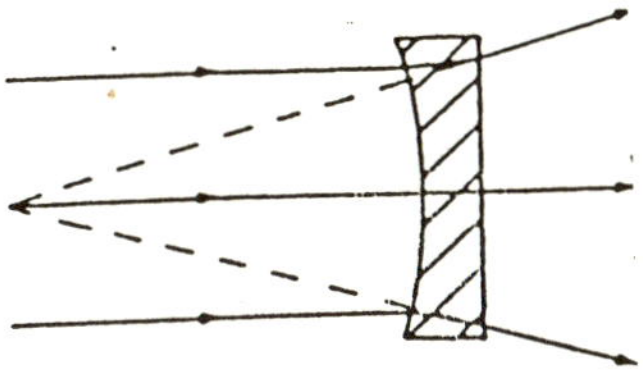

Plankonkav-Linse

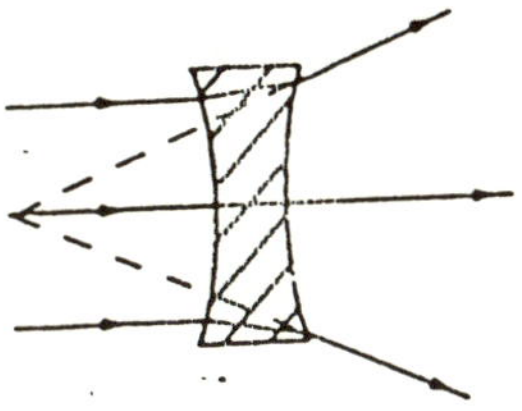

Bikonkav-Linse

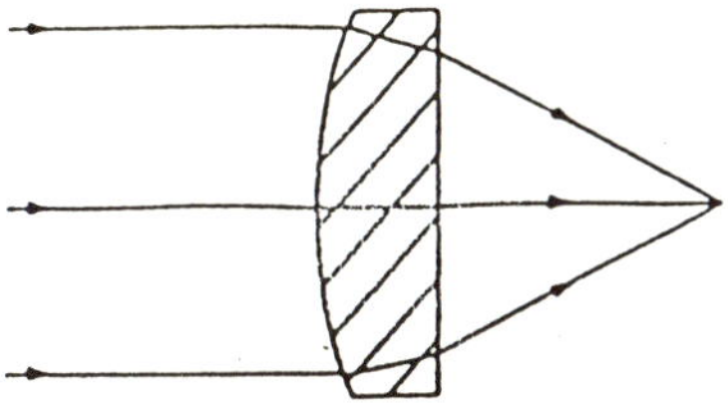

Plankonvex-Linse

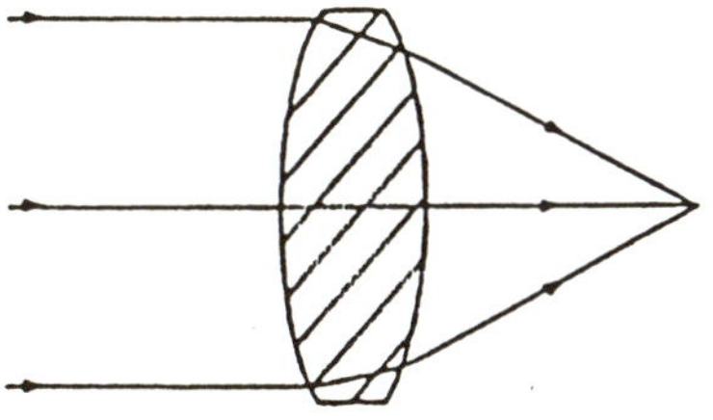

Bikonvex-Linse

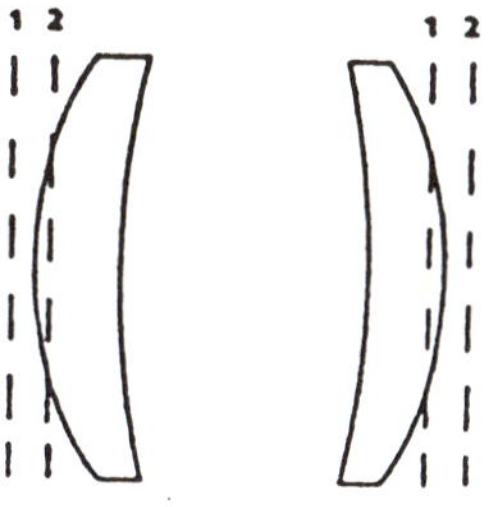

Positive Meniskus-Linse

Strahlenteiler

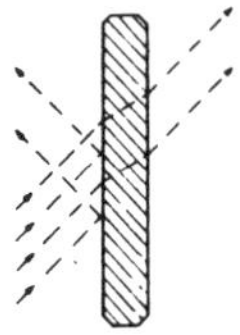

Strahlenteiler sind halbdurchlässige Spiegel, die einen Teil des einfallenden Strahles reflektieren, einen verhältnismäßig geringen Teil absorbieren und den Rest durchlassen.

Variable Strahlenteiler

BEAMSPLITTERS

Bei einem variablen Strahlenteiler ändert sich das Verhältnis des durchgelassenen zum reflektierten Strahl, wenn der Strahl an unterschiedlichen Punkten des Strahlenteilers auftrifft.

newport research

newport research

Raumfilter

Beinahe alle Linsen und Spiegel sind in gewisser Weise defekt (durch Kratzer oder Staubpartikel an der Oberfläche). Diese Fehler zeigen sich im Hologramm. Ein Raumfilter reinigt den Strahl und bringt eine enorme Verbesserung der Bildqualität.

Die Komponente besteht aus einem Mikroskop-Objektiv, einer Präzisions-Lochblende und einer Feineinstellungseinrichtung für die Brennweite. Raumfilter können Sie selber herstellen, wenn Sie erstens das Design kennen und zweitens Zugang zu feinmechanischem Werkzeug und Maschinen besitzen. Trotzdem werden die meisten von uns den Kauf bevorzugen.

Wir empfehlen folgende Herstellerfirmen:

Jodon, Pörschke oder Newport Research (kaufen Sie aber bitte nicht die Art von Raumfilter, die den Laserköpfen aufgesetzt werden, da sie an dieser Stelle nicht verwendet werden).

Zusätzliche Objektive oder Lochblenden können auch von anderen Herstellern bezogen werden (Lochblenden lassen sich auch selber herstellen, indem man ein winziges Loch in Aluminiumfolie sticht. Allerdings benötigt man viel Geschick und Glück, um die richtige Größe zu erwischen). Die besten Lochblenden werden professionell hergestellt.

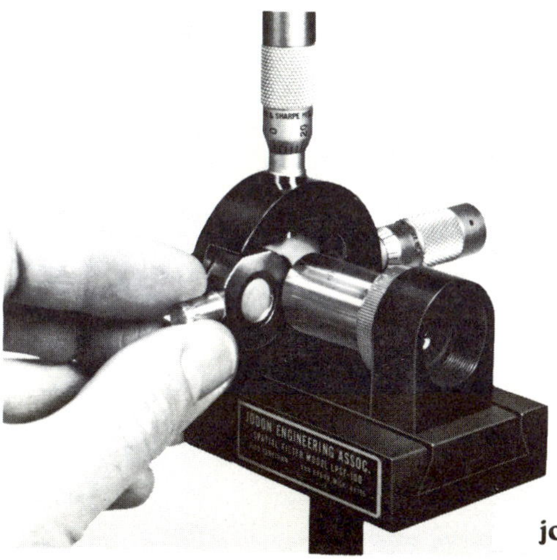

jodon

newport research

Objektive und Lochblenden

Unterschiedlich große Mikroskop-Objektive werden mit passenden Lochblenden für vielseitige Anwendungen eingesetzt. Strahldurchmesser, Stärke des Objektives und Durchmesser der Lochblende sind voneinander abhängig. Sie müssen aufeinander abgestimmt sein, damit das System richtig funktionieren kann.

Bei fast allen Arbeiten mit He-Ne-Lasern haben wir 10-fach Objektive zusammen mit 25 Mikrometer-Lochblenden verwendet.

L-6X **L-15X** **L-50X** **L-65X**

Diese Objektive sind ideal für den Einsatz als Eingangslinsen beim **modularen Kollimationssystem M-LC-V**. Sie sind mit Rückbeugungen für Unendlichkeit korrigiert. Sie lassen sich auch mit dem **Raumfilter Modell M-900** einsetzen, wenn eine besonders geringe Wellenfrontzerstörung erforderlich ist.

Objektivlinsen

Objekiv	Brenn-weite (mm)	Arbeits abstand (mm)	Nutzbare Apertur (mm)	Numerische Apertur
L-6X	40	17,5	8	0,10
L-15X	16	6,9	8	0,25
L-50X	5	1,3	3	0,30
L-65X	3,8	0,6	4	0,55

M-5X **M-10X** **M-20X** **M-40X** **M-60X**

Die **Mikroskopobjektive der Serie M** gibt es mit verschiedenen Vergrößerungsleistungen. Sie lassen sich zusammen mit den Raumfiltern der **Modelle M-900** oder **M-910** bestellen. Ziehen Sie die Tabelle auf Seite I-17 für die Auswahl der optimalen Zusammenstellung von Lochblende und Objektiv zu Rate. Auf diese Weise lassen sich die besten Kombinationen herausfinden, die für den Einsatz mit den Raumfiltern empfohlen sind. Im Zusammenhang mit dem modularen Kollimationssystem M-LC-V setzt man die Objektive der Serie L ein.

Mikroskopobjektive

Modell	Brenn-weite (mm)	Arbeits abstand (mm)	Numerische Apertur (mm)	Nutzbare Apertur
M-5X	25,5	15,2	7	0,1
M-10X	14,8	6,8	8	0,25
M-20X	8,3	1,9	7	0,40
M-40X	4,3	0,45	6	0,65
M-60X	2,9	0,38	5	0,85
M-Set	-	-	-	-

Kollimierungsspiegel

Diese Spiegel werden zur Herstellung verschiedener Arten von fortgeschrittenen Hologrammen verwendet und zwar, um die Konvergenz oder Divergenz des Lichtes zu kontrollieren. Die gleiche Art von Parabolspiegeln wird in Reflexions-Spiegel-Teleskopen verwendet. Für Deutschland empfehlen wir das Angebot der Firma Pörschke zu prüfen. Wir empfehlen einen Spiegel mit einem Durchmesser von 250 - 350 mm (10 - 14 inch) mit einer relativ geringen Brennweite. (Falls Sie sich in der Auswahl nicht sicher sind und unnötige Geldausgaben vermeiden möchten, könnten Sie es mit einem Kollimierungsspiegel von 250 mm (10 inch) Durchmesser und einer Brennweite von f 5.6 versuchen. Wir haben jahrelang erfolgreich mit einem Spiegel dieser Art gearbeitet).

Diese Spiegel sind ziemlich massiv und müssen für die Verwendung am Sandtisch gut befestigt werden (siehe Spiegelhalterungen im letzten Kapitel). Als Alternative können Sie Spiegelhalterungen auch kaufen.

Belichtungsmesser

Ein guter Belichtungsmesser sollte über einen weiten Empfindlichkeitsbereich verfügen für das jeweilig verwendete Licht. Für den Gebrauch mit He-Ne-Lasern können wir drei preisgünstige Qualitätsbelichtungsmesser empfehlen: das »Science & Mechanics«, das »Metrologics« und das »Spectra Lumicon«.

Wir bevorzugen das »Science & Mechanics« A-3 Modell, ein Dunkelkammerbelichtungsmesser. Wir benutzen weitestgehend dieses Modell bei unserer Arbeit.

Für Deutschland empfehlen wir das Angebot der Firmen Cossen und Minolta.

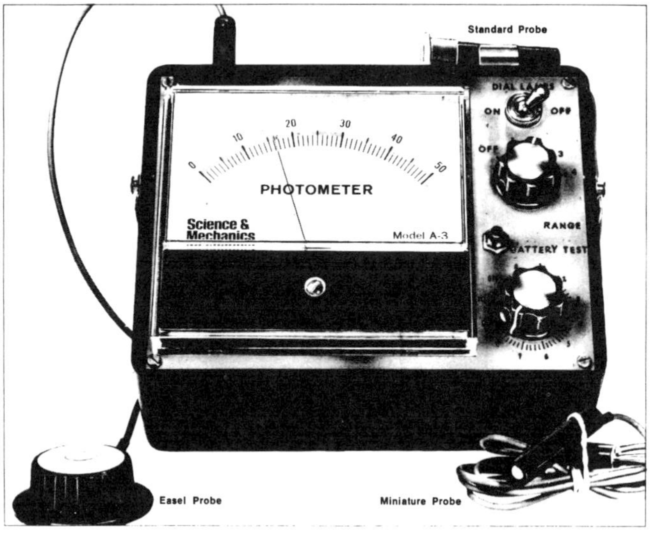

science & mechanics

Verschlüsse

Als Alternative können Sie sich eine alte gebrauchte Kamera-Ausrüstung beschaffen. Vielleicht finden Sie einen alten Sucherverschluß, den Sie mit Kabelauslöser bedienen!

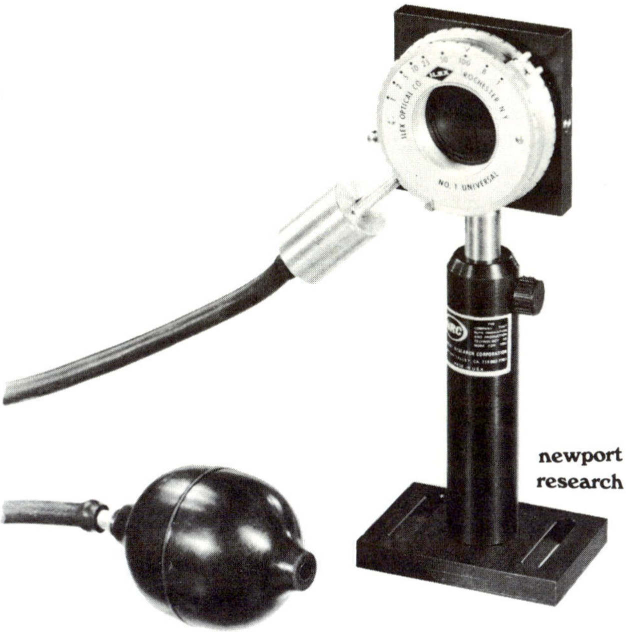

Plattenhalter

Tische

Für den Fall, daß Sie ein selbstsicherer, ehrgeiziger und finanzkräftiger Holograph sind, ist kein System vollkommen ohne einen kommerziellen schwingungsisolierten Tisch. Es gibt Granitplatten, Stahlplatten und Honigwabenplatten. Diese Tische verlangen Magnet-Plattformen höchster Qualität, es sind optische Bänke mit hochentwickelten Ständern mit Luftdruck-Blockierung und den unterschiedlichsten Systemen zur Ausbalancierung. Alle diese »Spielzeuge« können separat oder im System für einen Preis zwischen 40.000 und 60.000 DM gekauft werden.

Dieses Stück fortschrittlicher Ausrüstung wird von Sandtisch-Holographen als Luxusartikel angesehen. Aber für jene von Ihnen mit genügend Geld sind diese Tische unübertroffen in Qualität und Konstruktion.

Für Deutschland empfehlen wir Tische der Firmen Spindler & Hoyer, Melles Griot und Anaspec.

Aufnahmematerialien

Sowohl Agfa-Gevaert als auch Kodak und Ilford stellen geeignete Materialien zur Aufnahme von Hologrammen her. Diese gehören in die Gruppe der lichtempfindlichen Silber-Halogenid-Emulsionen, so wie auch die meisten photographischen Filme. Sie sind daher auch ebenso leicht zu behandeln und zu entwickeln. Der wichtige Unterschied zwischen holographischem und photographischem Material liegt im Auflösungsvermögen, das gewöhnlich in Linienpaaren pro Millimeter ausgedrückt wird. Photographisches Filmmaterial kann gewöhnlich nicht mehr als 50 bis 100 lp/mm auflösen, zur holographischen Anwendung sind jedoch 1500 bis 3000 lp/mm oder mehr erforderlich. Den S/W-Film Plus X sollten Sie mangels Auflösung lieber vergessen!

Einige der Produkte sind vielseitiger einsetzbar als andere. Unter allen scheinen die Agfa-Holotest- und Ilfords holgraphische Filme die besten von allen zu sein (bekannt als Agfa 8E75 und 10E75 für rotes Laserlicht, 8E56 für blaues oder grünes Laserlicht). Die meisten Leser dieses Buches werden 8E75 und 10E75, das am besten für rotes Laserlicht vom He-Ne-Laser geeignet ist, verwenden. Diese Emulsionen sind ausgestattet mit größter Empfindlichkeit (wichtig für kurze Belichtungszeiten mit Lasern geringer Leistung) und hohem Auflösungsvermögen, sind die verläßlichsten, die haltbarsten und leicht erhältlich. Die 8E Emulsion ist tatsächlich hervorragend für Reflexionshologramme geeignet.

Neben holographischen rot- und blaugrün-empfindlichen Filmen und Platten und den entsprechenden Verarbeitungschemikalien, die einen oftmals umständlichen und zeitraubenden Eigenansatz überflüssig machen, gibt es von Ilford jetzt die Hotec-Linie. Hotec-R Filme sind rotempfindliche, mit ca. 7000 lp/mm hochauflösende Holographiefilme, die, in Hotec-Chemie verarbeitet, goldfarbene und deshalb besonders helle Hologramme liefern.

Das rotempfindliche Material arbeitet ganz hervorragend im Kurzbelichtungsbereich. Erfreulicherweise gibt es fertige Entwickler und Bleichbäder für die Emulsionen.

Die Emulsionen sind sowohl auf Glasplatten als auch auf Film erhältlich. Glas wird für die meisten Anwendungen bevorzugt, insbesondere für Reflexionshologramme. Anfängern ist es wegen der Stabilität des Materials dringend zu empfehlen.

Kodak-Materialien sind ebenfalls geeignet für Holographie. Die meisten Hologramme aus der Anfangszeit der Holographie wurden auf 649F-Platten von Kodak aufgenommen. Diese Platten sind auch heute noch erhältlich. Sie sind wesentlich langsamer (= weniger empfindlich) als Agfa-Platten und sind für alle Farben empfindlich. Sie können also für mehrfarbige Reflexionshologramme verwendet werden, vorausgesetzt natürlich, daß Ihnen rotes, grünes und blaues Laserlicht zum Spielen zur Verfügung steht.

Kodak stellt einen SO173-Film her, der ebenfalls langsam (aber schneller als 649F), dabei jedoch von hervorragender Qualität ist. Dieselbe Emulsion ist auf Glasplatten erhältlich unter der Bezeichnung Typ 120-01- oder 120-02-Platten.

Empfindlicher ist die Emulsion SO253, sie besitzt jedoch ein nur geringes Auflösungsvermögen. Vielleicht sollten Sie Ihre eigenen Versuche mit Kodak-Emulsionen mit den Ergebnissen auf Agfa-Emulsionen vergleichen.

Das am meisten verwendete Format sind Platten im Format 100 x 130 mm (4 x 5 inch) obwohl auch Platten im Format 200 x 250 mm (8 x 10 inch) ohne Schwierigkeiten erhältlich sind.

Einige der Emulsionen sind mit einer Anti-Halo-Schicht versehen (die Bezeichnung der Schachtel ist dann z.B. 8E56AH). Diese Beschichtung kann sich bei der Herstellung von Transmissionshologrammen als wertvoll erweisen, da es die Reflektionen auf der Rückseite der Glasplatte oder des Filmsubstrates schluckt. Diese Platten oder Filme können jedoch unter keinen Umständen für die Aufnahme eines Reflexionshologrammes verwendet werden.

Bei Agfa werden die Produkte in regelmäßigen Abständen auf den neuesten Stand gebracht. Zum Ärger vieler Holographen wurde die Herstellung von AH-Schichten für rotempfindliche Materialien ausgesetzt (ohne bekannten Grund). Wir hoffen ernsthaft, daß sie wiedereingeführt werden; fragen Sie auch weiterhin danach!

Die ohne AH-Schicht ausgestatteten Materialien werden mit NAH bezeichnet (wie z.B. 10E75NAH), oder der Zusatz fehlt vollständig (10E75). Diese können selbstverständlich für Transmissionshologramme verwendet werden.

Agfa führte Ende der Siebziger Jahre eine neue hochauflösende Emulsion mit der Bezeichnung 8E75HD ein. Diese HD-Serie (high definition) hat des Auflösungsvermögen erhöht und man erhält damit generell hellere, klarere Hologramme. Die Agfa 8E und Ilford Emulsionen sind weniger lichtempfindlich als die 10E-Emulsionen, d.h. sie benötigen längere Belichtungszeiten. Sie werden aber dennoch für ernsthafte Arbeiten empfohlen. Die Agfa 8E Emulsionen müssen für Reflexionshologramme verwendet werden, für die Belichtung von Transmissionshologrammen mit Lasern geringer Leistung wird die 10E75-Emulsion empfohlen. Für einen Beginn ohne Risiko schlagen wir eine Schachtel mit 8E75-Platten im Format von 100 x 130 mm (4 x 5 inch) vor.

Die Empfindlichkeit photographischer Filme wird gewöhnlich in DIN-Empfindlichkeit ausgedrückt. So wird z.B. Plus X mit 21 DIN angegeben. Da holographisches Material im Vergleich zu Standardfilmen sehr viel weniger empfindlich ist, würden die DIN-Zahlen hier nur winzige Bruchteile betragen. Die Empfindlichkeit holographischen Materials wird daher meistens in Mikrojoule/cm (oder ergs/cm für die Oldtimer) angegeben. Das ist die tatsächliche Energie pro Flächeneinheit, die zur ordnungsgemäßen Belichtung einer Emulsion benötigt wird. Da die meisten von uns keine Leistungsmesser benutzen werden, brauchen wir auch nicht näher in dieses Kapitel einzusteigen.

Bei der Herstellung von Hologrammen ist Filmmaterial generell etwas schwieriger zu handhaben als Glas, und zwar wegen der Schwierigkeit, den Film während der Belichtung absolut ruhig zu halten. Im allgemeinen ist Filmmaterial nur praktisch für die Herstellung von Transmissionshologrammen.

Ein wesentlicher Vorteil von Film sind die geringen Anschaffungskosten im Vergleich zu Glas, was bedeutet, daß Film zum Experimentieren (Testbelichtungen, Entwicklungstechniken) verwendet wird. Film kann während der Belichtung plan wie eine Glasplatte oder gekrümmt sein. Außerdem kann Film leicht geschnitten werden. Das ist von Vorteil bei Montagearbeiten und bei der Verwendung in ungewöhnlichen Displays. Die Ruhezeit vor der Belichtung (wenn sich das Aufnahmematerial im Plattenhalter befindet) sollte für Film wesentlich länger als für Glas sein. Film kann zwischen zwei Glasplatten gehalten werden, die besten Ergebnisse erhält man jedoch, wenn sich die Emulsionsseite offen in der Luft befindet. Die Ecken und Kanten des Films sollten sicher an die Halterung geklebt werden. Die Belichtung sollte erst nach längerer Ruhezeit (ca. 10 min.) erfolgen. AH-beschichteter Film wird die Reflexion von der Rückseite der Halterung auf ein Minimum reduzieren.

2.2 Spektrale Empfindlichkeit

Die holografischen Aufnahmematerialien HOLOTEST 8 E 75 HD und 10 E 75 sind besonders sensibilisiert für den langwelligen Spektralbereich (600 - 750 nm) im Hinblick auf Anwendungen mit dem He-Ne-Laser (633 nm) und dem Rubinlaser (694 nm). Dagegen sind die holografischen Emulsionen HOLOTEST 8 E 56 HD und 10 E 56 für Aufnahmen im Wellenbereich bis 560 nm (Krypton- und Argonlaser) geeignet. Die in Kap. 2.1 angegebenen Schwärzungs- bzw. Amplitudentransparenzkurven gelten für die He-Ne-Laser-Wellenlänge (λ = 633 nm) resp. für die Kryptonlaser-Wellenlängen (476 und 521 nm). Um eine Umrechnung der Belichtung auf andere Wellenlängen zu ermöglichen wird die absolute spektrale Empfindlichkeit in Fig. 3 angegeben.

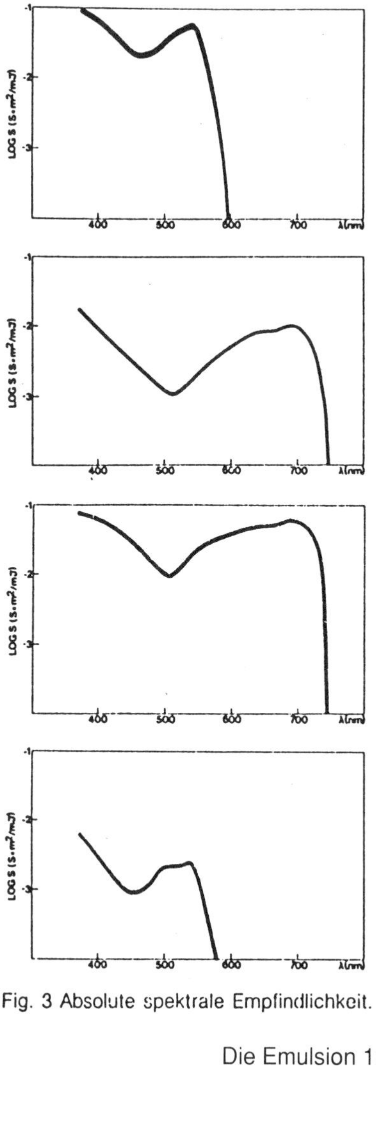

10 E 56

8 E 75 HD

10 E 75

8 E 56 HD

Fig. 3 Absolute spektrale Empfindlichkeit. Kurven um eine D = 0,60 über Schleier zu bekommen.

Die Emulsion 10 E 56 ist nicht mehr lieferbar.

Ilford-Emulsionen

Relative Sensitivity = *Relative Empfindlichkeit*
Wavelength (nm) = *Wellenlänge (nm)*

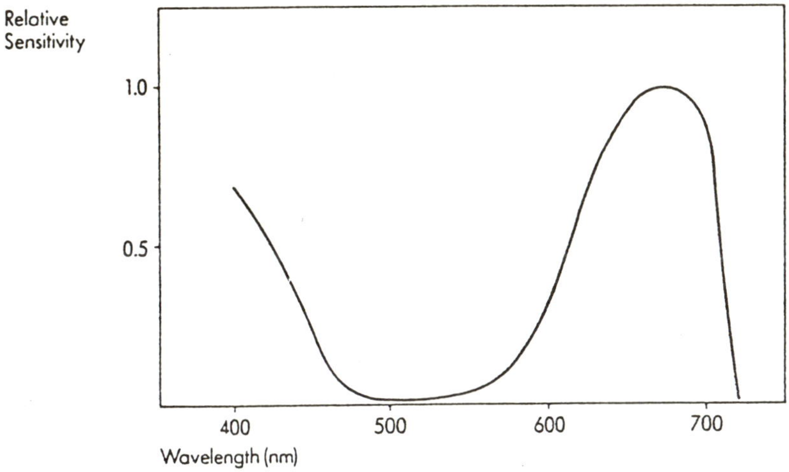

Rotempfindlicher Film, SP673.
Farbempfindlichkeit: Die Emulsion SP673 ist für Licht von 690-700nm empfindlich. Sie eignet sich also besonders für die Herstellung von Hologrammen mit Rubin-Pulslaser. Die oben abgebildete Kurve zeigt die relative Farbempfindlichkeit des SP673 bei einer Belichtung mit einem Weißlicht-Blitz (10^{-4} Sek.). Die Kurve zeigt, daß die maximale Empfindlichkeit bei 694nm liegt.

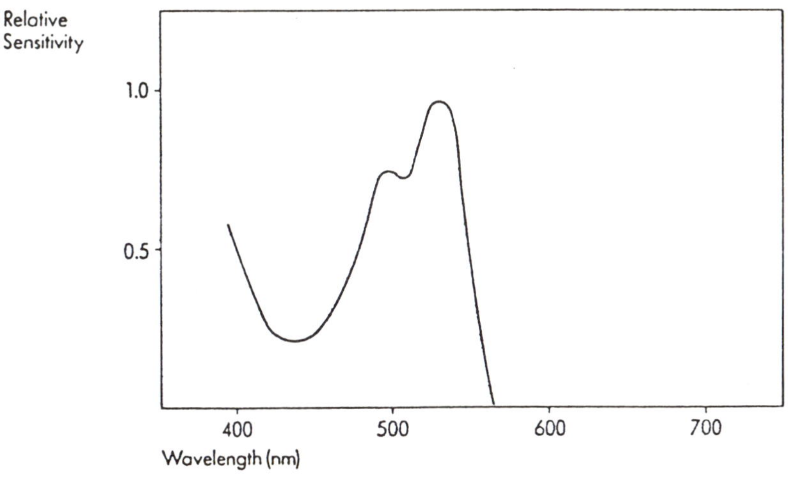

Grünempfindlicher Film, SP672.
Farbempfindlichkeit: Die Emulsion SP672 ist im Bereich ultra violett bis gelb-grün empfindlich. Sie eignet sich also für die Herstellung von Hologrammen mit vielen Arten gebräuchlichen Laser, wie z.B.: Helium-Cadmiumlaser (422nm), Krypton-Ionenlaser, Kupfer-Gaslaser (Puls), Gold-Gaslaser (Puls), Xenon-Ionenlaser, Argon-Ionenlaser und YAG-Laser (Frequenz verdoppelt). Die oben abgebildete Kurve zeigt die Farbempfindlichkeit des SP672 auf Weißlicht. Die Kurve zeigt, das beim SP672 das Empfindlichkeitsmaximum bei 530nm liegt.

FILM SELECTION GUIDE

KODAK PRODUCT	EXPOSURE TO ACHIEVE D = 1.0 (ergs/cm²)								RESOLVING POWER @ TOC		GRANULARITY @ D = 1.0		CONTRAST	EMULSION THICKNESS	STANDARD BASE	DEVELOPMENT
	HeCd 3250	HeCd 4416	Ar 4880	Ar 5145	Nd:YAG 5320	HeNe 6328	Kr 6471	RUBY 6943	1000:1	1.6:1	48μm	6μm	γ	μm		
Spectroscopic Type 649-F Plate/Film	—	500	800	800	1000	900	800	5000 +	2000 +	—	< 5	< 10	5/4	17/6	0.040 Unb or Bkd/A5B	6-8′ D-19
Holographic Plate, Type 120 (− 02 or − 01)/Film, SO-173	—	500	—	—	—	400	400	400	2000 +	—	< 5	< 10	5/4	6	0.040 Unb or Bkd/E4B	6-8′ D-19
Special Plate, Type 125 (− 02 or − 01) /Film, SO-424	20	80	50	50	100	—	—	—	1250	630	< 5	13	4	7/3	0.040 Unb or Bkd/A5CB	6-8′ D-19
High Speed Holographic Plate, Type 131 (− 02 or − 01)/Film SO-253	—	20-35	40-65	25-35	20-30	5-8	3.5-6	1000 +	1250	800	< 5	14	7	9	0.040 Unb or Bkd/E4B	6-8′ D-19
Technical Pan Film, 2415	—	0.4	0.8	0.8	0.7	0.4	0.3	—	320	125	8	—	1-3	7.5	E4AH	6-8′ HC-110(D) 4′ D-19
AGFA-GEVAERT																
8E56HD-AHI Plate/Film	—	350	600	350	300	—	—	—	2500 +	—	—	—	4	7	0.060 Bkd/E7B	6-8′ D-19
8E75HD-NAH Plate/Film	—	400	—	—	450	150	150	100	2500 +	—	—	—	3	7	0.060 Unb/E7C	6-8′ D-19
10E56-NAH Plate/Film	—	60	30	20	20	—	—	—	1500 +	—	—	—	7	7	0.060 Unb/E7B	6-8′ D-19
10E75-NAH Plate/Film	—	60	—	120	60	20	20	20	1500 +	—	—	—	4	7	0.060 Unb/E7C	6-8′ D-19

film selection guide = *Film-Auswahl-Führer*

Weitere Aufnahmematerialien

Silberhalogenid-Materialien wie Agfa-Gevaert- oder Kodak-Platten und -Filme sind unter keinen Umständen die einzigen für holographische Aufnahmen geeigneten Materialien. Obwohl weniger empfindlich und gewöhnlich wesentlich schwieriger in der Handhabung, wurden bereits andere Substanzen verwendet, meistens mit spezifischen wirtschaftlichen oder industriellen Vorteilen.

Photopolymere

Photopolymere sind lichtempfindliche Kunststoffe. Sie werden in flüssiger Form geliefert und härten während der Belichtung aus. Ein sehr erfolgreiches Produkt wurde von Hughes Research entwickelt und ist gegenwärtig über die Newport Research Corporation erhältlich. Es besteht aus zwei verschiedenen Lösungen, die kurz vor Verwendung gemischt werden. Man gibt einige Tropfen auf eine Glasplatte. Eine zweite Platte wird daraufgelegt, so daß sich die Flüssigkeit gleichmäßig verteilt. Während der Belichtung wird das Material teilweise aushärten.

Entwicklung ist nicht notwendig, das Bild wird sich allerdings bald auflösen, wenn es nicht sofort durch den Blitz einer Xenonlampe (oder Vergleichbares) fixiert wird. Wird die Platte für 10 Minuten bei 150 °C gebacken, ist sie dauerhaft fixiert.

Der Vorteil dieses Materials ist, daß das Hologramm sichtbar ist, ohne es für die Entwicklung aus dem Aufbau zu nehmen. Für Zwecke wie holographische Materialtests oder holographische Interferometrie ist dieses Material unbedingt notwendig. Das Material besitzt ein hervorragendes Auflösungsvermögen, ist jedoch weniger empfindlich als Silberhalogenid-Materialien (um zwei Größenordnungen), es läßt sich aber gut mit anderen holographischen Materialien vergleichen.

Auch die Nachteile sollten betrachtet werden: da Photopolymer bis nach dem Erhärten durch Licht flüssig ist, müssen die beiden Platten zwischen denen sich das Photopolymergemisch befindet, horizontal gehalten werden, und zwar bis nach der Belichtung (das könnte zu einigen kreativen Aufbauten anregen).

Außer der Tatsache, daß es schwierig ist, mit diesem Material in flüssigem Zustand zu arbeiten, ist es ausschließlich für Transmissionshologramme geeignet. Andere Photopolymere sind ebenfalls in der Entwicklung. Eine gute Beschreibung eines Photopolymers gibt es von Booth von der Firma DuPont. (Es kann in »Applied Optics«, März 1975 Bd. 14#3, S. 593 nachgelesen werden.)

Dichromatgelatine

Dieses Material bietet eines der großartigsten Medien zur kommerziellen Display-Holographie. Dichromatgelatine (DCG) erweist sich als beinahe ideales holographisches Aufnahmematerial. Der Beugungswirkungsgrad kann die theoretischen 100% erreichen, oder beinahe das gesamte Licht, das zur Wiedergabe des Hologramms eingesetzt wird, wird zur Erzeugung des Bildes oder des gewünschten Effektes gebeugt. Es handelt sich um ein ausgesprochen geeignetes Material zur Erstellung von Reflexionshologrammen. Das Bild kann durch jede beliebige Lichtquelle rekonstruiert werden. Auch können kontrolliert bestimmte Farben erzeugt werden. Diese Hologramme sind offensichtlich auch sehr gut zu vermarkten: Hunderttausende wurden bereits als Anhänger oder anderer Form von Schmuck oder als Geschenkartikel verkauft. Die meisten dieser Stücke sind einfache Ein-Strahl-Reflexionshologramme (Denisyuk-Hologramme), entweder als Mutterhologramm zur Darstellung des virtuellen Bildes (1. Generation) oder als Bildebenen-Hologramm (2. Generation). Ein Mutterhologramm ist ein Hologramm der ersten Generation, das so im Strahl positioniert wird, daß es möglich wird, mit dem gleichen Strahl gleichzeitig das Hologramm auszuleuchten und die Umsetzung aufzunehmen.

Dichromatgelatine wird zur Herstellung von extrem hellen Transmissionshologrammen verwendet. Außerdem können »normale« Hologramme auf Dichromatgelatine kontaktkopiert werden, so daß die Brillanz um ein Wesentliches verbessert wird. DCG ist beinahe das ideale Material, um holographische Linsen zu erzeugen. Im Supermarkt-Scanner Modell 3687 von IBM wird mit Hilfe einer holographischen Dichromatgelatine-Linse der Laserstrahl umgelenkt, der zur Dekodierung des Produktstreifens verwendet wird.

Leider gibt es einige Charakteristika im Umgang mit DCG, die deren Verwendung für Hobby-Holographen sehr schwierig oder sogar unmöglich machen. Das Material ist für grünes Licht und kürzere Wellenlängen als grün empfindlich, das Maximum liegt im Ultravioletten. Es ist gewöhnlich völlig unempfindlich für das rote Licht des He-Ne-Lasers. Das erfordert die Verwendung eines sehr viel teureren Argon-, Krypton- oder Helium-Cadmium-Lasers. (DCG kann mit Hilfe einer Farbstoffbeigabe für rot sensibilisiert werden. Das Material benötigt jedoch eine enorm hohe Belichtungsenergie von 200 - 600 mJ/cm^2, wodurch Belichtungen sehr schwierig werden. Siehe »Applied Optics«, Bd. 15, Nr. 2, Febr. 1976, S. 556.)

Dichromat-Gelatine-Filme sind nicht im Handel erhältlich. In der Literatur werden einige Formen zur Haltbarmachung diskutiert, die aber ungenau und widersprüchlich sind. Mit großem Einsatz von Geld und Zeit haben einige Firmen eigene Methoden und Formeln für haltbare DCG-Schichten entwickelt. Denken Sie aber bitte nicht, daß Ihnen oder uns diese Verfahren bekanntgegeben werden.

Der Erfolg bei der Arbeit mit DCG ist gewöhnlich aus einer Anzahl von Gründen sehr flüchtig. Erstens ist die ordnungsgemäße Beschichtung einer Glasplatte mit DCG sehr viel schwieriger als man sich das vorstellen könnte. Insbesondere sind Emulsionsdicke und - härte, Wasseranteil und Empfindlichkeit unter Kontrolle zu halten. Die Hologramme müssen in einer Umgebung mit genauestens kontrollierten und stabilen Werten von Temperatur und Luftfeuchtigkeit hergestellt werden. Wegen dieser Vielzahl voneinander abhängiger Variablen sind Qualitätsprobleme meistens nur sehr schwer zu lösen. Die Herstellung eines DCG-Hologramms ist wirklich eine Kunst für sich.

Trotz dieser Schwierigkeiten möchten vielleicht einige Experimentierfreudige mit Zugang zur entsprechenden Ausrüstung es selber ausprobieren. Wir schlagen vor, mit der auf Seite 136 angeführten Literaturliste zu beginnen.

Die einfachste Methode zur Vorbereitung der Gelatine (um ungleichmäßigen Beschichtungen auszuweichen) ist folgende: Eine unbelichtete Platte von Kodak oder Agfa wird zur Entfernung aller Silberpartikel ins Fixierbad gelegt.

Anschließend wird die Platte zur Sensibilisierung in eine Ammonium-Dichromat-Lösung gelegt und im Dunkeln getrocknet.

Hierauf wird die Platte mit blauem oder grünem Laserlicht belichtet. Die Belichtungszeiten müssen experimentell bestimmt werden, da sie von Variablen wie Typ und Härte der Gelatine, Wellenlänge des Laserlichts, Konzentration der Sensibilisatoren, Umgebungsbedingungen usw. abhängen. Die Platte wird entwickelt, indem sie durch eine Serie von temperaturkontrollierten Bädern bestehend aus Wasser und Alkohol läuft und anschließend rasch mit einer Heißluftpistole getrocknet wird.

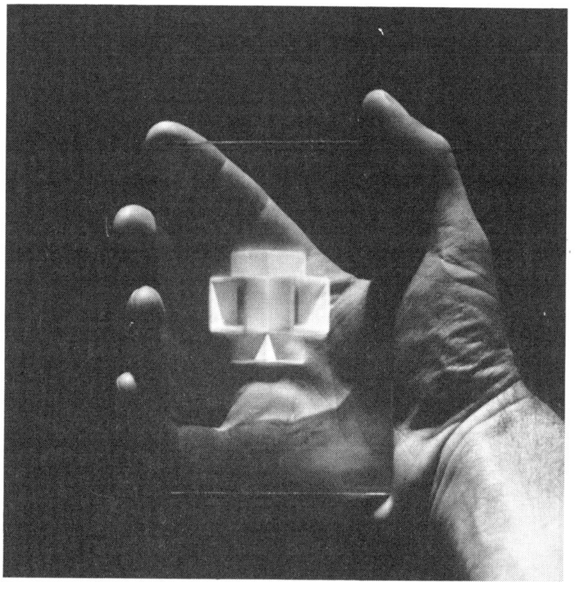

»Cubes« Dichromat-Gelatine-Hologramm von Fred Unterseher und Bob Schlesinger, 1980.

Das fertige Hologramm muß komplett versiegelt werden, um es vor Zerstörung zu schützen - das kleinste Wassertröpfchen würde es zum Verschwinden bringen. Das passiert sogar, wenn das Hologramm in einer feuchten Umgebung einfach liegen bleibt, ohne tatsächlich naß zu werden.

Versiegelt wird das Hologramm, indem eine saubere Glasplatte mit Hilfe eines optischen Zements auf die Schichtseite geklebt wird. Als Zement können verschiedene Materialien verwendet werden, u.a. einige Epoxidharz-Kleber. Einige dieser Materialien härten unter UV-Licht aus (wie z.B. das von Norland Products Inc., North Brunswick, N.J. - übrigens kann dieses Material auch zum Versiegeln von Standard-Silberhalogenid-Hologrammen verwendet werden, um sie vor Kratzern zu schützen).

Wenn Sie noch niemals Dichromat-Gelatine-Hologramme gesehen haben, sollten Sie das unbedingt nachholen. Durch ihre Brillanz und Auflösung bieten sie eine unglaublich realistische Darstellung. Wir empfehlen die eigene Herstellung nicht, außer Sie besitzen eine enorme Geduld, sind leicht verrückt oder - vorzugsweise - beides!

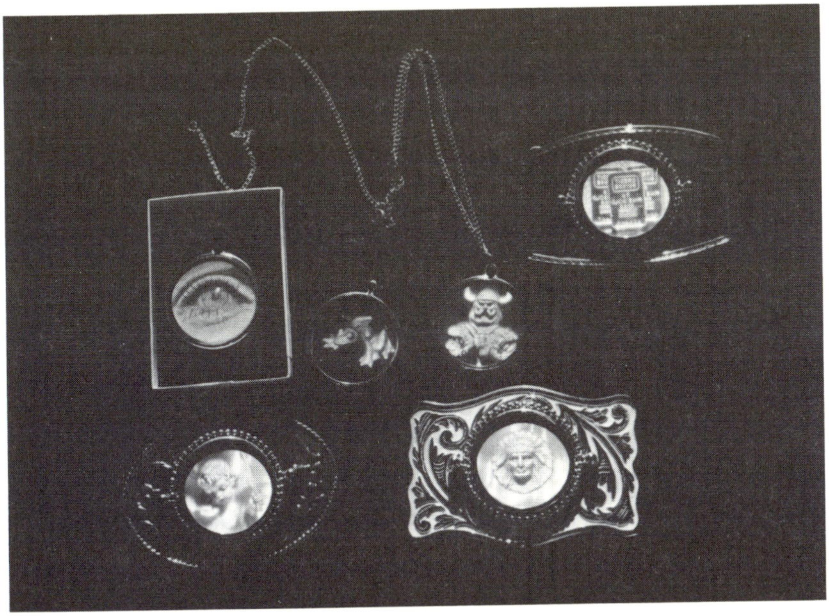

Schmuckstücke mit DCG-Hologrammen. Mutterhologramme von Bob Schlesinger. Hersteller: Dichromate Inc., von Bob, Kent und Jim, 1980.

Literaturvorschläge: »Dichromated Gelatin Imaging: Guidelines for Beginners«, Auszüge aus: C. O. Leonard, B. D. Guenther »A Cookbook for Dichromated Gelatin Holograms« in: »Holosphere« Juli/Aug. 1980, S. 1ff.

Stephen McGrew »Color Control in Dichromated Gelatin Reflection Holograms« in: SPIE proceedings, Feb. 1980, vol. 215, S. 24ff.

B. J. Chang, C. D. Leonard »Dichromated Gelatin for the Fabrication of Holographic Optical Elements« in: »Applied Optics«, Juli 1979, vol. 18, Nr. 14, S. 2407ff.

»Dichromate Jars«
von Rich Rallison, 1976.

»Chambered Nautilus«, Dichromat-Gelatin-Hologramm, hergestellt bei »Dichromate Inc«, 1979. Photo von Jeannene Hansen.

Thermoplast

Hologramme können dann in verformbaren thermoplastischen Filmen belichtet werden, wenn das Thermoplast-Material mit einer photoleitenden Schicht verbunden wird. Das erzeugte Hologramm ist ein beinahe vollkommen ebenes Phasenhologramm (Reflexionshologramme können damit nicht hergestellt werden) und besitzt den Vorteil der Wiederverwendbarkeit (der Film kann zum Löschen einer Aufnahme erhitzt werden). Weitere Vorteile sind der gute Beugungswirkungsgrad und die saubere Arbeitsweise. Das Auflösungsvermögen liegt nicht höher als etwa 1000 Linien/mm. Die Herstellung des Films ist sehr schwierig und die Entwicklung durch Wärme problematisch. Ein neues thermoplastisches System wird von Newport Research angeboten.

Eine gute Abhandlung über thermoplastische Materialien für Holographie und auch die Erwähnung zweier anderer Materialien (Photochrome und ferroelektrische Kristalle) finden Sie in »Optical Holography« von Collier, Burckhardt & Lin in Kapitel 10.

Photoresist

Ein Oberflächenrelief-Hologramm kann in Photoresist ausgebildet werden. Dieses Material wird während der Entwicklung zum Teil weggeätzt, so daß eine gut definierte Serie von Vertiefungen und Erhöhungen übrigbleibt. Sowohl positive als auch negative Photoresist-Materialien sind erhältlich. Bei ersteren werden die unbelichteten Gebiete während der Entwicklung entfernt, bei den anderen die belichteten.

Photoresist-Hologramme können hervorragend als Mutterhologramme für Prägestempel verwendet werden. Dabei werden Photoresist-Mutterhologramme mit einer dünnen Metallschicht überzogen und anschließend Kopien davon geprägt. Diese Vorgangsweise erinnert an die Herstellung von phonographischen Aufnahmen. Obwohl nur Transmissionshologramme verwendet werden können, erlaubt sie die Massenvervielfältigung von Weißlicht-Transmissionshologrammen bis zu Videodiscs. Photoresist-Hologramme werden in der Literatur häufig behandelt. (Einen guten Überblick erhalten Sie in: Iwata & Tsujiuchi, »Applied Optics«, Juni 1974, Vol. 13, Nr. 6, S. 1327.)

Der hauptsächliche Nachteil dieser Emulsion ist, daß sie sehr unempfindlich ist und gewöhnlich im ultravioletten Bereich belichtet werden muß. Für holographische Zwecke ist Photoresist vergleichsweise 250.000 mal weniger empfindlich als die Agfa-Emulsion 8E75.

Ausrüstung

Anfänger- oder Grundausrüstung

- Ein optischer Tisch (1200 x 1200 mm).
- Ein Laser. Zwei oder mehr Milliwatt werden empfohlen.
- Drei kleine Oberflächenspiegel.
- Ein Oberflächenspiegel (100 x 130 mm oder größer, zur Verwendung als Spiegel im Referenzstrahl).
- Zwei Konkavlinsen mit gleicher Brennweite zur Objektausleuchtung.
- Ein 50:50 Strahlenteiler.
- Ein 90:10 Strahlenteiler (z.B. eine 6 mm dicke saubere Glasscheibe).
- PVC-Rohre, Kleber, usw. zum Bau von Halterungen.
- Ein Belichtungsmesser.
- Ein weißer Karton (100 x 130 mm, zur Lichtkontrolle).
- Ein Verschluß, normaler Karton auch verwendbar.
- Blenden (aus Karton) zum Abblocken von Streulicht - verschiedene Größen.
- Durchscheinendes diffusierendes Material (wahlweise - für einen sauberen Objektstrahl, evtl. Plastikscheibe).
- Schwarze Filztücher (wahlweise - zur Verringerung des Streulichts rund ums Objekt).
- Holographische Platten. Je eine Schachtel 8E75, 10E75. Glasplatten 100 x 130 mm (4 x 5 inch).
- Dunkelkammereinrichtung.
- Gummiwischer (Scheibenwischer).
- Dunkelkammerchemikalien:
  Kodak D 19 Entwickler.
  Stop-Bad.
  Kodak Rapid Fixer.
  Kaliumbromid.
  Kaliumferrocyanid.
  Quecksilberchlorid.
  Kodak 200:1 Netzmittel.

Mittlere bis Fortgeschrittenenausrüstung

Grundausrüstung mit folgenden Zusätzen:

- Optischer Tisch (1200 x 2400 mm). Entweder als Ersatz für den 1200 x 1200 mm Tisch oder als Anbau zum alten.
- Laser mit mindestens 5 Milliwatt als Ersatz für den alten.
- Variabler Strahlenteiler, als Ersatz des 90:10 Strahlenteilers.
- Raumfilter mit 10-fach Objektiv und 25 Micrometer Lochblende.
- Plattenhalter 200 x 250 mm (8 x 10 inch). Es ist ratsam, zwei davon zur Verfügung zu haben.
- Weißer Karton zur Lichtkontrolle 200 x 250 mm (8 x 10 inch).
- Einsatz 100 x 130 mm (4 x 5 inch) zum Plattenhalter 200 x 250 mm (8 x 10 inch) für Testbelichtungen.
- Oberflächenspiegel 200 x 250 mm (8 x 10 inch oder größer), z.B. »Edmund Scientific« Nr. 40 067.
- Kollimierungsspiegel - wahlweise. Sie benötigen ihn zur Herstellung von Weißlicht-Transmissionshologrammen (z. B. Coulter 10" (= 250 mm) f= 5,6).
- Filmhalter - flach und gekrümmt.
- Drei bis vier zusätzliche Oberflächenspiegel.
- Je zwei zusätzliche Linsen mit unterschiedlichen Brennweiten.
- Spaltoptiken (wahlweise). Sie werden benötigt zur Herstellung von Regenbogenhologrammen.
- Halterungen für die neuen Optiken.
- Holographische Platten 200 x 250 mm (8 x 10 inch) und holographischer Film 100 x 130 mm (4 x 5 inch oder größer).
- Verbesserter Verschluß (d.h. ein mechanischer Verschluß).
- Plattenhalter zur Verwendung mit Index-Match-Flüssigkeit, wahlweise - zur Arbeit mit Film.
- Zusätzliche Chemikalien.

Profi- oder Superausrüstung

Ausrüstung für Fortgeschrittene und zusätzlich:

- Laser mit mindestens 15 Milliwatt, vorzugsweise jedoch 50 Milliwatt.
- Tisch mit Metalloberfläche (1200 x 2400 mm oder größer) oder schwingungsisoliertes System (z. B. von Newport Research, Ealing usw.).
- Magnetische Halterungen für optische Komponenten.
- Größerer Kollimierungsspiegel (350 x 420 mm).
- Zusätzliche Objektive und Spiegel, je nach Verwendungszweck.
- Zusätzliche Raumfilter zur sauberen Ausleuchtung von Mutterhologrammen.
- Automatischer Verschluß.
- Vakuum-Ansaugplatte für Filmhologramme.

Hersteller- und Lieferantenadressen

Wenn Sie Qualitätsprodukte, die in eine der folgenden Kategorien fallen, aus eigener Herstellung anbieten, so würden wir gerne auch Ihre Firma in einer der nächsten Auflagen erwähnen. Senden Sie Ihre Artikelbeschreibungen bitte an den Herausgeber.

Laser (Helium-Neon-Laser):

Aerotech GmbH
Neumeyerstr. 90
8500 Nürnberg 10
Tel. 0911/521031
Telefax 0911/521235

Coherent GmbH
Senefelder Str. 10
6074 Rödermark
Tel. 06074/9140

ELV-Elektronik GmbH
Mainburgerstr. 36
2950 Leer
Tel. 0491/60080
Telefax 0491/72030

EPA - Elektro-Physik Aachen GmbH
Jülicher Str. 336-340
5100 Aachen
Tel. 0241/531778
Telefax 0241/1822100

GFO-Gerhard Franck Optronik GmbH
Berzeliusstr. 89
2000 Hamburg 74
Tel. 040/7336050
Telefax 040/73360530

Jodon
über:
R. Braumann GmbH
Trivastr. 13
8000 München 19
Tel. 089/156011
Telefax 089/1578359

Laser 2000
Benzstr. 30
8039 Puchheim
Tel. 089/806001
Telefax 089/806528

Laser Components GmbH
Am Weidengrund 10
8083 Gröbenzell
Tel. 08142/5002-0
Telefax 08142/9097

Leybold-Heraeus
Wilhelm-Rohn-Straße 25
6450 Hanau 1
Tel. 06181/340
Telefax 06181/341100

Melles Griot GmbH
Kleyerstr. 14
6100 Darmstadt
Tel. 06151/86331
Telefax 06151/82352

NEC Electronics GmbH
Oberrather Str. 4
Postfach 330328
4000 Düsseldorf 30
Tel. 0211/650301
Telefax 0211/6503327

Newport GmbH
Bleichstr. 26
6100 Darmstadt
Tel. 06151/26116
Telefax 06151/22639

Optilas GmbH
Postfach 1464
8039 Puchheim
Tel. 089/801035

Polytec GmbH
Siemensstr. 13-15
Postfach 1140
7517 Waldbronn 1
Tel. 07243/604-0
Telefax 07243/69944

Spectra-Physics GmbH
Siemensstr. 20
6100 Darmstadt
Tel. 06151/708-0
Telefax 06151/708232
Telex 419471

Spindler & Hoyer GmbH & Co.
Königsallee 23
3400 Göttingen
Tel. 0551/6935-0
Telefax 0551/6935166

Optiken:

Anaspec Elektro-Optik GmbH
Wiesenstr. 2
6140 Bensheim
Tel. 06251/38064
Telefax 06251/64311

Balzers AG
FL-9496 Balzers
Tel. 075/44111
Telefax 075/42768

Bernh. Halle Nachf. GmbH & Co.
Optische Werkstätten
Hubertusstr. 10-11
1000 Berlin 41
Tel. 030/7916077

Ealing-Electro-Optics
über:
Microscan Electronic GmbH
Überseering 31
2000 Hamburg 60
Tel. 040/632003-0
Telefax 040/63200349

GFO-Gerhard Franck Optronik GmbH
(Anschrift siehe oben)

LOT GmbH
Im Tiefen See 58
6100 Darmstadt
Tel. 06151/88060
Telefax 06151/84173

Melles Griot GmbH
(Anschrift siehe oben)

Newport GmbH
(Anschrift siehe oben)

Oldelft-Franke & Co. Optik GmbH
Philosophenstr. 116
Postfach 5420
6300 Gießen
Tel. 0641/40070
Telefax 0641/400724

Pörschke GmbH
Postfach 1226
6128 Höchst
Tel. 06163/3909
Telefax 06163/3060

Schott Glaswerke
Geschäftsbereich Optik
Hattenbergstr. 10
Postfach 2480
6500 Mainz
Tel. 06131/66-0
Telefax 06131/662003

Spectra-Physics GmbH
(Anschrift siehe oben)

Spindler & Hoyer GmbH & Co.
(Anschrift siehe oben)

Variable Strahlenteiler:

EPA - Elektro-Physik Aachen GmbH
(Anschrift siehe oben)

Newport GmbH
(Anschrift siehe oben)

Raumfilter:

EPA - Elektro-Physik Aachen GmbH
(Anschrift siehe oben)

Holostudio Beate Krengel
Mariawalder Str. 2
5169 Heimbach/Eifel
Tel. 02446/3592

Melles Griot GmbH
(Anschrift siehe oben)

Newport GmbH
(Anschrift siehe oben)

Pörschke GmbH
(Anschrift siehe oben)

Spectra Physics GmbH
(Anschrift siehe oben)

Mikroskop-Objektive:

Newport GmbH
(Anschrift siehe oben)

Pörschke GmbH
(Anschrift siehe oben)

Lochblenden:

Melles Griot GmbH
(Anschrift siehe oben)

Newport GmbH
(Anschrift siehe oben)

Verschlüsse:

Holostudio Beate Krangel
(Anschrift siehe oben)

Melles Griot GmbH
(Anschrift siehe oben)

Newport GmbH
(Anschrift siehe oben)

Plattenhalter:

Newport GmbH
(Anschrift siehe oben)

Schwingungsisolierte Tische:

Fostec Feinmech.-opt. Systemtechnik GmbH
Halberstädter Str. 7
1000 Berlin 31
Tel. 030/8915077
Telefax 030/8915066

Holostudio Beate Krengel
(Anschrift siehe oben)

Newport GmbH
(Anschrift siehe oben)
Physik Instrumente GmbH
Siemensstr. 13-15
7517 Waldbronn
Tel. 07243/604-0
Telefax 07243/69944

Halterungen für optische Komponenten:

Newport GmbH
(Anschrift siehe oben)

PHYWE Systeme GmbH
Robert-Bosch-Breite 10
3400 Göttingen
Tel. 0551/604-0
Telefax 0551/604-115

Aufnahmematerialien (holographische Platten und Filme):

Bemerkung: Zusätzlich zu den oben angeführten Händlern liefern auf Bestellung auch größere Photo-Ausrüstungsgeschäfte holographische Materialien. Holographische Platten und Filme können nicht direkt von Agfa bezogen werden, dennoch können Sie sich für technische Fragen an die nächstgelegene Niederlassung wenden.

Eastman Kodak Produkte (SO 173, SO 253, Typ 120 Platten, Typ 131 Platten, 649 F) sind erhältlich bei Jodon Engineering (Adresse s. o.), bei einigen Photo-Ausrüstungsgeschäften oder in einigen Fällen bei Kodak direkt.

Informationen bezüglich Verkauf oder Technik können Sie unter folgender Adresse anfordern:

EPA - Elektro Physik Aachen GmbH
(Anschrift siehe oben)

Holostudio Beate Krengel
(Anschrift siehe oben)

Kodak AG
Hedelfinger Str.
Postfach 600345
7000 Stuttgart 60
Tel. 0711/4060
Telefax 0711/4065397

Ilford Photo Gmbh
Postfach 101168
6072 Dreieich
Tel. 06103/838-0
Telefax 06103/838-110

Der Katalog von Edmund Scientific ist erhältlich bei: American Catalog Shopping, Kohlmarkt 9, A-1010 Wien, Tel. 0043-222-5331020 oder 5335041.

Holographie für Anfänger

Die Herstellung von Hologrammen

In diesem Teil des Buches wollen wir zeigen, wie leicht es ist, ein Hologramm zu machen und wie befriedigend es ist, dabei die selbstgemachte Ausrüstung zu benutzen. Zuerst besprechen wir einige holographische Aufbauten, die wenig Zeit und Aufwand benötigen, und die besonders für den Gebrauch leistungsschwacher Laser geeignet sind, d.h. daß nur kurze Belichtungszeiten nötig sind. Dann gehen wir zu etwas aufwendigeren Aufbauten über, die aber mehr Kontrolle über das Endergebnis erlauben. Alle diese Aufbauten können auf einem Sandtisch gemacht werden und benötigen nur ein Minimum an einfachen Optiken.

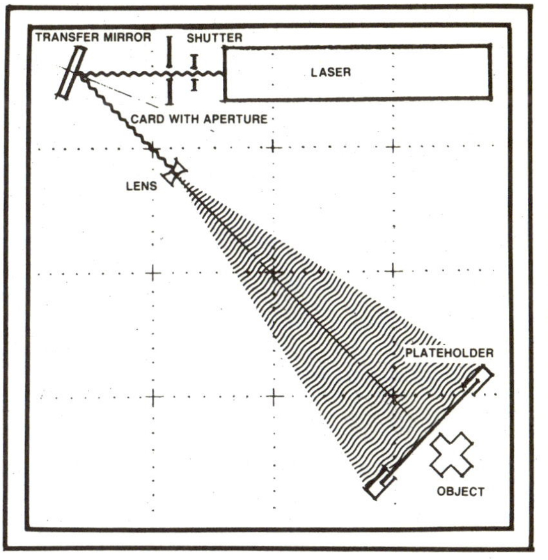

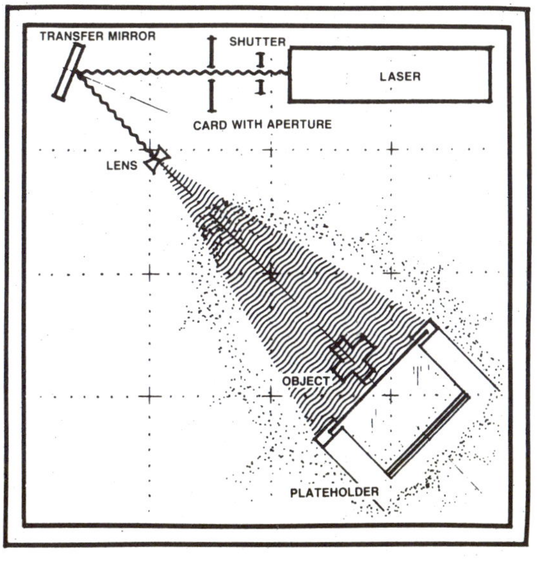

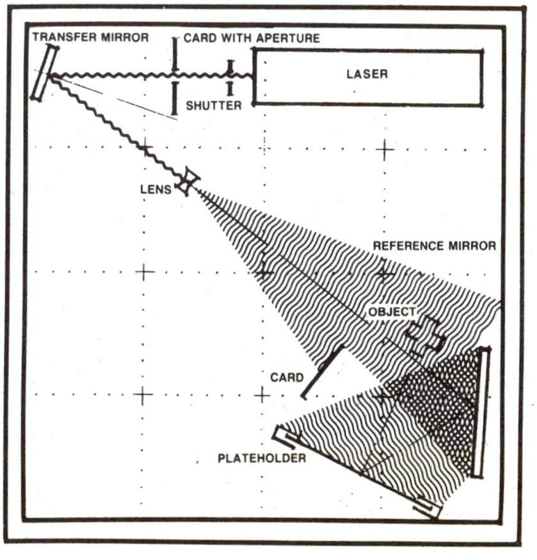

transfer mirror = *Umlenkspiegel*
card with aperture = *Pappe mit Öffnung*
laser = *Laser*
shutter = *Verschluß*
lens = *Linse*

plateholder = *Plattenhalter*
object = *Objekt*
card = *Pappe*
reference mirror = *Spiegel im Referenzstrahl*

Transmissionshologramme

Woran denken Sie, wenn Sie das Wort »Hologramm« hören? Welche Art von Hologrammen haben Sie schon gesehen? Heutzutage gibt es bereits eine ganze Menge, die man anschauen oder auch machen kann (die meisten davon werden in diesem Buch noch besprochen werden). Aber es gibt einen Typ - das ganz normale Transmissionshologramm - das so etwas wie der Großvater aller anderen ist. Wir halten eine Glasplatte mit einem Hologramm darauf ins Laserlicht oder in ein gefiltertes Licht. Betrachten wir die Platte, sehen wir ein Bild, das wie durch Magie im Raum hinter der holographischen Platte erscheint. Diese Hologramme nennt man Transmissionshologramme, da das Licht durch die Platte hindurch in die Augen des Betrachters fällt. Schaut man das Hologramm richtig an, erscheint ein »virtuelles« Bild auf der Seite der Platte, wo sich auch die Lichtquelle befindet. Wir werden das genauer im theoretischen Teil des Buches besprechen. Wir können an diesem Punkt jedoch sagen, daß von all den bis heute perfektionierten Hologrammtypen es immer noch das normale Transmissionshologramm ist, das das Bild mit der größten Tiefe und Klarheit hervorbringt. Also dachten wir, daß wir auch mit diesem Typ anfangen sollten. Es handelt sich hierbei um die Art von Transmissionshologramm, die Leith und Upatnieks in ihren frühen Experimenten herstellten. Ihre Erfindung wurde »außer-axiale« Holographie genannt, da Licht aus einem anderen Winkel oder einer anderen Achse als das Objektlicht auf die holographische Platte fällt. Dies ermöglichte zum ersten Mal die Herstellung von Transmissionshologrammen von richtigen 3D-Objekten (bis dahin hatte man nur flache, meist transparente Objekte genommen). Der Ein-Strahl-Aufbau, den wir jetzt besprechen werden, ist ihren frühesten Experimenten nachempfunden.

Besonderer Hinweis: *Es ist von größter Wichtigkeit, daß Sie dieses Kapitel nicht überspringen, da wir hier unter anderem die Entwicklung von Transmissionshologrammen besprechen, und alle Transmissionshologramme werden grundsätzlich auf die gleiche Art entwickelt. Es macht keinen*

Unterschied, welcher holographische Aufbau verwendet wird. Daher werden wir die folgende Beschreibung der Entwicklung nicht in späteren Kapiteln wiederholen, uns aber darauf beziehen, z.B. wenn wir Mehrstrahlen-Transmissionshologramme, Bildebenen- und Weißlichttransmissionshologramme oder Diffraktionsgitter besprechen. Daher werden alle »Experten«, die meinen, dieses Kapitel überspringen zu können, später etwas verwirrt sein.

Das Ein-Strahl-Transmissionshologramm

Wie wir später noch genauer erklären werden, entsteht ein Hologramm durch die Interferenz des Lichts, das vom Objekt reflektiert wird (dem sogenannten Objektstrahl) und einem reinen Laserstrahl (dem Referenzstrahl). Es gibt eine ganze Anzahl von Möglichkeiten, um dies geschehen zu lassen. Die einfachste Methode ist wohl, den gleichen Laserstrahl dazu zu benutzen, sowohl das Objekt zu beleuchten als auch als Referenzstrahl zu dienen. Dieser Hologrammtyp wurde von Emmett Leith und Juris Upatnieks an der Universität von Michigan zwischen 1962 und 1964 entwickelt. Leith und Upatnieks verbesserten ihre Erfindung später, indem sie den Strahl in zwei bestimmte Teile aufteilten, die unabhängig voneinander verändert werden können, um das bestmögliche Resultat zu erzielen. Es ist generell so, daß die Qualität eines Ein-Strahl-Hologramms nie an die der Mehrstrahlen-Technik herankommt. Sie eignen sich aber hervorragend dazu, sich schnell mit den grundsätzlichen Optiken zur Herstellung eines Hologramms mit einem Minimum an Zeit und Aufwand vertraut zu machen.

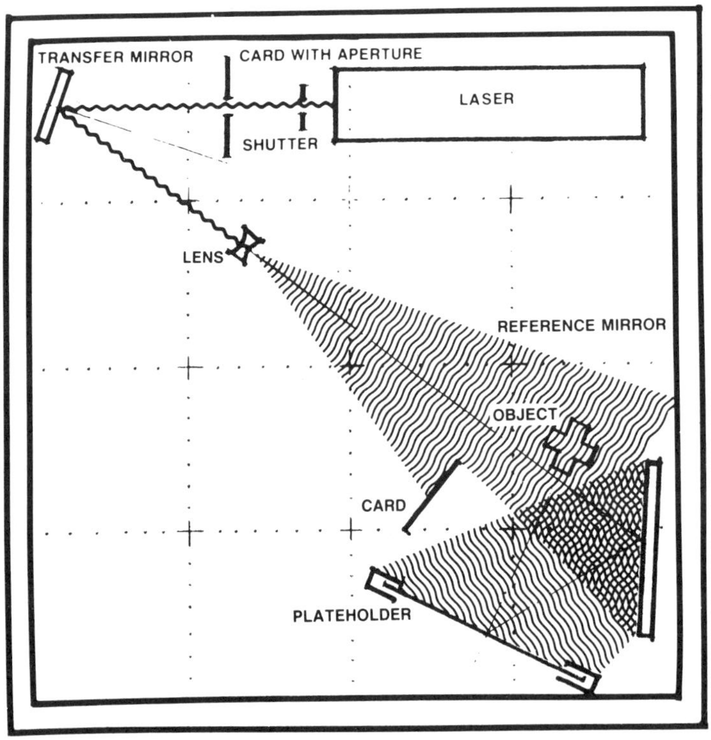

transfer mirror = *Umlenkspiegel*
card with aperture = *Pappe mit Öffnung*
shutter = *Verschluß*
laser = *Laser*
lens = *Linse*
card = *Pappe*
object = *Objekt*
reference mirror = *Spiegel im Referenzstrahl*
plateholder = *Plattenhalter*

Das Wesentliche

- Stabilität.
- Ratio des Lichts: 4:1 (Ref:Obj).
- Belichtung: 8E75NAH oder 10E75.
- Entwicklung: 15% Schwärzung nach Sicht.

Was wird gebraucht:

- 1 Laser (natürlich).
- Negative Linse.
- Ein Spiegel.
- Ein Plattenhalter.
- Holographische Platten: 10E75 oder 8E75.
- Objekt (hell und stabil).
- Weiße Pappe 100 x 130 mm (4 x 5 inch).
- Schwarzer Samt und/oder Ständer für die Objekte (wahlweise).
- Chemikalien zur Entwicklung von Transmissionshologrammen.
- Mehrere schwarze Pappkartons, um Streulicht abzuschatten.

Der Aufbau

1. Laser plazieren.
2. Umlenkspiegel positionieren.
3. Objekt plazieren.
4. Plattenhalter plazieren.
5. Spiegel im Referenzstrahl positionieren.
6. Linse plazieren.
7. Pappe in Plattenhalter stecken.
8. Spiegel im Referenzstrahl plazieren.
9. Unerwünschtes Licht abschatten.
10. Licht mit Belichtungsmesser ausmessen.
11. Plattenhalter laden.
12. Setzzeit abwarten.
13. Belichten.

Entwicklung

1. Entwickeln D-19: 15% Schwärzung nach Sicht.
2. Stopbad: 1 Min.
3. Fixierbad: 3-5 Min.
4. Wässern: 3-5 Min.
5. Fixierklärbad: 2-5 Min.
6. Wässern: 2-5 Min.
7. Bleichbad[1]: Bis rosa Färbung auftritt.
8. Wässern: 3-5 Min.
9. Netzmittelbad.
10. Abstreifen.

[1]Vorzugsweise Kaliumferrocyanid, siehe Seite 168 für Alternativen

Objekte

Erste Versuche sollten mit einem möglichst hellen Objekt gemacht werden. Alles was gelb, weiß oder hellrot ist, eignet sich besonders. Die einfachste Methode, die Helligkeit eines Objekts zu überprüfen ist, das Laserlicht mit einer Linse aufzufächern, alles andere Licht auszuschalten und zu schauen, wie das Objekt im Laserlicht aussieht. Zu glänzende Gegenstände sollten vermieden werden (sie wirken eher wie ein Spiegel als wie ein Objekt und reflektieren das Licht direkt vom Laser auf die Platte). Es sollte auch recht stabil sein, so daß es sich während der Belichtung nicht bewegt (erinnern Sie sich an die Stabilitätserfordernisse). Lassen Sie die Finger von Blumen, Papiermodellen, lebenden Objekten etc. Zu Anfang sollte man auch möglichst kleine Objekte nehmen (nicht größer als 50 x 50 x 50 mm).

yes

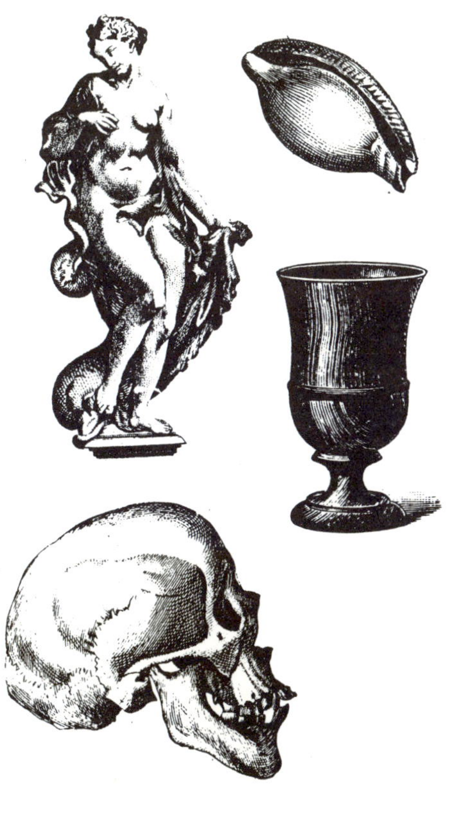

no

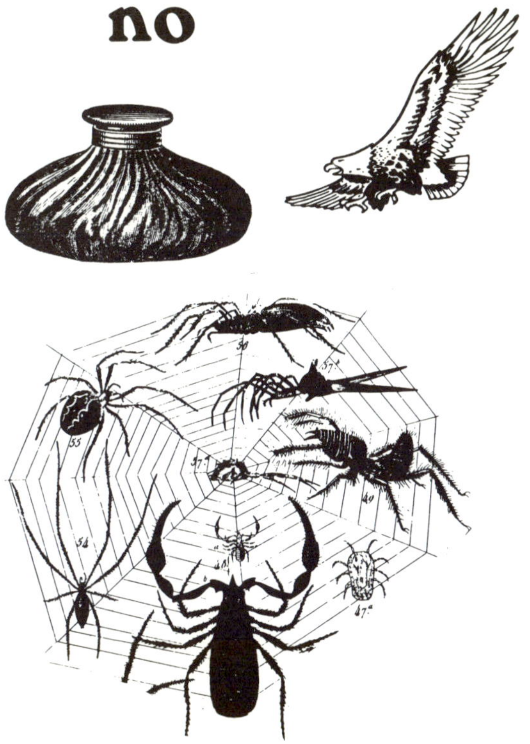

1. Der Laser

Der eigentliche holographische Aufbau ist recht einfach. Man kann den Laser direkt im Sandtisch plazieren (oder auf jeder anderen Oberfläche entlang des Sandtischs) oder auch an jeder anderen Stelle, die Sie bei der Planung Ihres Systems dafür vorgesehen haben. Wenn Sie ihn direkt »in den Sand setzen« wollen, achten Sie darauf, daß der Laser auf einem Karton steht, siehe Zeichnung. Der Strahl sollte dabei parallel zur Oberfläche in ca. 75 -100 mm Höhe verlaufen. Die Situation ist einfach zu erreichen, indem man den Sand mit der Hand oder einer Pappe in der entsprechenden Höhe glattstreicht. Ihr Laser wird übrigens sehr dankbar sein, wenn Sie darauf achten, daß kein Sand in sein Gehäuse kommt.

2. Der Umlenkspiegel

Wie in der Zeichnung gezeigt, dient der Umlenkspiegel dazu, das Licht diagonal über den Tisch zu leiten. Ein Umlenkspiegel ist einfach dazu da, den Laserstrahl zu reflektieren und umzuleiten.

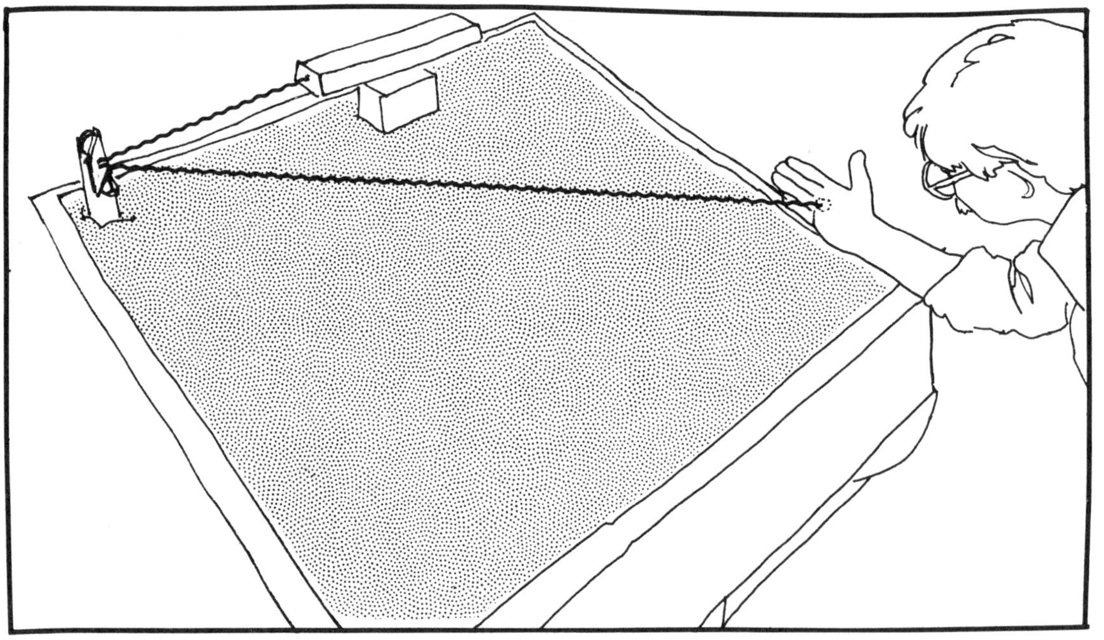

3. Das Objekt

Das Objekt sollte möglichst in der Mitte des Tischs und im Strahlengang des Laserlichts positioniert werden. Die Vorderseite des Objekts sollte wie gezeigt ausgerichtet werden, so daß der rote Lichtpunkt auf seiner Oberfläche erscheint. Soll auf Ihrem Hologramm später kein Sand zu sehen sein, dann stellen Sie das Objekt auf ein Stück schwarzen Samt. Die Umgebung des Objekts wird auf dem Hologramm als schwarz erscheinen, was den Effekt hat, daß das Objekt frei im Raum zu schweben scheint.

Manche Objekte sollten am besten mit einem Stock gehalten werden, z.B. einem schwarzen, ca. 5-10 mm dicken Holzpflock. Das Objekt sollte so an dem Stock befestigt werden, daß er durch den Plattenhalter nicht zu sehen ist, aber solide auf der Rückseite des Objekts in den Sand gesteckt werden kann.

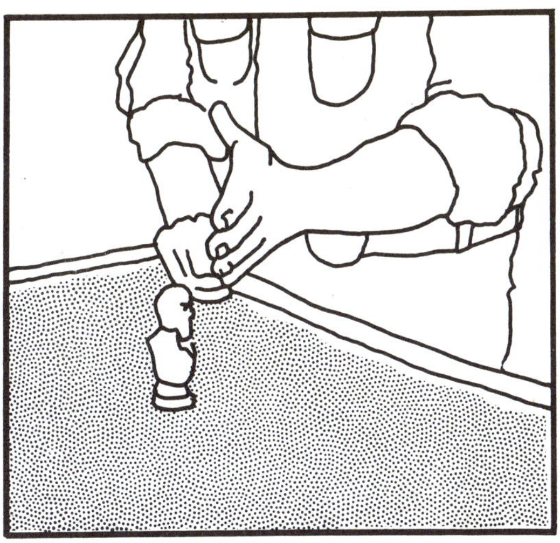

4. Der Plattenhalter

Der Plattenhalter sollte ca. 150-200 mm vor dem Objekt aufgestellt werden. Schaut man durch das Fenster des Plattenhalters, kann man den Blickwinkel auf das Objekt genau so ausrichten, wie es später auf dem Hologramm erscheinen soll. Geben Sie aber acht, daß Sie nicht direkt in den Strahl schauen. Gewöhnen Sie sich daran, die Öffnung des Plattenhalters als »Fenster« zu sehen, durch das man hindurchschauen und eine dahinterliegende Szenerie betrachten kann. Das ist der direkte Zugang zu dem holographischen Raum, den Sie abbilden wollen.

5. Der Spiegel im Referenzstrahl

Wie gezeigt, wird ein 100 x 130 mm (4 x 5 inch) großer Spiegel rechts hinter dem Objekt aufgestellt. Dieser »Referenzspiegel« wird beim fertigen Aufbau einen Teil des Lichts auf den Plattenhalter zurückleiten.

6. Plazierung der Linse

Wir wollen nun eine Linse in den Aufbau einbringen, die das Licht so auffächert, daß es den Spiegel bedeckt und das Objekt ausleuchtet. Die einfachste Art den Grad der Auffächerung zu bestimmen, ist die Linse im Strahlengang hin und her zu bewegen. Die Brennweite der Linse bestimmt, an welcher Stelle sie letztendlich positioniert werden sollte. Im Idealfall wünscht man sich eine Linse mit einer relativ großen Brennweite, die sowohl Platte als Objekt gleichmäßig ausleuchtet, ohne zu viel Licht an deren Umfeld zu verschwenden. Linsen mit extrem kurzen Brennweiten haben manchmal den Nebeneffekt, daß sie die Dinge verzerren.

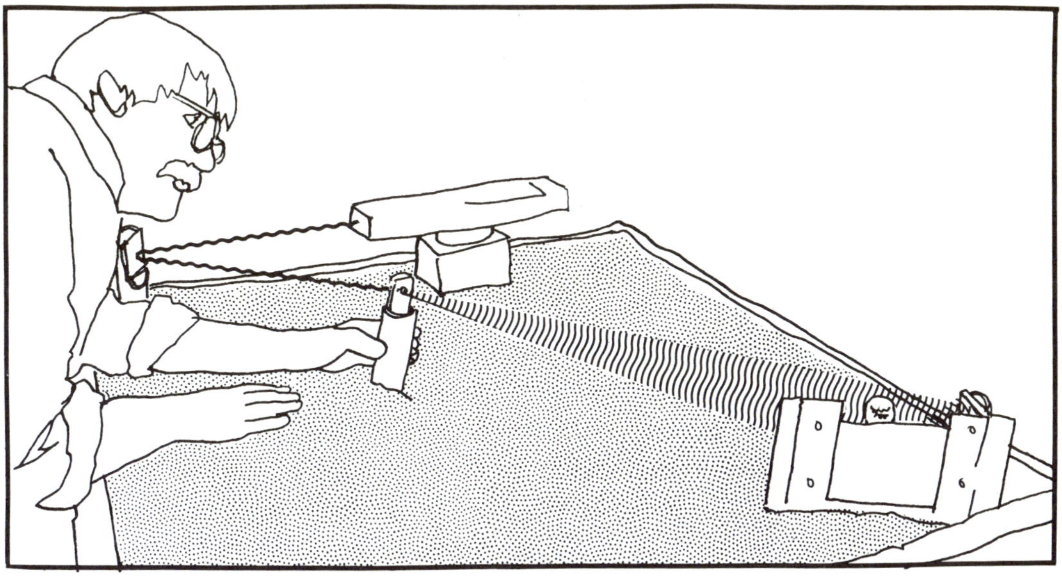

7. Pappe in den Plattenhalter

Stecken Sie eine weiße Pappe in den Plattenhalter und gehen Sie zurück zum Laser.

8. Der Referenzstrahl

Justieren Sie den Spiegel so, daß er Licht direkt auf die weiße Pappe im Plattenhalter lenkt. Wie bereits erwähnt, sollte die Ausleuchtung gleichmäßig sein, allerdings sollte das Objekt keinen Schatten auf die weiße Pappe werfen. Das Objekt kann dementsprechend versetzt werden, aber Linse und/oder Strahl müssen kontrolliert und rejustiert werden, um eventuelle Lichtverluste wieder wettzumachen.

9. Abschatten

Stecken Sie eine Pappe in den Sand, um alles Licht, das direkt vom Laser auf die Platte fällt, abzuschatten. Achten Sie aber darauf, daß Objekt und Spiegel ausgeleuchtet bleiben. Zusätzlich sollte eine Pappe mit einer kleinen Öffnung direkt hinter dem Verschluß plaziert werden, die den Laserstrahl durchläßt, aber alles Streulicht aus dem Lasergehäuse abblockt (dies sollte man schlauerweise bei möglichst allen Aufbauten tun).

10. Der Belichtungsmesser

Häufen Sie zusätzlichen Sand um Plattenhalter, Linse und Spiegel. Leichtes Dagegenklopfen kontrolliert, ob sie fest genug stehen und sich nicht bewegen.

Eine genaue Lichtmessung ist für die Errechnung der Belichtungszeit wichtig. Nachdem wir alles mehr-frequenzige Licht abgeschaltet haben, halten wir die Sonde des Belichtungsmessers in das Fenster des Plattenhalters und richten sie direkt auf den Referenzspiegel. Während der Ablesung der Werte sollte die Sonde auf der Ebene der Öffnung des Plattenhalters bleiben. Bewegen Sie sie nun auf dieser Ebene an verschiedene Stellen des Fensters. Das Mittel aus diesen unterschiedlichen Meßwerten soll festgehalten werden. Das Ergebnis ist natürlich hier die Messung des Referenzstrahls. Es kein Problem, sich seine eigene Tabelle zu erstellen, in der man später immer wieder nachschauen kann.

Ähnlich wie bei der Festlegung der Belichtungszeiten bei photographischen Abzügen sollte man sich auch hier einen Teststreifen machen. Dafür stellen wir einfach eine Pappe mit einem ca. 20 mm breiten Schlitz vor den Plattenhalter. Verschiedene Belichtungen können auf einer Platte festgehalten werden, indem man die Pappe ein Stück verschiebt und mit der nächst gewünschten Belichtungszeit belichtet (z.B. 3, 5, 10, 20, 50 Sek.). Achten Sie darauf, daß Sie die Platte im Dunkeln bewegen und zwischen den Belichtungen eine Setzzeit abwarten. Das Endresultat sollte eine Platte mit lauter Streifenhologrammen von der gleichen Szenerie sein. Nach der Entwicklung der Platte ist es leicht zu sehen, welche Belichtungszeit die beste war.

Um eine Tabelle zu erhalten, sollte diese Belichtung einfach dem Meßwert des Belichtungsmessers angepaßt werden. In Zukunft wird ein halb so hoher Meßwert eine doppelt so lange Belichtungszeit erfordern etc.

11. Laden der Platte

Blockieren Sie den Laserstrahl mit dem Verschluß. Stellen Sie die Schachtel mit den Platten in die Nähe des Plattenhalters und löschen Sie alles Licht. In absoluter Dunkelheit kann nun die Platte aus der Schachtel genommen werden. Jetzt müssen wir feststellen, auf welcher Seite sich die Emulsion befindet. Hier ein einfacher Trick: nehmen Sie eine Ecke der Platte vorsichtig zwischen die Lippen, und zwar dort wo sie anfangen, feucht zu werden. Die Emulsionsseite der Platte klebt mehr an der Lippe als die andere.

Stecken Sie die Platte mit der Emulsionsseite zum Objekt hin in den Plattenhalter (dies ist besonders bei Platten mit beschichtetem Rücken wichtig). Versichern Sie sich, daß die Platte sorgfältig eingespannt ist.

Falls nach 4-5 Stunden (oder welche Zeit Sie sich auch immer gesetzt haben) die Platte immer noch nicht richtig in der Halterung sitzt, legen Sie sie zurück in die Schachtel und machen Sie das Licht an. Versuchen Sie solange mit geschlossenen Augen eine Pappe in den Plattenhalter einzuspannen, bis Sie den Dreh heraus haben.

An dieser Stelle tritt häufig ein anderes großes Problem auf: es passiert in der Dunkelheit sehr schnell, daß man auf der Suche nach dem Plattenhalter die sorgfältig justierten Komponenten umstößt.

Dieses Problem kann leicht mit Hilfe einiger Pappen gelöst werden. Stecken Sie die Pappen so in den Sand, daß sie von einer Ecke des Tischs bis zu einer Ecke des Plattenhalters verlaufen. Streichen Sie mit Ihrer Hand entlang des Tischrands, bis Sie die erste Pappe gefunden haben und folgen Sie dann den anderen bis zum Plattenhalter. So ist es leicht, den Plattenhalter zu finden.

Anmerkung: Sparsame (oder bankrotte) Holographen benutzen gerne kleinere Platten für Testschüsse. So kann man leicht feststellen, daß alles funktioniert, ohne eine ganze Platte zu verschwenden. Das Testmaterial erhält man, indem man eine ganze Platte im Dunkeln oder unter grünem Dunkelkammerlicht in Streifen schneidet, z.B. 25 x 130 mm (1 x 5 inch) groß. Man belichtet einen Streifen nach dem anderen, bis alle Probleme beseitigt sind. Das Schneiden der Platten sollte man vorher ausgiebig mit normalem Glas üben.

Making A Test Plate

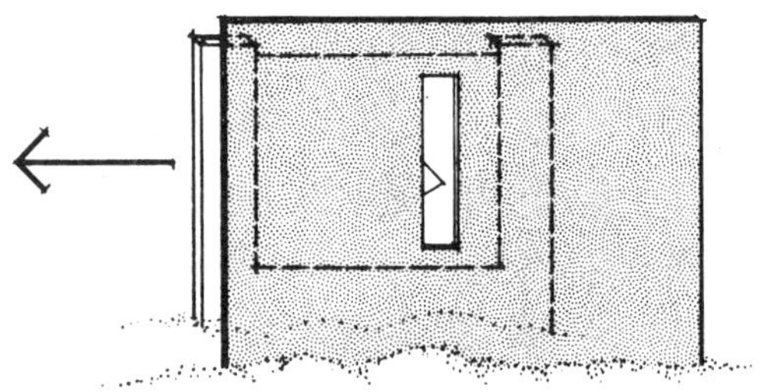

Leave plate holder still.

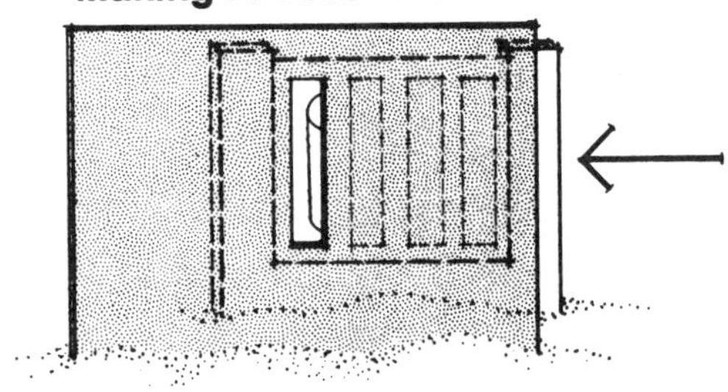

Move mask with single slit to left and increase exposure with each shot.

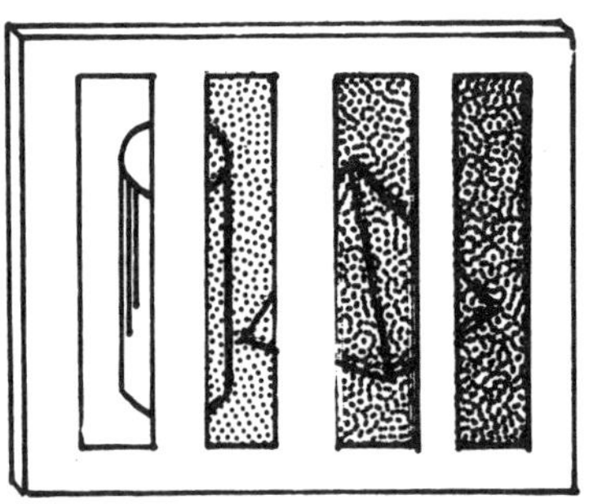

Result, when developed, is holographic test strip.

making a test plate = *Herstellen einer Testplatte*
leave plate holder still = *Den Plattenhalter ruhig halten*
move mask with single slit to left and increase exposure with each shot = *Die Maske mit dem Einzelschlitz nach links bewegen und die Belichtung mit jedem Schuß verlängern*
Result, when developed, is a holographic test strip = *Nach der Entwicklung erhält man einen holographischen Teststreifen*

12. Setzzeit

Wenn der Aufbau fertig und der Plattenhalter geladen ist, sollten Sie die Aufnahmekabine verlassen und alles mindestens 5-10 Minuten ruhen lassen. Hologramme sind selbst für die winzigste Bewegung sehr empfindlich, so daß wir eine Zeitspanne der Ruhe und des Setzens vor der Belichtung brauchen, um alle umgebenden Vibrationen ausschwingen zu lassen.

Anmerkung: Diese Vibrationen entstehen durch physikalische Bewegungen auf oder um den Tisch herum, und schon so eine Kleinigkeit, wie die ausstrahlende Wärme der Finger beim Laden des Plattenhalters, kann sie hervorrufen.

Gehen Sie mit einem Freund, dem Hund, dem Baby oder allen dreien auf einen Spaziergang, schalten Sie die Stereoanlage, das Telefon und den Fernseher ab und bitten Sie Ihre Nachbarn für ein paar Minuten das Schlagzeugspielen einzustellen. Es kann vorkommen, daß man auch mit ein paar Geräuschen in der Nachbarschaft eine gute Belichtung schafft, aber als Perfektionist scheut man keine Mühen, um einen bestmöglichen Schuß abgeben zu können.

Während der Setzzeit ist es ratsam, die Dunkelkammer nochmals zu überprüfen und nachzuschauen, ob alle Chemikalien vorbereitet und in Reichweite sind. Wir brauchen: Entwickler, Stopbad, Fixierbad, Fixierklärbad, Bleichbad für Transmissionshologramme und Netzmittelbad. Kontrollieren Sie nochmals, ob die Dunkelkammerleuchte gut funktioniert.

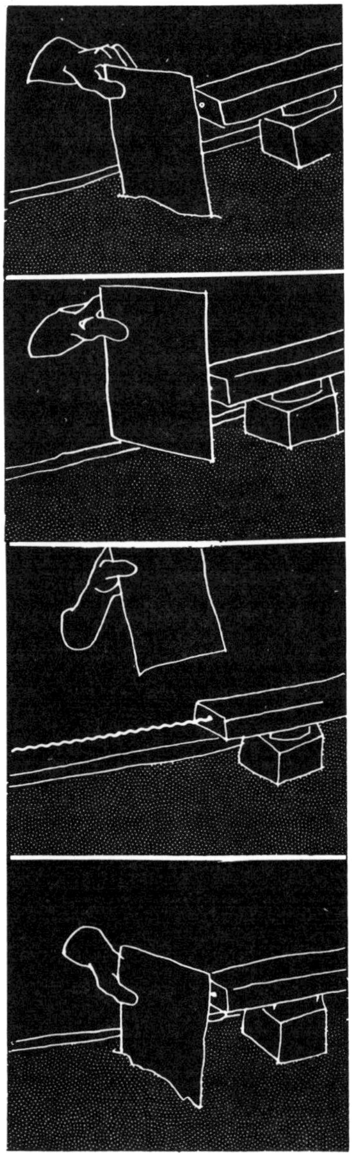

13. Belichten

Jetzt ist der Augenblick der Wahrheit gekommen! Öffnen Sie nun einfach für die erforderliche Zeitspanne den Verschluß. Befindet sich der Verschluß auf dem Tisch oder unmittelbar daneben, muß man bei der Belichtung besonders sorgfältig sein (d.h. man muß darauf achten, daß möglichst wenige weitere Vibrationen in den Vorgang eingebracht werden). Der in dieser Beziehung heikelste Verschluß ist die einfache »Pappe in den Sand«-Variante. Falls Sie diese Methode benutzen müssen, gehen Sie ganz vorsichtig auf den Tisch zu und stellen Sie sich für ein paar Minuten still neben die Pappe. Ziehen Sie nun ganz langsam und vorsichtig die Pappe aus dem Sand, wobei sie aber immer noch den Strahl abblokken soll. Sie halten also praktisch die Pappe über dem Tisch in der Luft. Nachdem Sie wiederum einige Augenblicke gewartet haben, nehmen Sie die Pappe für die erforderliche Belichtungsdauer aus dem Strahlengang und stecken Sie sie dann in den Sand zurück.

Denken Sie daran, daß diese Vorsichtsmaßnahmen dazu da sind, das System nach all diesen Bewegungen und vor allem während der Belichtungszeit so stabil wie möglich zu halten.

Nach der Belichtung gehen Sie zurück zum Plattenhalter und nehmen vorsichtig die Platte heraus (halten Sie sie immer sicher an den Ecken fest). Falls Ihre Dunkelkammer nicht direkt an die Aufnahmekabine anschließt, sollte die Platte wieder in eine lichtdichte Schachtel verpackt werden. Legen Sie sie dabei immer mit der Emulsionsseite nach oben, damit sie nicht verkratzt werden kann.

Übersicht über die einzelnen Schritte bei der Entwicklung von Transmissionshologrammen

(Rezepturen für das Ansetzen von Chemikalien s.S. 60)

1. Entwickeln (D-19, Neofin, PAAP, etc.): bis zur 15%igen Schwärzung.
2. Stopbad: 30 Sek.-1 Min.
3. Fixierbad: Schnellfixierer 2 Min. oder normaler Fixierer 5 Min.

Die Punkte 1-3 werden unter Dunkelkammerbeleuchtung durchgeführt. Bei den folgenden Schritten kann bereits wieder normale Beleuchtung herrschen.

4. Wässern: kurz.
5. Fixierklärbad: 2 Min.
6. Wässern: 5 Min.
7. Bleichbad: Bis Platte klar ist (wahlweise).
8. Wässern: 5 Min.
9. Netzmittelbad: 30 Sek.
10. Abstreifen.
11. Trocknen.

Entwicklung von Transmissionshologrammen

Bis auf die Dunkelkammerleuchte sollte der Entwicklungsraum vollkommen dunkel sein. Während des Entwickelns sollten Gummihandschuhe getragen werden (einigen von Ihnen könnte auffallen, daß die Haut auf einige Chemikalien empfindlich reagiert).

Die Reihenfolge der einzelnen Schritte muß wie o.a. eingehalten werden. Vertauschen Sie Entwickler, Stopbad und Fixierbad, erhalten Sie kein Hologramm und obendrein werden so die Chemikalien unbrauchbar (kommt z.B. etwas Fixierer ins Entwicklerbad, wird dieses unwirksam).

Es gibt zwei Chemikalien, bei deren Ansetzen man besonders vorsichtig sein sollte: beim Fixierer und beim Bleichbad (wir verwenden hier Kaliumbromid und Kaliumferrocyanid). Achten Sie genau darauf, daß nichts vom Fixierer in das Bleichbad oder andere Bäder gelangen kann. Diese beiden zusammen werden die Platte reinigen und Sie haben hinterher eine schöne, saubere Glasplatte, auf der absolut nichts drauf ist.

Geben Sie Ihren Augen Zeit, sich an die Dunkelheit zu gewöhnen, bevor Sie mit dem Entwickeln anfangen. Dies ist besonders wichtig, da wir ja nur mit Hilfe der Dunkelkammerlampe visuell entscheiden, wann die Platte fertig entwickelt ist bzw. den richtigen Grad an Schwärzung erreicht hat. Gehen Sie also nicht unbedingt von einem hell erleuchteten Raum in die Dunkelkammer und tauchen sofort die Platte in den Entwickler.

Haben sich Ihre Augen an die Dunkelheit gewöhnt - das sollte ca. ein oder zwei Minuten dauern - so halten Sie die Platte an den Ecken fest (immer wissend, auf welcher Seite sich die Emulsion befindet) und tauchen Sie sie in den Entwickler. Benutzen Sie Entwicklerschalen, so achten Sie darauf, daß die Emulsionsseite immer oben ist. Bewegen Sie die Platte langsam für ca. 10 Sek. hin und her.

Nun ist es an der Zeit, zum ersten Mal die Platte zu überprüfen. Dies kann man mit einem Blick tun, indem man die Platte vor die Dunkelkammerleuchte oder vor eine weiße Pappe an der Wand hält und hindurchschaut.

Ist die Platte nach wie vor recht klar und zeigt nur wenig Schwärzung, legen Sie sie zurück in den Entwickler und bewegen Sie sie. Überprüfen Sie die Platte in kurzen Zeitabständen immer wieder. Zeigt die Platte eine Schwärzung von ca. 15-20%, ist die richtige Entwicklung erreicht. Genau bestimmen läßt sich das in der Regel nur durch Ausprobieren.

Hier eine einfache Methode, die eigentlich immer zu guten Resultaten führt: Während der Entwicklung der Platte wird ihr belichteter Teil immer schwärzer. Nur die Ränder der Platte, die vom Plattenhalter abgedeckt waren, bleiben klar. An den Übergängen bildet sich also eine deutliche Linie. Als grober Maßstab kann gelten, daß eine 15-20% Schwärzung erreicht ist, sobald diese Linie klar erkennbar wird.

Werden die Linien des Plattenhalters sofort sichtbar, bedeutet das eventuell, daß die Platte überbelichtet oder der Entwickler zu stark ist. Die Platte sollte dann sofort ins Stopbad gegeben werden. In den meisten Fällen jedoch wird die Platte beim ersten Überprüfen klar und noch länger zu entwickeln sein. Wir empfehlen, die Platte nie länger als 30-45 Sek. unüberprüft zu lassen. Auf der anderen Seite will man nicht ständig nachschauen, da sich dadurch die Platte unterschiedlich entwickeln könnte. Der gesamte Entwicklungs-

developer = *Entwickler*
stop bath = *Stopbad*
fixer = *Fixierbad*

prozess kann zwischen 15 Sek und 5 Min. liegen, je nach Intensität der Belichtung, Stärke des Entwicklers und Temperatur. Durchschnittliche Entwicklungszeiten liegen im allgemeinen zwischen einer und zwei Minuten.

Wird die Kantenlinie gut sichtbar, sollte die Platte ins Stopbad und dort ca. 30 Sek. bewegt werden. Dann kommt sie ins Fixierbad, wo sie 5-10 Min. bleiben sollte, vorausgesetzt, der normale Fixierer wird verwendet. Bei einem Schnellfixierer reichen 2-4 Min. aus. Wenn man will, kann man die Platte hin und wieder bewegen, aber das bleibt Ihnen überlassen.

Sehr wahrscheinlich sind Sie jetzt schon gespannt wie ein Flitzebogen, ob Ihr Hologramm etwas geworden ist. Es ist auch an der Zeit, das herauszufinden. Sie können nämlich jetzt die Platte unter normalem Licht betrachten; also wässern Sie sie schnell und schaun Sie sie an.

Sie sollten nun eine leicht geschwärzte, verschwommene Platte in Händen halten (großartig, oder?). Halten Sie das Hologramm gegen das Licht, sollten Farbschlieren sichtbar werden. Um das Bild erscheinen zu lassen, muß das Licht mit der Platte den gleichen Winkel bilden wie ursprünglich das Laserlicht. Damit das klappt, muß man ein wenig herumprobieren. Achten Sie darauf, daß Ihre weiße Lichtquelle in der Dunkelkammer eine klare Glühbirne ist und nicht etwa eine milchige. Bei diesem Test können Sie noch nicht das ursprüngliche Motiv erkennen, Sie sehen stattdessen verschwommene Farbstreifen. Sie können es glauben oder nicht, dies ist ein holographisches Bild. Es ist sicher nicht dieses klare, scharfe, rote, schwebende Bild, auf das Sie so gewartet haben. Das schauen wir uns etwas später an.

Verzweifeln Sie nicht, wenn Sie keine Farbschlieren sehen können. Wir haben immer noch ein paar Entwicklungsschritte vor uns und es kann immer noch ein Hologramm auftauchen.

Legen Sie nun die Platte für 2 Min. in das Fixierklärbad. Alle Reste vom Fixierer müssen von der Platte sein, bevor sie ins Bleichbad kommt. Nach dem Fixierklärbad sollte die Platte unter leicht fließendem Wasser 3-5 Min. gewässert werden. Der nächste Schritt - das Bleichbad - ist wahlweise. In den meisten Fällen verbessert das Bleichen die Qualität des Hologramms, da es das Bild erheblich heller macht. Allerdings kann es auch das »Rauschen« oder die Körnung im Hologramm verstärken. Falls die Platte also relativ dunkel aus dem Entwickler kam, sollte man auf das Bleichbad verzichten. Ist sie eher hell, kann das Bleichen von großer Wichtigkeit sein (s. Fehleranalyse).

Legen Sie also die Platte ins Bleichbad. Dabei sollten unbedingt Gummihandschuhe getragen werden. Die Platte wird relativ schnell klar, besonders wenn man sie leicht bewegt.

Danach sollte die Platte ca. 5 Min. gewässert und anschließend in das Netzmittelbad gelegt werden. Wird die Platte leicht bewegt, verschwinden alle dunklen Schatten in der Emulsion recht schnell.

Nun kommen wir zu der hohen Kunst des Abstreifens. Gutes Abstreifen bedarf einer wahren Begabung. Aber mit ein wenig Ausdauer, kann jeder die versteckten Geheimnisse und Freuden dieser Kunst erlernen. Wie in der Zeichnung gezeigt, streicht man mit regelmäßigem Druck in einer Richtung über die Platte.

Dieser Vorgang muß eventuell wiederholt werden. Tun Sie dies aber nicht zu oft auf der Emulsionsseite, sonst wird sie unweigerlich zerkratzt. Falls die Platte zu streifig ist, kann man sie immer noch wieder zurück ins Netzmittelbad geben und von vorne beginnen. Lassen Sie sich nicht entmutigen, falls es bei den ersten Versuchen nicht richtig klappt.

Nun zum Trocknen: man kann die Platte einfach an der Luft trocknen. Sind Sie aber eher etwas ungeduldig, nehmen Sie einen Haarföhn.

Herzlichen Glückwunsch! Ihr erstes Hologramm ist fertig. Sie sind nun in das rätselhafte, elektromagnetische Himmelreich eingetreten. Und sehr wahrscheinlich sind Sie der Erste in Ihrem Viertel.

Andere Entwicklungsmethoden für Transmissionshologramme

Es gibt mehrere Wege, ein Transmissionshologramm zu entwickeln. Tatsächlich findet eine kleine Revolution in der Holo-Chemie statt, so daß immer neue Varianten die Runde machen. Im folgenden führen wir einige Methoden zur Entwicklung von Transmissionshologrammen an:

A: Dieser Entwickler wird z. Zt. von Agfa für HD-Emulsionen empfohlen, speziell für Weißlicht-Transmissionshologramme.
1. Entwickeln in GP 61 (bis zur 15%igen Schwärzung): ca. 2 Min.
2. Wässern: 1-2 Min.
3. Fixierbad (mit nicht härtendem Fixierer wie F-24): 2 Min.
4. Wässern: 1-2 Min.
5. Bleichbad in GP-431 bis zur Klarheit der Platte: ca. 30 Sek.
6. Wässern: 5 Min.
7. Netzmittelbad.
8. Abstreifen.
9. Trocknen.

B: Bei der Verwendung von Neofin Blau bevorzugen viele, es unverdünnt zu benutzen und fügen 0.3 g/l Benzotriazol und 120 g/l Natrium-Metaborat hinzu.

C: Umkehrbleichen: Bei der Herstellung eines gebleichten Hologramms kann das Fixieren weggelassen werden. Das Bleichen erfolgt dann direkt nach dem Entwickeln.
1. Entwickeln wie gewöhnlich.
2. Stopbad oder Wässern.
3. Bleichbad: 1-2 Min.
4. Wässern: 5 Min.
5. Netzmittelbad, abstreifen und trocknen.

Ausleuchten und Betrachten

Wir dachten uns, daß Sie sich das Resultat Ihrer Arbeit auch gerne anschauen möchten.

Gehen Sie also zurück zum Sandtisch und stecken Sie das Hologramm wieder in den Plattenhalter, und zwar genau so, wie es bei der Aufnahme war. Um wieder die richtige Seite finden zu können, müssen Sie sehr wahrscheinlich die Platte einige Male hin und her drehen, bis das Bild erscheint.

Schauen Sie nun durch die Platte hindurch, so sollten Sie das Objekt von verschiedenen Seiten her anschauen können, so als wäre es tatsächlich da. Vor diesem Versuch sollten Sie das wirkliche Objekt vom Tisch entfernen.

Drehen Sie nun das Hologramm um (mit dem Kopf nach unten) und spannen Sie es wieder in den Plattenhalter. Betrachtet man nun die Platte aus einiger Entfernung, so wird ein zwischen Platte und Betrachter frei im Raum schwebendes Bild sichtbar. Das Bild befindet sich also nicht mehr hinter der Platte, sondern davor. Da das Bild nun von der Rückseite aus betrachtet wird, erscheint es von innen nach außen gekehrt (pseudoskopisch). Das Bild wird von dem Licht projiziert, das im Raum vor der Platte fokussiert wird. Sie glauben es nicht? Greifen Sie doch danach!

Oder versuchen Sie folgendes: Nehmen Sie ein Stück durchscheinendes Material (Milchglas oder -plastik) und benutzen Sie es als Projektionswand. Durch Hin- und Herbewegen können Sie beobachten, wie unterschiedliche Teile des Bildes in und außer Fokus gehen. Auf diese Art wird schnell deutlich, daß das Bild tatsächlich einen dreidimensionalen Raum ausfüllt. Falls Ihnen kein durchscheinendes Material zu diesem Zweck zur Verfügung steht, nehmen Sie einfach eine weiße Pappe und schaun sich das Ganze von der anderen Richtung aus an (d.h. vom Plattenhalter aus).

Einen anderen interessanten Trick kann man folgendermaßen ausprobieren: Nehmen Sie die Linse aus dem Strahlengang, so daß nur ein Lichtpunkt auf der Platte erscheint. Bewegen Sie nun die Pappe - oder Projektionswand - dahin, wo das Bild im Raum fokussiert wird. Was Sie nun sehen können, ist das Abbild des ganzen Objekts, das aus diesem einen Punkt heraus projiziert wird. Nehmen Sie nun die Platte aus dem Plattenhalter heraus und bewegen Sie sie so, daß der Lichtpunkt die Platte an verschiedenen Stellen trifft, so sehen Sie immer das ganze Objekt, aber aus einem anderen Betrachtungswinkel. Das heißt, daß das Objekt im Raum hin und her rollt und daß man es aus verschiedenen Perspektiven sehen kann (so, als könnte der Betrachter drumherum fliegen). Auf diese Weise wird deutlich, wie das ganze Bild in jedem Teil der Platte festgehalten ist. Wir können uns vorstellen daß, wenn die ganze Platte beleuchtet ist, es darauf hinausläuft, daß alle Punkte alle Blickwinkel auf einmal projizieren. Das Hologramm verhält sich tatsächlich wie eine überaus komplizierte Linse, die das durchfallende Licht in einer vollkommen kontrollierten Art und Weise fokussiert oder auffächert, daß es genau das Licht ersetzt, wie es vom Objekt gekommen ist. Verwirrt Sie das? Wir kommen später noch einmal darauf zurück.

Fehleranalyse beim Ein-Strahl-Transmissionshologramm

Problem: Das Bild zeigt helle und dunkle Streifen oder Teile des Objekts sind sichtbar, während andere fehlen.
Ursache: Das Objekt bewegt sich während der Belichtung.
Lösung: Befestigen Sie das Objekt besser oder nehmen Sie ein stabileres Objekt.

Problem: Das Objekt ist vollständig sichtbar, es erscheinen aber dunkle Streifen auf der Oberfläche der Platte. Das Objekt ist sichtbar, schaut man durch die hellen Flächen der Platte, aber dunkel oder gar nicht sichtbar, schaut man durch die anderen Flächen.
Ursache: Die Platte bewegt sich während der Belichtung.
Lösung: Überprüfen Sie, ob der Plattenhalter fest im Sand sitzt und ob die Platte fest in den Plattenhalter eingespannt ist.

Problem: Das ganze Bild ist entweder dunkel oder überhaupt nicht sichtbar.
Ursache: Das ganze System ist unstabil.
Lösung: Überprüfen Sie es mit einem Interferometer.
Ursache: Das Objekt oder die Komponenten bewegen sich.
Lösung: Alle Komponenten überprüfen. Nehmen Sie ein sehr starres Objekt, das im Laserlicht sehr hell wirkt.
Ursache: Die Platte wird nicht von der richtigen Seite her betrachtet.
Lösung: Versuchen Sie alle möglichen Seiten der Platte in Hinsicht auf das Beleuchtungslicht, bevor Sie aufgeben. Die Platte muß mit dem Licht den gleichen Winkel bilden wie während der Belichtung.
Ursache: Über- oder unterbelichtet oder über- oder unterentwickelt.
Lösung: Überprüfen Sie die Lichtmessungen. Überprüfen Sie die Entwicklungsschritte. Auch sollte die Platte kurz nach der Belichtung entwickelt werden, um den Verfall des latenten Bildes zu verhindern.

Ursache: **Laser lasert nicht in der TEM_{00} Mode.**
Lösung: **Benutzen Sie ein geeignetes Gerät.**

Problem: **Die Platte ist völlig dunkel.**
Ursache: **Die Platte ist überbelichtet oder überentwickelt, der Entwickler ist nicht richtig angesetzt oder die Platte ist verschleiert (wenn die Platte Tageslicht ausgesetzt wurde).**
Lösung: **Führen Sie entsprechende Änderungen durch.**

Problem: **Die Platte ist vollkommen klar oder es scheint, daß die ganze Platte oder Teile von ihr überhaupt nicht belichtet wurden.**
Ursache: **Unterbelichtet oder unterentwickelt.**
Lösung: **Belichten/entwickeln Sie länger oder erhitzen Sie den Entwickler (bis ca. 35 °C).**
Ursache: **Ein Hindernis blockiert den Strahl teilweise oder ganz oder Verschluß funktioniert nicht richtig.**
Lösung: **Überprüfen Sie, ob Platte und Objekt sorgfältig ausgeleuchtet sind und ob der Verschluß in Ordnung ist.**
Ursache: **Falls Sie mit einer Antihalo-Platte arbeiten, könnte die Platte falsch herum im Plattenhalter gewesen sein, so daß die Emulsionsseite in die falsche Richtung zeigte.**
Lösung: **Überprüfen Sie Ihre Antihalo-Platte.**
Ursache: **Fixierer wurde vor dem Bleichen nicht völlig aus der Emulsion gewaschen.**
Lösung: **Waschen Sie die Platten nach dem Fixierbad länger oder überprüfen Sie Ihr Fixierklärbad.**

Problem: **Die Platte ist sehr körnig, das Bild »rauscht«.**
Ursache: **Das Bleichen von zu dunklen Platten.**
Lösung: **Belichten/entwickeln Sie weniger oder lassen Sie das Bleichen weg.**
Ursache: **Die Optiken sind verschmutzt oder von minderwertiger Qualität.**
Lösung: **Die betreffenden Optiken reinigen oder ersetzen oder einen Raumfilter an Stelle der Linse benutzen.**

Problem: **Die Platte erscheint »fleckig« und »gesprenkelt«.**
Ursache: **Chemische Verschmutzung oder Fehler in der Entwicklung (z.B.durch Weglassen des Netzmittelbades, falsches Abstreifen oder Trocknen).**
Lösung: Setzen Sie frische Chemikalien an. Sehen Sie sich nochmals die einzelnen Schritte für die Entwicklung an. Überzeugen Sie sich, daß das Netzmittelbad in Ordnung ist und das Abstreifen nicht zu dicke Streifen auf der Platte hinterläßt.

Problem: **Bei der Betrachtung des Hologramms zeigen sich ungewollt Licht- oder Farbschlieren.**
Ursache: **Die Oberfläche des Objekts ist zu glänzend oder es fällt unbeabsichtigt Licht von einer anderen Oberfläche auf die Platte.**
Lösung: **Nehmen Sie ein Objekt mit matter Oberfläche. Überprüfen Sie, ob das Laserlicht wirklich nur das Objekt und die Öffnung des Plattenhalters ausleuchtet. Überzeugen Sie sich, daß die Kanten der Glasplatte vom Plattenhalter verdeckt sind, um interne Reflexionen zu vermeiden.**

Hier noch einige mögliche Fehlerquellen:

Im Fall, daß Sie sich in der Nähe des Tisches aufhalten: Bewegung, Atmen oder Sprechen während der Belichtung.

Der Tisch befindet sich in einer »unruhigen« Umgebung, in der Nähe eines Heizkörpers oder von Versorgungsleitungen oder er steht auf einem unstabilen Boden oder in einem höheren Stockwerk eines Gebäudes.

Die Komponenten sind nicht genügend befestigt - häufen Sie mehr Sand um Ihre Halterungen. Überprüfen Sie, daß sie nicht umfallen können.

Der Laser ist nicht warmgelaufen. Man sollte nie anfangen zu belichten, bevor der Laser nicht mindestens eine halbe Stunde eingeschaltet war.

Eine weitere Methode zur Herstellung eines Ein-Strahl-Transmissionshologramms

Hier also eine andere Art, ein Hologramm dieses Typs herzustellen. Der Vorteil ist der einfache und sehr schnelle Aufbau, der Nachteil ist, daß das Objekt nur von hinten beleuchtet werden kann.

1. Laser plazieren.
2. Plattenhalter plazieren.
3. Sandkuhle graben.
4. Objekt plazieren.
5. Linse plazieren.
6. Lichtmessungen durchführen.
7. Plattenhalter laden.
8. Setzzeit abwarten.
9. Belichten.

transfer mirror = *Umlenkspiegel*
card with aperture = *Pappe mit Öffnung*
shutter = *Verschluß*
laser = *Laser*
object = *Objekt*
plateholder = *Plattenhalter*

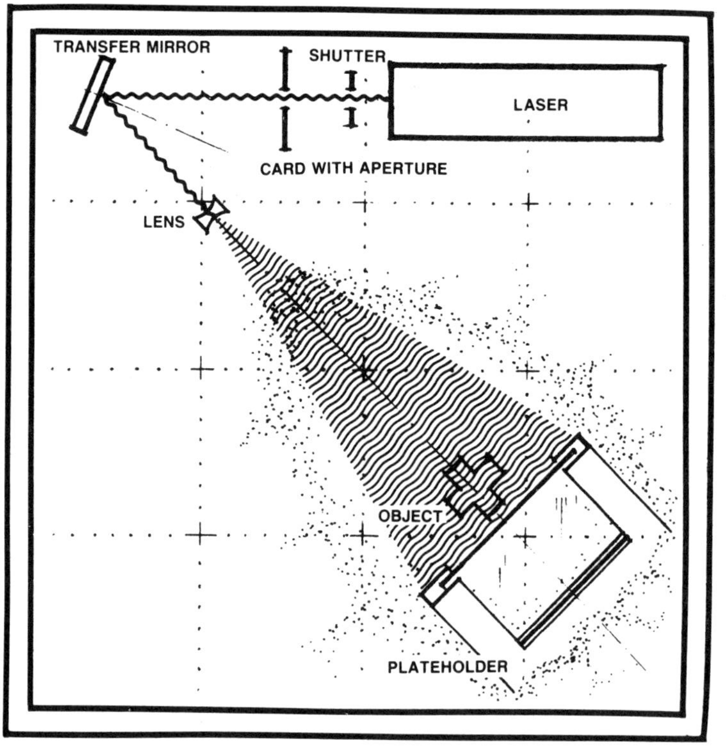

1. Der Laser

Räumen Sie alles bis auf den Laser, den Umlenkspiegel und den Plattenhalter vom Tisch. Richten Sie den Laser so aus, daß er den Strahl diagonal quer über den Tisch schickt.

2. Der Plattenhalter

Plazieren Sie den Plattenhalter am anderen Ende des Tisches gegenüber dem Laser und in seinem Strahlengang. Kippen Sie den Plattenhalter nach vorne, dem Strahl entgegen. Wie in der Zeichnung zu sehen, sollte der Plattenhalter in einem Winkel von 40-70 Grad zum Sand gekippt sein. Stellen Sie sich nun hinter den Plattenhalter und schauen Sie durch seine Öffnung. Schauen Sie in einem Winkel von 90 Grad durch den Plattenhalter, so sollten Sie direkt in den Sand sehen.

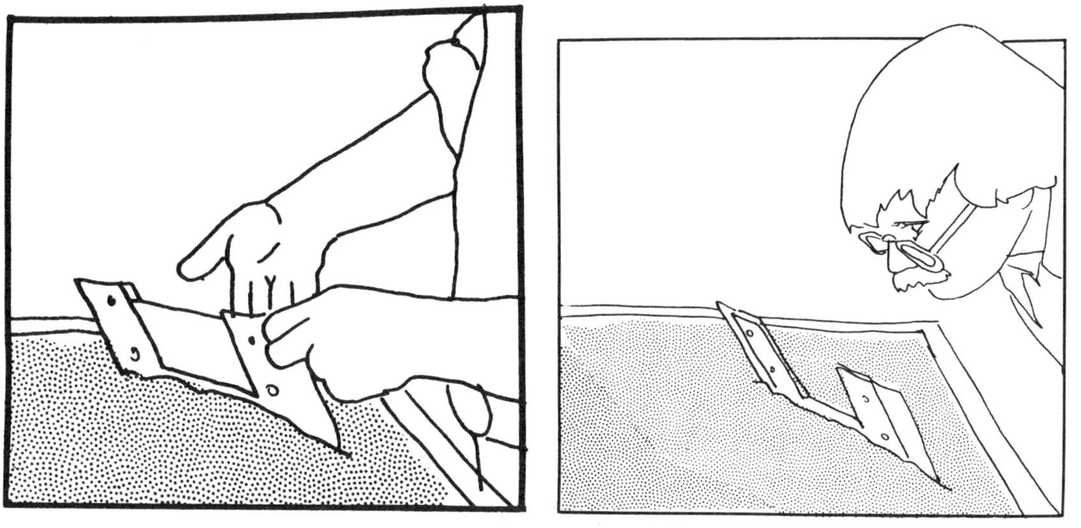

3. Eine Sandkuhle graben

Graben Sie eine Kuhle in den Sand, die ca. 80-100 mm tief und 600 mm hinter dem Plattenhalter (in Richtung des Umlenkspiegels) sein sollte. Auf diese Weise kann man das Objekt so plazieren, daß es nicht den Referenzstrahl stört.

4. Das Objekt

Das Objekt kann vorläufig in diese Vertiefung gelegt werden. Die letzendliche Lage des Objekts werden Sie gleich festlegen.

5. Die Linse

Schalten Sie die Deckenbeleuchtung aus. Bewegen Sie nun die Linse im Strahlengang hin und her, so daß sich der Strahl gleichmäßig auf der Pappe im Plattenhalter ausbreitet. Dieses Licht sollte gleichzeitig als bestmögliche Beleuchtung für das Objekt dienen (durch das Fenster des Plattenhalters gesehen). Nun wird der große Nachteil dieses Hologrammtyps erkennbar. Da das Licht von der Rückseite des Objekts kommt, scheint es vor allem von hinten ausgeleuchtet zu werden. Daher sollte man sich ruhig etwas mehr Zeit nehmen, das Objekt sorgfältig so auszurichten, daß die beste Stelle für eine effiziente und stimmige Ausleuchtung gefunden wird.

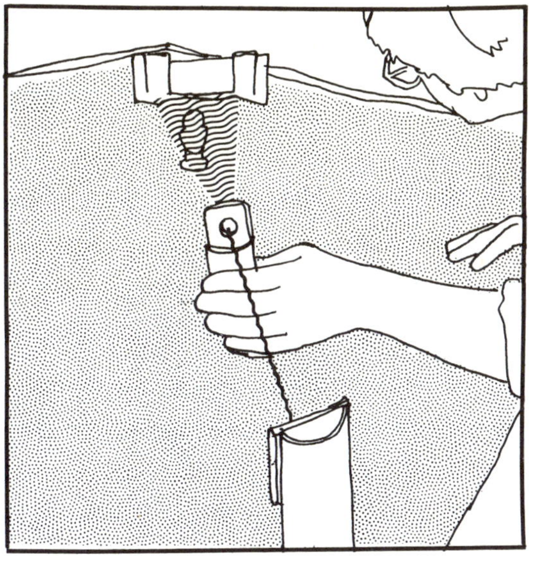

6. Die Lichtmessung

Bei der Verwendung eines Photometers sollte die Sonde direkt auf die Linse gerichtet werden. Erstellen Sie einen Durchschnittswert aus verschiedenen über das Fenster des Plattenhalters verteilten Messungen.

7. Den Plattenhalter laden

8. Entsprechend dem ersten Aufbau: Überprüfen Sie die Belichtungszeit

Setzzeit

Belichtung

Das Ein-Strahl-Reflexionshologramm

Es ist richtig, daß das normale Transmissionshologramm - wenn richtig gemacht - die bestmögliche Tiefe, Parallaxe und Auflösung aufweist. Der Nachteil ist, daß man es nicht in normalem Licht betrachten kann und das kann sehr lästig sein. Wie kann man Hologramme nun ohne spezielle Beleuchtungsvorkehrungen sichtbar machen?

Zum Glück gibt es ein Hologramm, das unter einfachen Bedingungen vorzeigbar ist. Reflexionshologramme (auch bekannt als Bragg-Hologramme) können im Sonnenlicht oder unter einer einfachen weißen Punktlichtquelle betrachtet werden. Wir können uns dieses Hologramm als einen außergewöhnlich vielschichtigen Spiegel vorstellen (im Gegensatz zur Linsen-Theorie beim Transmissionshologramm), der das reflektierte Licht genauestens steuert. Bei dieser Hologrammart befinden sich Betrachter und Beleuchtungsquelle auf der gleichen Seite des Hologramms. Die abbildbare Tiefe ist beim Reflexionshologramm sehr viel geringer als beim Transmissionshologramm. Je nach den gegebenen Umständen sind es durchschnittlich zwischen 50 und 100 mm. Trotzdem kann das Resultat sehr beeindruckend sein.

1961 wurden die ersten Reflexionshologramme gemacht, und zwar in der Sowjet-Union von J.N.Denisyuk (s.Kapitel »Theorie«). Der Aufbau unterscheidet sich von dem für Transmissionshologramme insofern, als das vom Objekt reflektierte Licht auf die andere Seite der Hologrammplatte trifft als der Referenzstrahl. Auch hierbei gibt es wieder unzählige Methoden, wobei die einfachste die Ein-Strahl-Technik ist. So wurden auch die ursprünglichen Denisyuk-Hologramme gemacht.

Die Konzeption dieses Aufbaus ist sehr einfach. Wir wollen, daß ein aufgefächerter Strahl durch die Platte auf das Objekt wandert. Ein Teil dieses Lichts wird vom Objekt zurück auf die Platte reflektiert.

transfer mirror = *Umlenkspiegel*
card with aperture = *Pappe mit Öffnung*
shutter = *Verschluß*
laser = *Laser*
lens = *Linse*
plateholder = *Plattenhalter*

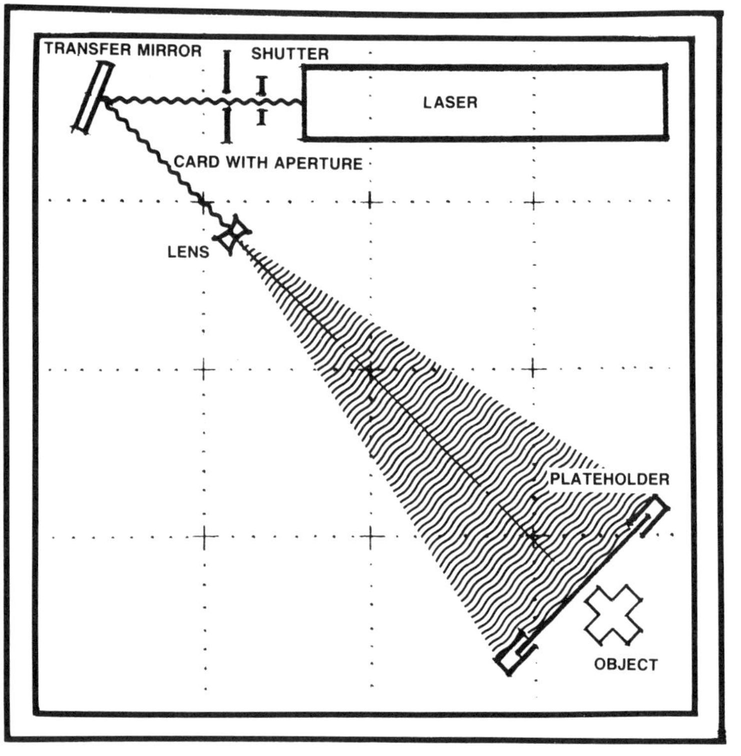

Das Wesentliche

- Stabilität.
- Ratio des Lichts: 2:1 (Ref:Obj).
- Belichtung: nur 8E75HD.
- Entwicklung: 70-90% Schwärzung nach Sicht.

Was gebraucht wird:

- Laser (natürlich).
- Negative Linse.
- Plattenhalter.
- Objekt (hell und stabil).
- Schwarzer Samt (wahlweise).
- Verschluß.
- Weiße Pappe.
- Agfa Gevaert 8E75 HD Platten (ohne Rückenbeschichtung).

Für 10E75 brauchen Sie keine Belichtungstabelle, da dieser nicht verwendet wird.

Der Aufbau

1. Laser plazieren.
2. Umlenkspiegel positionieren.
3. Plattenhalter positionieren.
4. Objekt positionieren.
5. Linse plazieren.
6. Lichtmessungen durchführen.
7. Plattenhalter laden.
8. Setzzeit abwarten (jetzt das Bleichbad ansetzen).
9. Belichten.

Entwicklung:

1. Entwickeln: 70-80% Schwärzung.
2. Stopbad: 1 Min.
3. Wässern: 1-2 Min.
4. Bleichbad: PBQ[1]
5. Wässern: 5 Min.
6. Netzmittelbad: 30 Sek.
7. Abstreifen.
8. Trocknen.

[1] Für Alternative siehe Seite 193.

1. Der Laser

2. Der Umlenkspiegel

Lenken Sie den Spiegel diagonal über den Tisch, entweder direkt vom Laser aus oder mit Hilfe des Umlenkspiegels.

3. Der Plattenhalter

Stecken Sie den Plattenhalter an einem Ende des Tisches gerade in den Sand (lassen Sie dabei hinter dem Plattenhalter genug Platz für das Objekt). Spannen Sie eine weiße Pappe in den Plattenhalter und zielen Sie mit dem Strahl direkt in ihre Mitte. Der Laserstrahl sollte in einem Winkel von 60-90 Grad auf die Pappe treffen.

Die besten Ergebnisse erzielt man, wenn der Winkel nicht weniger als ca. 70 Grad beträgt. Dieser Winkel kann sowohl von oben nach unten eingerichtet werden (indem man den Plattenhalter vor oder zurück kippt), als auch von rechts nach links (indem man den Plattenhalter nach rechts oder links verdreht).

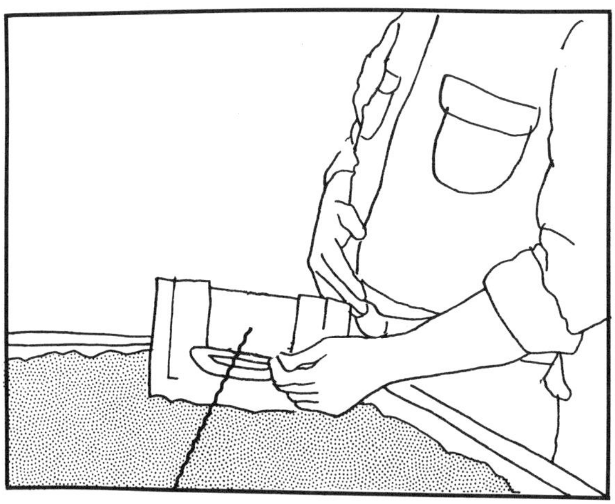

Wer von Ihnen einen Winkelmesser besitzt, kann genau nachmessen. Ansonsten ist es schon in Ordnung, wenn der Winkel halbwegs rechteckig erscheint - machen Sie sich nicht zu viele Sorgen darüber.

4. Das Objekt

Das optimale Objekt für ein Reflexionshologramm ist sehr hell und sehr stabil. Hier sind nämlich die Stabilitätsanforderungen 10 mal so hoch wie beim Transmissionshologramm. Reflexionshologramme sind außerdem bei der Wiedergabe längst nicht so effizient wie Transmissionshologramme[2]. Deshalb brauchen wir ein Objekt, das möglichst viel Licht zurückreflektiert und das sich auch ganz bestimmt nicht bewegt. Metallische Gegenstände sind z.B. gut geeignet - solange sie nicht hochpoliert und glänzend sind. Auch eignen sich weiße Keramik, Elfenbein etc.

Versuchen Sie es am Anfang mit einem Objekt mit nur wenig Tiefe, ca. 25-50 mm. Das Objekt sollte sich so nahe wie irgend möglich am Plattenhalter befinden und zwar auf der gegenüberliegenden Seite zu der, aus der der Laserstrahl kommt. Das Objekt kann sogar die Hologrammplatte während der Belichtung berühren, aber dann ist es oft schwierig, den Plattenhalter zu laden, ohne die Emulsion zu verkratzen oder das Objekt im Dunkeln umzustoßen.

[2]Dies trifft nur für Silberhalegonid-Emulsionen zu, die von den meisten von Ihnen verwendet werden (Agfa oder Kodak Platten).

5. Plazierung der Linse

Das Objekt sollte sich in der Mitte des Plattenhalterfensters befinden. Der rote Punkt des Laserlichts sollte also auf der Mitte des Objekts sein.

Stecken Sie die weiße Pappe wieder in den Plattenhalter. Auch hier sollte der Strahl in der Mitte sein. Nun stellen wir eine negative Linse in den Strahlengang, und zwar so, daß ein gleichmäßiger Lichtkegel die Pappe ausleuchtet. Dabei darf nicht zu viel Licht an den Seiten vorbei verlorengehen - ganz läßt sich dies aber nie vermeiden. Zur besseren Kontrolle sollte hier die Deckenbeleuchtung ausgeschaltet sein.

Nimmt man nun die Pappe aus dem Plattenhalter, sollte auch das Objekt gut ausgeleuchtet sein. Gehen Sie um den Tisch herum auf die gegenüberliegende Seite des Objekts und schaun Sie es sich durch den Plattenhalter an. Falls Ihnen das, was Sie sehen, nicht gefällt, verschieben Sie das Objekt solange, bis Ihnen das Bild gefällt. Denken Sie daran: auf dem Hologramm kommt genau das heraus, was Sie sehen - versichern Sie sich also, daß Ihnen der Blick durch den Plattenhalter gefällt.

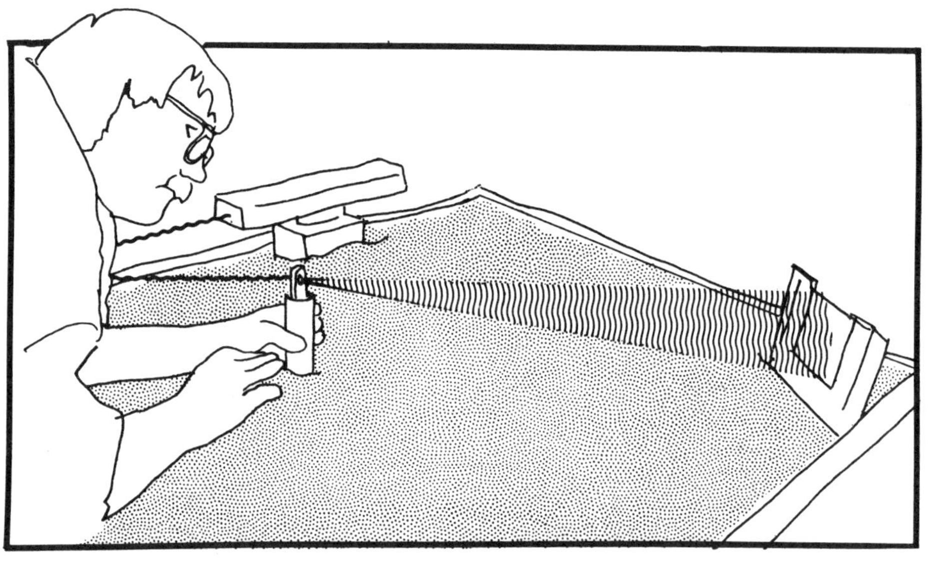

6. Die Lichtmessung

Um die Belichtungszeit bestimmen zu können, müssen Sie die Sonde des Belichtungsmessers auf der Ebene des Plattenhalters in den Strahl halten. Dabei sollte man möglichst nicht das Objekt umstoßen. Da aber das Objekt nun mal im Weg ist, kann man keinen Durchschnittswert von allen Stellen des Plattenhalterfensters errechnen. Das ist aber nicht so tragisch, vor allem wenn wir von vornherein eine gute, gleichmäßige Ausleuchtung der Fläche hatten. Achten Sie darauf, daß Sie in der entsprechenden Belichtungstabelle für das benutzte Filmmaterial nachschauen.

7. Laden des Plattenhalters

Versichern Sie sich nochmals, daß alle Komponenten sicher und fest im Sand stecken. Es sollte nun alles für Ihr erstes Reflexionshologramm vorbereitet sein. Bereiten Sie den Verschluß vor und holen Sie im Dunkeln eine neue 8E75 Platte aus der Schachtel.

Mit Hilfe des Lippentests (den kennen Sie noch aus den Zeiten der Transmissionshologramme) stellen Sie die Emulsionsseite fest (klebrig). Mit dieser Seite zum Objekt gekehrt, laden Sie nun den Plattenhalter.[3] Verlassen Sie jetzt die Aufnahmekabine und warten Sie eine Setzzeit von ca. 15 Minuten ab.

[3]Im Endeffekt macht es nichts aus, auf welcher Seite sich die Emulsion befindet. Wir empfehlen jedoch die Emulsionsseite zum Objekt, da so die Vorderseite des fertigen Hologramms durch das Glas vor Fingerabdrücken und Verkratzen geschützt ist. Ein Reflexionshologramm, dessen Emulsion bei der Belichtung in Richtung Laserstrahl zeigt, kann auch eine etwas rötlichere Färbung aufweisen als andere.

Entwicklung von Reflexionshologrammen

Während Sie warten......

Die Anordnung in der Dunkelkammer wird sich von der für Transmissionshologramme etwas unterscheiden. Es wird ein anderes Bleichbad benutzt - falls PBQ verwendet wird, muß die vorgeschriebene Reihenfolge eingehalten werden. Unter gar keinen Umständen darf das Hologramm nach dem Bleichen fixiert werden. Benutzt man ein Quecksilber-Bleichbad, sind die einzelnen Schritte bei der Entwicklung der Platte völlig anders (s. Kapitel über »Andere Entwicklungsmöglichkeiten«).

D-19 = *D-19*
stop bath = *Stopbad*
PBQ = *PBQ*

Hier werden die Platten zu einer viel größeren Dichte entwikkelt als bei Transmissionshologrammen. Wir wollen eine 70-90%ige Schwärzung erreichen, d.h. daß nur ein Drittel bis zu einem Zehntel Licht durch die Platte hindurchfallen kann (für Photo-Fachleute: eine Dichte von 1,0 bis 2,0).

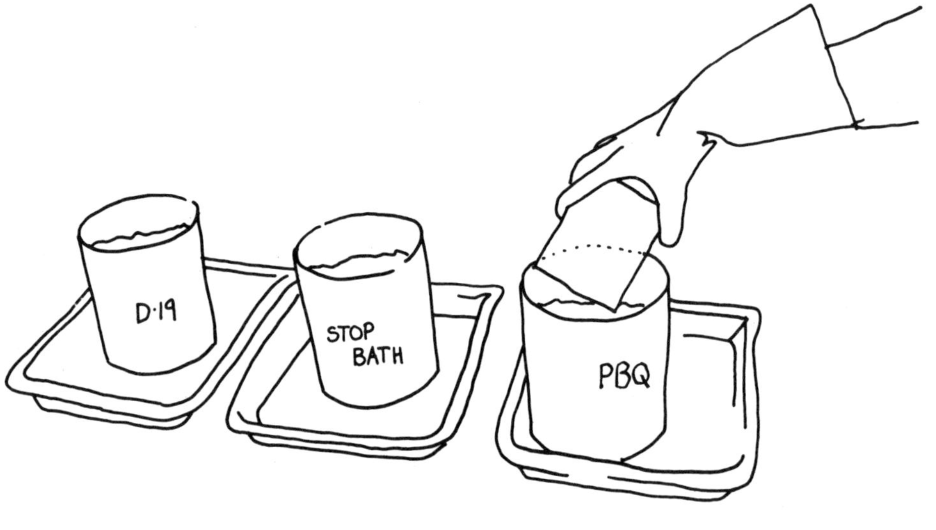

Übersicht über die einzelnen Schritte bei der Entwicklung von Reflexionshologrammen

(für Rezepturen s.S. 60)

1. Entwickeln: Bis zur 70%igen Schwärzung.
2. Stopbad: 30 Sek.
3. Wässern: 1-2 Min.
4. Bleichbad (PBQ).

Die Punkte 1-4 werden unter Dunkelkammerbeleuchtung durchgeführt. Bei den folgenden Schritten kann bereits wieder normale Beleuchtung herrschen.

5. Wässern: 5 Min.
6. Netzmittelbad: 30 Sek.
7. Abstreifen.
8. Trocknen.

Haben Sie nun das Gefühl, daß der Aufbau schön stabil steht und auch der Rest der Welt ruhig ist, so belichten Sie für die erforderliche Zeit und fangen Sie mit der Entwicklung an.

Wie bei den Transmissionshologrammen beobachten wir die Entwicklung der Platte im Dunkelkammerlicht (nur lassen wir die Platte sehr viel dunkler werden). Bis die Platte eine Schwärzung von 70% erreicht, kann eine Zeit von 1 bis 5 Minuten vergehen.

Viele Holographen sind sehr abergläubisch, wenn es um Verhältnismäßigkeit von Belichtung, Stärke des Entwicklers, Entwicklung, Temperatur und Zeit geht. Sie hängen alle eng voneinander ab, wie auch noch weitere Faktoren, wie Alter des Entwicklers, die Art des verwendeten Wassers (sein PH- oder Säurewert), die Härte des Wassers, die Gezeiten und das Horoskop des Tages.

Da diese Bedingungen von Zeit zu Zeit und Ort zu Ort verschieden sein können, erhält man das richtige Verhältnis am ehesten durch Ausprobieren. Ihre eigene Zauberformel wird sich am Ende vielleicht als gar nicht so anders als die, welche wir vorschlagen, herausstellen. Probieren Sie es aus!

Die besten Bilder entstehen meist nach einer Entwicklung von 1-3 Min. in einem Entwickler, der wie vorher beschrieben, in einem Verhältnis von 1:4 verdünnt ist. Lange Entwicklungszeiten können verkürzt werden, indem man den Entwickler leicht aufheizt (bis zu 26-32°C). Zum Aufheizen kann ein Aquariumheizer genommen werden, oder man stellt die Entwicklerschale einfach in einen Topf mit heißem Wasser. Hat die Platte die richtige Schwärzung erreicht, kommt sie ins Stopbad. Danach wird sie 1-2 Min. gewässert und vorsichtig in das PBQ-Bad gelegt, das ganz frisch angesetzt wurde. Nach 1-2 minütigem Bleichen kann das normale Licht eingeschaltet werden. Die Platte wird aus dem Bleichbad genommen und für mindestens 5 Min. gewässert.

Der Spaß beginnt nach dem letzten Wässern. Zuerst muß die Platte aber noch kurz ins Netzmittelbad. Sie sollte vorsichtig mit einem in Netzmittel getauchten Papiertuch gesäubert und dann abgestreift werden. Hier ist das Talent für gutes Abstreifen sehr wichtig.

Bis jetzt war noch kein Bild zu sehen, stimmt's? Aber jetzt kommt etwas, bei dem jeder vor Vergnügen quietscht! Achten Sie darauf, daß über Ihre Schulter hinweg ein helles Licht aus einer klaren Glühbirne auf das Hologramm fallen kann. Schalten Sie den Föhn an und trocknen Sie die Emulsionsseite des Hologramms. Um den richtigen Winkel zu finden, wird während des Trocknens die Platte hin und her bewegt -und wie durch Magie beginnt das Bild zu erscheinen. Falls Sie kein Bild auf der Platte entdecken können, föhnen Sie weiter bis sie vollkommen trocken ist. Manchmal kommt der Moment der Wahrheit erst ganz zum Schluß.

45° = 45 Grad
90° = 90 Grad

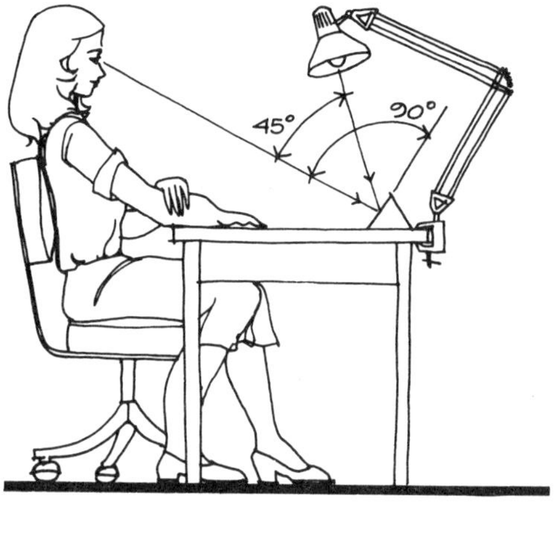

Das Hologramm kann unter jeder hellen Punktlichtquelle betrachtet werden. Sonnenlicht geht am besten, aber auch Licht aus einem Dia-Projektor oder einem Halogenstrahler funktioniert gut. Falls Sie immer noch kein Bild sehen, kippen und wenden Sie die Platte hin und her. Erinnern Sie sich, daß das Licht im selben Winkel auf die Platte treffen muß wie der Referenzstrahl bei der Aufnahme.

Andere Entwicklungsmethoden für Reflexionshologramme

1. Entwickeln (D-19, Neofin, PAAP etc.): Bis zur 70%igen Schwärzung.
2. Stopbad: 30 Sek.
3. Fixierbad: 2-5 Min.

Die Punkte 1-3 werden unter Dunkelkammerbeleuchtung durchgeführt. Bei den folgenden Schritten kann bereits wieder normale Beleuchtung herrschen.

4. Wässern: 1-2 Min.
5. Bleichbad (Quecksilberchlorid): Bis sich die ganze Schwärzung rosa färbt.
6. Wässern: Bis sich die Farbe ins Blaue verschiebt.
7. Nochmals fixieren (bis es wieder schwarz ist).
8. Wässern: 30 Sek.
9. Fixierklärbad: 2 Min.
10. Wässern: 5 Min.
11. Netzmittelbad: 30 Sek.
12. Abstreifen.
13. Trocknen.

Wie zuvor wird die Platte bis zu einer Schwärzung von 70% entwickelt. Als nächstes folgt für 30 Sek. das Stopbad. Dann wird die Platte für 2-5 Min. ins Fixierbad gelegt (genau wie bei Transmissionshologrammen). Danach kann das normale Licht eingeschaltet werden. Nachdem sie 5 Min. gewässert wurde, wird die Platte vorsichtig in das Quecksilberchlorid getaucht. Hierzu müssen unbedingt Handschuhe getragen werden und passen Sie auf, daß Sie nichts von diesem Zeug verschütten.

Im Bleichbad färbt sich die Platte rosa. Sie sollte so lange in diesem Bad bleiben, bis die ursprüngliche Schwärzung ganz verschwunden ist. Nun wird die Platte solange gewässert, bis sich das Rosa in Blau verfärbt (normalerweise 3-5 Min.). Danach kommt die Platte nochmals in den Fixierer. Nach nur wenigen Sekunden wird sie sich wie durch Zauberei wieder dunkel färben (einige Holographen benutzen zwei unterschiedliche Fixierwannen, um eine chemische Verunreinigung zwischen Fixierer und Bleichbad zu vermeiden; Sie können es hier halten, wie Sie wollen).

Nun kommt die Platte für 2 Min. ins Fixierklärbad, dann für 5 Min. ins Wasserbad. Das Fixierklärbad kann durch längeres Wässern ersetzt werden, aber durch diesen Schritt kann man sicher gehen, daß kein Fixierer in der Emulsion bleibt, der auf längere Zeit oxidieren und damit die Qualität des Hologramms verschlechtern kann.

Zuletzt kommt das Hologramm ins Netzmittelbad und wird, wie gewohnt, abgestreift und getrocknet.

Andere Variationen:

Andere Entwickler und Bleichbäder können bei der normalen PBQ Entwicklungsabfolge verwendet werden. Die besten Resultate wurden bei der Verwendung von PAAP. oder Neofin Entwickler (unverdünnt) mit einem der PBQ Bleichbäder erzielt. Benton z.B. fügt dem PAAP Entwickler 0,5 gr/l Ammonium Triozyanat zu, bei der Benutzung von 8E75 Platten, die er stark überbelichtet (2100 erg/cm). Diese Mengenangaben sollten bei unterschiedlichen Chemikalien-Abfüllungen immer wieder angepaßt werden.

Weitere Trockentechniken

Das Auftreten von Streifen ist bei Reflexionshologrammen oft problematisch. Meist entsteht es durch ungleichmäßiges Trocknen nach dem Abstreifen. Es kann manchmal sehr schwierig sein, mit einem Gummiabstreifer ein gutes Ergebnis zu erzielen, und damit unnötiger Ärger erspart bleibt, wollen wir eine andere Lösung zeigen. Benton schlägt die folgende Methode vor:

Nach dem letzten Wässern:
1. Eintauchen in ein Bad aus 50% Wasser und 50% Alkohol.
2. Eintauchen in ein Bad aus 25% Wasser und 75% Alkohol.
3. 5% Wasser und 95% Alkohol.
4. Abspülen mit 100% sehr reinem, klaren Alkohol, mit Hilfe einer Spritzflasche.
5. Trocknen (entweder in der Luft, durch Abstreifen oder im Vakuum).

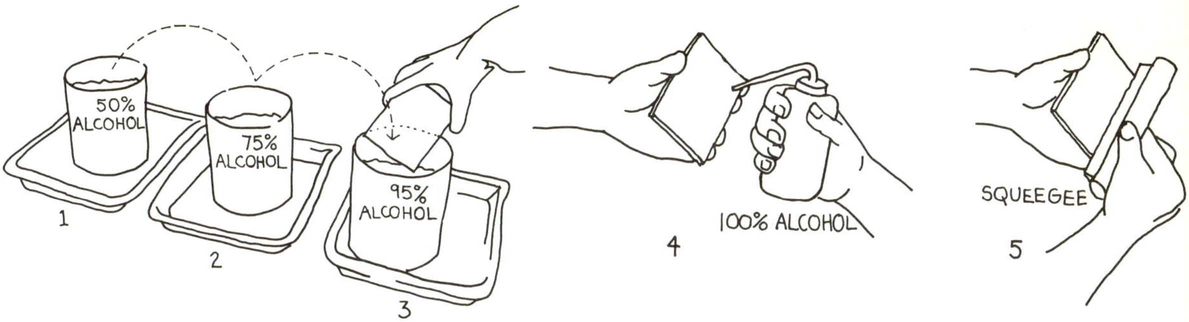

alcohol = *Alkohol*
squeegee = *Abstreifen*

Wie oft und mit welchem Resultat dieses Eintauchen vollzogen werden soll, liegt an der Art und Qualität des benutzten Alkohols.

Meist werden Isopropyl oder Methanol verwendet. Isopropyl ist sehr viel langsamer als Methanol, aber dafür nicht so giftig. Das letzte Alkoholbad muß gegebenenfalls sehr lang sein. Trocknet die Platte weiterhin unregelmäßig, sollte sie vor dem letzten Wässern noch einmal extra gehärtet werden (siehe S. 62-65).

Wird bei der Aufnahme ein roter Laser benutzt, erscheint das Reflexionshologramm in einer grünen Farbe. Dies entsteht durch das Schrumpfen der Emulsion während der Entwicklung.

Die Dicke der Emulsion kann jedoch chemisch festgelegt werden, so daß das Hologramm in fast jeder einzelnen Farbe erscheinen kann, von rot bis zu violett. Die hierzu benutzte Chemikalie heißt Triäthanolamin und wird in einer der beiden folgenden Methoden angewendet:

1. Nach-Quellen der Schicht

Das fertige Hologramm wird in eine 5-10%ige Tri-Äthanolaminlösung getaucht (für die unter Ihnen, die keine Chemiker sind: versuchen Sie es am Anfang mit 50 ml Triäthanolamid auf einen Liter Wasser).

Das Hologramm bleibt für einige Minuten in der Lösung, wird dann vorsichtig abgestreift (um Verschmutzung zu vermeiden, nimmt man einen anderen Gummiabstreifer als beim Netzmittelbad) und getrocknet.

Die letztendliche Farbe des Bildes hängt ab von dem Prozentgehalt der Lösung, Eintauchzeit, Temperatur der Lösung, Trockenzeit und Temperatur der Trockenluft.

Man sollte alle diese Variablen durchtesten, um seine eigene, persönliche Technik zu entwickeln und auch, um diese feine Wechselbeziehung zwischen Struktur der Emulsion und Bildcharakteristik zu begreifen.

Oft führt diese Methode auch zu unterschiedlichen Farbstreifen im Bild. Dies kommt daher, daß sich bestimmte Stellen in der Emulsion stärker ausbreiten als andere, was z.B. durch schlechtes Abstreifen passieren kann. Um Abhilfe zu schaffen, können einige Tropfen Netzmittel in die Lösung gegeben werden und das Abstreifen durch längeres Abtropfenlassen ersetzt werden.

Das Netzmittel kann aber auch das Abstreifen erleichtern, so daß nach gewohnter Methode verfahren werden kann. Das Eintauchen in die Lösung kann beliebig oft wiederholt werden. Sind Sie also mit Ihrem Ergebnis nicht zufrieden, probieren Sie es erneut. Entscheiden Sie sich letztendlich doch für das grüne Bild, wässern Sie die Platte, tauchen Sie sie in das Netzmittelbad, streifen Sie sie ab und trocknen Sie sie.

2. Vor-Quellen der Schicht

Die Dicke der Emulsion kann auch vor der Belichtung verändert werden. Die Platte wird in die Triäthanolamin-Lösung getaucht, getrocknet und belichtet. Danach wird sie ganz gewöhnlich entwickelt. Besonders gute Ergebnisse wurden von John Kaufman erzielt, der diese Methode zusammen mit dem Umkehrbleichen anwendet. Er erhält dadurch besonders helle rot-orange Töne und auch alle anderen Farben des Spektrums. Ein Mischsystem aus Vor- und Nachquellen kann auf der Suche nach der Farbe noch weitere Flexibilität bringen.

Ist die gewünschte Farbe gefunden, kann der Kontrast des Bildes durch Schwärzen der Emulsionsseite mit schnelltrocknender, mattschwarzer Farbe erhöht werden. Sobald die Farbe auf die Emulsion trifft, verschwindet das Bild, erscheint aber nach dem Trocknen wieder. Dieser Schritt versieht außerdem die Emulsion mit einer schützenden Schicht.

Fehleranalyse beim Ein-Strahl-Reflexionshologramm

Zusätzlich zu den bereits aufgelisteten Problemen bei der Herstellung von Transmissionshologrammen, kann Folgendes Schwierigkeiten mit sich bringen:

Problem: **Während bei Transmissionshologrammen keine Stabilitätsprobleme aufgetreten waren, scheint beim Reflexionshologramm Objekt oder Platte gewackelt zu haben.**
Ursache: **Die Stabilitätsanforderungen sind bei Reflexionshologrammen prinzipiell sehr viel höher.**
Lösung: **Überprüfen Sie alle Komponenten. Nehmen Sie ein stabileres Objekt. Falls nötig, müssen Sie mit dem Tisch in eine ruhigere Umgebung ziehen (wir hoffen, daß Ihnen das erspart bleibt).**

Problem: **Das Bild ist sichtbar, bleibt aber auch im direkten Sonnenlicht sehr dunkel. Die Schwärzungsdichte der Platte scheint in Ordnung zu sein.**
Ursache: **Das Objekt reflektiert nicht genug Licht. Ein-Strahl-Hologramme sind von Natur aus oft dunkel.**
Lösung: **Nehmen Sie ein besser reflektierendes Objekt. Das Problem ergibt sich oft durch Anwendung von Mehrstrahlen-Methoden.**
Ursache: **Das Problem kann auch bei der Verwendung des falschen Filmmaterials mit zu geringer Auflösung entstehen.**
Lösung: **Nur Agfa 8E75 verwenden!**
Ursache: **Denken Sie daran, daß Reflexionshologramme gebleicht werden müssen.**
Lösung: **Überprüfen Sie die einzelnen Schritte bei der Entwicklung.**

Problem: **Die Platte wird im Entwicklerbad nicht dunkel.**
Ursache: **Dies kann durch die Verwendung von AH- beschichteten Platten passieren oder eine von den bei Transmissionshologrammen aufgeführten Ursachen haben.**
Lösung: **Verwenden Sie keine AH-beschichteten Platten.**

Problem: **Im Entwicklerbad wurde die Platte zwar schwarz, ist nach Beendigung des Entwicklungsprozesses aber klar.**
Ursache: **Es wurde das falsche Bleichbad benutzt.**
Lösung: **Das Bleichbad aus Quecksilberchlorid ist das einzige, das bei einem zweiten Fixierbad benutzt werden darf.**

Mehrstrahlen-Holographie

So leicht und einfach diese oben beschriebenen Einstrahlen-Aufbauten auch sind, sie haben ihre Nachteile und Einschränkungen. Zum einen ist es nicht möglich, das Intensitätsratio zwischen Referenz- und Objektstrahl zu kontrollieren - ein wesentlicher Faktor bei der Herstellung von hellen und effizienten Hologrammen. Weiter gibt es keine Möglichkeit, komplexe Objekte auszuleuchten, d.h. man kann nicht mit Beleuchtungslicht von hinten oder von der Seite arbeiten. Die notwendige Vielfalt an Möglichkeiten, die wir brauchen, um alle unterschiedlichen Arten von Objekten aufnehmen zu können, erhalten wir durch die Teilung des Strahls in zwei oder mehr voneinander unabhängiger Teilstrahlen. So können die Objekte aus allen möglichen Richtungen beleuchtet werden und auch Referenz- und Objektstrahl können unabhängig voneinander manipuliert werden, was zu sehr viel besseren Ergebnissen führt.

Die Zwei- oder Mehrstrahlen-Holographie ist die »eigentliche« Holographie. Sie erlaubt unzählige Aufbauvariationen, um zu dem gewünschten Ergebnis zu kommen. Jedes neue Arrangement kann zum individuellen Stil der einzelnen Holographen werden. Die Aufbauten, die wir nun zeigen werden, sind alle sorgfältig erprobt, sie ersparen Zeit und unnötige Kopfschmerzen.

Aufbauten aus diesem Abschnitt aus der Vogelperspektive

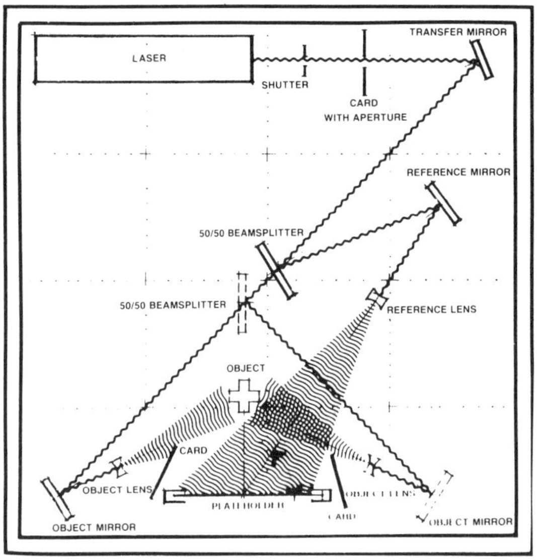

Split beam transmission

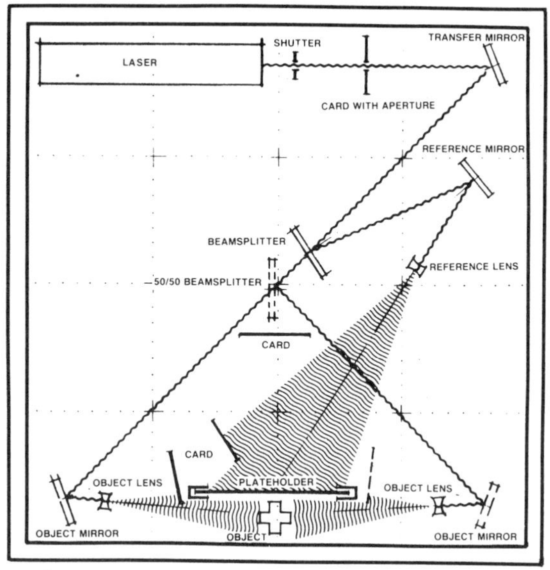

Split beam reflection

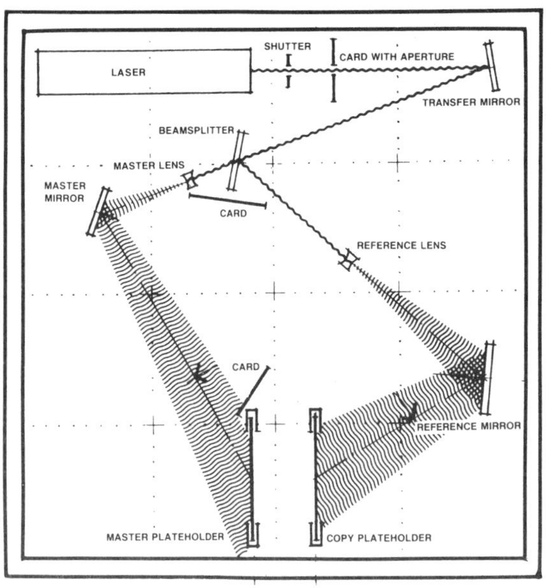

Image plane reflection

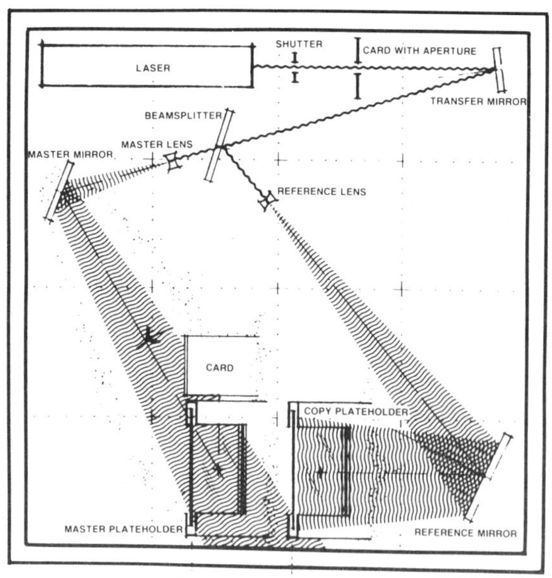

Alternate image plane reflection

reference mirror = *Spiegel im Referenzstrahl*
master lens/object lens = *Linse im Objektstrahl*
master mirror/object mirror = *Spiegel im Objektstrahl*
reference lens = *Linse im Referenzstrahl*
(master/copy) plateholder = *(Mutter/H2-)Plattenhalter*
Split beam reflection = *Mehrstrahlen-Reflexionshologramm*
(50/50) beamsplitter = *(50:50) Strahlenteiler*

laser = *Laser* shutter = *Verschluß*
card with aperture = *Pappe mit Öffnung*
transfer mirror = *Umlenkspiegel*
object = *Objekt* card = *Pappe*
split beam transmission = *Mehrstrahlen-Transmissionshologramm*
(Alternate) image plane reflection = *(Alternative) Bildebenen-Reflexionshologramm*

Das Mehrstrahlen-Transmissionshologramm

Auf der Zeichnung sehen Sie den Grund-Aufbau. Die meisten anderen, die wir Ihnen zeigen werden, sind letztlich nur Variationen dieses Typs. Die wesentliche Idee dieses Aufbaus ist die Beibehaltung einer Symmetrie bei der Plazierung der Komponenten. Dadurch können wir sicher sein, daß die Weglängen der unterschiedlichen Strahlen vom Strahlenteiler zur Platte gleich sind. Außerdem schützt es vor ungewollten Schatten oder vor Streulicht und läßt genug Platz zum Arbeiten und Einstellen der Optiken. Mit diesem Grundsatz vor Augen, kann man alle möglichen Varianten ausprobieren. Wenn Sie das tun, denken Sie an K.I.S.S.!

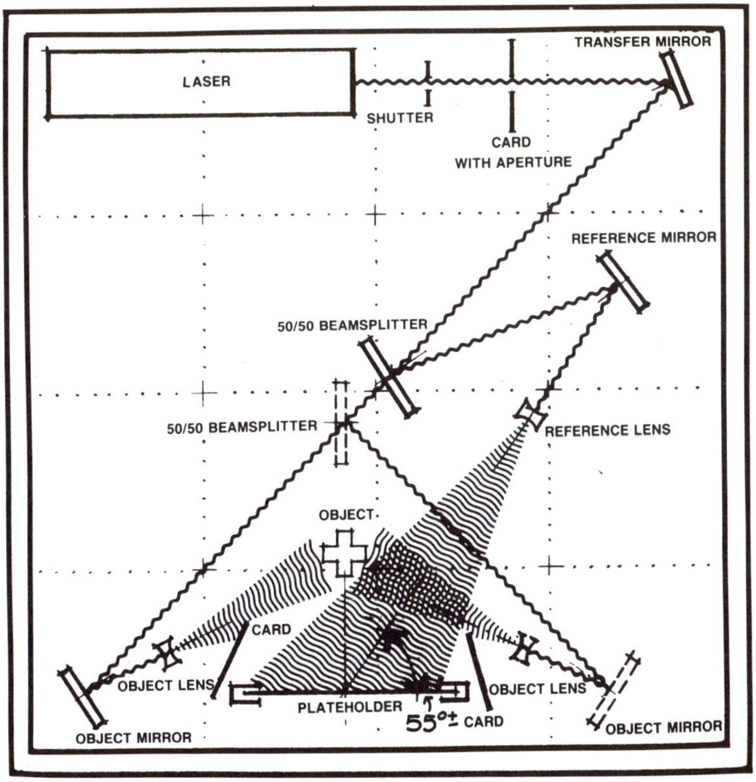

laser = *Laser*
shutter = *Verschluß*
card with aperture = *Pappe mit Öffnung*
transfer mirror = *Umlenkspiegel*
reference mirror = *Spiegel im Referenzstrahl*
reference lens = *Linse im Referenzstrahl*
50/50 beamsplitter = *50:50 Strahlenteiler*
object = *Objekt*
object lens = *Linse im Objektstrahl*
object mirror = *Spiegel im Objektstrahl*
plateholder = *Plattenhalter*
card = *Pappe*
55° = *55 Grad*

Das Wesentliche

- Stabilität.
- Entfernungen: gleiche Weglängen vom ersten Strahlenteiler an.
- Ratio des Lichts: 4:1 (Ref:Obj).
- Belichtung: 8E75HD oder 10E75.
- Entwicklung: 15%ige Schwärzung nach Sicht.

Was gebraucht wird

- Laser (natürlich).
- Drei Oberflächenspiegel samt Halterung (zwei 50 x 50 mm, einer 100 x 130 mm).
- Drei negative Linsen samt Halterung.
- 100 x 130 mm (4 x 5 inch) Plattenhalter.
- Einen oder zwei Strahlenteiler (90:10 oder variablen Strahlenteiler; 50:50).
- Objekt (hell und stabil).
- Weiße, 100 x 130 mm (4 x 5 inch) große Pappe.
- Schwarzer Samt und/oder Halterungen für das Objekt (wahlweise).
- Winkelmesser.
- Messband (cm/inch).
- Mehrere schwarze Abschattpappen.
- Belichtungsmesser.
- Verschluß.
- Chemikalien für Transmissionshologramme.
- Agfa Gevaert 8E75 oder 10E75 Platten.

Der Aufbau:

1. Laser plazieren.
2. Plattenhalter positionieren.
3. Objekt plazieren.
4. Umlenkspiegel plazieren.
5. Spiegel im Objektstrahl plazieren.
6. Strahlenteiler plazieren.
7. Weglängen ausmessen.
8. Spiegel im Referenzstrahl plazieren.
9. Linse im Referenzstrahl plazieren.
10. Linse im Objektstrahl positionieren.

11. Streulicht abschatten.
12. Lichtratio messen.
13. Plattenhalter laden.
14. Setzzeit abwarten.
15. Belichtungszeit ausrechnen.
16. Belichten.

Für einen zweiten Objektstrahl:
6a. Strahlenteiler Nr.2 plazieren.
6b. Weglängen ausmessen.
6c. Spiegel Nr.2 im Objektstrahl plazieren.
6d. Linse Nr.2 im Objektstrahl plazieren.

Entwicklung

1. Entwickeln D-19: 15%ige Schwärzung nach Sicht.
2. Stopbad: 1 Min.
3. Fixierbad: 3-5 Min.
4. Wässern: 3-5 Min.
5. Fixierklärbad: 2-5 Min.
6. Wässern: 2-5 Min.
7. Bleichbad[4]: Bis rosa Färbung auftritt.
8. Wässern: 3-5 Min.
9. Netzmittelbad.
10. Abstreifen.

[4]Kaliumferrocyanid wird bevorzugt. Siehe Seite 172 für andere Entwickelungsarten.

1. Der Laser

Der Laser wird plaziert.

2. Der Plattenhalter

Der Plattenhalter wird auf der entgegengesetzten Seite des Tisches aufgebaut. Er sollte ca. 150 mm von der Tischkante entfernt in der Mitte des Tischs stehen (s. Zeichnung). Es sollte möglichst viel Sand um den Plattenhalter gehäuft werden, damit er stabil steht.

3. Das Objekt

Das Objekt sollte ca. 100-150 mm vor dem Plattenhalter in den Sand gesteckt werden (s. Zeichnung). Um die richtige Stelle zu finden, beugen Sie sich hinunter und schauen durch das Fenster im Plattenhalter. Auf diese Weise kann man das Objekt genau in der Mitte plazieren. Bewegt man den Kopf vor dem Plattenhalter hin und her, sieht man auch alle verschiedenen Blickwinkel des Objekts. Liegt das Objekt zu tief, kann man mehr Sand aufhäufen oder das Objekt auf einem Stab befestigen.

4. Der Umlenkspiegel

Der erste Umlenkspiegel wird in der Ecke gegenüber dem Laser plaziert und so der Strahl diagonal über den Tisch geleitet. Den Verlauf des Strahls kann man leicht verfolgen, indem man etwas Sand entlang seines Wegs streut, aber ganz vorsichtig, Sie wollen ja nicht Ihre Optiken sandstrahlen.

5. Der Spiegel im Objektstrahl

Zeichnen Sie eine Linie in den Sand, die die Ebene der Platte im Plattenhalter nach beiden Seiten verlängert. Hinter dieser Linie wird ein Spiegel in den Sand gesteckt (wir nennen ihn den ersten Spiegel im Objektstrahl). Durch entsprechendes Ausrichten des ersten Umlenkspiegels wird der Strahl auf die Mitte des Spiegels im Objektstrahl gerichtet.

Dieser Spiegel wird solange im Sand hin und her bewegt, bis der Strahl genau die Mitte des Objekts trifft (ein roter Punkt sollte auf dem Objekt zu sehen sein). Damit haben wir den ersten Objektstrahl.

6. Der Strahlenteiler

In der Mitte des Tisches wird der Strahlenteiler (90:10 oder variabler) so plaziert, daß er den Strahl auffängt.

7. Messen der Weglänge

Bei Mehrstrahlen-Aufbauten ist es von größter Wichtigkeit, daß die Weglängen der einzelnen Strahlen alle gleich sind. Jeder Strahl wird entlang seines Verlaufs gemessen. Hierbei kann die Hilfe eines Freundes sehr nützlich sein. Mit einem Maßband oder einem Stück Kordel wird die Entfernung vom Strahlenteiler zum ersten Spiegel im Objektstrahl, weiter zur Mitte des Objekts und bis zur Mitte des Plattenhalters gemessen. Passen Sie auf, daß Sie die gesamte Länge messen (es kann nämlich leicht passieren, daß man die Entfernung vom Objekt zur Platte vergißt). Diese gesamte Entfernung bis zur Platte ist die Weglänge des Objektstrahls und die wird notiert.

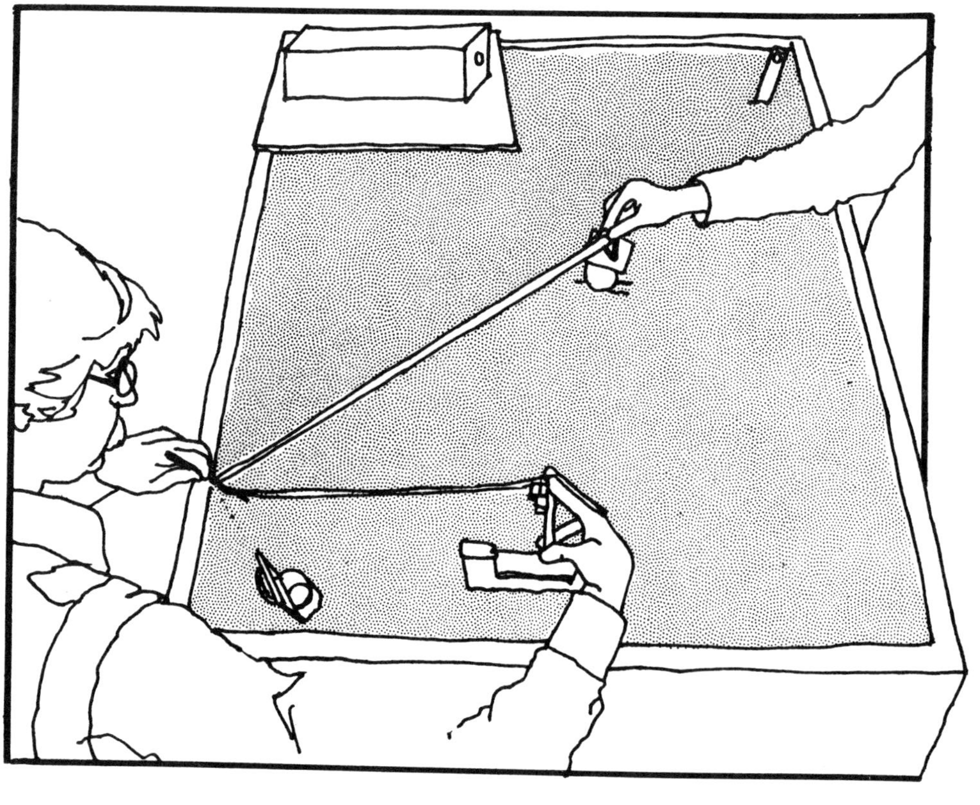

8. Der Spiegel im Referenzstrahl

Nun wird der Referenzstrahl aufgebaut, und zwar so, daß er die gleiche Länge wie der Objektstrahl hat.

Der Referenzstrahl sollte in einem Winkel von ca. 30 - 45 Grad auf die Platte treffen. Mit Hilfe eines Geodreiecks kann man diesen Winkel leicht bestimmen, indem man zwei Linien in den Sand malt. Diese Linien gehen rechts vom Plattenhalter weg, die eine in einem Winkel von 30 Grad, die andere in einem von 45 Grad. Nehmen Sie nun das gleiche Stück Kordel oder die gleiche Länge des Maßbandes wie beim Objektstrahl zur Hand. Das eine Ende wird in die Mitte des Plattenhalters, das andere an den Strahlenteiler gehalten.

Jetzt brauchen Sie kurz die Hilfe eines Freundes. Mit dem Finger oder einem Bleistift zieht er das Band nach rechts und läßt den Finger (oder Bleistift) entlang des nun gespannten Bandes hin und her durch den Sand laufen, wodurch er einen Bogen zeichnet. Jeder Punkt dieses Bogens wird der richtigen Entfernung vom Strahlenteiler zur Platte für den Referenzstrahl entsprechen.

Der Bogen schneidet die beiden Linien für die Winkel von 30 und 45 Grad, die vorher in den Sand gezeichnet wurden. Auf diesem Bogensegment wird der Spiegel für den Referenzstrahl plaziert. Nun wird der Strahlenteiler langsam so gedreht, daß er den Strahl auf den Spiegel lenkt. Von dort wird er weiter in die Mitte des Plattenhalters dirigiert. Dies kann man leicht überprüfen, indem man eine weiße Pappe in den Plattenhalter spannt und so den auftreffenden Strahl sichtbar macht.Der Weg des Referenzstrahls ist nun genauso lang wie der des Objektstrahls.

Die folgende Checkliste soll als schnelle Orientierungshilfe dienen:

Der Weg des Objektstrahls: Die Summe der Entfernungen vom Strahlenteiler, über den Spiegel im Objektstrahl, zum Objekt und zur Mitte der Platte.

Der Weg des Referenzstrahls: Soll dem Weg des Objektstrahls entsprechen und ist die Summe der Entfernungen vom Strahlenteiler, über den Spiegel im Referenzstrahl bis zur Mitte der Platte.

9. Die Linse im Referenzstrahl

Referenzstrahl: Plazieren Sie eine Linse so in den Strahlengang, daß die weiße Pappe im Plattenhalter gleichmäßig ausgeleuchtet ist. (Möglicherweise muß die Linse im Strahlengang hin und her geschoben werden, um dies zu erreichen, oder es muß sogar eine Linse mit anderer Brennweite benutzt werden). Am besten wird die Linse zwischen dem Spiegel im Referenzstrahl und der Pappe plaziert (allerdings nicht zu nahe an den Plattenhalter). Falls die Ausleuchtung besser gelingt, wenn die Linse zwischen Strahlenteiler und Spiegel steht, lassen Sie es so (sofern der Spiegel gut sauber ist).

10. Die Linse im Objektstrahl

Objektstrahl: Nehmen Sie die Platte aus dem Plattenhalter. Plazieren Sie eine Linse so in den Objektstrahl, daß das Objekt gleichmäßig in rotes Licht getaucht ist (achten Sie darauf, daß die Linse hinter dem Plattenhalter steht). Die Linse darf auf keinen Fall so plaziert sein, daß man sie durch die Öffnung im Plattenhalter sehen kann. Spielen Sie ein wenig mit Objekt und Linse herum, bis Sie die Ausleuchtung haben, die Ihnen am besten gefällt.

Beim Verschieben des Objekts muß darauf geachtet werden, daß es keinen Schatten im Referenzstrahl oder auf dem Plattenhalter erzeugt. Sie werden während des Ausprobierens also häufig die weiße Pappe in den Plattenhalter stecken und wieder herausnehmen. Beachten Sie auch, daß das, was Sie durch den Plattenhalter sehen, genau das ist, was letztendlich auf dem Hologramm sein wird. Bücken Sie sich also auf die Höhe des Plattenhalters herunter und versichern Sie sich, daß das Objekt so aussieht, wie Sie es möchten. Soll das Objekt frei im Raum schweben, braucht man nur etwas schwarzen Stoff um das Objekt zu drapieren und schon ist der Effekt erzielt.

Zu diesem Zeitpunkt braucht man sich über die genaue Plazierung der Linsen noch keine Gedanken zu machen, es sei denn, man benutzt einen variablen Strahlenteiler. Meist werden die Positionen der Linsen noch verändert, wenn man die Belichtungsmessungen durchführt. Sind die Strahlengänge einmal festgelegt, spielen die Plazierungen der Linsen für die Entfernungen ja, wie Sie wissen, keine Rolle.

Ist der Aufbau sorgfältig nach Streulicht untersucht worden, schaut man nach, ob das Referenzlicht noch gleichmäßig den Plattenhalter ausleuchtet und ob das Objekt gut beleuchtet ist. Schauen Sie zur letzten Überprüfung nochmals durch das Fenster des Plattenhalters. Was Sie nun sehen, werden Sie auch abbilden. Daher sollten Sie ausschließlich das Objekt und den Referenzstrahl sehen können.

Es kann nun passieren, daß Sie eine andere Objektausleuchtung in Betracht ziehen wollen. Bis jetzt ist das Objekt ja immer nur von einer Seite her beleuchtet worden. Das ist sicher für viele Objekte ausreichend, bei vielen anderen wird aber ein unerwünschter Schatten auf einer Seite entstehen.

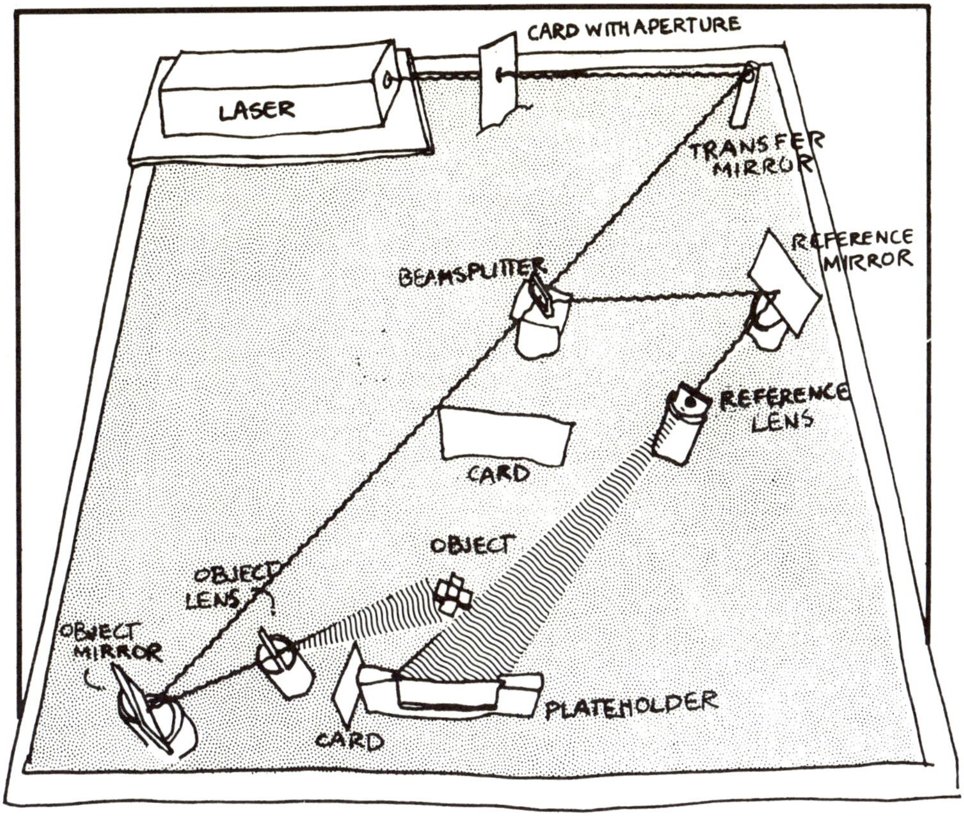

laser = *Laser*
card with aperture = *Pappe mit Öffnung*
transfer mirror = *Umlenkspiegel*
beamsplitter = *Strahlenteiler*
reference mirror = *Spiegel im Referenzstrahl*
reference lens = *Linse im Referenzstrahl*
card = *Pappe*
object = *Objekt*
object mirror = *Spiegel im Objektstrahl*
object lens = *Linse im Objektstrahl*
plateholder = *Plattenhalter*

Notizen

Möglichkeiten

Als Ausgleich kann ein zusätzlicher Objektstrahl eingeführt werden, indem man den ersten in zwei Teile teilt. Dies führt jedoch auf eine neue Stufe der Komplexität. Die Entfernung dieses neuen Strahls muß übereinstimmen mit der jedes anderen (vom ersten Strahlteiler zur Platte). Die neuen Optiken werden zu zusätzlichen Quellen von Streulicht, das abgeschirmt werden muß. Die Tatsache, daß der Objektstrahl zweigeteilt wird, bedeutet, daß noch etwas Licht »verloren« geht, was wahrscheinlich eine längere Belichtung erfordert. Wenn man das Ratio einstellt, müssen beide Objektstrahlen zusammen bedacht werden (was die Plazierung der Linsen etwas komplizierter macht).

Der Vorteil ist jedoch, daß das Licht präziser kontrolliert werden und seinen Weg in die schwer erreichbaren Stellen finden kann. Wir schlagen vor, erst mit einem einzigen Objektstrahl Erfahrung zu sammeln, bevor man mit dieser Möglichkeit anfängt. Im Endeffekt wird man dann mit mehreren Objektstrahlen experimentieren wollen.

a. Strahlenteiler

Um einen weiteren Objektstrahl hinzuzufügen, stellt man einen 50:50 Strahlenteiler in den ersten Objektstrahl, kurz hinter dem Punkt, wo er durch den ersten Strahlenteiler geht.

b. Entfernung messen

Um den zweiten Spiegel im Objektstrahl richtig zu plazieren, zieht man eine Linie in den Sand, die die Plattenebene zur rechten Seite des Plattenhalters hinaus verlängert. Messen Sie jetzt die Weglänge, die für den Originalobjektstrahl (und den Referenzstrahl) notiert wurde, mit dem Maßband oder einer Schnur. Halten Sie ein Ende an den ersten Strahlenteiler und das andere in die Mitte des Plattenhalters. Wir wollen den Spiegel an den Punkt stellen, wo die erforderliche Entfernung über folgenden Weg erreicht wird:

Erster (90:10) Strahlenteiler zu zweitem (50:50) Strahlenteiler, zu zweitem Spiegel im Objektstrahl, zu Objekt, zu Platte.

c. Zweiter Spiegel im Objektstrahl

Ein Freund kann dabei helfen, das Maßband auf diesem Weg auszuziehen. Plazieren Sie den zweiten Objektstrahlspiegel kurz hinter der Linie im Sand, genau wie beim ersten Objektstrahl.

d. Zweite Linse im Objektstrahl

Mit Hilfe des neuen Strahlenteilers richtet man den reflektierten Strahl auf den neuen Spiegel und danach direkt auf das Objekt. Eine Linse kann in diesen Weg gestellt werden, um das Objekt von dieser neuen Seite her auszuleuchten. Die Linse kann entweder vor den Spiegel gestellt werden, oder dahinter,je nachdem wie er die beste Objektbeleuchtung ergibt.Versuchen Sie,das Licht mit beiden Linsen so einzustellen, daß beide Seiten des Objekts mit derselben Stärke beleuchtet erscheinen (durch den Plattenhalter betrachtet). Schirmen Sie überschüssiges Licht ab, wie es beim anderen Objektstrahl geschehen ist.

Das Objekt sollte jetzt von beiden Seiten gleichmäßig beleuchtet sein. Von jetzt an bedeutet der Ausdruck Objektbeleuchtung immer den totalen Effekt des gesamten Objektlichts.

Prüfen Sie jetzt noch einmal den Referenzstrahl, um sicherzugehen, daß keine der neuen Komponenten einen Schatten auf die Platte wirft.

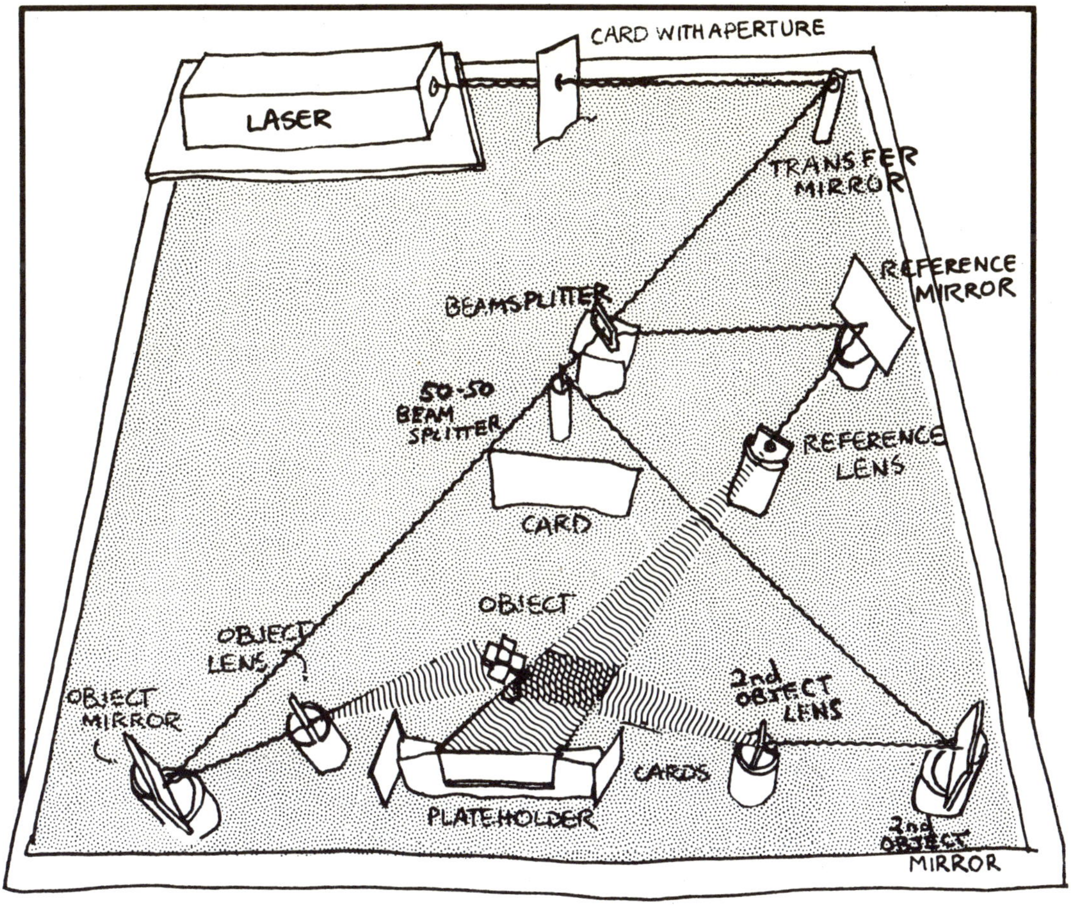

laser = *Laser*
card with aperture = *Pappe mit Öffnung*
transfer mirror = *Umlenkspiegel*
beamsplitter = *Strahlenteiler*
50-50 beamsplitter = *50:50 Strahlenteiler*
reference mirror = *Spiegel im Referenzstrahl*
reference lens = *Linse im Referenzstrahl*
card = *Pappe*
object mirror = *Spiegel im Objektstrahl*
object lens = *Linse im Objektstrahl*
object = *Objekt*
plateholder = *Plattenhalter*
cards = *Pappen*
2nd object lens = *2. Linse im Objektstrahl*
2nd object mirror = *2. Spiegel im Objektstrahl*

11. Abschatten

Abschatten - das ist ein wesentlicher Schritt bei allen Strahlenteileranordnungen und einer, der in Holographieführern oft übersehen wird. Der Schritt ist eigentlich leicht zu behalten, wenn man sich bewußt macht, was tatsächlich passiert bei der Herstellung eines Hologramms. Während der Belichtung sollte nur das Licht vom Referenzstrahl und das vom Objekt reflektierte Licht die Platte treffen.

Das kann nicht oft genug betont werden!

Jedes Streulicht wird die Entstehung eines guten, klaren Hologramms beeinflussen.

Die Ergebnisse von Streulicht zeigen sich oft als ablenkende Muster oder Lichtblitze. Wenn es hell genug ist, kann Streulicht ein Bild fast vollständig ruinieren.

Ursachen und Abhilfen für Streulicht:

Vielleicht die gebräuchlichste Ursache für Streulicht ist direktes Licht von der Objektbeleuchtung, das auf die Platte trifft. Dieser Strahl dient nur zur Beleuchtung des Objekts! Um sicherzugehen, stellt man eine Pappe an den Rand des Plattenhalters, um Licht aus Richtung Objektstrahl abzuschatten.

Achten Sie darauf, die Pappe nicht zu weit nach vorne zu stellen, sonst wird Licht vom Objekt abgehalten. Drehen Sie die Pappe leicht nach links, wenn Sie durch den Plattenhalter schauen, damit er nicht im Weg steht. Ein Schatten der Pappe kann im Sand zwischen Plattenhalter und Objekt sichtbar sein, wodurch man die abgeschirmte Fläche sieht. Wenn Sie Platten ohne Antihalorückseite benutzen, müssen Sie sichergehen, daß die Pappe weit genug nach hinten reicht, um jedes Licht vom Erreichen der Plattenrückseite abzuhalten.

Zusätzliches Streulicht kann von anderen optischen Geräten oder direkt vom Laser selbst kommen. Deshalb kann es gut sein, eine Pappe zwischen Strahlenteiler und Objekt zu stellen, wie gezeigt. Passen Sie auf, dabei keinen der Strahlen abzublocken. Eine andere gute Idee ist, eine Pappe mit einem Loch, das etwas größer ist als der Strahldurchmesser, zu nehmen und in den Strahlengang vor dem Strahlenteiler zu stellen (so, daß der Strahl leicht durchgehen kann).

Einer der wirklichen Vorteile der Mehrstrahlenholographie besteht darin, daß die Wirkung des Hologramms verbessert werden kann, indem man das Ratio der Lichtstärke zwischen Referenz- und Objektstrahl kontrolliert. Das ermöglicht es, Hologramme von Objekten mit sehr unterschiedlicher Reflexionsstärke zu machen, indem man einfach die beiden Strahlen mit einem Belichtungsmesser abliest und ihr Ratio abstimmt, um für »hellere« oder »dunklere« Objekte den richtigen Ausgleich zu finden.

Transmissionshologramme entstehen bei Ratio von 2:1 bis 10:1 (Referenz zu Objekt; der Referenzstrahl sollte immer heller sein als der Objektstrahl). Die besten Ergebnisse erzielt man mit einem Ratio von 4:1 oder wenn der Referenzstrahl viermal heller ist als das Objektlicht. Diese Stärken müssen »an der Platte« gemessen werden, wo das Hologramm entsteht.

12. Das Lichtratio

Es gibt zwei Wege, um das Ratio zu bestimmen. Der erste ist ein Sichttest, um die Lage in etwa einzuschätzen.

Mit der weißen Pappe im Plattenhalter hält man einen Finger in den Referenzstrahl, um einen Schatten auf die Pappe zu werfen. Die Zone im Schatten sollte immer noch Licht vom Objekt her erhalten (achten Sie darauf, daß Ihr Finger nicht in einer Linie zwischen Objekt und Pappe steht). So kann annähernd eingeschätzt werden, wieviel heller eine Lichtquelle gegenüber der anderen ist. Das Auge kann mit etwas Übung ein sehr genauer Belichtungsmesser sein - einige Holographen schwören auf diese Methode. Wir empfehlen sie jedoch nicht für Anfänger.

Wenn man sehr präzise vorgehen will, kann man getrennte Lichtmessungen der beiden Strahlen mit einem Belichtungsmesser vornehmen.

Zuerst hält man eine Pappe in den Objektstrahl, um ihn abzuschirmen. Jetzt zeigt man mit der Öffnung des Belichtungsmessers in das Plattenhalterfenster Richtung Referenzstrahl. Achten Sie darauf, die Öffnung auf der Ebene des Plattenhalters zu halten, als ob sie an einer Glasplatte anstoßen würde. Bewegen Sie den Belichtungsmesser im Fenster, während Sie ihn auf den Referenzstrahl richten und lesen Sie den Durchschnittswert ab.

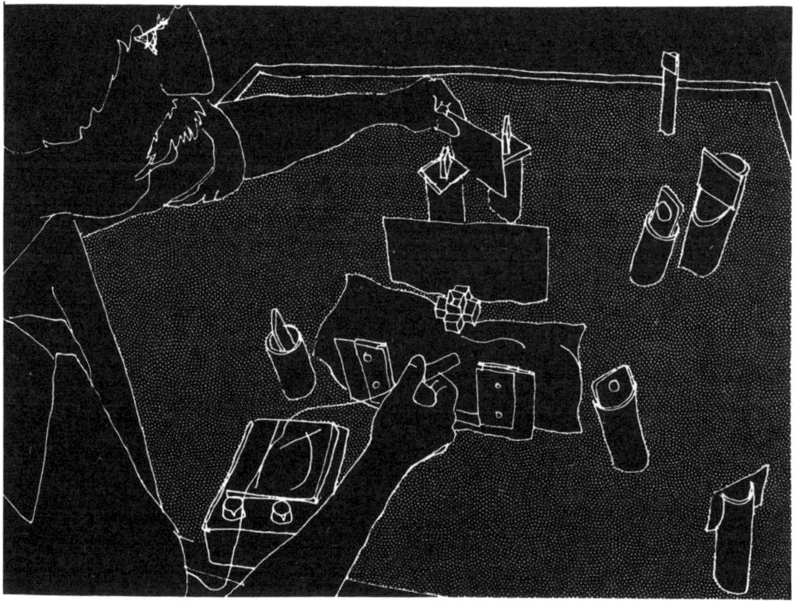

Nehmen Sie jetzt die Pappe weg, die den Objektstrahl abblockt. Schirmen Sie jetzt damit den Referenzstrahl ab und halten Sie den Belichtungsmesser wieder auf der Ebene des Plattenhalters, diesmal Richtung Objekt (das schön erleuchtet sein sollte). Halten Sie die Durchschnittsmessung fest.

Um das Ratio zu ändern, muß man einfach die beiden Linsen vor oder zurück bewegen. Die Linse näher an den Plattenhalter schieben erhöht die Helligkeit dieses Strahls, während eine größere Entfernung ihn verdunkelt (die belichtete Zone auf der Platte/Pappe wird sich auch verändern). Man muß etwas damit herumspielen, um sich damit zurechtzufinden. Ziel ist, das richtige Ratio mit einem Minimum an verlorenem Licht zu erhalten (nicht zu vergessen das ausgewogene Licht über Platte und Objekt).

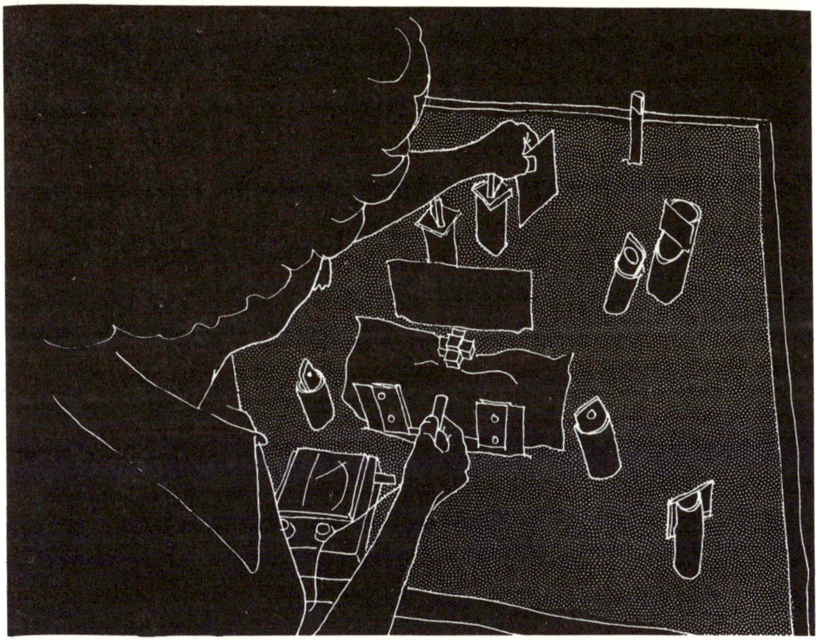

Wie Sie sich denken können, kann es extrem ermüdend sein, Linsen langsam hin und her zu bewegen, dauernd die Anordnung neu zu prüfen, die Abschattpappen usw., nur um das gewünschte Ratio zu erhalten. Die Holographen, die bereits in variable Strahlenteiler investiert haben, werden jetzt wahrscheinlich lächeln. Das Schöne an diesen optischen Komponenten ist, daß man mit einer einfachen Bewegung das Ratio einstellen kann, ohne die Anordnung zu stören (siehe auch fortgeschrittene Komponenten).

Notieren Sie den Durchschnittswert des Referenzstrahls, nachdem ein Ratio von 4:1 gefunden ist.

Die richtige Belichtung kann man finden, wenn man die Tabelle befragt, die bereits für Einstrahlenhologramme der entsprechenden Platte verwendet wurde. Dafür braucht man die Referenzmessung.

Komponenten und Plattenhalter sollten leicht eingeklopft werden, damit sie fest im Sand stecken. Stabilität ist für Mehrstrahlenholographie wichtig, und je größer die Anzahl der benutzten optischen Komponenten, umso größer die Aussicht, daß sich etwas bewegt oder gar umfällt.

Eine letzte Überprüfung sollte zur Gewohnheit werden.

Der letzte Schritt ist bei allen holographischen Anordnungen derselbe. Man prüft die gleichmäßige Erfassung von Referenz und Objektbeleuchtung. Prüfen Sie und sichern Sie die Abschattpappen, wenn sie sich verschoben haben.

13. Der Verschluß

14. Die Platte laden

15. Setzen lassen

16. Die Belichtungszeit prüfen

17. Belichten

18. Entwickeln wie Transmissionshologramm (S. 167)

Jetzt stellt man den Verschluß ein, dreht die Lichter aus, lädt die Platte (wir erinnern uns, daß Antihaloschichtplatten mit der Emulsionsseite zum Objekt hin eingelegt werden), lassen das System 5 bis 10 Min. setzen, belichten es die erforderliche Zeit und entwickeln es gemäß den Anweisungen zum Transmissionshologramm im Abschnitt über Einstrahlenholographie.

Ausleuchten und Betrachten

Die Mehrstrahlenanordnung, die wir gerade benutzt haben, verwendet einen seitlichen Referenzstrahl. Man betrachtet das Hologramm mit dem Laserlicht, das im selben Winkel auf die Platte trifft wie bei der Herstellung. Wenn die Anordnung nicht verändert wurde, setzt man einfach die Platte zurück in den Halter (nachdem man sie ein paarmal gedreht hat, um die richtige Seite zu finden), und das holographische Bild wird exakt mit dem Objekt übereinstimmen (obwohl es dunkler sein wird, wegen des geteilten Strahls).

Um das Hologramm im Laserlicht mit voller Kraft sehen zu können, stellt man einfach einen unbenutzten Spiegel in den Strahlengang vor den 90:10-Strahlenteiler und »stiehlt« den Strahl, indem man ihn von den anderen Komponenten ablenkt. Eine weitere Linse kann in den Gang gestellt werden, um das Licht zu streuen und das Hologramm zu beleuchten. Wenn diese beiden, Spiegel und Linse, wieder entfernt werden, folgt der Strahl seinem Originalweg.

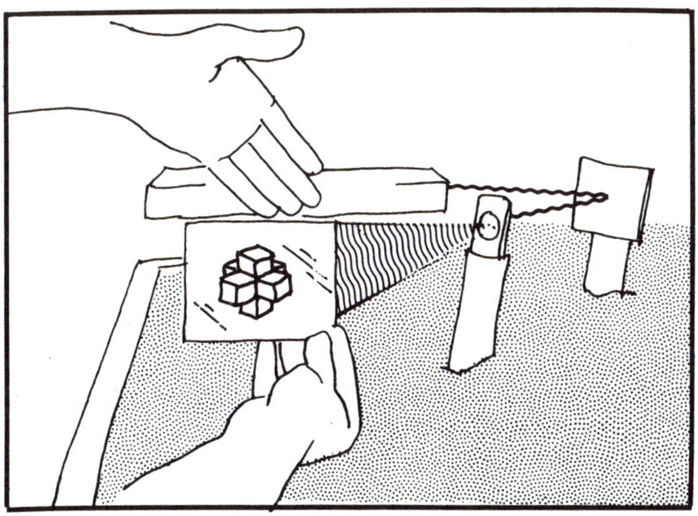

Fehleranalyse beim Mehrstrahlen-Transmissionshologramm

Problem: **Objekt dunkel oder ganz weg.**

Ursache: **Objekt- oder Komponentenbewegung.**

Lösung: **Objekt und Komponenten feststecken.**

Ursache: **Ungleiche Länge der Strahlenwege.**

Lösung: **Objekt- und Referenzstrahlabstände messen, um sicherzugehen, daß sie gleich sind. Anpassen, wenn nötig.**

Ursache: **Belichtung/Entwicklung daneben.**

Lösung: **Plattenlichtstärke prüfen (15 % dunkel).**

Ursache: **Falsches Ratio.**

Lösung: **Belichtung prüfen und auf 4:1 einstellen (Referenz zu Objekt). An der Platte messen!**

Ursache: **Einer der Strahlen unabsichtlich abgeschirmt während der Belichtung.**

Lösung: **Prüfen, ob die Pappen nicht Referenz- oder Objektlicht abschirmen.**

Ursache: **Falsche Objektplazierung.**

Lösung: **Sicherstellen, daß das Objekt keinen Schatten auf die Platte wirft.**

Problem: **Platte schaut schmutzig oder gesprenkelt aus, oder Spektralblitze sind manchmal sichtbar und verderben das Bild.**

Ursache: **Unerwünschtes Streulicht hat die Platte erreicht.**

Lösung: **Prüfen, ob nur Objekt- und Referenzlicht die Platte erreicht und alles andere abgeschirmt ist. Wenn das Problem anhält, weniger reflektierendes Objekt verwenden oder mit Mattlack einsprühen.**

Ursache: **Komponenten schmutzig.**

Lösung: **Säubern oder ersetzen Sie schmutzige Komponenten. Verwenden Sie solche von besserer Qualität.**

Ursache: **Chemikalien sind schlecht geworden.**

Lösung: **Ersetzen Sie die Chemikalien.**

Ursache: **Bild wurde verschmutzt.**

Lösung: **Denken Sie an das Netzmittel und treten Sie etwas zurück beim Betrachten.**

Beachten Sie auch die Fehleranalyse für das Ein-Strahlhologramm, Seite 175-177.

Notizen

Das Mehrstrahlen-Reflexionshologramm

Die Anordnung für dieses Hologramm ist fast identisch mit der des Mehrstrahlen-Transmissionshologramms, nur ist das Objekt auf der gegenüberliegenden Seite der Platte. Dazu kommt, daß die Wirkung dieses Hologramms unweigerlich viel größer sein wird als die Einstrahlenreflexionsausführung (auch viel schöner, der Unterschied ist unglaublich).

Reflexionshologramme sind stark abhängig von einem richtigen Referenz zu Objekt-Ratio, um gute Resultate hervorzubringen (mehr als Transmissionshologramme). Diese Art von Anordnung wird ein dynamisches Hologramm hervorbringen, wenn es mit einem Punktstrahler gewöhnlichen Lichtes angeschaut wird.

laser = *Laser*
shutter = *Verschluß*
card with aperture = *Pappe mit Öffnung*
transfer mirror = *Umlenkspiegel*
reference mirror = *Spiegel im Referenzstrahl*
reference lens = *Linse* im *Referenzstrahl*
beamsplitter = *Strahlenteiler*
50/50 beamsplitter = *50:50 Strahlenteiler*
card = *Pappe*
object mirror = *Spiegel im Objektstrahl*
object lens = *Linse im Objektstrahl*
object = *Objekt*
plateholder = *Plattenhalter*

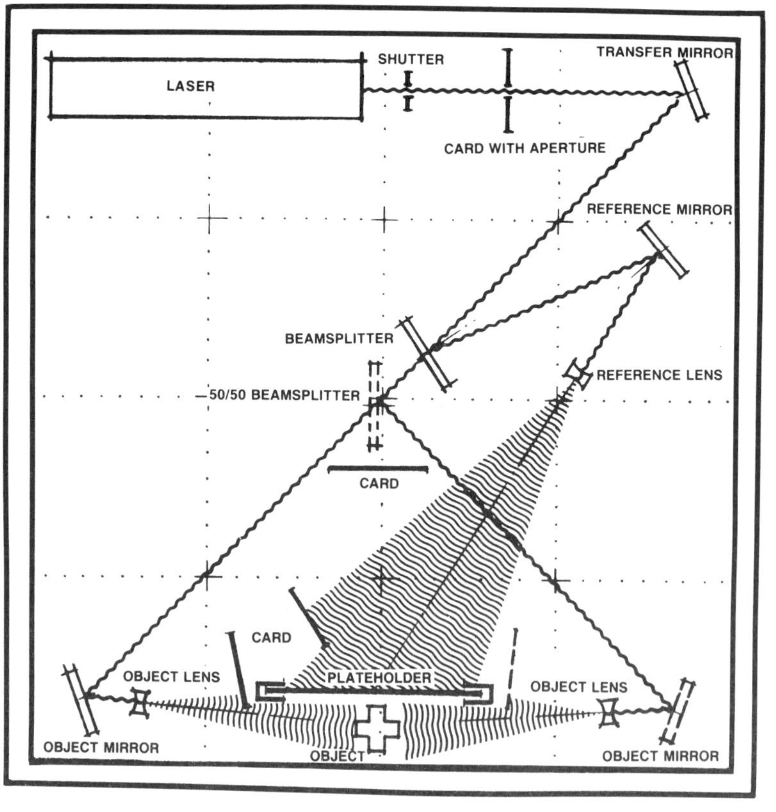

Das Wesentliche:

- Stabilität.
- Entfernungen: Gleiche Entfernung vom ersten Strahlenteiler.
- Ratio: 2:1 (Ref:Obj).
- Belichtung: nur 8E75 HD.
- Entwicklung: 70-90% dunkel nach Sicht.

Was gebraucht wird:

- Laser (natürlich).
- 3 Negativlinsen.
- Plattenhalter.
- Ein oder zwei Strahlenteiler (90:10 oder variabler Strahlenteiler; 50:50)
- Objekt: Hell und fest.
- 100 x 130 mm Pappe.
- Schwarzer Filz und/oder Stab für Objekte (wahlweise).
- Winkelmesser.
- Einige schwarze Pappen zum Abschatten.
- Belichtungsmesser.
- Verschluß.
- Holographische Chemikalien für Reflexionshologramme.
- Agfa Gevaert 8E75 HD-Platten.

Der Aufbau:

1. Laser plazieren.
2. Umlenkspiegel positionieren.
3. Plattenhalter positionieren.
4. Objekt positionieren.
5. Spiegel im Objektstrahl plazieren.
6. Strahlenteiler plazieren.
7. Referenzspiegel positionieren.
8. Linse im Referenzstrahl positionieren.
9. Linse im Objektstrahl positionieren.
10. Unerwünschtes Licht abschatten.
11. Lichtratio messen.
12. Platte laden.
13. Setzen lassen (Bleichmittel mischen in der Zwischenzeit!).

14. Belichtungszeit ausrechnen.
15. Belichten.

Für zweiten Objektstrahl:
6a. 50:50-Strahlenteiler plazieren.
6b. Spiegel im Objektstrahl 2 plazieren.
6c. Weglängen messen.
6d. Linse im Objektstrahl 2 plazieren.

Entwicklung

1. Entwickeln: 70-90% dunkel.
2. Stopbad: 1 Min.
3. Fixierklärbad: 1-2 Min.
4. Bleichbad: PBQ
5. Wässern: 5 Min.
6. Netzmittelbad: 30 Sek.
7. Abstreifen.
8. Trocknen.

1. Der Laser

2. Der Umlenkspiegel

3. Der Plattenhalter

4. Das Objekt

5. Der Spiegel im Objektstrahl

Richten Sie den Strahl so ein, daß er diagonal über den Tisch zeigt (wie beim Transmissionsaufbau). Setzen Sie den Plattenhalter etwa 150 mm vom Rand dem Laser gegenüber. Plazieren Sie das Objekt auf dieser Seite des Plattenhalters, so nah am Fenster wie möglich (s. Zeichnung). Gehen Sie herum auf die Laserseite des Tisches und schauen Sie das Objekt durch den Plattenhalter an. Zeichnen Sie Linien in den Sand, als ob Sie den Plattenhalter auf beiden Seiten verlängern möchten. Stellen Sie jetzt einen Spiegel auf die Linie (erster Spiegel im Objektstrahl), damit er mit dem Strahl zusammentrifft. Den Spiegel auf die gleiche Ebene wie den Plattenhalter zu bringen ergibt bei diesem Aufbau die beste Objektbeleuchtung mit dem geringsten Streulicht. Drehen Sie den Spiegel, um einen Lichtpunkt auf das Objekt zu lenken.

6. Der Strahlenteiler

Stellen Sie den Strahlenteiler (90:10 oder variabel) in die Nähe der Tischmitte und unterbrechen Sie den Strahl. Messen Sie den Abstand vom Strahlenteiler zum ersten Spiegel im Objektstrahl, zum Objekt, zum Mittelpunkt des Plattenhalters. Notieren Sie diese Gesamtentfernung.

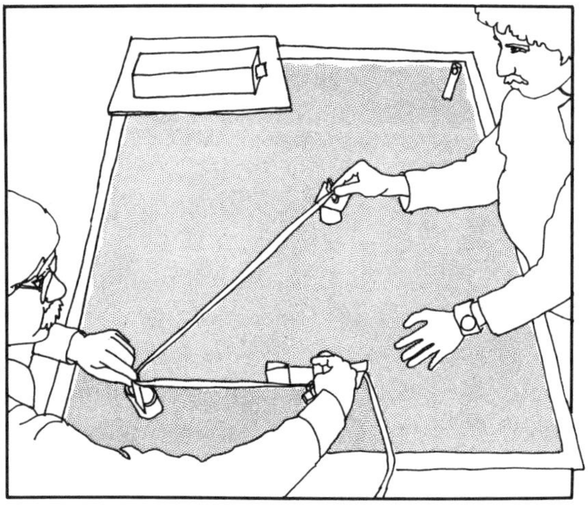

7. Der Spiegel im Referenzstrahl

Stellen Sie jetzt einen Referenzstrahlspiegel in den Aufbau, genau wie beim Mehrstrahl-Transmissionshologramm. Für ein Reflexionshologramm sollte der Referenzstrahl jedoch die Platte in einem Winkel von 60 bis 80 Grad treffen. Eine Linie, vom Plattenhalter in diesem Winkel in den Sand gezogen, kann sehr hilfreich sein.

Suchen Sie die Entfernung, die Sie vorher für den Objektstrahl notiert haben und spannen Sie das Bandmaß mit Unterstützung eines Freundes. Ziehen Sie es im Sand hin und her (dabei wird ein Bogen gezogen). Stellen Sie den Spiegel an den Punkt, an dem der Bogen sich mit der Linie vom Plattenhalter trifft. Messen Sie die Entfernung vom Strahlenteiler zum Spiegel, zur Mitte des Plattenhalters, um sicherzugehen, daß es immer noch mit der Messung für den Objektstrahl übereinstimmt.

Drehen Sie den Strahlenteiler, um das Licht zur Mitte des Spiegels zu richten und dann den Strahl zur Mitte des Plattenhalters. Eine Pappe, die im Plattenhalter steckt, sollte jetzt einen Lichtpunkt in der Mitte haben und auf der gegenüberliegenden Seite sollte ein Punkt nahe beim Zentrum des Objektes sein.

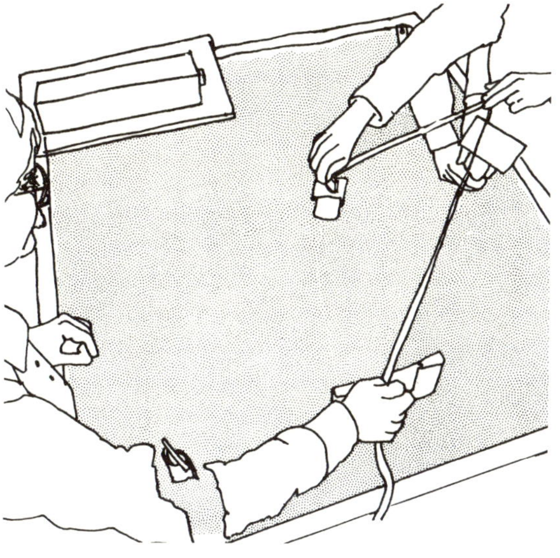

8. Die Linse im Referenzstrahl

9. Die Linse im Objektstrahl

Um das Objekt richtig zu beleuchten und einen Referenzstrahl zu erzeugen, stellen Sie die Linsen wie abgebildet in die Anordnung. Achten Sie darauf, daß die Referenzstrahllinse so plaziert ist, daß sie die weiße Pappe im Plattenhalter gleichmäßig ausleuchtet. Genauso sollte die Objektstrahllinse das Objekt gleichmäßig ausleuchten, wenn man durch den Plattenhalter von der Laserseite des Tisches aus schaut.

10. Abschatten

Abschattpappen sind wesentlich für Mehrstrahlanordnungen. Es ist schwierig, ein Objekt zu beleuchten, ohne daß etwas vom Licht auch die Platte direkt trifft. Mit einer weißen Pappe im Plattenhalter, damit Sie sehen, was passiert, plazieren Sie eine Abschattpappe an den Rand des Plattenhalters. Stellen Sie ihn nur soweit zurück, um die Plattenhalterkarte in den Schatten zu bringen (ohne Licht vom Objekt abzuschirmen). Bei einigen Objekten ist es fast unmöglich, das zu bewerkstelligen, ohne entweder das Objekt weiter von der Platte weg zu rücken oder das Licht von der Vorderseite abzublocken. Ein Kompromiß ist gewöhnlich das Beste - erinnern Sie sich daran, Reflexionshologramme erfordern es, daß das Objekt möglichst nahe an der Platte ist (wegen der begrenzten Tiefe, die erhalten werden kann), ohne gleichmäßiges Licht zu verlieren. Wenn es zu nah ist, wird es unmöglich, es zu beleuchten, ohne gleichzeitig die Platte zu beleuchten.

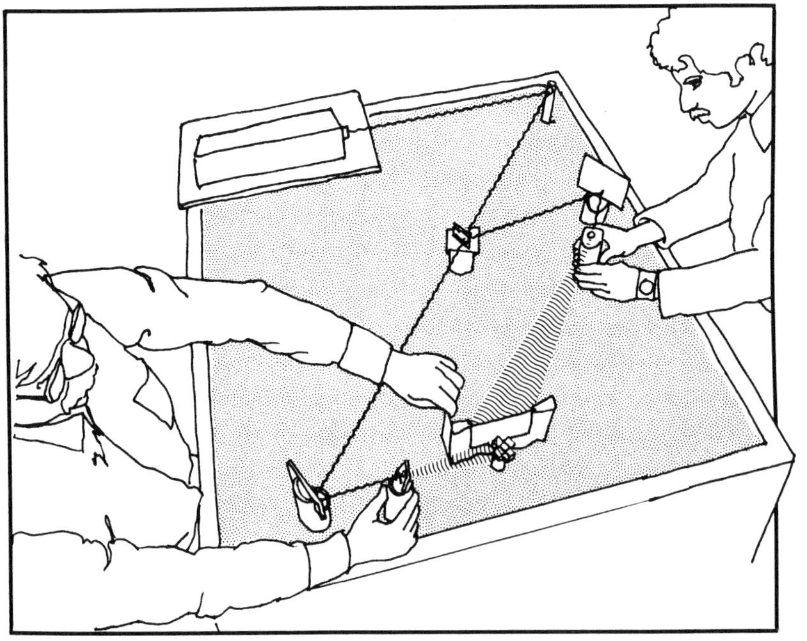

Glücklicherweise wird in diesen Fällen die Vorderseite des Objektes wahrscheinlich vom Referenzstrahl gut genug beleuchtet sein (wie bei Einstrahlen-Reflexionshologrammen). Der Effekt dieses Lichts wird oft anders sein als der gewöhnlicher Objektbeleuchtung, aber bei vielen Objekten ist es wirklich nicht zu unterscheiden.

Wenn das Objekt leicht verschoben werden muß, denken Sie an die mögliche Auswirkung auf die gleiche Länge der Strahlenwege. Um sicher zu gehen, prüfen Sie zu dieser Zeit noch einmal die Entfernung.

11. Das Lichtratio

Die Belichtungsmessungen werden auf beiden Seiten der Platte abgelesen. Um ein Ratio von 2:1 zu erhalten, richten Sie die Messzellen auf den Referenzstrahl und passen Sie auf, daß sie auf der Ebene des Plattenhalters bleiben. Notieren Sie einen Durchschnittswert. Diese Messung ist etwas schwierig zu erhalten, weil der Belichtungsmesser um das Objekt herum bewegt werden muß. Halten Sie ihn jetzt von der anderen Seite des Fensters her auf das Objekt und notieren Sie einen Durchschnittswert, wenn der Messer das Objekt aus verschiedenen Blickwinkeln sieht. Stellen Sie die Linsen ein (oder den variablen Strahlenteiler), bis das richtige Ratio erreicht ist.

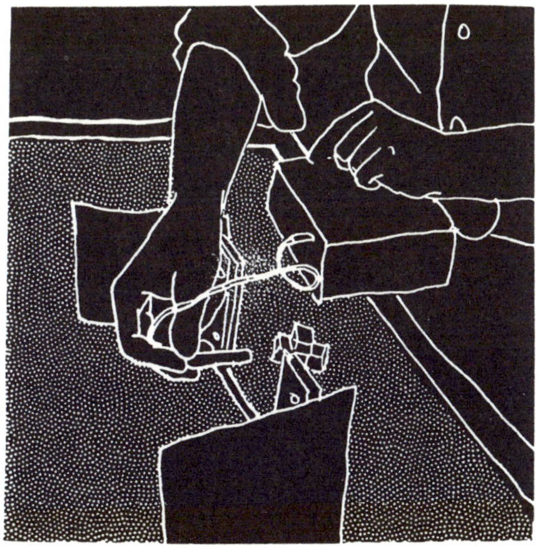

12. Der Verschluß

13. Die Platte laden

Überprüfen Sie den Aufbau, um sicherzugehen, daß das Objekt richtig beleuchtet ist, gleichmäßige Referenzbeleuchtung stimmt, Abschattpappen an der richtigen Stelle und die optischen Komponenten festsitzen in ihren Sandhäufchen. Stellen Sie den Verschluß ein, drehen Sie das Licht ab und laden Sie eine 8E75 HD- Platte in den Halter. Lassen Sie alles 10 bis 15 Min. lang setzen, während Sie die richtige Belichtungszeit anhand der Tabelle bestimmen. Halten Sie die Daumen und den Atem an, und dann öffnen Sie den Verschluß (wenn sie es ohne Daumen schaffen), solange es nötig ist.

Entwickeln Sie das Hologramm genauso wie das Ein-Strahl-Reflexionshologramm. Wenn es trocken ist, betrachten Sie es in der Sonne oder einer hellen Punktlichtquelle (Diaprojektor usw.).

14. Setzen lassen

15. Die Belichtungszeit nachschauen

16. Belichten

17. Entwickeln wie Reflexionshologramm (S. 190)

Wahlweise kann ein zweiter Objektstrahl in das System eingeführt werden, wenn Sie mit dem Gebrauch eines Strahls vertraut geworden sind.

a. 50:50-Strahlenteiler
b. Spiegel im Objektstrahl Nr. 2

Stellen Sie einen 50:50-Strahlenteiler in den Strahlengang, ein Stück vom Original-Strahlenteiler entfernt. Ziehen Sie eine Linie in den Sand und verlängern Sie den Plattenhalter nach rechts (das sollte inzwischen ein alter Hut sein). Stellen Sie den zweiten Spiegel an die richtige Stelle auf dieser Linie, so daß die neue Strahlengangentfernung gleich ist mit den anderen zwei.

 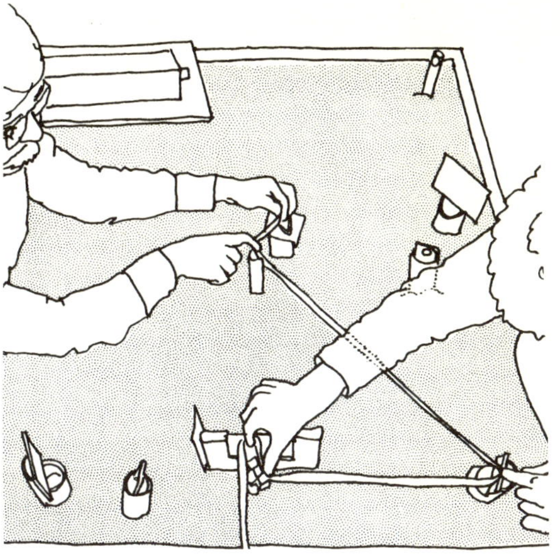

c. Entfernung messen

d. Linse im Objektstrahl Nr. 2

Dieser Strahlengang wird gemessen vom ersten Strahlenteiler zum 50:50-Strahlenteiler, zum neuen Spiegel, zum Objekt zur Platte. Wenn die Komponenten an ihrem Platz sind, richten Sie den Strahl diesen Gang entlang und zentrieren Sie den roten Punkt auf das Objekt. Stellen Sie eine Linse in das System, um das Objekt von dieser Seite aus zu beleuchten, gleichen Sie die Stärke mit dem anderen Objektstrahl aus, um eine gleichmäßige Beleuchtung des ganzen Objekts zu erhalten. Stellen Sie eine weitere Abschattpappe auf die rechte Seite des Plattenhalters und richten Sie ihn sorgfältig so aus, daß unerwünschtes Licht vom zweiten Objektstrahl die Platte nicht erreichen kann (genauso wie der erste Objektstrahl abgeschirmt wurde).

Wieder muß man aufpassen, kein Licht vom Objekt abzublocken oder den Referenzstrahl zu verdecken.

Jetzt kann man die Belichtung messen und das Bild machen.

Vollständige Mehrstrahlenreflexionsanordnung

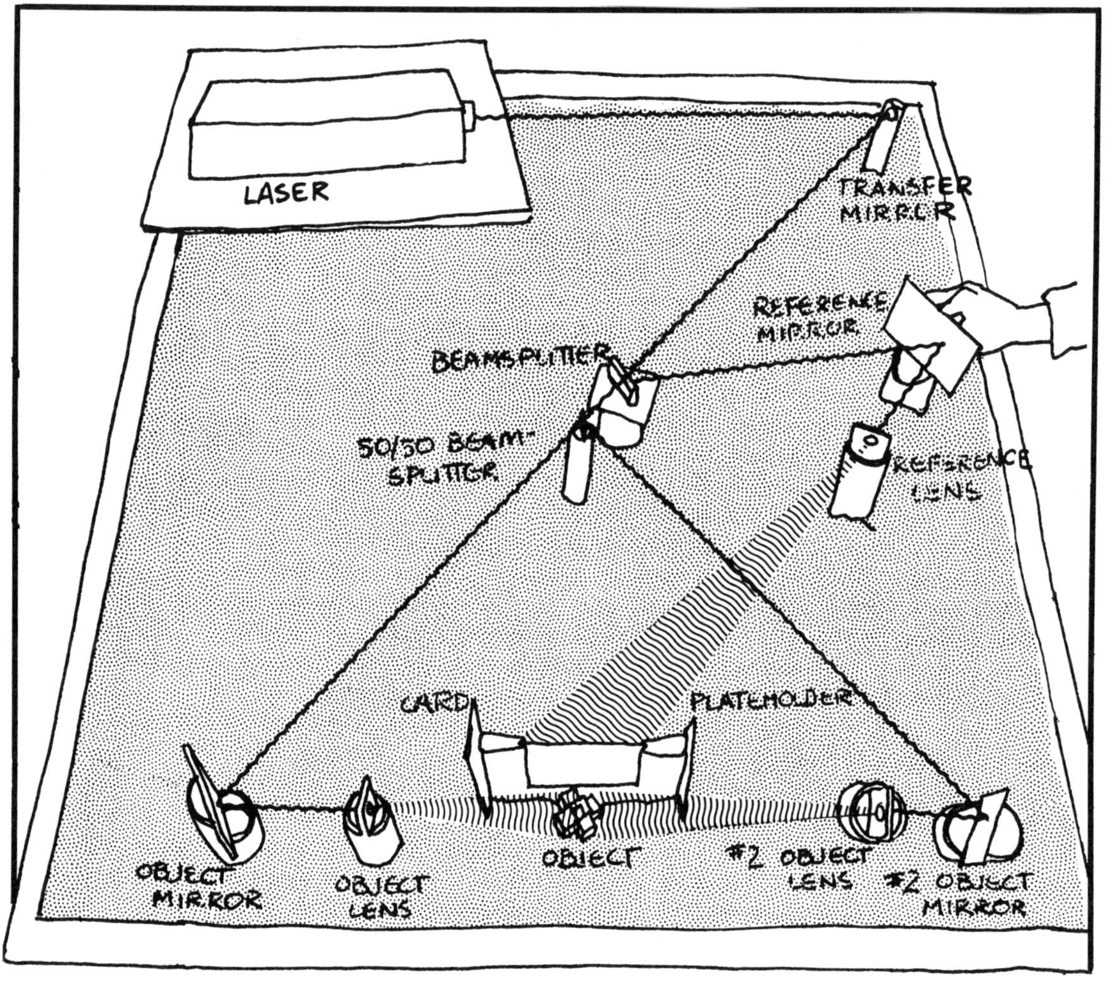

laser = *Laser*
transfer mirror = *Umlenkspiegel*
beamsplitter = *Strahlenteiler*
50/50 beamsplitter = *50:50 Strahlenteiler*
reference mirror = *Spiegel im Referenzstrahl*
reference lens = *Linse im Referenzstrahl*
object mirror = *Spiegel im Objektstrahl*
object lens = *Linse im Objektstrahl*
card = *Pappe*
object = *Objekt*
plateholder = *Plattenhalter*
#2 object lens = *2. Linse im Objektstrahl*
#2 object mirror = *2. Spiegel im Objektstrahl*

Fehleranalyse beim Mehrstrahlen-Reflexionshologramm

Inzwischen sollte man mit einigen der allgemeinen Probleme, die bei Transmissions- und Reflexionshologrammen auftauchen, vertraut sein. Einige der Probleme, die bei der Mehrstrahlenreflexionsanordnung auftauchen können, seien hier kurz zusammengefaßt:

Problem: **Objekt dunkel oder nicht sichtbar.**
Ursache: **Objekt oder Komponenten haben sich bewegt.**
Lösung: **Alle Komponenten befestigen.**
Ursache: **Ungleiche Länge der Strahlengänge.**
Lösung: **Entfernungen messen und angleichen.**
Ursache: **Unrichtige Belichtung oder Entwicklung.**
Lösung: **Mit 70 %-Intensität entwickeln.**
Ursache: **Falsches Ratio.**
Lösung: **Ratio 2:1 (Referenz:Objekt).**
Ursache: **Ein Strahl versehentlich blockiert während der Belichtung.**
Lösung: **Alles Licht prüfen vor der Belichtung.**
Ursache: **Platte vernebelt wegen Lichteinfall.**
Lösung: **Neue Platten besorgen und Dunkelkammer reparieren.**

Problem: **Platte gesprenkelt.**
Ursache: **Chemische Veränderung, schlechtes Netzmittel oder schlechtes Abstreifen.**
Lösung: **Neue Chemikalien. Netzmittel nicht vergessen.**

Problem: **Farbblitze sichtbar. Muster verdecken das Bild.**
Ursache: **Unerwünschtes Streulicht erreicht die Platte.**
Lösung: **Alles unerwünschte Licht abschirmen.**
Ursache: **Objekt zu stark refelektierend (spiegelnde Oberfläche).**
Lösung: **Objekt mit matter Oberfläche benutzen.**
Problem: **Bild sieht nicht »sauber« aus.**
Ursache: **Wahrscheinlich verschmutzte Optiken.**
Lösung: **Reinigen oder ersetzen. Raumfilter für den Referenzstrahl benutzen.**

Bildebenen-Hologramme

Wie man ein Hologramm von einem Hologramm macht.

Eine der Möglichkeiten, ein fertiges Transmissionshologramm vorzuführen - Sie erinnern sich -, war die Betrachtung des projizierten oder realen Bildes. Indem man die Platte umdreht und Licht durchscheinen läßt, stellte sich das Bild tatsächlich scharf vor dem Hologramm ein.

Natürlich ist dieses reelle Bild dreidimensional, genau wie es das Originalobjekt war, und man könnte sagen, es nimmt einen gewissen Raum ein. Indem man eine durchsichtige Folie durch das Bild hin und her bewegt, erscheinen verschiedene Zonen scharf und werden dann wieder unscharf. Wenn wir die Folie einen Moment ruhig halten, können wir uns vorstellen, daß sie das Bild auf einer Ebene teilt. Diese Ebene ist als scharfe Zone sichtbar, wobei ein Teil des Bildes vor und der Rest hinter der Folie erscheint.

Ersetzen wir die Folie durch eine lichtempfindliche Platte und benutzen einen neuen Referenzstrahl, dann ist es möglich, ein Hologramm des Bildes auf dieser Ebene herzustellen. Das daraus entstehende holographische Bild wird sich bilden, wobei die Glasplatte es in zwei Hälften teilt. Ein Teil wird hinter der Platte erscheinen, ein Teil vor der Platte herausstehen.

Dieses Hologramm eines holographischen Bildes - oder Bildebenen-Hologramm - kann sehr oft interessantere Eigenschaften zeigen, als das Original-Mutterhologramm, von dem es gemacht wurde. Es wird möglich, ein gewöhnliches Transmissionshologramm zu nehmen und Reflexionskopien zu machen, die man in weißem Licht betrachten kann.

Diese Hologramme sind gewöhnlich viel heller als normale Reflexionshologramme, mit der zusätzlichen Wahl, einen Teil des Bildes auf magische Weise davor schweben zu lassen. Das erlaubt auch die Herstellung von Hologrammen mit Objekten, die mehr Tiefe haben als die des gewöhnlichen Reflexionstyps. Natürlich kann man auf dieselbe Art Transmissions-Bildebenen-Hologramme herstellen.

Die fortgeschrittensten Hologrammhybriden verwenden das Bildebenen-Konzept. Das schließt Variationen von Weißlicht-Transmissionshologrammen ein, wie etwa Regenbogenhologramme, Offene-Blende-Hologramme und Weißlicht-Stereogramme, die Bilder von sich bewegenden, lebenden Objekten erlauben. Diese und andere werden weiter hinten im Buch vorgestellt.

Das Mutter-Hologramm

(gewöhnlich mit H1 bezeichnet)

Um dieses Hologramm zu machen, muß erst eine Transmissionshologramm-Mutter hergestellt werden. Ein zweiter Aufbau wird konstruiert, wobei man die Mutter benutzt, um das Bildebenen- Reflexionshologramm zu machen.

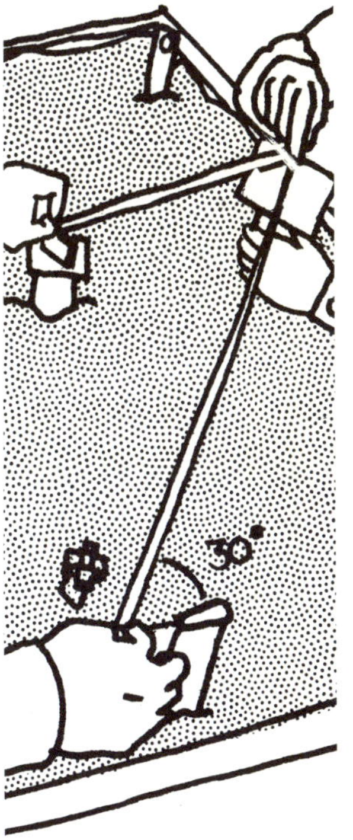

Die Mutter ist einfach ein Transmissionshologramm mit den folgenden Spezialeigenschaften:

a. Objekt ist klein im Ratio zur Plattengröße (nicht mehr als 50 x 50 mm bei einer Plattengröße von 100 x 130 mm).
b. Das Objekt steht im Zentrum der Platte oder leicht darüber.
c. Das Objekt wird 120 bis 150 mm von der Platte entfernt plaziert.
d. Der Referenzstrahl nähert sich der Platte in einem Winkel von 30 Grad.
e. Das Bild sollte sehr hell und klar sein und nicht besonders körnig (auf Grund sorgfältiger Entwicklung).

Vielleicht sollten Sie noch einmal den Abschnitt über Mehrstrahlenhologramme durchlesen, um die Feinheiten dieses Typs zu erfassen, bevor Sie die Mutter herstellen. Wir wiederholen hier die Schritte kurz unter Berücksichtigung der obigen Bedingungen, aber wir gehen davon aus, daß man jetzt etwas mit der Anordnung vertraut ist.

1. Laser auf dem Tisch plazieren.
2. Plattenhalter mindestens 150 mm vom Tischrand entfernt.
3. Objektplazierung: 120 bis 150 mm vor der Platte. Wenn man durch den Plattenhalter schaut, sollte das Objekt in der Mitte erscheinen oder leicht über der Mitte des Fensters. Wenn nicht, häufen Sie Sand auf oder kleben Sie das Objekt an einen Stab und stellen Sie es richtig auf.
4. Umlenkspiegel, um den Strahl richtig über den Tisch zu lenken.
5. Spiegel im Objektstrahl, um den Strahl zum Objekt zu führen.
6. Strahlenteiler in der Tischmitte, um den Strahl zu unterbrechen.
7. Objektstrahlentfernung messen (Strahlenteiler zu Spiegel im Objektstrahl, zu Objekt, zu Platte).
8. Referenzstrahlspiegel aufstellen: Eine Linie vom Spiegel sollte die Platte in einem Winkel von 30 Grad treffen, und der Spiegel sollte so plaziert sein, daß die Entfernung vom Strahlenteiler zum Spiegel, zur Platte, genau gleich ist der Objektstrahlentfernung.

Anmerkung: Es gibt nur einen Punkt auf dem Tisch, an dem der Spiegel aufgestellt werden kann, um diese beiden Bedingungen zu erfüllen.

9. Linsenaufstellung: So plazieren, um gute Objektbeleuchtung und eine gute Referenzstrahlbedeckung am Plattenhalter zu bekommen.
10. Sie werden wahrscheinlich einen anderen Objektstrahl hinzufügen wollen, wie angezeigt (Strahlenteiler 1 zu Strahlenteiler 2, zu Spiegel im Objektstrahl 2, zu Objekt, zu Platte).
11. Alles unerwünschte Licht sollte abgeschattet werden.
12. Lichtmessung angepaßt auf 4:1 (Referenz:Objekt.)
13. Belichten und entwickeln.

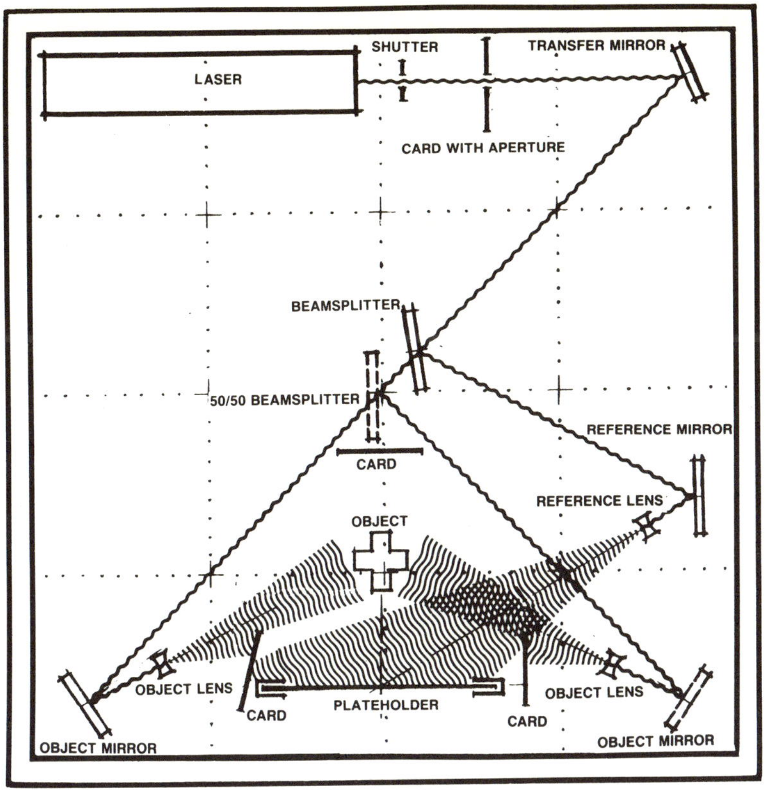

laser = *Laser*
shutter = *Verschluß*
card with aperture = *Pappe mit Öffnung*
transfer mirror = *Umlenkspiegel*
beamsplitter = *Strahlenteiler*
50/50 beamsplitter = *50:50 Strahlenteiler*
card = *Pappe*
object = *Objekt*
reference mirror = *Spiegel im Referenzstrahl*
reference lens = *Linse im Referenzstrahl*
object mirror = *Spiegel im Objektstrahl*
object lens = *Linse im Objektstrahl*
plateholder = *Plattenhalter*

Zusätzliche Erklärungen:

Die Position des Objekts und der Winkel des Referenzstrahls sind sehr wichtig beim Herstellen der Mutter. Das Objekt muß weit genug von der Platte entfernt sein, damit bei Beleuchtung der fertigen Mutter der Beleuchtungsstrahl die Kopieplatte nicht beeinträchtigt, wo sich das Bild wiederherstellt (siehe Diagramme). Um sicherzugehen, sollte das Objekt am besten 120 bis 150 mm von der Platte entfernt plaziert werden.

Unter diesen Bedingungen wird ein Referenzstrahl, der die Platte in einem Winkel von 30 Grad trifft, zu einem Beleuchtungsstrahl werden, der die Kopieplatte und das rekonstruierte Bild klarmacht.

Es ist möglich, in einem fertigen Aufbau die richtige Plazierung des Objekts zu prüfen. Stecken Sie Abschattpappen auf beide Seiten des Plattenhalters. Als nächstes stecken Sie

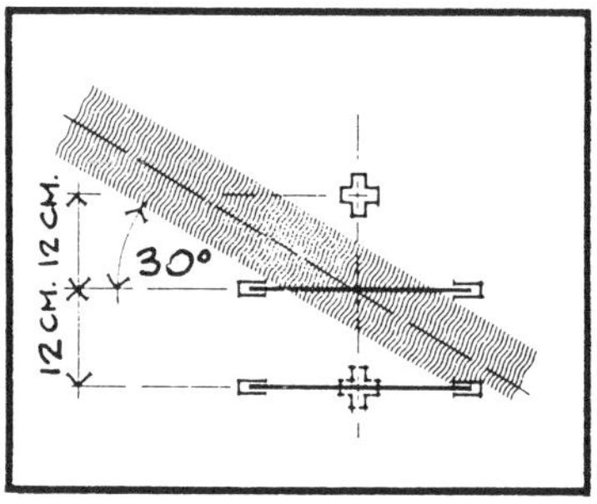

Objektplazierung für Mutter-Hologramm
30 ° = 30 Grad

einen zweiten Plattenhalter, in dem eine weiße Pappe steckt, in den Sand direkt gegenüber vom Originalplattenhalter. Bewegen Sie den zweiten Plattenhalter vom ersten weg, aus dem Strahlengang des Referenzstrahllichtes. Kein Licht sollte die Pappe im Plattenhalter erreichen. Messen Sie den Abstand zwischen den parallelen Haltern.

Das Objekt sollte den gleichen Abstand vom ersten Plattenhalter (auf der anderen Seite) haben. Diese schnelle Überprüfung wird sicherstellen, daß das Bild sich schließlich auf der richtigen Kopierebene rekonstruiert.

Ein Hinweis zum Entwickeln:

Richtige Belichtung und Entwicklung sind ausschlaggebend für gute Mutterherstellung. Kontrast ist wichtig, wir warnen also vor Überentwicklung. Wenn Sie D-19 Entwickler verwenden, sollte das Hologramm nicht unbedingt gebleicht werden, es sei denn, es ist beträchtlich unterentwickelt oder unterbelichtet. Die besten Mutterhologramme sind die mit geringster Dichte (also größter Durchlässigkeit) bevor sie ihre Bildhelligkeit verlieren, während sie Kontrast behalten.

Noch ein Hinweis auf Qualität:

Mutterhologramme von guter Qualität entstehen auch durch die Verwendung guter optischer Komponenten. Achten Sie darauf, daß Ihre sauber sind. Hinzu kommt, daß trotz der Benutzung einfacher, billiger optischer Komponenten der Gebrauch von Raumfiltern einen gewaltigen Unterschied macht. Die Herstellung der Mutter mit besseren optischen Komponenten wird in dem Abschnitt über fortgeschrittene Holographie behandelt.

Das Bildebenen-Reflexionshologramm

(gewöhnlich mit H2 bezeichnet)

Der Aufbau für dieses Bildebenen-Reflexionshologramm ist ziemlich einfach. Der Strahlenteiler wird in die Nähe der Tischmitte gestellt. Der Referenzstrahl wird auf die Kopieplatte in einem Winkel von 70 bis 80 Grad gerichtet. Die Mutter (die diese Objekte in den früheren Anordnungen ersetzt) wird parallel zum Kopiehologramm plaziert.

Der Mutterbeleuchtungsstrahl (Objektstrahl) wird auf die Mutter in dem Winkel gerichtet, der das hellste Bild hervorbringt. Die Mutter- und Kopiehalter werden so weit voneinander entfernt, daß das Bild auf der gewünschten Ebene erscheinen kann. Ein Reflexionshologramm wird hergestellt, da das Referenzlicht die Kopieplatte von der Seite gegenüber der des Mutterbildes erreicht. Der erste Aufbau wird ein Hologramm hervorbringen, das man mit Seitenbeleuchtung rekonstruieren kann. Eine abweichende Methode, mit der man ein Hologramm für Beleuchtung von oben oder unten erhalten kann, wird danach beschrieben.

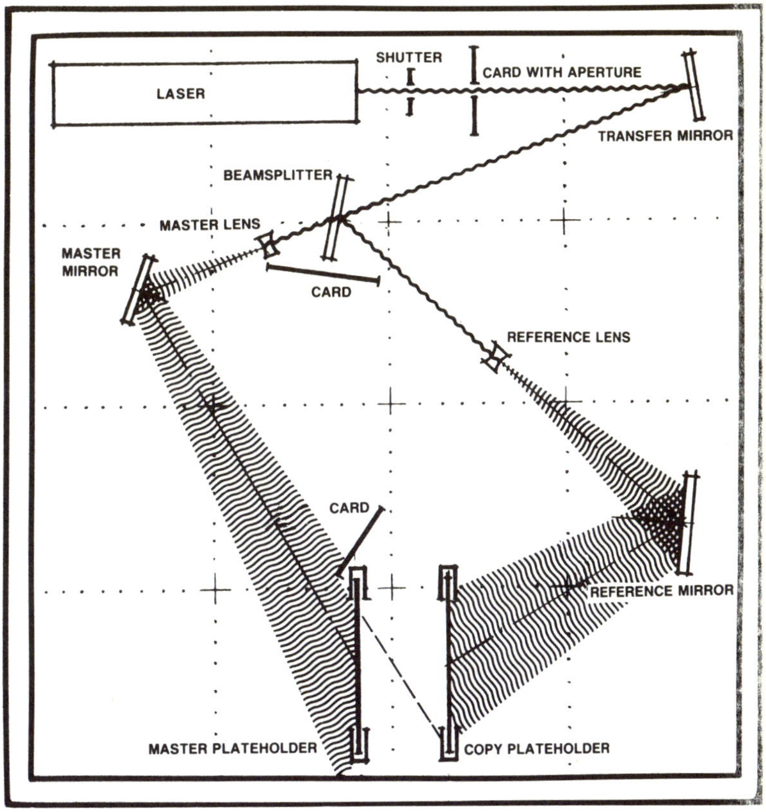

laser = *Laser*
shutter = *Verschluß*
card with aperture = *Pappe mit Öffnung*
transfer mirror = *Umlenkspiegel*
beamsplitter = *Strahlenteiler*
master lens = *Linse im Objektstrahl*
master mirror = *Spiegel im Objektstrahl*
card = *Pappe*
reference lens = *Linse im Referenzstrahl*
reference mirror = *Spiegel im Referenzstrahl*
master plateholder = *Mutterplattenhalter*
copy plateholder = *H2-Plattenhalter*

Das Wesentliche

- Stabilität.
- Entfernungen: Gleiche Entfernungen vom ersten Strahlenteiler.
- Ratio: $1^1/_2$:1 (Ref:Obj).
- Belichtung: Nur 8E75 HD-Platten.
- Entwicklung: 70-90% dunkel nach Sicht.

Was gebraucht wird

- Laser (natürlich).
- Umlenkspiegel.
- Mutterhologramm.
- Mutterplattenhalter.
- Strahlenteiler.
- Spiegel im Referenzstrahl.
- H2-Plattenhalter und weiße Pappe.
- Linsen.
- Mehrere schwarze Abschattpappen.
- Verschluß.
- Agfa Gevaert 8E75 HD-Platten.
- Chemikalien zum Entwickeln von Reflexionshologrammen.

Der Aufbau:

1. Laser plazieren.
2. Mutterplattenhalter positionieren.
3. Spiegel im Objektstrahl positionieren.
4. Umlenkspiegel plazieren.
5. Linse im Objektstrahl positionieren.
6. Mutterplatte umdrehen.
7. Bildebene finden.
8. H2-Plattenhalter aufstellen.
9. Variablen Strahlenteiler plazieren.
10. Weglängen messen.
11. Spiegel im Referenzstrahl plazieren.
12. Referenzstrahllinse positionieren.
13. Licht abschatten mit Pappe.
14. Lichtratio messen.
15. Platte laden.

16. Belichtungszeit ausrechnen.
17. Setzen lassen (Bleichmittel mischen!).
18. Belichten.

Entwicklung:

1. Entwickeln: 70- 80% dunkel.
2. Stopbad: 1 Min.
3. Wässern: 1-2 Min.
4. Bleichbad: PBQ
5. Wässern: 5 Min.
6. Netzmittelbad: 30 Sek.
7. Abstreifen.
8. Trocknen.

1. Der Laser

2. Der Mutterplattenhalter.

Der Mutterplattenhalter sollte in der Nähe der Tischmitte plaziert werden, senkrecht zum Rand, auf der anderen Seite der Laserposition. Mit Hilfe eines Winkelmessers zieht man vom Zentrum des Plattenhalters eine Linie im Winkel von 30 Grad in den Sand.

3. Der Mutterbeleuchtungsstrahlspiegel

Stellen Sie den Mutterbeleuchtungsspiegel auf einen Punkt dieser Linie, wie gezeigt.

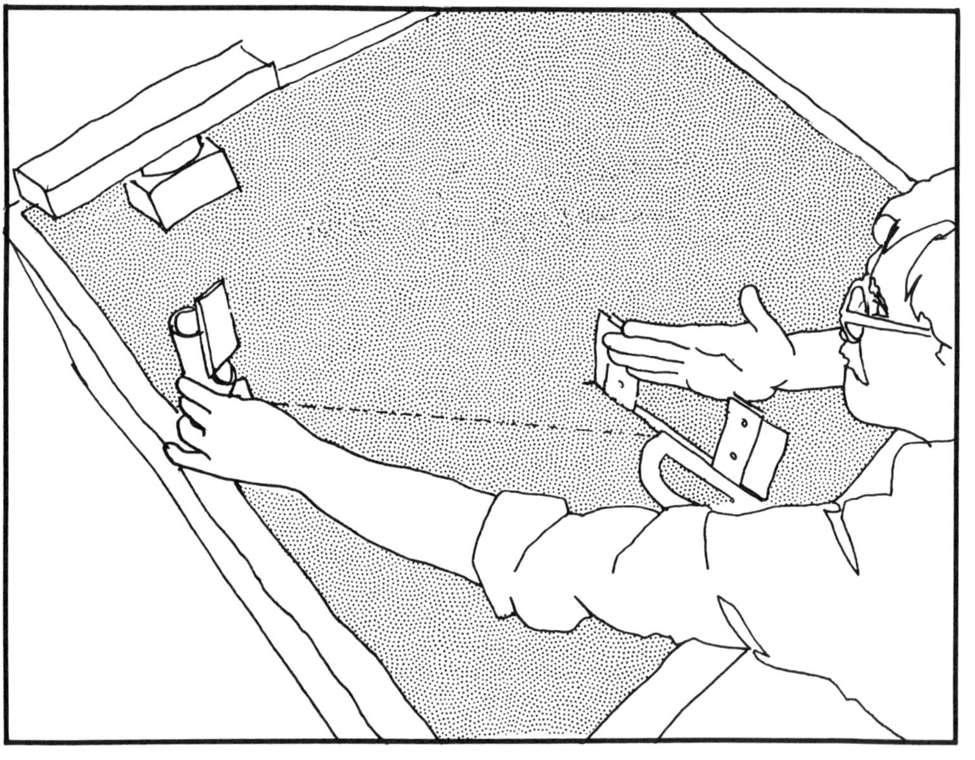

4. Der Umlenkspiegel

Verwenden Sie den Umlenkspiegel, um das Licht vom Laser zum Spiegel im Objektstrahl zu leiten. Drehen Sie den Mutterspiegel so, daß ein Lichtpunkt in die Mitte einer Pappe trifft, der im Mutterplattenhalter steckt. Mit Hilfe des Winkelmessers kann man prüfen, ob dieser Strahl einen 30 Grad-Winkel mit der Platte bildet.

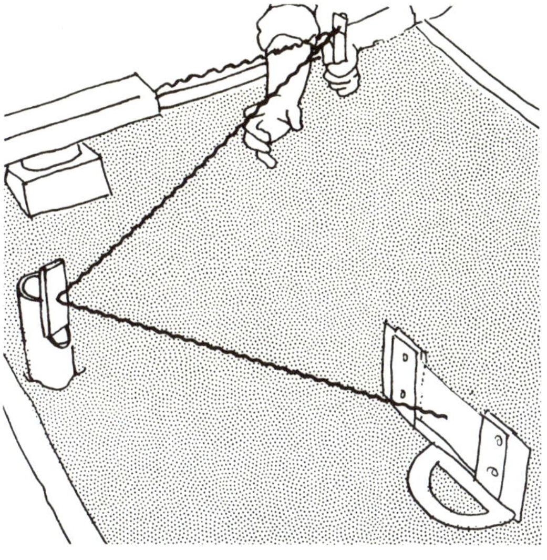

5. Die Linse im Objektstrahl

Halten Sie eine Linse in den Strahl, um das Licht auf die Pappe zu streuen.

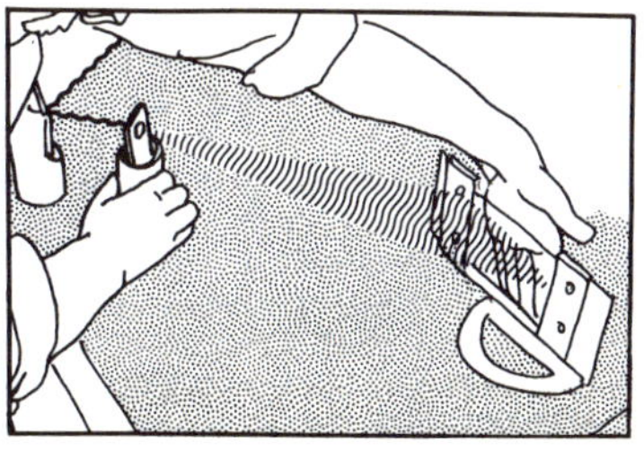

6. Richtige Plazierung der Mutter

Stecken Sie die Mutter so in den Halter, daß beim Hindurchschauen das Bild dahinter erscheint (tatsächliches Bild). Man kann nachprüfen und sehen, daß das Bild so hell wie möglich ist, indem man die Platte entfernt und mit dem Winkel spielt, den sie mit dem Licht bildet. Vergleichen Sie andere Winkel mit dem Plattenwinkel im Halter und verstellen Sie ihn, wenn nötig.

7. Die Bildebene finden

Wenn man durch die Platte schaut, kann man tatsächlich versuchen, nach dem Bild zu greifen. Wählen Sie einen Punkt im Bild, an dem Sie es mit der Kopie erfassen wollen und markieren Sie ihn vorübergehend mit einer Pappe. Messen Sie die Entfernung zwischen Pappe und Platte. Jetzt stecken Sie die Pappe in der gleichen Entfernung auf der gegenüberliegenden Seite des Plattenhalters ein. Drehen Sie die Mutter um 180 Grad, so daß das Bild jetzt nach vorn projiziert wird, auf die Pappe.

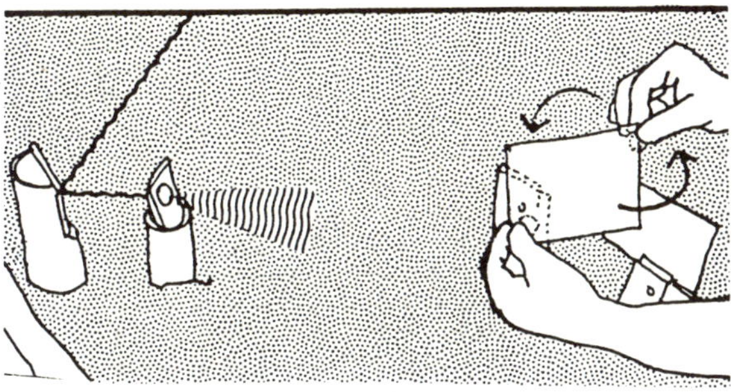

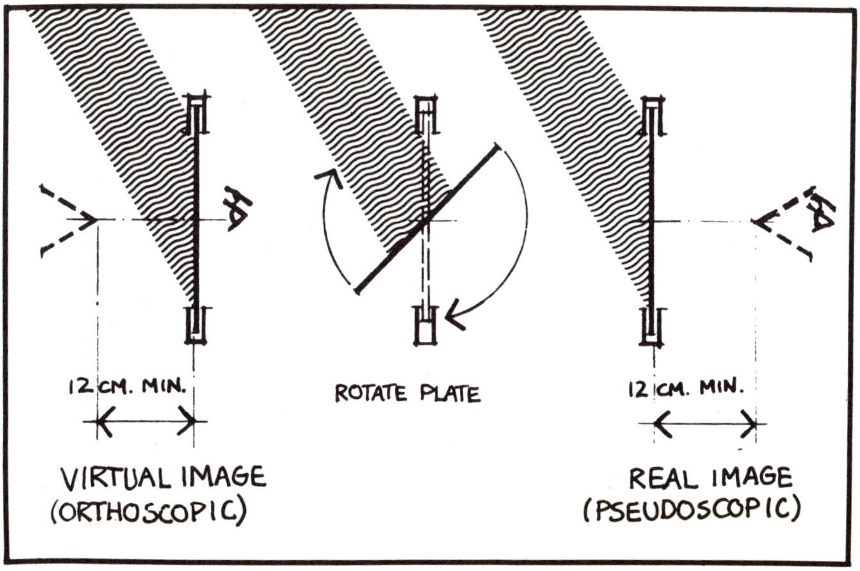

virtual image (orthoscopic) = *virtuelles Bild (Orthoskopisch)*
rotate plate = *Platte drehen*
real image (pseudoscopic) = *reelles Bild (Pseudoskopisch)*

8. Plazierung der H2-Platte

Ersetzen Sie die Pappe durch den H2-Plattenhalter. Der Halter muß in Bezug auf die Mutter zentriert werden und parallel dazu stehen.

Man kann die richtige Aufstellung des Kopiehalters mit einer weißen Pappe prüfen. Erst stellt man eine Abschattpappe auf der Seite des Mutterhalters in Richtung Laser, um jedes Streulicht auszuschalten, das an der Mutter vorbeigehen könnte. Man sollte ein unscharfes Bild auf der weißen Pappe sehen.

Auch folgende Technik kann angewandt werden. Nehmen Sie vorübergehend die Linse aus dem Strahl, damit nur ein Punkt auf die Mutter trifft. Ein scharfes, zweidimensionales Bild des Objekts sollte auf der Pappe sichtbar sein.

Jede dieser Methoden zum Sichtbarmachen im voraus wird dem Holographen versichern, daß das Bild richtig zentriert ist (wenn nicht, muß der H2-Plattenhalter anders aufgestellt werden). Auch indem man die Pappe näher an die Mutter bringt oder weiter weg von ihr, kann man verschiedene Teile des Bildes scharf einstellen (was noch eine Methode zur Bestimmung der zu kopierenden Bildebene ist).

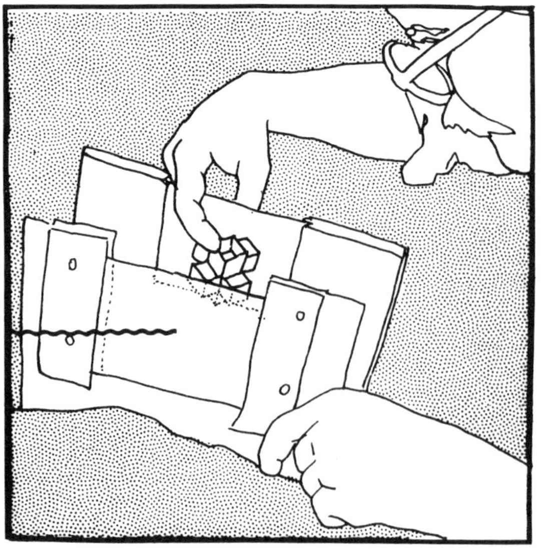

9. Der Strahlenteiler

Stellen Sie einen Strahlenteiler zwischen den Umlenkspiegel und den Spiegel im Objektstrahl. Er sollte beinahe auf einer Linie mit dem H2-Plattenhalter stehen.

10. Weglängen messen

Messen Sie die Entfernung vom Strahlenteiler zum Spiegel im Objektstrahl zum Objekt zur H2-Platte. Notieren Sie diese Objektbeleuchtungsentfernung.

11. Der Spiegel im Referenzstrahl

Ziehen Sie eine Linie vom Kopieplattenhalter nach rechts im Winkel von 70 bis 80 Grad. Stecken Sie den Referenzspiegel an einem Punkt dieser Linie auf, so daß die Entfernung vom Strahlenteiler zu diesem Punkt, zur H2-Platte, gleich ist mit der Objektbeleuchtungsentfernung.

12. Die Linse im Referenzstrahl

Richten Sie den Strahl, der jetzt vom Strahlenteiler reflektiert wird, auf den H2-Plattenhalter. Eine Linse in diesem Strahl wird das Referenzlicht gleichmäßig auf einer weißen Pappe im Plattenhalter streuen.

13. Abschatten

Verwenden Sie Pappen, um Streulicht abzuschatten. Besonders nützlich ist es, eine längs neben den Mutterhalter zu plazieren, auf der Seite, wo das Beleuchtungslicht ankommt, um den Strahl davon abzuhalten, direkt auf die Kopie zu treffen. Zusätzlich hilft schwarzes Filzmaterial auf dem Sand zwischen und auf beiden Seiten der beiden Plattenhalter, Streulicht zu vermindern.

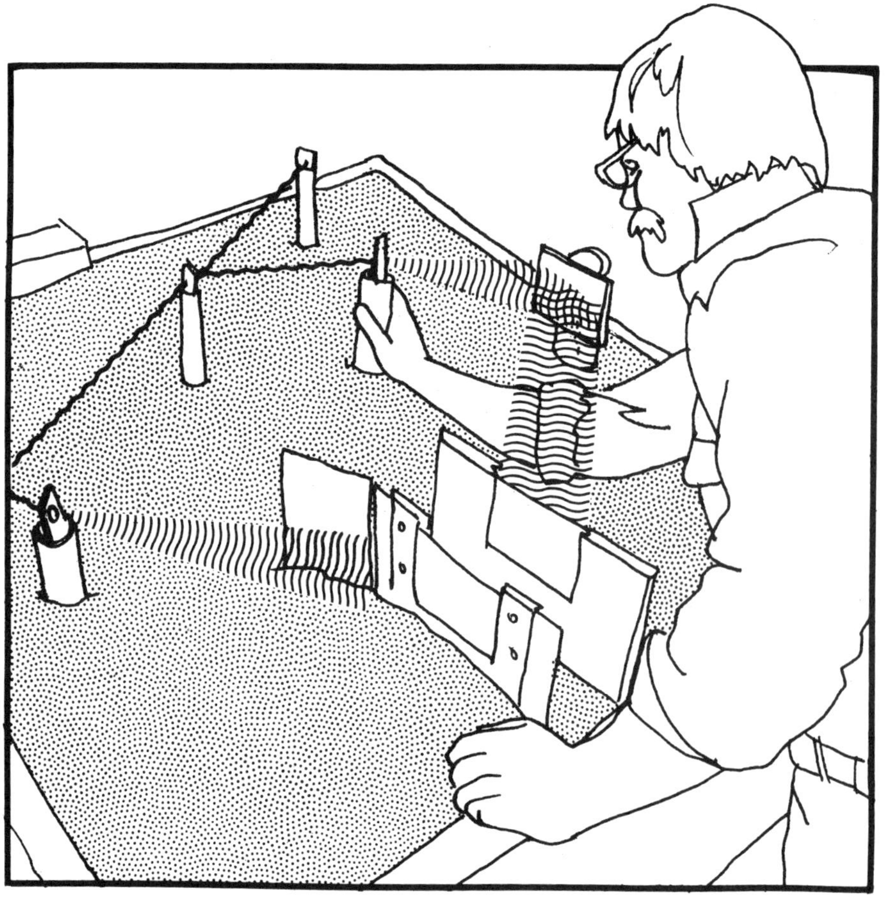

14. Das Lichtratio

Das erwünschte Ratio für ein Bildebenen-Reflexionshologramm ist etwa 3:2 (oder $1^1/_2$:1, Referenz:Objekt). Die Referenzmessung wird genauso vorgenommen wie bei früheren Hologrammen. Achten Sie darauf, daß die Messung auf der Ebene des H2-Plattenhalters gemacht wird, mit Richtung auf den Referenzspiegel, wobei man ihn herumbewegt und einen Durchschnittswert abliest.

Während man den Objektwert mißt, hält man die Lichtzellen auf der Ebene des H2-Plattenhalters (mit Richtung auf die Mutter). Passen Sie auf dabei, denn ein Bild kann Licht auf einen kleinen Bereich der Bildebene konzentrieren und wenig oder kein Licht auf den Rest der Plattenhalteröffnung werfen. Finden Sie das Bild im Raum und denken Sie an diese extremen Hell/Dunkel-Bereiche, wenn Sie das Licht messen.

Die hellsten Stellen sollten nicht mehr als 1:1 erhalten (Bild/Objekt:Referenzstrahl), mit $1^1/_2$:1 als Durchschnitt. Um zu viel oder zu wenig Licht auszugleichen, bewegt man die Referenzstrahllinse (oder, bei Verwendung eines variablen Strahlenteilers, stellt man diesen ein).

15. Der Verschluß

16. Die Platte laden

17. Belichtungszeit nachsehen

18. Setzen lassen

19. Belichten

20. Entwickeln gemäß der Anleitung für Reflexionshologramme

Zufrieden mit Ihrer Messung? Die Optiken fest an ihren Positionen? Die Entfernungen richtig? Referenz- und Objektbeleuchtung treffen den Kopiehalter? Streulicht abgeschirmt? Wenn ja, dann wird es Zeit, die Sachen festzustecken und den Verschluß fertigzumachen, die Lichter auszudrehen und eine 8E75 HD-Platte in den H2-Plattenhalter zu stecken. Belichten Sie und entwickeln Sie das Hologramm wie ein normales Reflexionshologramm. Dieses Hologramm wird man mit einer weißen Punktlichtquelle betrachten können.

Aufbauvarianten

Man kann den vorhandenen Aufbau verändern oder gleich einen neuen Aufbau (so wie auf der nächsten Seite) anfangen.

Bis zu diesem Punkt haben alle Aufbauanordnungen seitliche Referenz- und Beleuchtungsstrahlen verwendet, weil sie den Aufbau erleichtern. Dabei muß jedoch das fertige Hologramm mit Seitenlicht betrachtet werden. Manchmal möchte man lieber ein Display wählen, bei dem von oben oder von unten bleuchtet wird. Überraschenderweise sind die Änderungen im Aufbau einfach. Wir schlagen die folgende Prozedur vor, die ein von oben beleuchtetes Hologramm hervorbringen wird, wobei wir die optischen Komponenten verwenden, die bereits im Sand stecken.

Lehnen Sie die Plattenhalter 15 bis 30 Grad nach hinten, weg vom Referenzstrahl. Die Platten müssen parallel bleiben und das Bild von der Mutter muß in der Mitte der H2-Plattenhalteröffnung sein. Schütten Sie Sand auf, um den etwas erhöhten Plattenhalter zu unterstützen. Der Referenzstrahl kann jetzt die Platten direkt erreichen. Der Spiegel im Referenzstrahl muß so aufgestellt werden, daß die Länge des Referenzstrahls gleichbleibt (Strahlenteiler zu Referenzspiegel zu Mutterplatte zu H2-Platte). Dieser Spiegel überträgt auch Licht vom Strahlenteiler zur Platte in einem Winkel von 90 Grad (wegen der Rücklage der Platte trifft das Licht auch in einem Winkel von 70 bis 80 Grad auf). Ersetzen Sie die Linse im Referenzstrahlgang, um eine weiße Pappe im Plattenhalter gleichmäßig auszuleuchten. Stekken Sie eine Abschattpappe dazu.

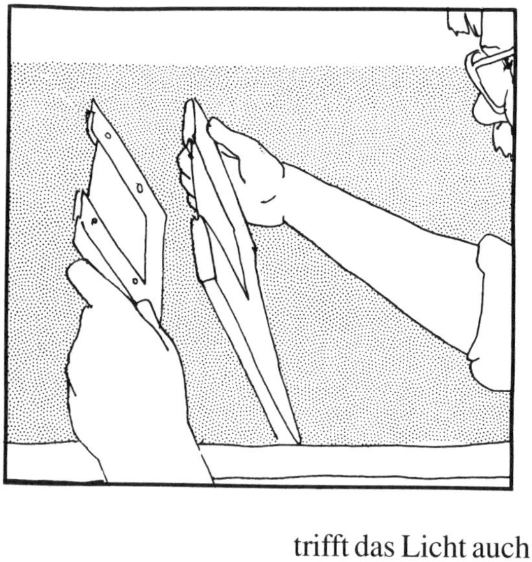

Um maximale Helligkeit zu erhalten, kann es nötig sein, den Spiegel im Objektstrahl zu versetzen. Drücken Sie ihn tiefer in den Sand und lehnen Sie ihn im selben Winkel zurück wie die Plattenhalter. Damit der Strahl jetzt den Spiegel erreicht, müssen Umlenkspiegel und Strahlenteiler neu eingestellt werden.

Natürlich ist das alles viel einfacher zu bauen, wenn man von Grund auf neu anfängt:

1. Mutter- und H2-Platte schräg einstecken.
2. Objektstrahlspiegel schräg und tiefer in den Sand stecken.
3. Strahl vom Umlenkspiegel, zum Objektstrahlspiegel, zur Mutter richten. Das Hologramm sollte so hell wie möglich erscheinen.
4. Spiegel im Referenzstrahl in eine Linie mit den beiden Haltern setzen. Die Weglängen von Referenz- und Objektstrahl angleichen.

Wenn Beleuchtung der fertigen Bildebenen-Reflexionskopie von unten gewünscht wird, setzt man die Platten einfach schräg in der Gegenrichtung ein (auf den Referenzstrahl zu) und paßt die optischen Komponenten entsprechend an.

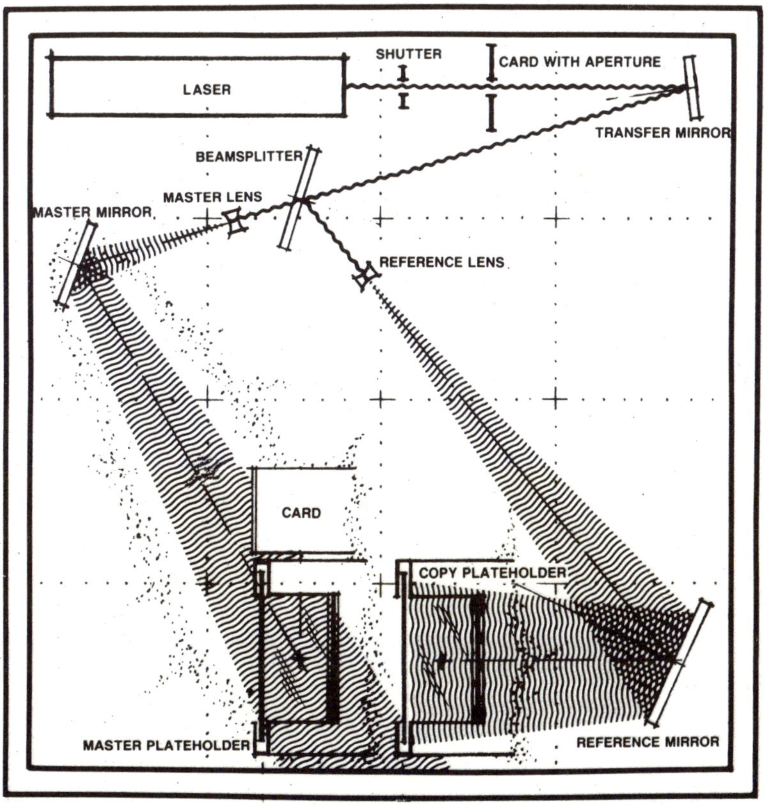

laser = *Laser*
shutter = *Verschluß*
card with aperture = *Pappe mit Öffnung*
transfer mirror = *Umlenkspiegel*
beamsplitter = *Strahlenteiler*
master mirror = *Spiegel im Objektstrahl*
master lens = *Linse im Objektstrahl*
reference lens = *Linse im Referenzstrahl*
reference mirror = *Spiegel im Referenzstrahl*
card = *Pappe*
copy plateholder = *H2-Plattenhalter*
master plateholder = *Mutterplattenhalter*

Fehleranalyse beim Bildebenen-Hologramm

Problem: **Bild unscharf. Objekt zu weit vor der Platte.**
Ursache: **Bildplazierung. H2-Platte zu weit entfernt von der Mutter.**
Lösung: **H2-Platte neu aufstellen und Weglängen prüfen.**

Problem: **Bild zu dunkel, obwohl Mutter hell war.**
Ursache: **Stabilität (denken Sie daran, Reflexionshologramme sind schwieriger stillzuhalten).**
Lösung: **Mit Interferometer überprüfen.**
Ursache: **Ratio oder Weglängen falsch.**
Lösung: **Ratio muß 3:2 sein (Referenz : Objekt). Weglängen sorgfältig nachmessen.**

Problem: **Nur Teil des Bildes paßt auf die Ebene.**
Ursache: **Objekt zu groß für Bildebenenverfahren der benutzten Größe.**
Lösung: **Mit Mutter von kleinerem Objekt ersetzen oder größere H2-Platte verwenden.**

Problem: **Große Farbblitze oder dunkler Balken auf Teil der Platte.**
Ursache: **Mutterbeleuchtungslicht trifft direkt auf H2-Platte.**
Lösung: **Streulicht abschatten.**

Problem: **Bildebene korrekt, doch Bild hat schlechte Auflösung, ist unscharf oder dunkel an Punkten vor der Bildebene.**
Ursache:
- **Referenzstrahl für die Kopie in zu schiefem Winkel.**
- **Ratio/Belichtung/Entwicklung falsch.**
- **Falschen Plattentyp verwendet (8E75 verwenden).**
- **Weglängen stimmen nicht.**

Lösung: **Jeweils richtigstellen.**

Holographie für Fortgeschrittene

Überblick

In diesem Abschnitt erläutern wir die Herstellung von Hologrammen höherer Qualität durch Verwendung von drei neuen wichtigen optischen Komponenten, dem Raumfilter, dem variablen Strahlenteiler und dem Kollimierungsspiegel.

Wir beginnen mit der Herstellung einer großen Transmissionsmutter (200 x 250 mm), eines 200 x 250 mm Reflexionshologramms und eines Bildebenen-Reflexionshologramms von der großen Mutter.

Dann behandeln wir Weißlicht-Transmissionshologramm e, darunter Regenbogentypen und achromatische Offene-Blende-Hologramme. Gebogene und 360-Grad-Hologramme folgen. Zusätzliche fortgeschrittene Techniken wie Doppel- und Mehrfachbelichtung, »Matte-Screening« (Schablonen nach dem Bluebox-Verfahren) werden in dem Abschnitt über Kunst vorgestellt.

Obwohl wir mit der Verwendung großer Platten beginnen, schlagen wir vor, daß der Leser die neuen Komponenten erst einmal mit 250 x 325 mm (10 x 13 inch)- Platten ausprobiert. Einige Anfänger, die diese Komponenten gleich zu Beginn erworben haben, wollen vielleicht ihr erstes Mehrstrahlenhologramm mit Hinweisen aus diesem Abschnitt hier herstellen. Wenn Sie hier beginnen, sollten Sie die vorhergehenden Beschreibungen von Aufbauten sorgfältig anschauen.

Fortgeschrittene Aufbauten aus der Vogelperspektive

laser = *Laser*
shutter = *Verschluß*
card with aperture = *Pappe mit Öffnung*
variable beamsplitter = *Variabler Strahlenteiler*
spatial filter = *Raumfilter*
collimating mirror = *Kollimierungsspiegel*
50/50 beamsplitter = *50:50 Strahlenteiler*
card = *Pappe*
object = *Objekt*
object mirror = *Spiegel im Objektstrahl*
object lens = *Linse im Objektstrahl*
plateholder = *Plattenhalter*
master mirror = *Spiegel im Objektstrahl*
master lens = *Linse im Objektstrahl*
master plateholder = *Mutterplattenhalter*
copy plateholder = *H2-Plattenhalter*
Split beam reflection = *Mehrstrahlen-Reflexionshologramm*
Split beam reflection image plane = *Mehrstrahlen-Reflexions-Bildebenen-Hologramm*
Split beam transmission master = *Mehrstrahlen-Transmission-Mutter-Hologramm*

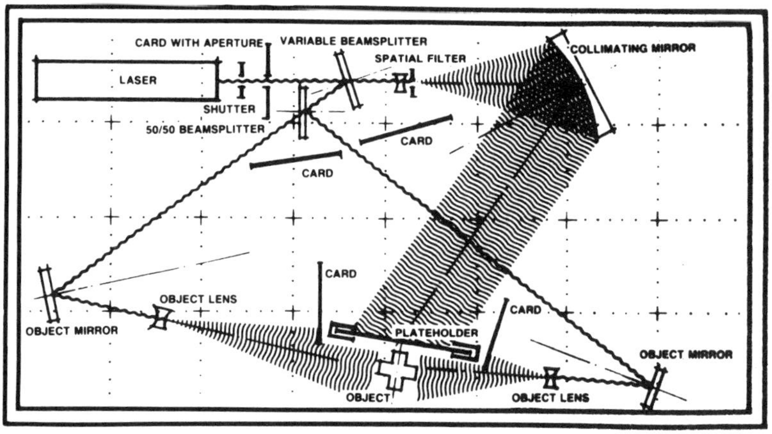

Split beam reflection.

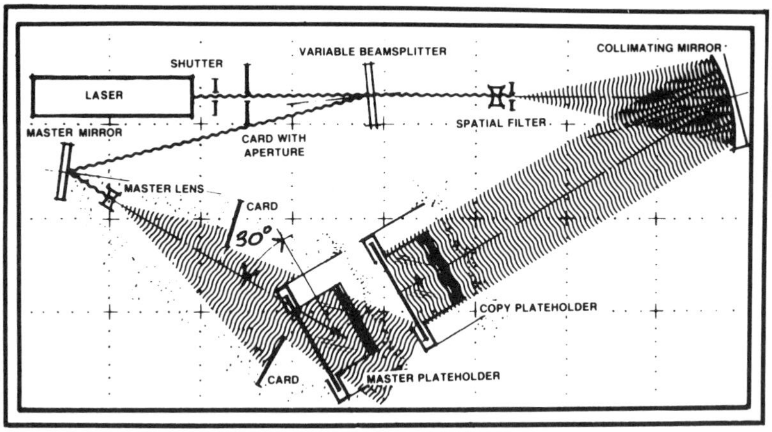

Split beam reflection image plane.

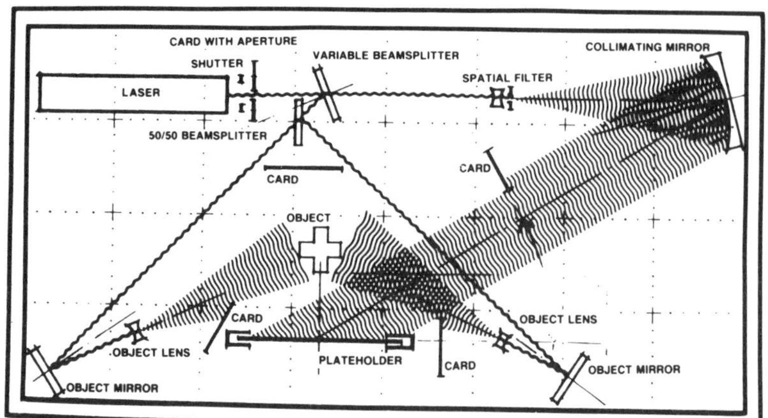

Split beam transmission master.

Erforfderliche Erweiterung der Ausrüstung

Für alle bisherigen Aufbauanordnungen haben wir nur einfache und preiswerte Optiken verwendet, die auf einem relativ kleinen Tisch (1200 x 1200 mm) aufgebaut wurden. Das ist gut, um einen Sinn für das Grundlegende zu bekommen, aber für ernsthafte Arbeit ist es doch etwas ungeeignet. Es stimmt, daß Hologramme von guter Qualität zum großen Teil eine Frage der Technik sind. Sie gehen auch auf den Gebrauch der richtigen Ausrüstung zurück. Dazu kommt, daß man mehr Platz um optische Komponenten für größere oder fortgeschrittenere Hologrammarten braucht. Sogar einfache Hologramme lassen sich leichter herstellen, wenn man mehr Platz hat. Aus diesem Grund gehen wir bei den folgenden Beschreibungen vom Gebrauch eines mindestens 1200 x 2400 mm großen Tisches aus, wie auch vom Gebrauch des variablen Strahlenteilers, Raumfilters und Kollimierungsspiegels (Hinweis: Wenn Sie vorher einen 1200 x 1200 mm großen Tisch gebaut haben, bauen Sie einfach noch einen und schrauben die beiden in der Mitte zusammen. Die gemeinsame Kante der beiden Tische wird nur selten im Weg sein).

An dieser Stelle wird es gut sein, noch einmal die Beschreibungen des variablen Strahlenteilers, des Raumfilters und des Kollimierungsspiegels in dem Abschnitt über Einkaufstips zu lesen. In den folgenden Anordnungen verwendeten wir einen Jodon LPSF-100 Raumfilter, Jodon VBA-200 variablen Strahlenteiler und Coulter Optics 10“ f5.6 Parabolspiegel zur Kollimierung. Man kann natürlich auch andere verwenden, solange sie in gutem Zustand sind - allein das zählt. Wenn Ihr Kollimierungsspiegel eine andere Brennweite hat, können Ihre Anordnungen leicht von unseren abweichen.

Raumfilter

Der Raumfilter wird verwendet, um einen sehr klaren und gleichmäßigen Referenzstrahl über die gesamte holographische Platte zu bekommen. Man muß sich an diese Optiken wahrscheinlich erst gewöhnen, aber wenn man's mal raus hat, bemerkt man dramatische Verbesserungen in der Hologrammqualität. Sie sollten zuerst üben, wie man den Strahl durch den Filter hindurchlenkt, bevor Sie ihn in der Anordnung benutzen.

Der Raumfilter besteht aus einem Mikroskopobjektiv und einer Präzionslochblende. Der Strahl muß durch das Objektiv, das ihn zu einem winzigen Punkt an seiner genauen Brennweite fokussiert. Die Lochblende muß genau an diesem Punkt sein. Das erreicht man durch Verstellen der Lochblende über eine X-Y-Achse, wobei man präzise Mikrometer-Schrauben verwendet, und das Objektiv sorgfältig auf einer Z-Achse bewegt, um es langsam an den Brennpunkt zu bringen.

Die folgende Beschreibung bezieht sich auf das Jodon-Modell (eine Anzahl andere Raumfilter ist ähnlich). Falls Sie Schwierigkeiten haben, andere Typen einzustellen, erkundigen Sie sich beim Hersteller nach der Gebrauchsanweisung.

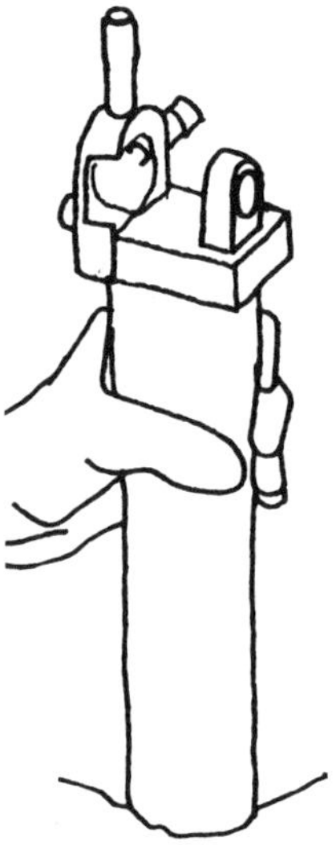

1. Aufstellen des Raumfilters

Ohne Objektiv und Lochblende wird der Raumfilter in den Sand gesetzt, sodaß er den Strahl einfängt. Schieben Sie ihn herum, bis der Strahl durch beide Löcher geht (wo Objektiv und Lochblende sein werden).

2. Einstellung des Strahls

Verwenden Sie eine Pappe und zentrieren Sie den Strahl durch beide Löcher, indem Sie den Raumfilter vorsichtig herumbewegen, und achten Sie auf den Strahlengang, indem Sie durch das Loch auf die Pappe schauen. Sie müssen zwischen den Löchern hin und her gehen, weil das hintere weg ist, wenn das vordere stimmt und umgekehrt. Haben Sie Geduld, und beide werden hintereinander sein.

3. Objektiv einsetzen

Schrauben Sie das Objektiv in die hintere Öffnung. Passen Sie auf, daß die beiden Öffnungen weit genug auseinander sind, damit das Objektiv leicht dazwischenpaßt. Um ohne Schwierigkeiten einzustellen, sollte das Objektiv so weit zurück wie möglich sein, wenn man die Scharfeinstellung mit der Lochblende beginnt. Stellen Sie mit der Z- Achsen-Schraube ein (beim Jodon-Modell vorne, beim Noll-Modell hinten), falls nötig.

4. Plazierung der Lochblende

Setzen Sie jetzt die Lochblende in die Vorderöffnung (das Jodon-Modell hält die Lochblendenplatte magnetisch, die Noll-Platte wird eingeschraubt). Sie werden merken, daß das Objektiv auf einen Punkt an der Lochblende scharfstellt.

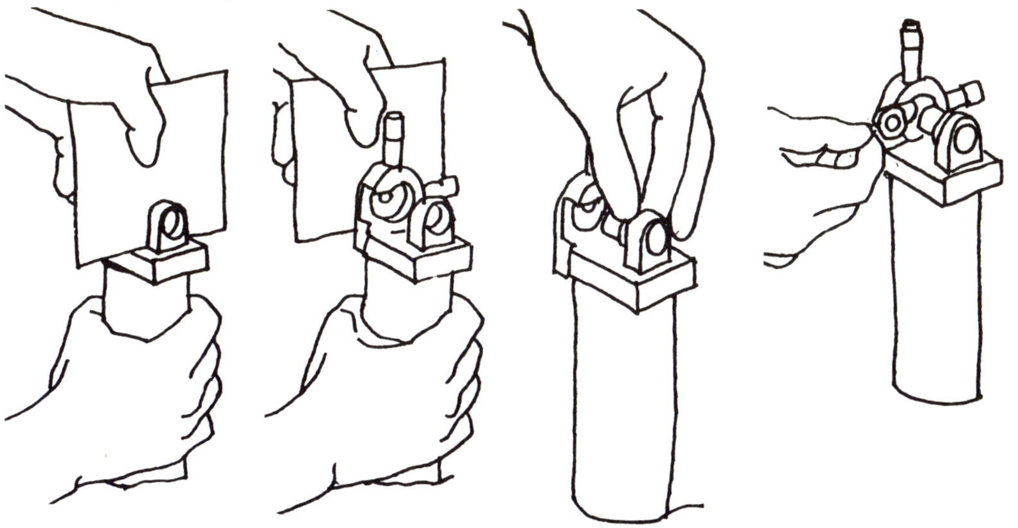

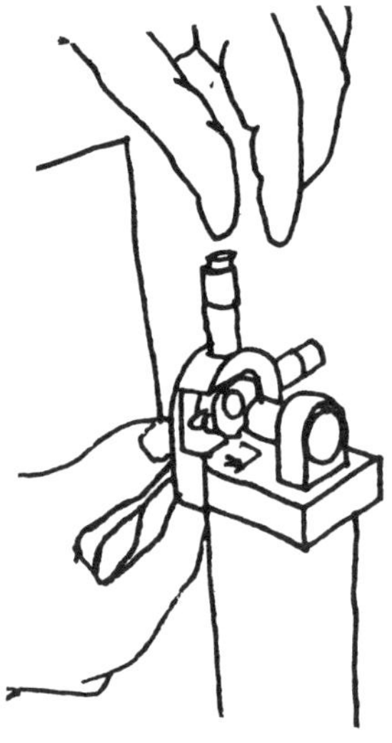

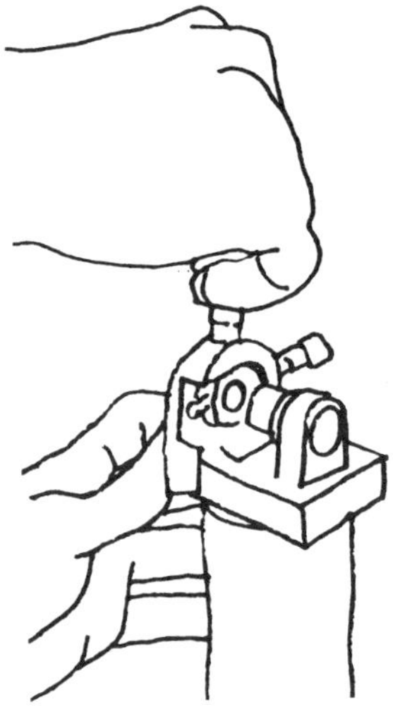

5. Scharfeinstellpappe

Stecken Sie einen weißen Karton in den Sand kurz vor den Raumfilter. Dieser Karton dient dazu, den Fortschritt beim Scharfeinstellen zu beobachten.

Wieder darauf achten, daß das Objektiv so weit wie möglich von der Lochblende weg ist.

6. Einstellen der Lochblende

Löschen Sie das Licht.

Mit den Mikrometer-Schrauben wird die Lochblende so eingestellt, daß der scharfgestellte Strahlenpunkt im Zentrum auftrifft. Mit Blick auf die Pappe wird die Lochblende so eingestellt, daß ein Lichtfleck erscheint. Die Lochblende wird jetzt bis zu dem Punkt zentriert, daß etwas von dem scharfeingestellten Licht hindurchgeht. Wenn Sie diesen Fleck nicht finden, suchen Sie weiter - Sie werden ihn brauchen. Versuchen Sie das Objektiv weiter zurück zu bewegen, wenn er immer noch nicht auftaucht.

Drehen Sie jetzt langsam an der Z-Achsenschraube, um das Objektiv näher an die Lochblende zu bringen, während Sie den Fleck auf der Pappe beobachten. Während Sie das tun, werden Sie auch die Lochblende mit den Mikrometerschrauben wieder zentrieren müssen. Arbeiten Sie mit allen drei Schrauben gleichzeitig während dieses Vorganges. Wenn Sie den Fleck verlieren, drehen Sie die Z-Achse zurück, bis er sichtbar wird und versuchen Sie es noch einmal.

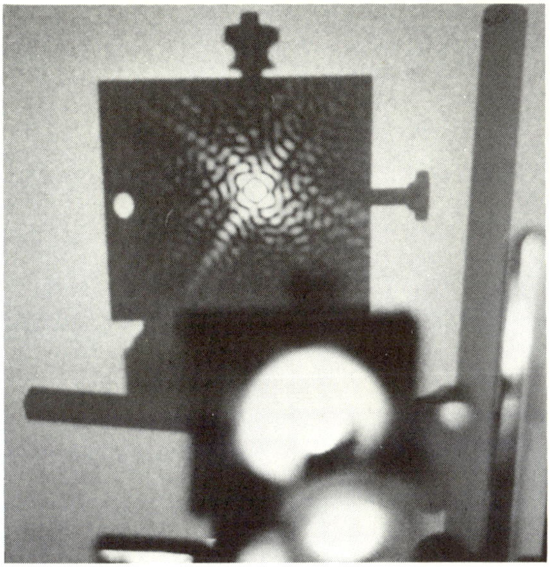

1) Zuerst ist Licht sichtbar durch die Lochblende

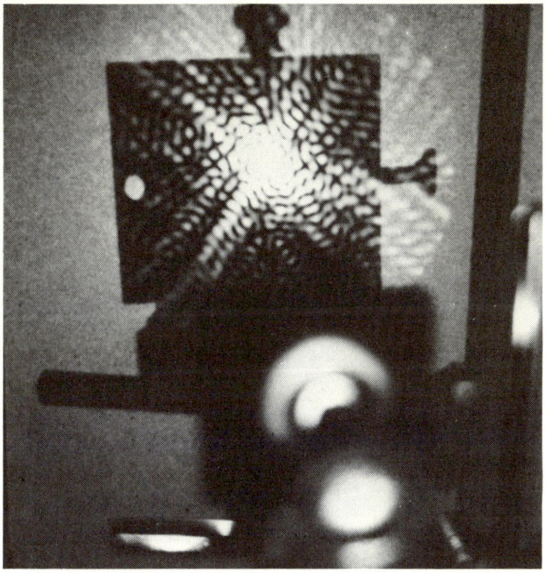

2) Wenn das Objektiv näherkommt, wird der Fleck auf der Karte heller. Sie werden bemerken, daß er von einer Reihe heller und dunkler konzentrischer Ringe umgeben ist.

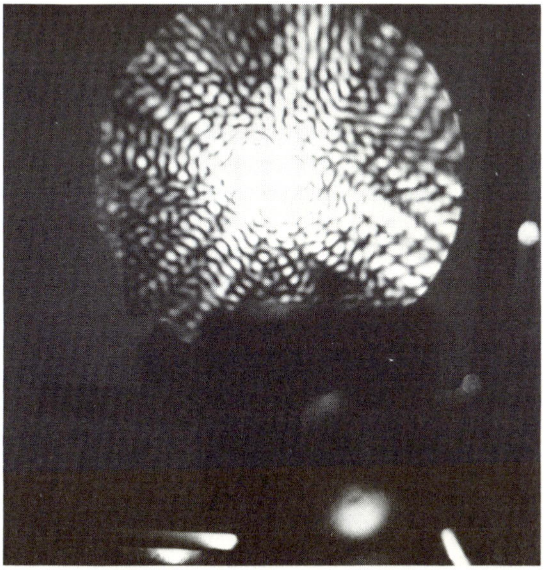

3) Diese werden auch heller, wenn das Objekt näherkommt. Je näher es an den Brennpunkt kommt, um so feiner werden die Einstellungen, die das Licht zentriert und sichtbar halten.

4) Schließlich erreicht man einen Punkt, wo die Ringe anfangen sich zu einem einzigen Lichtfleck zu vereinen.

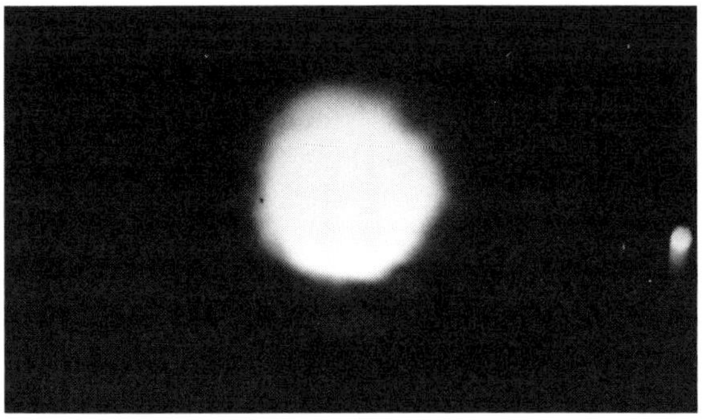

5) Mit sorgfältiger Einstellung sollte der Fleck eine klare Scheibe ohne Ringe werden. Wenn man zu weit geht, tauchen die Ringe wieder auf und die Scheibe wird wieder ein Fleck.

Wenn Sie nie diese schöne, saubere Scheibe bekommen, dann paßt wahrscheinlich die Objektivstärke nicht zur Lochblendegröße. Schauen Sie in der Tabelle im Abschnitt über Einkaufstips nach.

Beim praktischen Gebrauch kann es sein, daß Sie niemals einen perfekten Kreis sauberen Raumfilterlichtes bekommen, was an der Schwierigkeit liegen kann, den Durchmesser des Laserstrahls genau mit dem Punkt in Übereinstimmung zu bringen, wo der Raumfilter steht, oder an den Auswirkungen doppelter Reflexion von einem Strahlenteiler, der vor dem Raumfilter aufgestellt ist, oder an einer Lochblende, die nicht völlig rund ist, oder an einem unsauberen Objektiv. Das Licht sollte jedoch möglichst eingestellt werden. Wir nehmen an, Sie haben gerade einige Hunderter für dieses Ding ausgegeben, und da sollten Sie sicherstellen, daß Sie auch was bekommen für ihr Geld!

Üben Sie eine Zeitlang mit dem Raumfilter, bis es Ihnen leichtfällt. Übrigens sollte Ihnen jetzt klar sein, daß der Raumfilter wegen seiner empfindlichen Feineinstellung die letzte Komponente ist, die auf den Tisch kommt bei einem Aufbau. Und wenn er dann richtig eingestellt ist, will man ihn ja nicht wieder verschieben.

Variabler Strahlenteiler

Wie wir schon im Abschnitt Einkaufstips erklärt haben, ist diese Komponente nötig, um richtige Strahlenverhältnisse (Ratio) zu bekommen, ohne ständig neu aufbauen zu müssen, indem man Linsen versetzt etc. Fortgeschrittene Anordnungen sind fast unmöglich ohne ihn.

Der variabler Strahlenteiler (Variante mit Scheibendämpfung) ist einfach zu gebrauchen. Die besten Ergebnisse erreicht man, wenn die Scheibe den Strahl in einem Winkel von etwa 45 Grad trifft und der Strahl an einer Stelle durch die obere Hälfte der Scheibe geht, die unbeeinträchtigt von der Halterung oder dem Standfuß ist. Das Ratio wird eingestellt, indem man die Scheibe am Rand anfaßt und einfach dreht, wobei man darauf achtet, nicht den Winkel zu verändern, in dem der Strahl auftrifft. Der reflektierte Strahl kann verstellt werden, wenn sich dieser Winkel verändert, was Auswirkungen auf das Ergebnis dieser komplizierten Anordnung hat. Bevor man ihn in einem richtigen Aufbau verwendet, sollten Sie üben, den Strahlenteiler zu verstellen, bis es leicht und ohne den reflektierenden Strahl zu verschieben geht.

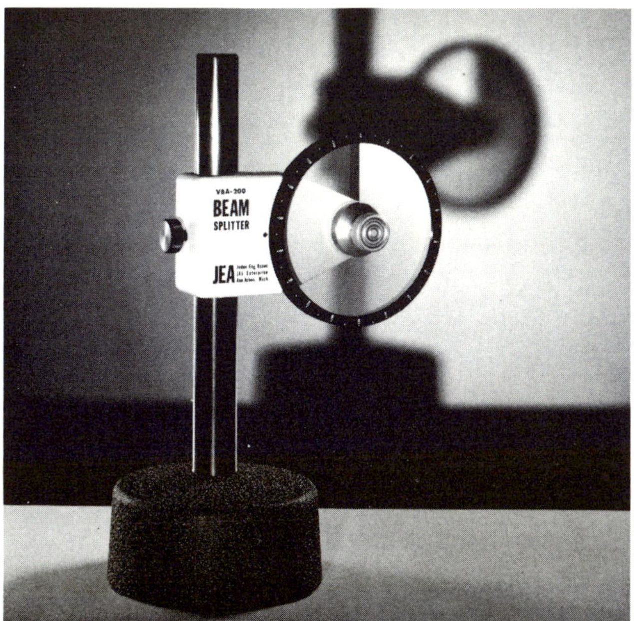

Die Spiegel-Oberfläche mit variabler Reflexion ist im Schatten deutlich zu sehen.

Kollimierungsspiegel

Für die Herstellung von Regenbogen- und achromatisierten Weißlichthologrammen ist dieser Spiegel unumgänglich. Für andere kann man ihn benutzen. Wir benutzen ihn allerdings immer.

Der Gebrauch des Kollimierungsspiegels ist einfach. Er ist jedoch die massivste Komponente im System, weshalb er gut befestigt und mit Vorsicht bewegt werden sollte: Man will nicht, daß er auf den Tisch fällt und mit Sand verkratzt wird.

Die Wirkungsweise des Kollimierungsspiegels hängt von der Plazierung der Linse oder des Raumfilters in Bezug zur Brennweite ab. Eine Linse im Brennpunkt wird den Strahl auffächern, so daß er den Spiegel trifft. Der Lichtkegel, der vom Spiegel reflektiert wird, breitet ihn nicht mehr wahrnehmbar aus, sondern bleibt auf demselben Umfang, egal wohin es gelenkt wird.

Wenn die Linse näher als der Brennpunkt an den Spiegel gebracht wird, wird der Strahl divergieren (obwohl nicht so stark wie ohne Spiegel). Die Verbreitung kann man steuern, je nach Entfernung der Linse.

Wenn die Linse weiter weg plaziert wird als der Brennpunkt, dann beginnt das reflektierte Licht zu konvergieren. Das ist für die Herstellung von Weißlicht-Transmissionshologrammen sehr nützlich, besonders von solchen, die achromatisch sind. Wie die Ausbreitung kann auch die Konvergenz durch Verstellen der Linse kontrolliert werden.

Man kann mit einem auf den Spiegel gerichteten Strahl experimentieren und die Linse in verschiedenen Entfernungen aufstellen. Wenn Sie einen Parabolspiegel im Haus haben und für die Kollimierung verwenden wollen, seine Brennweite aber nicht wissen, dann können Sie sie einfach herausfinden. Bewegen Sie einfach die Linse im Strahlengang bis Sie den Punkt finden, wo der Lichtkegel seine Größe behält, wenn es vom Spiegel reflektiert wird. Das kann man mit einer weißen Pappe nachprüfen und den Durchmesser des reflektierten Lichtes in verschiedenen Entfernungen vom Spiegel messen. Die Entfernung der Linse, wo sich das Licht so verhält, ist natürlich die Brennweite des Spiegels.

Versuchen Sie, die Linse in anderen Entfernungen zu plazieren und messen Sie das reflektierte Licht an verschiedenen Stellen. Dadurch bekommen Sie ein Gefühl dafür, wie der Kollimierungsspiegel arbeitet.

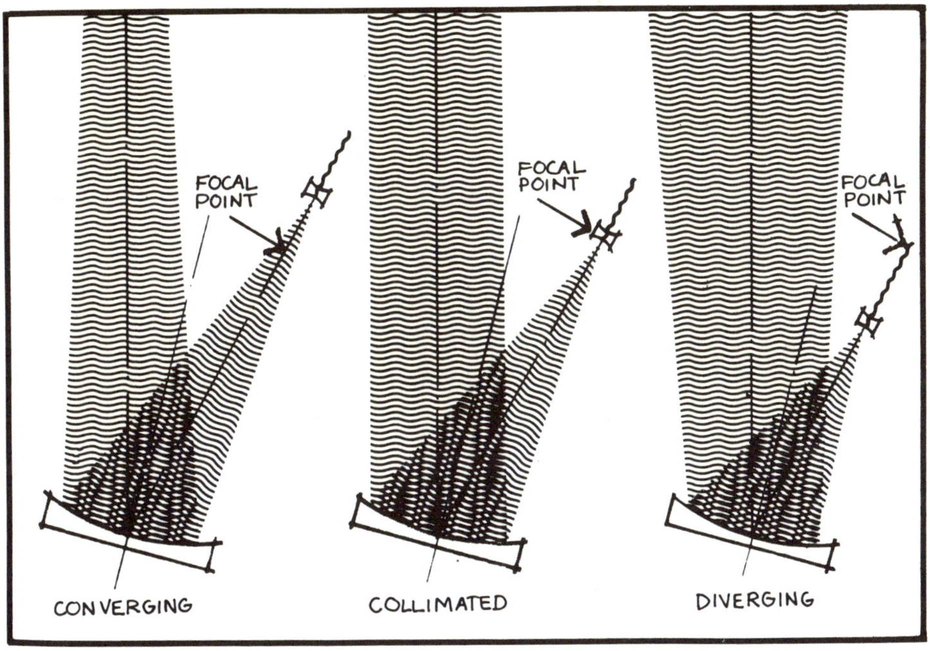

focal point = *Brennpunkt*
converging = *Konvergierend*
collimated = *Kollimierend*
diverging = *Divergierend*

Fortgeschrittene Techniken

Die folgenden Unterschiede zwischen diesen Anordnungen und denen mit den einfacheren optischen Komponenten und/oder kleineren Platten, die vorher erwähnt wurden, sollten festgehalten werden.

1) Der Referenzstrahl ist immer der Strahl, der durch den variablen Strahlenteiler geht, wobei der Objektstrahl (oder der Mutterbeleuchtungsstrahl bei Transferanordnungen) vom Strahlenteiler reflektiert wird. Mit Hilfe des Raumfilters im Referenzstrahl ist es jedoch viel leichter, das Ratio einzustellen, ohne die präzisen Justierungen zu stören, die notwendig sind, wenn die Stellung des Strahls beim Gang durch den Strahlenteiler unverändert bleibt.

2) Der Gebrauch einer 200 x 250 mm-Platte erfordert meist größere Sorgfalt als der Gebrauch einer 100 x 130 mm-Platte. Die größeren Platten sind teuer, und die größere Fläche ist anfälliger für Streulicht. Aus diesen Gründen wird empfohlen, daß allen Aufnahmen mit 200 x 250 mm-Platten Tests mit den kleineren vorausgehen, um festzustellen, ob ein gutes Hologramm entstehen wird. Das kann man ohne Störung des Aufbaus tun, indem man einen 100 x 130 mm-Halter in den größeren Halter einpaßt.

3) Wenn man von der Vorstellung ausgeht, ein großes (200 x 250 mm) Bildebenenhologramm herzustellen, kann es sein, daß das Objekt während der Belichtung der Mutter weiter von der Platte entfernt sein muß, als wenn nur 100 x 130 mm-Hologramme gemacht werden. Das geschieht, damit in der Transferanordnung das Mutterbeleuchtungslicht nicht die größere H2-Platte trifft. Diese Entfernung sollte schon vorher getestet werden, wie im Abschnitt über Bildebenenhologramme beschrieben, indem man zwei 200 x 250 mm-Halter benutzt statt zwei 100 x 130 mm-Halter.

Wenn Sie nur 100 x 130 mm-Platten von der 200 x 250 mm-Mutter machen wollen (was bei kleineren Objekten häufig vorgezogen wird), dann führen Sie diesen Test aus, indem Sie einen 200 x 250 mm-Halter mit einer Pappe im 100 x 130 mm-Halter benutzen. In diesem Fall werden die Halter näher zusammen sein als bei zwei 200 x 250 mm-Haltern, und das fertige Bildebenen-Hologramm wird einen etwas größeren Betrachtungswinkel haben.

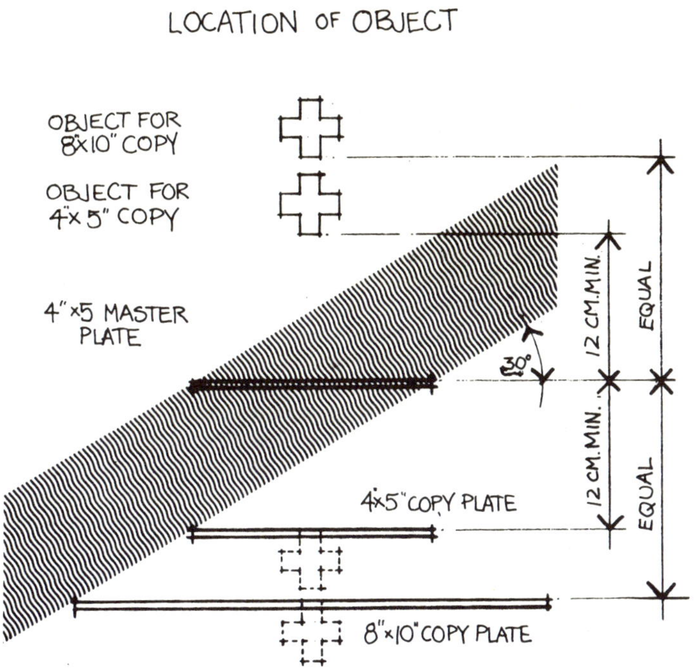

location of object = *Standort des Objekts*
object for 8" x 10" copy = *Objekt für 200 x 250 mm-Transfer*
object for 4" x 5" copy = *Object für 100 x 130 mm-Transfer*
4" x 5 master plate = *100 x 1300 mm Mutterplatte*
4" x 5" copy plate = *100 x 130 mm H2-Platte*
8" x 10" copy plate = *200 x 250 mm H2-platte*
equal = *Gleich*
30° = *30 Grad*
12 cm. min. = *120 mm Minimum*

»Engine #9«, Reflexionshologramm von Dr. Stephen A. Benton, Polaroid Corp. Research Labs, 1975.

Nick Philips

Professor Victor G. Komar neben seinem Holocinema Leinwand im All-Union Cinema and Photographic Reasearch Institute, USSR, 1978.

Holographisches Puls-Laser-Portait von Dennis Gabor durch R. Rinehart, McDonnell Douglas Electronics, 1971.

Das Transmissions-Mutterhologramm

200 x 250 mm-Mutter zur Reflexionskopienherstellung.

1. Laser positionieren.
2. Plattenhalter plazieren.
3. Objekt plazieren.
4. Spiegel im Referenzstrahl positionieren.
5. Variabler Strahlenteiler positionieren.
6. Weglänge messen.
7. Objektspiegel plazieren.
8. Raumfilter plazieren.
9. 50:50-Strahlenteiler positionieren.
10. Spiegel im Objektstrahl positionieren.
11. 2. Spiegel im Objektstrahl plazieren.
12. 2. Linse im Objektstrahl plazieren.
13. Lichtratio messen.
14. Platte laden.
15. Belichtungszeit ausrechnen.
16. Setzen lassen.
17. Belichten.

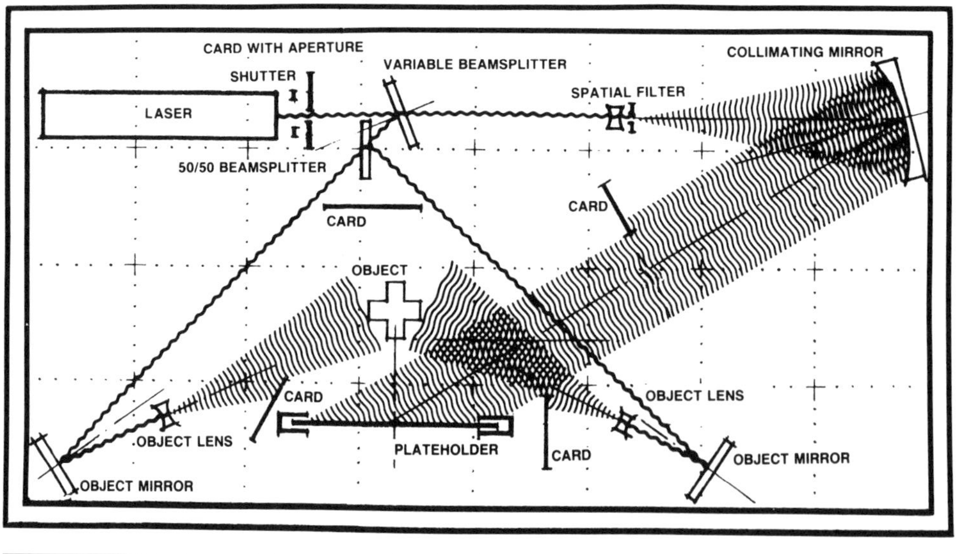

laser = *Laser*	collimating mirror = *Kollimierungsspiegel*
shutter = *Verschluß*	card = *Pappe*
card with aperture = *Pappe mit Öffnung*	object = *Objekt*
variable beamsplitter = *variabler Strahlenteiler*	object lens = *Linse im Objektstrahl*
50/50 beamsplitter = *50:50 Strahlenteiler*	object mirror = *Spiegel im Objektstrahl*
spatial filter = *Raumfilter*	plateholder = *Plattenhalter*

1. Der Laser

2. Der Plattenhalter

Stellen Sie einen 200 x 250-Plattenhalter 300 mm vom Tischrand entfernt auf.

3. Das Objekt

Das Objekt kann dann mindestens 120 mm vom Plattenhalter entfernt plaziert werden.

4. Der Kollimierungsspiegel

Der berühmte Kollimierungsspiegel kann jetzt benutzt werden, um den Strahl im Winkel von 30 Grad zum Plattenhalter zu lenken.

5. Der Variable Strahlenteiler

Unterbrechen Sie den Strahl mit einem variablen Strahlenteiler, so daß der Strahl ohne Ablenkung durchgeht.

6. Weglänge messen

Dieser Referenzstrahlweg ist die Entfernung vom Strahlenteiler zum Kollimierungsspiegel, zum Plattenhalter.

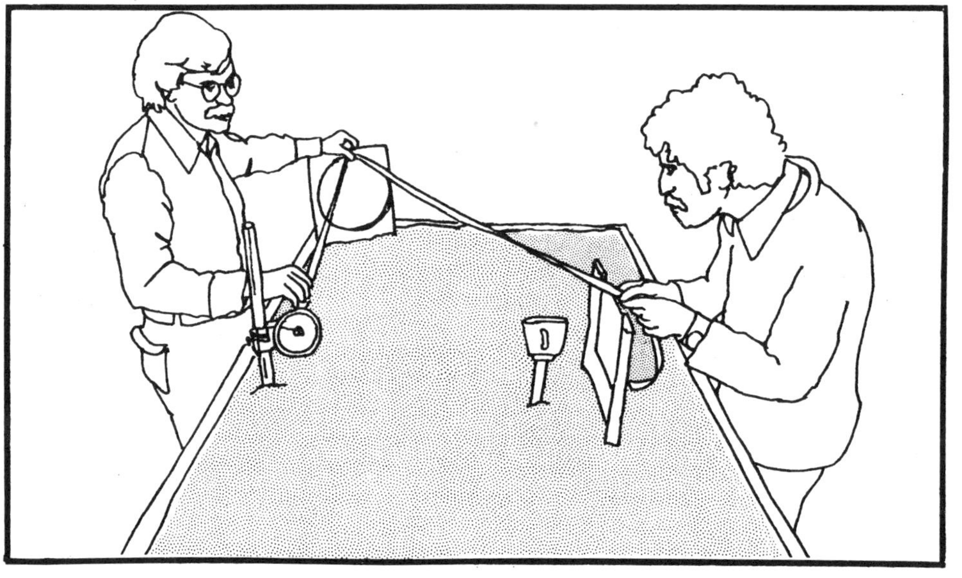

7. Der Spiegel im Objektstrahl

Die Aufstellung des Objektstrahlspiegels wird bestimmt von der Angleichung der Weglänge des Referenzstrahls an die des Objektstrahlenweges (Strahlenteiler zu Objektspiegel, zu Objekt, zu Plattenhalter).

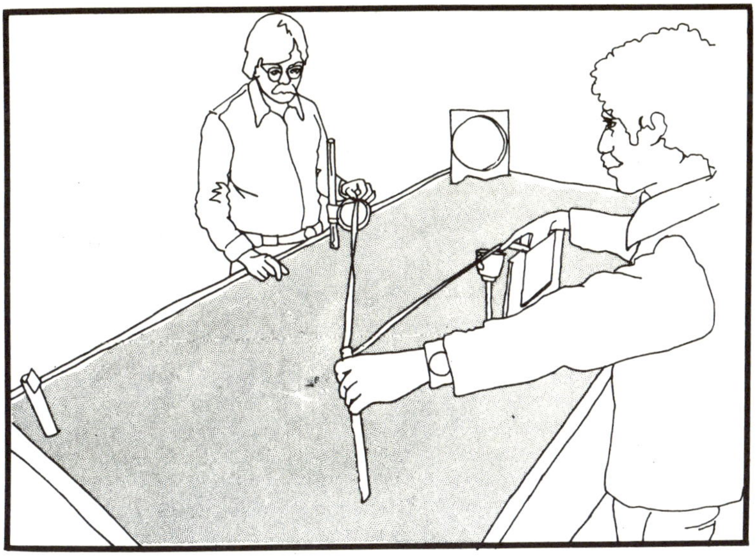

8. Der Raumfilter

Plazieren Sie den Raumfilter zwischen den variablen Strahlenteiler und den Kollimierungsspiegel und stellen Sie ihn so ein, daß Sie eine saubere Lichtscheibe bekommen. (Beachten Sie: Seien Sie nicht zu sehr besorgt um die Entfernung zwischen Raumfilter und Kollimierungsspiegel. Plazieren Sie den Raumfilter wo es paßt, um eine gleichmäßige Ausbreitung auf der Pappe im Plattenhalter zu bekommen.)

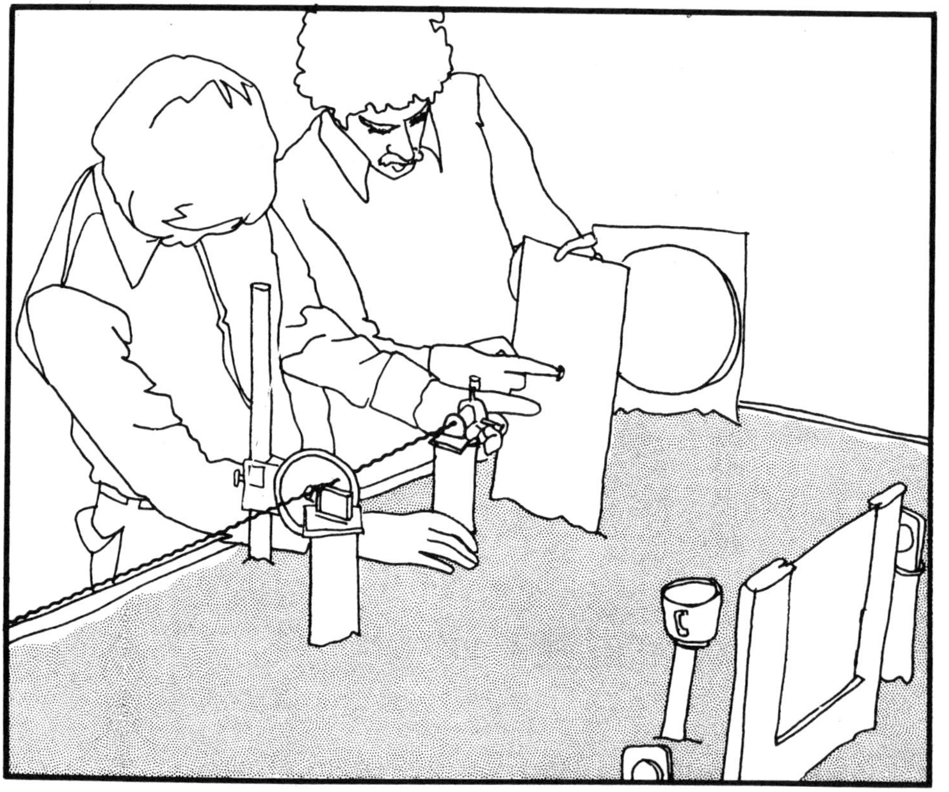

9. Der 50:50-Strahlenteiler

10. Der Spiegel im Objektstrahl

Richten Sie den zweiten Objektstrahl ein, indem Sie den ersten mit einem 50:50-Strahlenteiler aufteilen, der in der Nähe des variablen Strahlenteilers aufgestellt ist. Der erste Objektstrahl wird weiterhin durch den 50:50-Strahlenteiler gehen, während der zweite Objektstrahl gebildet wird, indem man das Licht auf einen zweiten Objektstrahlspiegel lenkt und dann auf das Objekt. Messen Sie die Weglänge vom variablen Strahlenteiler zum 50:50-Strahlenteiler, zum zweiten Objektstrahlspiegel, zum Objekt, zur Mitte des Plattenhalters. Stellen Sie den zweiten Spiegel im Objektstrahl ein, wenn nötig, um diese Weglänge an die Weglänge des ersten Objektstrahls anzugleichen (genau wie an die Weglänge des Referenzstrahls).

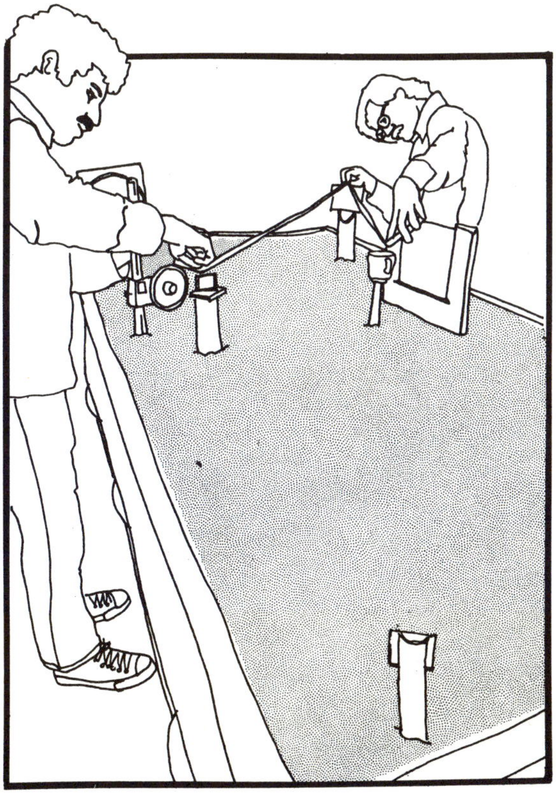

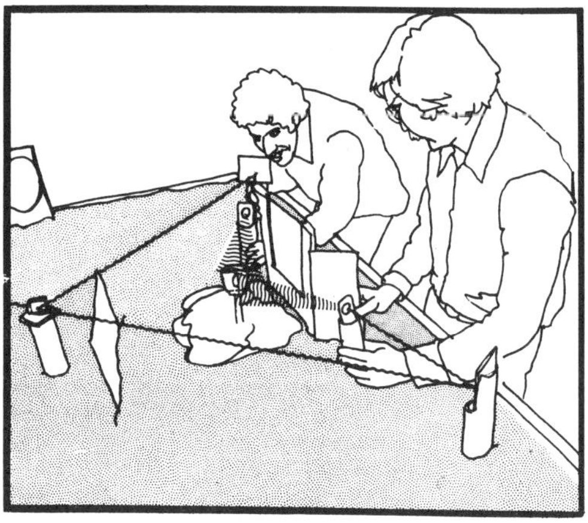

11. Der 2. Spiegel im Objektstrahl

12. Die 2. Linse im Objektstrahl

Stellen Sie die Linsen in den Objektstrahl, um das Objekt richtig zu beleuchten. Schirmen Sie unerwünschtes Licht mit den Pappen ab, besonders Licht, das direkt von den Linsen zur Platte geht.

13. Das Lichtratio

Messen Sie sowohl Objekt- als auch Referenzlicht, und drehen Sie den variablen Strahlenteiler, um das erwünschte Ratio von 4:1 für Transmissionshologramme zu erhalten

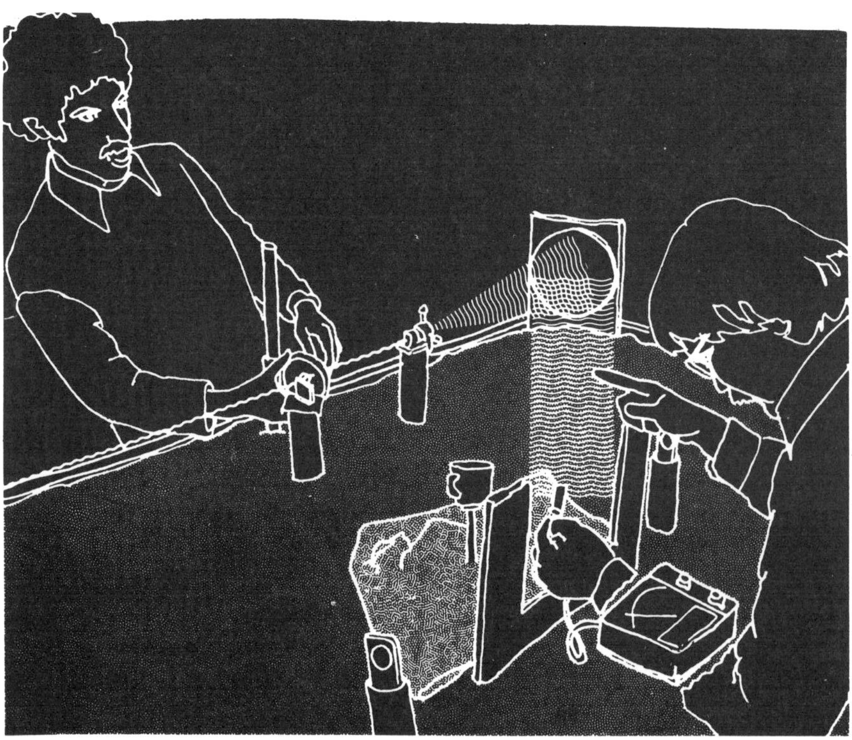

14. Die Platte laden

15. Die Belichtungszeit nachschauen

16. Setzen lassen

17. Belichten

Nachdem Sie sicher sind, daß die Ratio korrekt sind, daß kein Strahl verdeckt, aber unerwünschtes Licht abgeschirmt ist, daß die Weglängen korrekt sind und die Komponenten feststehen, drehen Sie das Licht aus und laden Sie eine Platte (Denken Sie daran: Emulsion zum Objekt).

18. Entwickeln wie ein Transmissionshologramm (Seite 165-170)

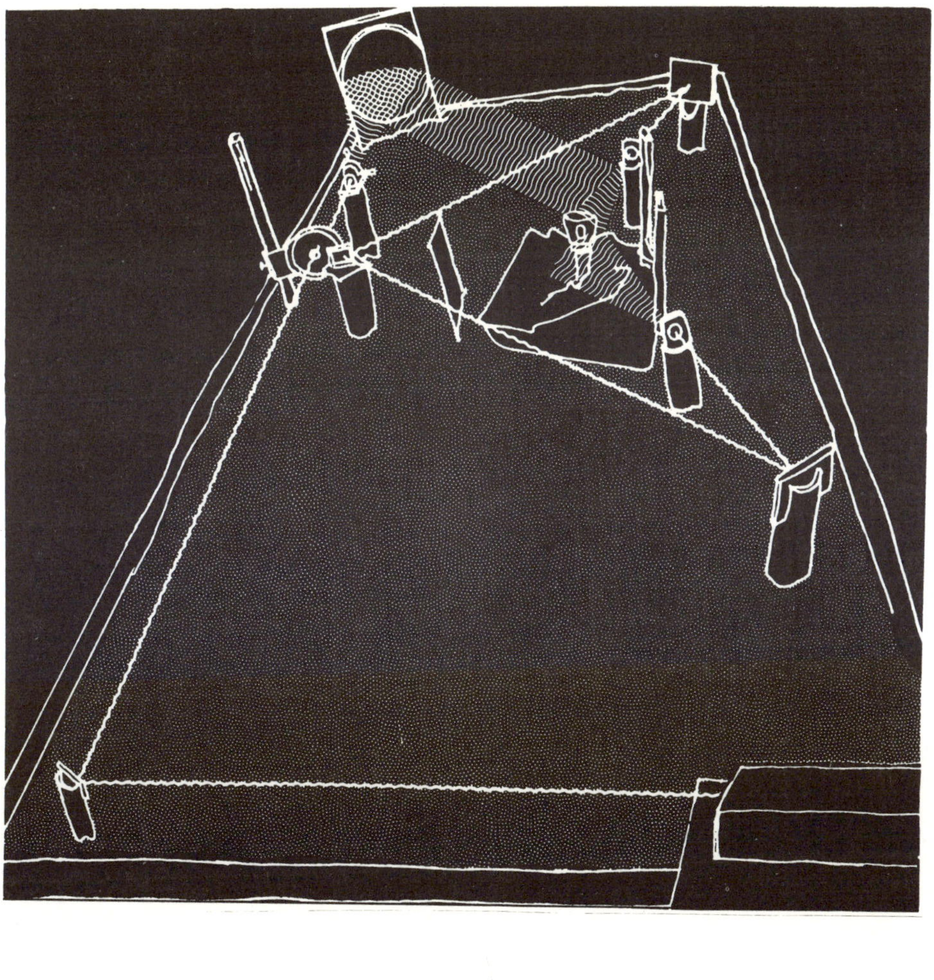

Das Reflexionshologramm

200 x 250 mm, gewöhnliche Reflexionshologramme direkt vom Objekt.

1. Laser positionieren.
2. 200 x 250 mm-Plattenhalter aufstellen.
3. Spiegel im Referenzstrahl positionieren.
4. Variabler Strahlenteiler positionieren.
5. Objekt plazieren.
6. Weglängen messen.
7. Spiegel im Objektstrahl plazieren.
8. 50:50-Strahlenteiler aufstellen.
9. 2. Spiegel im Objektstrahl plazieren.
10. 2. Linse im Objektstrahl plazieren.
11. Raumfilter positionieren.
12. Lichtratio messen.
13. Platte laden.
14. Belichtungszeit ausrechnen.
15. Setzen lassen.
16. Belichten.

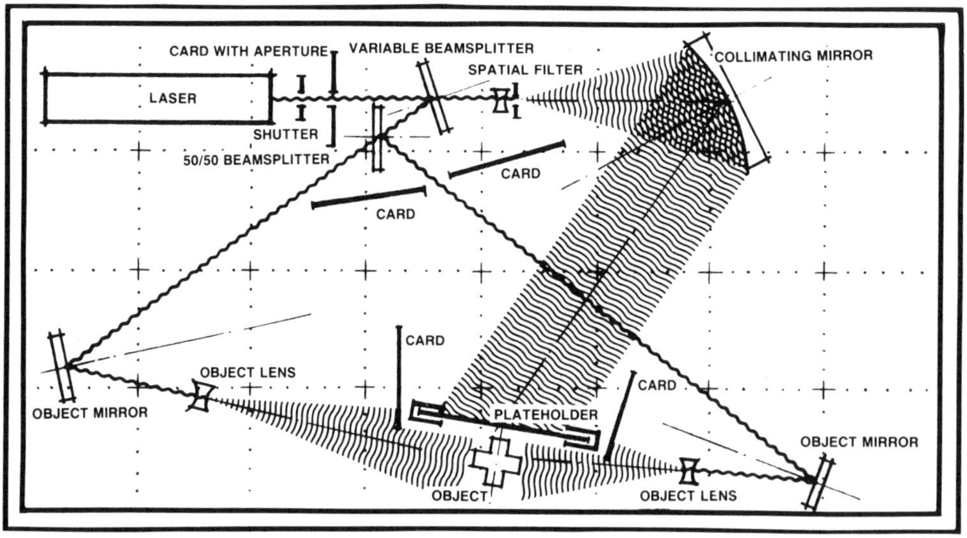

laser = *Laser*
shutter = *Verschluß*
card with aperture = *Pappe mit Öffnung*
variable beamsplitter = *variabler Strahlenteiler*
50/50 beamsplitter = *50:50 Strahlenteiler*
spatial filter = *Raumfilter*

collimating mirror = *Kollimierungsspiegel*
card = *Pappe*
object mirror = *Spiegel im Objektstrahl*
object lens = *Linse im Objektstrahl*
object = *Objekt*
plateholder = *Plattenhalter*

1. Der Laser

2. Der 200 x 250 mm-Plattenhalter

3. Der Spiegel im Referenzstrahl

4. Der variable Strahlenteiler

Stellen Sie die Komponenten auf dem Tisch in der angegebenen Anordnung auf. Fangen Sie mit dem Plattenhalter an, dann den Kollimierungsspiegel. Richten Sie den Strahl zuerst auf den Spiegel, dann auf den Plattenhalter, so daß er die Platte in einem Winkel von 60 bis 70 Grad trifft.

5. Das Objekt

Stellen Sie das Objekt auf die gegenüberliegende Seite der Platte, von den Komponenten aus gesehen, so nah an der Plattenöffnung wie praktikabel, und lassen Sie etwas Platz für das Objektlicht.

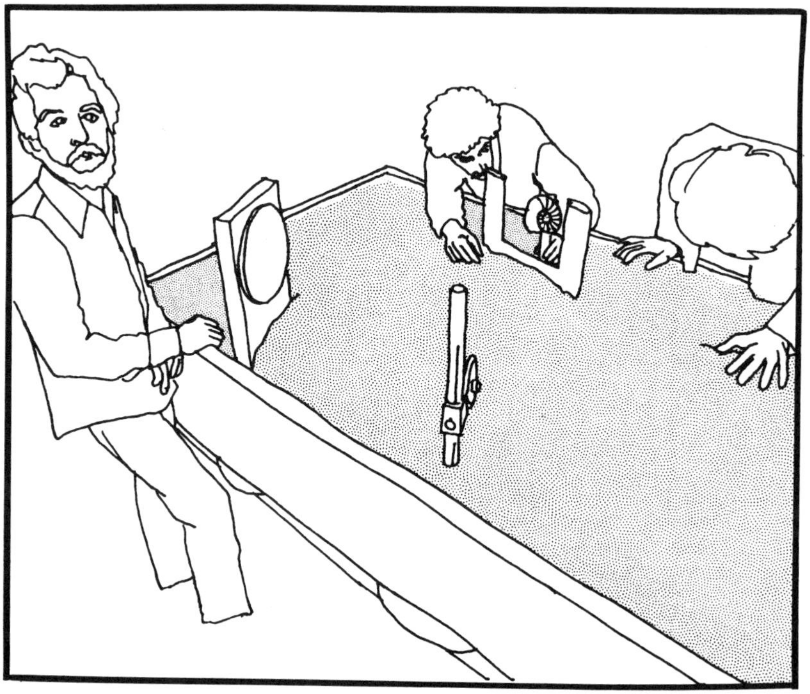

6. Weglängen messen

Weglängen messen vom variablen Strahlenteiler zum Kollimierungsspiegel, zur Platte (Referenzentfernung).

7. Der Spiegel im Objektstrahl

Stellen Sie den Spiegel auf dieselbe Ebene wie den Plattenhalter, so, daß die Entfernung vom variablen Strahlenteiler zum Spiegel, zum Objekt, zur Platte, gleich der Referenzentfernung ist.

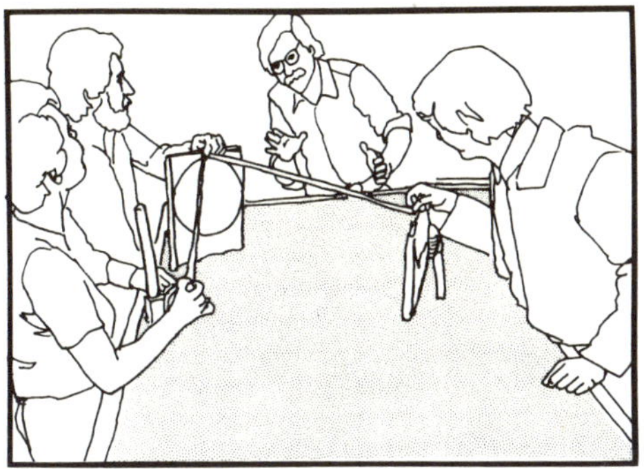

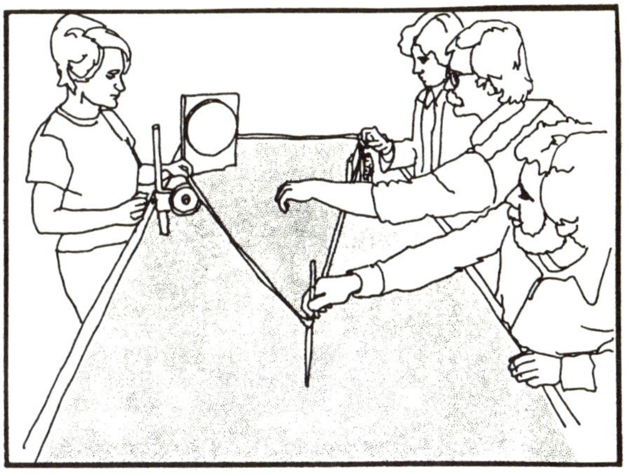

8. Der 50:50-Strahlenteiler

Richten Sie den zweiten Objektstrahl ein unter Verwendung des 50:50- Strahlenteilers und eines zweiten Spiegels. Messen Sie die Weglänge vom variablen Strahlenteiler zum 50:50-Strahlenteiler, zum Spiegel, zum Objekt, zur Platte und gleichen Sie sie an die anderen Weglängen an.

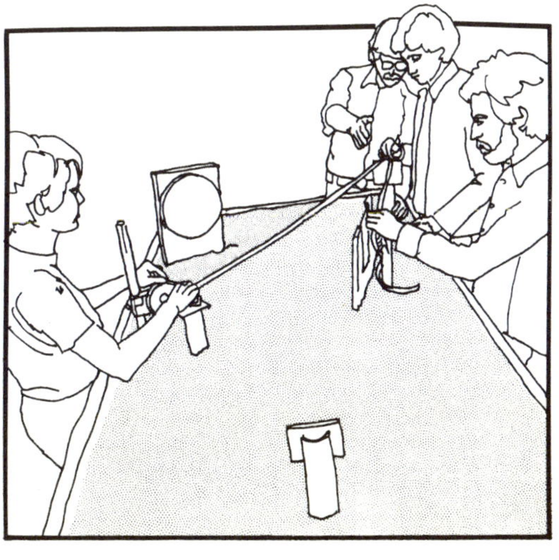

9. Der 2. Spiegel im Objektstrahl

10. Die 2. Linse im Objektstrahl

Stellen Sie die Linsen in den Objektstrahl und sorgen Sie für beste Ausleuchtung des Objekts. Plazieren Sie den Raumfilter in den Referenzstrahl und stellen Sie ihn ein.

11.Der Raumfilter

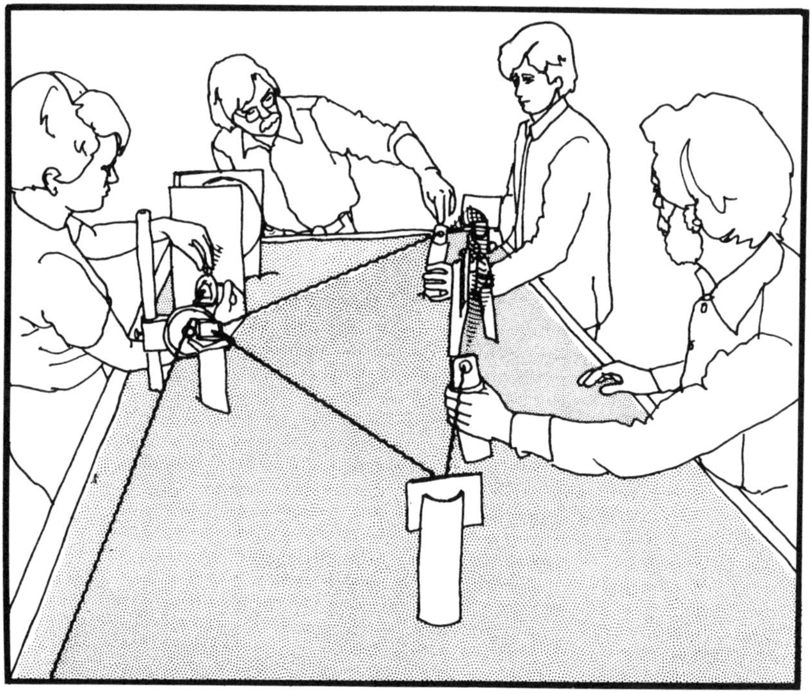

12. Das Lichtratio

Nachdem Sie den Kollimierungsspiegel eingestellt haben, damit das Referenzlicht die Karte im Plattenhalter gleichmäßig ausleuchtet, messen Sie die Lichtstärke und stellen Sie das richtige Ratio mit dem variablen Strahlenteiler ein, falls nötig, um das erwünschte Verhältnis von 2:1 für Reflexionshologramme zu erhalten. Schirmen Sie Streulicht mit Pappen ab und prüfen Sie alles noch einmal, bevor Sie die Platte laden.

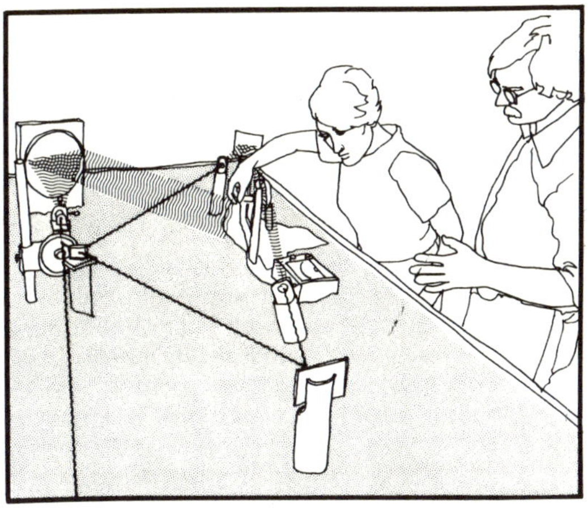

13. Die Platte laden

14. Die Belichtungszeit nachschauen

15. Setzen lassen

16. Belichten

17. Wie Reflexionshologramme entwickeln (siehe Seite 190)

Das Bildebenen-Hologramm

1. Laser positionieren.
2. Umlenkspiegel positionieren.
3. Mutterplattenhalter plazieren.
4. H2-Plattenhalter aufstellen.
5. Spiegel im Referenzstrahl plazieren.
6. Variable Strahlenteiler einstellen.
7. Weglängen messen.
8. Objektstrahl einrichten.
9. Bildebene finden.
10. Linse im Objektstrahl einrichten.
11. Streulicht abschatten.
12. Referenzstrahllinse einstellen.
13. Lichtratio ablesen.
14. Verschluß einstellen.
15. Platte laden.
16. Belichtungszeit ausrechnen.
17. Setzen lassen.
18. Belichten.

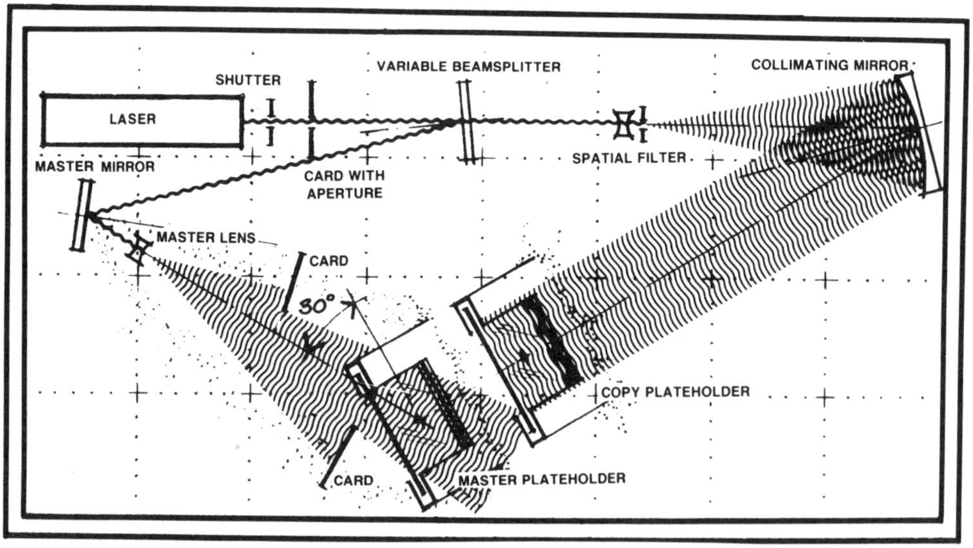

laser = Laser shutter = Verschluß card with aperture = Pappe mit Öffnung variable beamsplitter = variabler Strahlenteiler spatial filter = Raumfilter collimating mirror = Kollimierungsspiegel	master mirror = Spiegel im Objektstrahl master lens = Linse im Objektstrahl card = Pappe 30° = 30 Grad master plateholder = Mutterplattenhalter copy plateholder = H2-Plattenhalter

1. Der Laser

2. Der Umlenkspiegel

3. Der Mutterplattenhalter

4. Der H2-Plattenhalter

Zuerst die Mutter- und H2-Plattenhalter auf den Tisch stellen wie angezeigt. Sie sollten nahe der Tischmitte an der Längsseite des Tisches stehen. Die Plattenhalter sollten schräg zurückgesteckt und auf eine entfernte Ecke des Tisches gerichtet werden.

5. Der Spiegel im Referenzstrahl

6. Der Variable Strahlenteiler

Stellen Sie den Kollimierungsspiegel auf den Tisch in die entfernte Ecke und richten Sie den Strahl auf den Karton im H2-Halter. Der Strahl sollte in einem vertikalen Winkel von etwa 60 Grad und in einem horizontalen Winkel von 90 Grad auftreffen. Fügen Sie den variablen Strahlenteiler ungefähr auf der Mitte zwischen dem Umlenkspiegel und dem Kollimierungsspiegel hinzu, genau gegenüber den Plattenhaltern.

7. Weglängen messen

Messen Sie die Weglänge vom variablen Strahlenteiler zum Kollimierungsspiegel, zur H2-Platte (Referenzentfernung).

Setzen Sie den Spiegel im Objektstrahl in der richtigen Position zur hellsten Beleuchtung der Mutter und so, daß die Weglänge vom variablen Strahlenteiler zum Spiegel zur Mutter zur H2 gleich ist mit der Referenzstrahllänge (siehe die Anordnung für den einfachen Bildebenenaufbau).

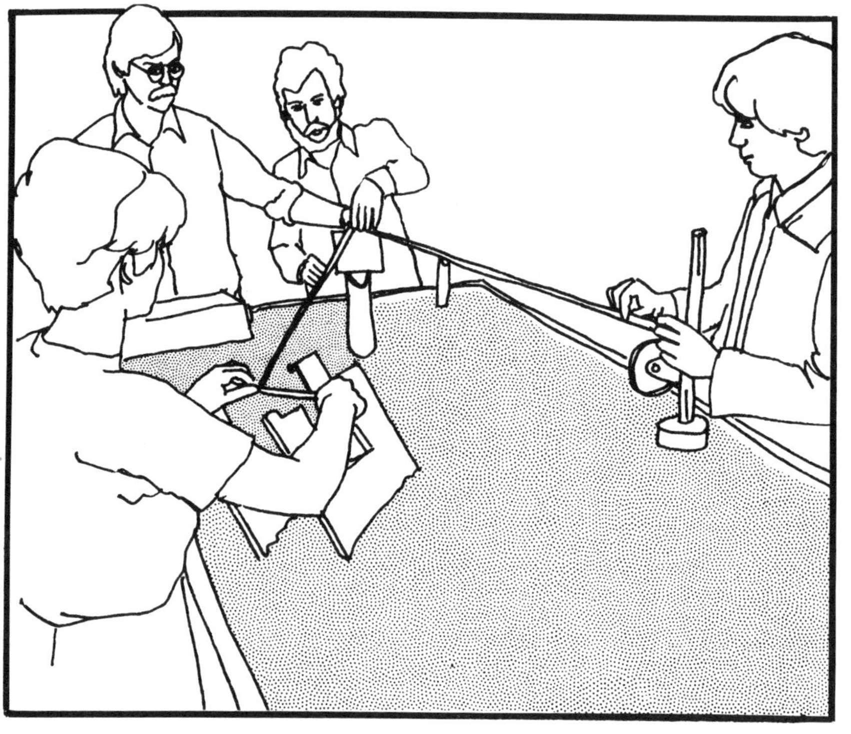

8. Der Objektstrahl

9. Die Bildebene finden

10. Die Linse im Objektstrahl

11. Licht abschatten

12. Die Referenzstrahllinse

Stellen Sie eine Linse in den Mutterbeleuchtungsstrahl, um die Mutterplatte gleichmäßig auszuleuchten (Hinweis: je besser das aufgefächerte Licht auf der ganzen Mutter, umso größer die Sicherheit, daß der Transfer im breitest möglichen Winkel betrachtet werden kann). Schatten Sie jedes Beleuchtungslicht für die Mutter ab, das die H2-Platte direkt erreicht. Stellen Sie sicher, daß sich das Bild auf der gewünschten Transferebene rekonstruiert, daß es gut zentriert ist und daß die beiden Plattenhalter parallel stehen.

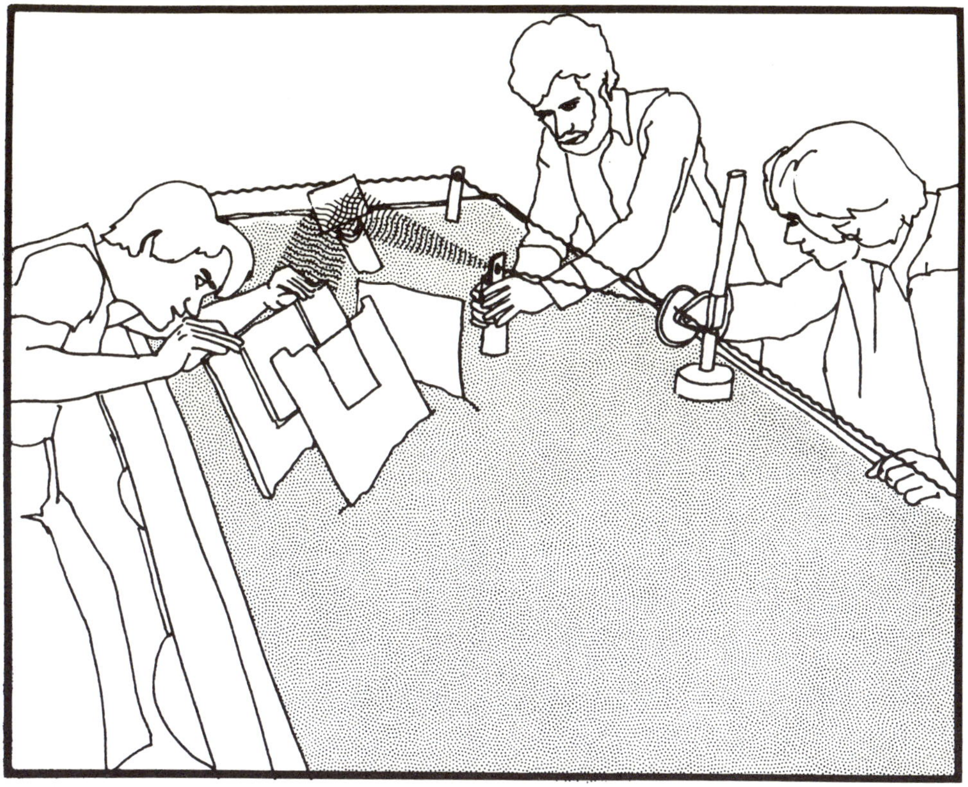

13. Das Lichtratio

Messen Sie das Licht und stellen Sie das Ratio auf 3 : 2 für Referenz : Objekt ein (Objektmessungen sollten an der hellsten Stelle des Objekts vorgenommen werden).

14. Den Verschluß setzen

15. Die Platte laden

16. Die Belichtungszeit nachschauen

17. Setzen lassen

18. Belichten

19. Entwickeln gemäß den Anweisungen für Reflexionshologramme (siehe Seite 190)

Notizen

Vollständiger Aufbau für Bildebenenhologramm

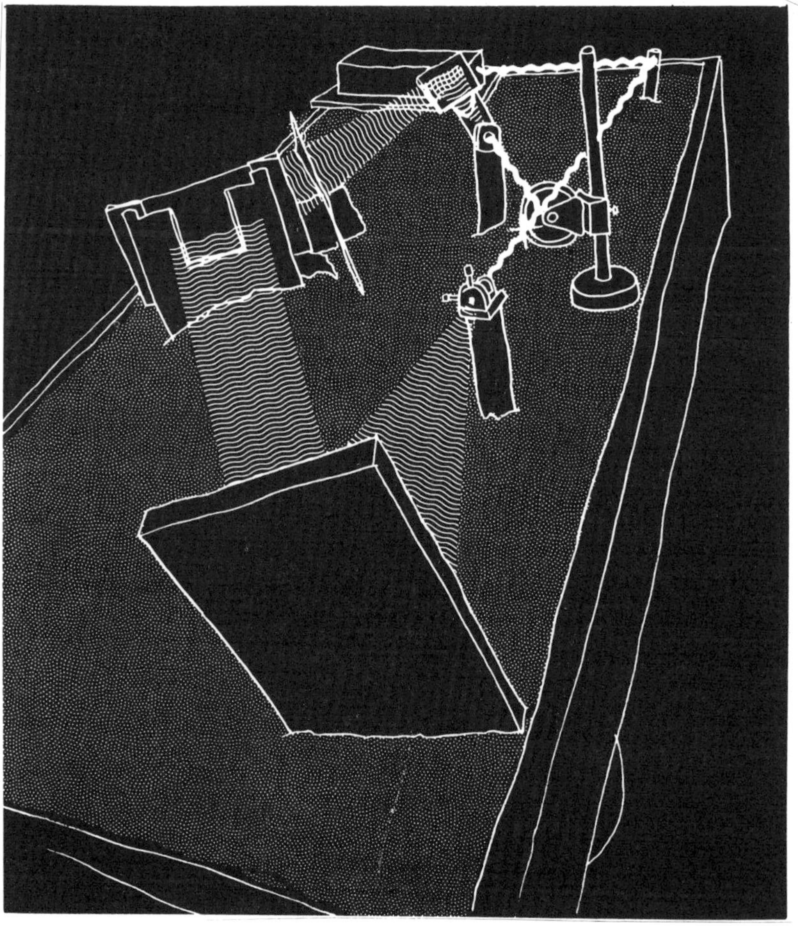

Das Mehrfarbige-Reflexionshologramm

von John Kaufman

Die Anordnung:

Nehmen Sie die Geometrie für ein Bildebenen-Reflexionshologramm. Bis zu drei Referenzstrahlen können gesetzt werden; setzen Sie die Winkel so, daß sie die Wiedergabe der Farben registrieren (rot: 40 Grad zur Senkrechten, gelb: 44,5 Grad, grün: 51,5 Grad, blau: 44,5 Grad). Für weitere Farbregistrierung wird die Lochblende in verschiedenen Entfernungen zur H2-Platte aufgestellt, wie im Diagramm angegeben.

AC ist eine Linie senkrecht zu den Platten durch die Betrachtungsmitte und AB = BC. CD muß alle Referenzstrahlen treffen. Plazieren Sie die Lochblende an diesen Treffpunkten. Farbregistrierung wird am genauesten sein entlang der Betrachtungslinie bei C. Objektlicht auf der Mutterplatte sollte verengt werden auf 75 - 100 mm vertikale Parallaxe zur besseren Helligkeitskontrolle.

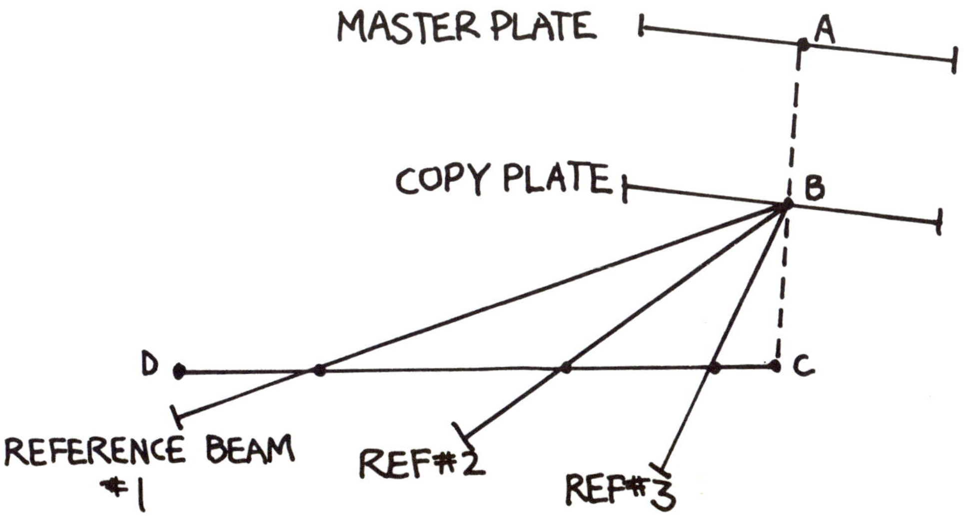

master plate = *Mutterplatte*
copy plate = *H2-Platte*
reference beam #1/#2/#3 = *Referenzstrahl 1/2/3*

Belichtungen:

Vor jeder von bis zu drei Belichtungen, lassen Sie die Agfa 8E75 Emulsion in der gewünschten farbbezogenen Konzentration von Tri-Äthanolamin quellen (rot: 0%, gelb: 10 %, grün: 12 %, blau: 18 %). Die Platte sorgfältig mit einem Zellstoffschwamm abwischen, um Streifenbildung zu vermeiden. Belichtungszeit muß man selbst herausfinden. Einige Variablen für die Belichtung sind a) Entfernung der Lochblende zur Platte, b) Veränderung der Sensibilisierung der Platte mit höherer Konzentration von Tri-Äthanolamin und c) die erwünschte Farbbalance. Für achromatische Mischung wird weniger Belichtung auf grün und gelb gegeben, weil das Auge dafür empfindlicher ist.

Entwicklung:

Verwenden Sie die Entwicklungsprozedur für Transmissionshologramme (Seite 167). Im D-19 zwei bis drei Minuten entwickeln. Im Wasserbad stoppen. PBQ-Bleiche.

Obiges ist eine Methode, um die Farben in Reflexionshologrammen zu ändern, wie im Abschnitt über die Reflexionsentwicklung erläutert (Seite 190). In diesem Fall werden Mehrfachbelichtungen benutzt, um separate Bilder in verschiedenen Farben zu erzeugen.

Das Regenbogenhologramm

Betrachtet man ein normales Transmissionshologramm unter weißem Licht, zeigt sich dort, wo sich das Bild rekonstruieren sollte, ein verschwommener, mehrfarbiger Fleck. Dieser Farbfleck entsteht dadurch, daß jede Wellenlänge des weißen Lichts individuell auf leicht versetzte Positionen gebeugt wird.

1969 berichtete Steve Benton von der Firma Polaroid von einer sensationellen Methode, wie dieses Problem umgangen werden kann. Als erstes wird ein normales Transmissionshologramm von dem aufzunehmenden Objekt hergestellt, wobei ein sorgfältig kollimierter Referenzstrahl verwendet wird. Dieses Hologramm wird dann wie folgt als Mutter für die Umsetzung in ein Transmissions-Bildebenen-Hologramm benutzt: das Mutterhologramm wird dabei nur mit einem engen, horizontalen Spalt beleuchtet. Da ja jeder Teil des Hologramms das vollständige Bild reproduzieren kann, so ist auch das ganze Bild in der Umsetzung enthalten. Dies allerdings nur aus dem Blickwinkel des Spalts. Durch dieses Verfahren geht die vertikale Parallaxe verloren, die horizontale bleibt aber über die Länge des Spalts bewahrt. Betrachtet man das umgesetzte Hologramm unter Laserlicht, muß man mit den Augen genau an die Stelle des Spalts gehen, um das Bild betrachten zu können. Das Hologramm benimmt sich, wie ein Fenster mit heruntergelassenen Jalousien; nur eine enge, horizontale Lücke in der Jalousie erlaubt es, hindurchzuschauen.

red = *Rot*
orange = *Orange*
yellow = *Gelb*
green = *Grün*
blue = *Blau*
violet = *Violett*

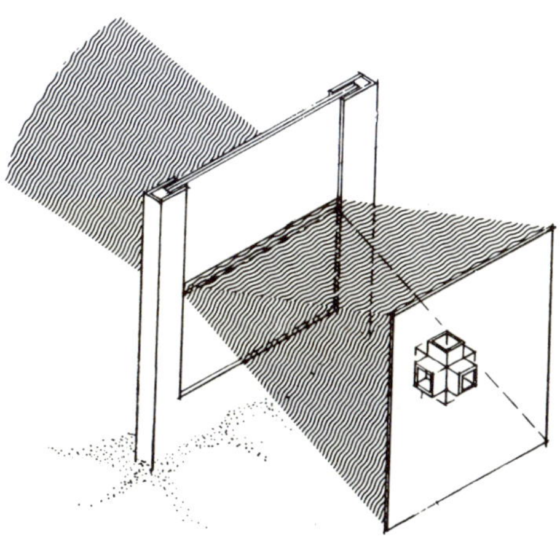

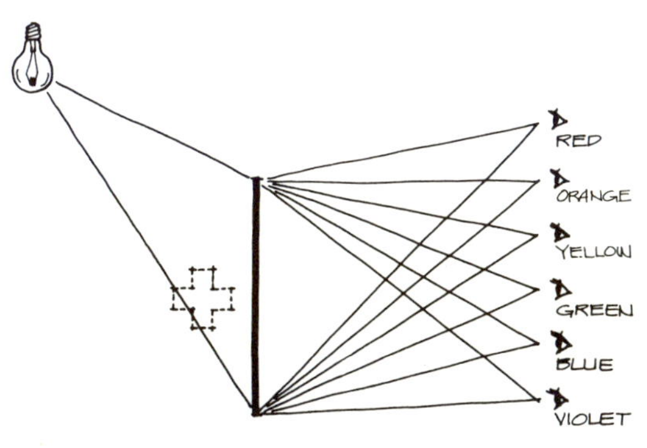

Bewegt man den Kopf auf und ab, so verschwindet das Bild. Stellen Sie sich nun vor, daß Sie das Hologramm unter zwei unterschiedlichen Lichtfarben betrachten. Dadurch würde der Spalt an zwei leicht versetzte Positionen gebeugt werden, wodurch auch zwei Positionen entstehen, durch die man das Bild betrachten kann (so als hätte die Jalousie nun zwei Lücken).

Betrachten Sie nun das Hologramm unter weißem Licht. Jede einzelne Wellenlänge wird ihren eigenen Spalt rekonstruieren, die vertikal alle untereinander leicht versetzt sind. Die Anzahl der Wellenlängen ist dabei so groß, daß sich die Spalten überschneiden; die Streuung geht dabei aber nur in eine Richtung. Da die Augen einen gegebenen Teil des Bildes immer nur durch einen Spalt, nie durch mehrere gleichzeitig, sehen können, erscheint das Bild scharf und klar. Bewegt man nun den Kopf auf und ab, so durchläuft das Bild die unterschiedlichen Farben des Spektrums (daher der Name Regenbogenhologramm). Das Bild bleibt dabei scharf und kann gegebenenfalls große Raumtiefe aufweisen. Im Grunde filtert das Hologramm selektiv das weiße Licht und alles, was dabei verloren geht ist die vertikale Parallaxe, die unsere horizontal angeordneten Augen normalerweise sowieso nicht vermissen. Regenbogenhologramme sind oft von besonders großer Helligkeit,vor allem wenn sie gebleicht wurden. Diese Helligkeit entsteht dadurch, daß alle Frequenzen des Lichts zur Rekonstruktion des Bildes benutzt werden können.

Es ist von großer Wichtigkeit, daß ein von oben (oder von unten) kommender Referenzstrahl sowohl für die Herstellung der Mutter als auch des Regenbogenhologramms verwendet wird, um eine gleichmäßige Beugung über die gesamte Länge des Spalts sicherzustellen. Um nicht auf unpraktische Überkopf-Halterungen für die Komponenten angewiesen zu sein, wird die Mutter mit einem gegen den Aufnahmetisch geneigten Plattenhalter aufgenommen, um so einen von oben kommenden Referenzstrahl zu erhalten. Beim Aufbau für die Umsetzung, werden sowohl die Mutter als auch das endgültige Hologramm um 90 Grad gekippt in die Plattenhalter gespannt, so daß die horizontale Tischoberfläche in Bezug auf die Hologramme nun vertikal wird. So »denken«

die Hologramme, daß das Licht von oben kommt, obwohl es das in Wirklichkeit nicht tut. Durch diesen Trick wird die Positionierung der Optiken sehr erleichtert, eine viel größere Flexibilität wird erreicht und der ganze Aufbau bleibt stabiler.

Für diesen ganzen Aufbau wird eine einzige neue optische Komponente benötigt, und zwar eine Vorrichtung zur Erzeugung des engen Spaltstrahls, der das Mutterhologramm ausleuchtet. Es gibt verschiedene Methoden, um einen solchen Spaltstrahl zu erhalten.

Man erhält einen Spaltstrahl oder eine Linie aus Laserlicht, wenn man den Laserstrahl auf eine zylindrische Oberfläche fallen läßt. Dies kann man leicht ausprobieren, indem man sich den metallenen Rollenhalter für Toilettenpapier ausborgt (vergessen Sie nur ja nicht ihn zurückzubringen) und den Laserstrahl auf ihn richtet. Wenn Sie wollen, können Sie tatsächlich diesen Rollenhalter als Optik verwenden, aber bei den meisten ist die Oberfläche nicht glatt genug, um einen rauschfreien Spalt zu erzeugen.

Hochqualitative Vorrichtungen für den Spaltstrahl sollten normalerweise von Fachleuten angefertigt werden. Dazu sollte man ein Labor beauftragen, einen Glasstab oder eine Glasröhre mit einer optischen Beschichtung zu verspiegeln. Dies kann oft recht teuer werden, aber man findet auch Labors, die es zu vernünftigen Preisen anbieten. Unsere sind z.B. aus Glaszylindern gemacht mit Durchmessern zwischen 25 und 100 mm.

Da normalerweise diese Beschichtungsfirmen doch schwer zu finden sind, könnte es einfacher sein, den Spaltstrahl durch Linsen zu erzeugen. Hierzu kann man eine zylindrische Linse von guter Qualität benutzen. Wir haben auch sehr gute Resultate mit einem mit Glyzerin gefüllten Reagenzglas erzielt. Das Reagenzglas sollte klar und von guter Qualität sein. Nach dem Einfüllen des Glyzerins wird das Glas mit einem Siliconkorken versiegelt und auf einem Stück Hartfaserplatte als Halterung horizontal befestigt.

Im Aufbau wird ein Spiegel den Strahl durch diesen horizontalen Glasstab lenken, woduch er in einen vertikalen Strich aufgeweitet wird (wir empfehlen einen vertikalen Spaltstrahl, um so mit den zur Seite gekippten Hologrammplatten arbeiten zu können). Mit dieser Methode erhält man einen qualitativ guten, rauscharmen Spalt, wie er normalerweise nur mit hochqualitativen und teuren Optiken erreicht wird.

Falls ihr keine dieser Methoden anwenden könnt oder sie aus irgendwelchen Gründen nicht funktionieren, kann auch ein normaler, kollimierter Strahl zur Ausleuchtung der Mutter genommen werden. Hierbei stellen wir zum Abschatten des Lichts Blenden auf, so daß nur noch ein Streifen der Mutter beleuchtet ist. So wurde auch das ursprüngliche Benton-Hologramm gemacht. Der Nachteil dabei ist, daß ein großer Teil des Lichts verlorengeht. Um kurze Belichtungszeiten zu erhalten, sind Optiken zur Spaltstrahlerzeugung wünschenswert.

Sowohl Tiefe als auch Farbverteilung im Regenbogenhologramm hängen von den Dimensionen des Spalts ab, wobei sie in einem reziproken Verhältnis zueinander stehen. Je enger der Spalt ist, desto mehr Tiefe, aber weniger Farbverteilung wird erreicht. Ein zu enger Spalt läßt obendrein ein sehr »körniges« Bild entstehen. Im Idealfall möchten wir ein Bild mit größtmöglicher Tiefe, bei dem man aus einer bestimmten Position das gesamte Objekt in einer Farbe betrachten kann.

Hierzu sollte man für die unterschiedlichen Bildinhalte mit verschiedenen Spaltbreiten experimentieren und versuchen, für beide Aspekte den besten Kompromiß zu finden. Anfänger sollten es zuerst mit einer Spaltbreite von ca. 5 mm probieren.

Eine Vergrößerung der Farbfelder kann auch erzielt werden, indem für das Regenbogenhologramm Film statt Glas benutzt wird, den man entlang der Achse des Spalts leicht krümmen kann. Für die Belichtung wird dieser Film auf ein gebogenes Stück Metall oder Plastik geklebt, welches dann im Plattenhalter befestigt wird. Betrachtet man hinterher das fertige, wieder geebnete Regenbogenhologramm, so zeigt es eine Verbreiterung der Farbfelder.

Hier eine weitere Regel, der man unbedingt folgen sollte: die Ränder des Spalts, der auf der Mutter beleuchtet wird, müssen möglichst parallele und deutliche Konturen aufweisen. Wir empfehlen, daß zusätzlich - auch bei der Anwendung von Optiken - eine klar geschnittene, vertikale Schlitzblende so in den Aufbau eingebracht wird, daß ein hochqualitativer Spalt gesichert ist. Dies verhindert »ausgefranste« Spaltränder und Streulicht auf der Mutter.

Die Verwendung von kollimiertem Licht erhält bei der Regenbogentechnik eine besonders große Bedeutung. Viele Holographen verwenden besondere Sorgfalt darauf, den Referenzstrahl beim Mutterhologramm und den Spalt bei der Umsetzung möglichst gut zu kollimieren. Dies wird auch in den nachstehend beschriebenen Aufbauten berücksichtigt. Man kann allerdings auch einen leicht konvergierenden Strahl für das Mutterhologramm benutzen. Dies »hilft« dann beim Aufbau für die Umsetzung, das Spaltbild in Richtung der Regenbogenplatte zu divergieren. Es ist nicht immer absolut notwendig, den Spalt ebenfalls zu kollimieren, allerdings ist es oft wünschenswert.

Für eine Regenbogenmutter muß man nicht jeweils die gesamte Fläche einer 200 x 250 mm (8 x 10 inch) Platte belichten, da für die Umsetzung ja nur ein Streifen benötigt wird. Phantasievolle Holographen mit einem Hang zur Sparsamkeit schneiden daher oft eine 200 x 250 mm Platte längs in 50 x 250 mm Streifen zurecht. Da dies aber im Dunkeln geschehen muß, sollte man es erst an einer normalen Glasscheibe üben, bis man den Trick heraus hat. Auch sollte man sich einen Plattenhalter bauen, der den Streifen auf der gewünschten Höhe hält.

Sowohl die Mutter als auch das Regenbogenhologramm werden wie jedes andere, gute Transmissionshologramm entwickelt. Da nur ein kleiner Teil der Mutter für die Umsetzung benötigt wird, empfehlen wir unbedingt rauscharme Entwicklungstechniken. Die Anwendung eines Entwicklers wie Neofin Blau, zusammen mit sehr sorgfältiger Belichtung und Entwicklung, ergeben beste Regenbogenhologramme von feiner Körnung und großer Tiefenauflösung. Ein rauscharmes Mutterhologramm erlaubt die Benutzung eines engeren Spalts, der zu diesem guten Ergebnis führt. Wie bei vielen anderen, sollte die Mutter möglichst nicht gebleicht werden, es sei denn, es werden rauscharme Formeln wie PBQ verwendet. Das Regenbogenhologramm wird dagegen meist gebleicht, um ein besonders helles, weißlichtsichtbares Hologramm zu erhalten. Nun zu den einzelnen Schritten:

Die Regenbogen-Mutter

Der Strahlengang des Laserlichts wird durch den Umlenkspiegel (1) so geleitet, daß er an der Seite des Tischs entlangläuft. Für die holographische Aufzeichnung wird das Objekt (2) in eine kleine Vertiefung oder Mulde im Sand gelegt (wahlweise auf ein schwarzes Tuch). In einer Entfernung von ca. 200-250 mm wird etwas Sand aufgehäuft, in den der Plattenhalter (3) gesteckt wird. Der Plattenhalter wird in einem Winkel von 30-45 Grad in Richtung des Objekts gekippt.Der Kollimierungsspiegel, der hier als Umlenkspiegel im Referenzstrahl (4) dient, wird so positioniert, daß der Strahl genau in seine Mitte trifft, von wo aus er dann auf den Plattenhalter gelenkt wird. Nun wird ein Raumfilter (5) (oder eine Linse) exakt in den Brennpunkt des Kollimierungsspiegels plaziert. Hat der Kollimierungsspiegel einen Durchmesser von 250 mm, muß die von ihm reflektierte Lichtsäule ebenfalls überall genau 250 mm messen. Durch Nachmessen dieses Lichts, kann überprüft werden, ob der Raumfilter richtig plaziert ist und ob der Spiegel sauber kollimiert. Ein variabler Strahlenteiler (6) wird zwischen Umlenkspiegel (1) und Raumfilter (5) eingefügt. Der daraus resultierende Teilstrahl kann über den ersten Objektstrahl-Umlenkspiegel (7) auf den ersten Objektstrahl-Spiegel (8) gelenkt werden. Dieser Strahl ist einer von zweien, die das Objekt ausleuchten werden. Um den zweiten Strahl zu erhalten, wird ein 50:50 Strahlenteiler (9) zwischen dem variablen Strahlenteiler und dem ersten Objektstrahl-Umlenkspiegel plaziert. Dieser Teilstrahl trifft auf den zweiten Objektstrahl-Spiegel (10), und wird von dort auf das Objekt gelenkt. Die beiden Objektstrahl-Linsen (11) können wie gezeigt in den Strahlengang eingebracht werden, um den Objektstrahl aufzufächern und so eine gleichmäßige Ausleuchtung des Objekts zu gewährleisten. Die Weglängen der beiden Objektstrahlen müssen natürlich gleich sein.

Die Länge des Referenzstrahls entspricht der Entfernung vom variablen Strahlenteiler über den Kollimierungsspiegel zur Hologrammplatte.

Die Länge des ersten Objektstrahls entspricht der Entfernung vom variablen Strahlenteiler über den Objektstrahl-

Umlenkspiegel (7) und über den ersten Objektstrahl-Spiegel (8), über das Objekt zur Platte.

Die Länge des zweiten Objektstrahls entspricht der Entfernung vom variablen Strahlenteiler über den 50:50 Strahlenteiler, über den zweiten Objektstrahl-Spiegel (10), über das Objekt zur Platte.

Das Ratio sollte wieder 4:1 sein und wo nötig sollten Abschattpappen aufgestellt werden, um Streulicht zu vermeiden.

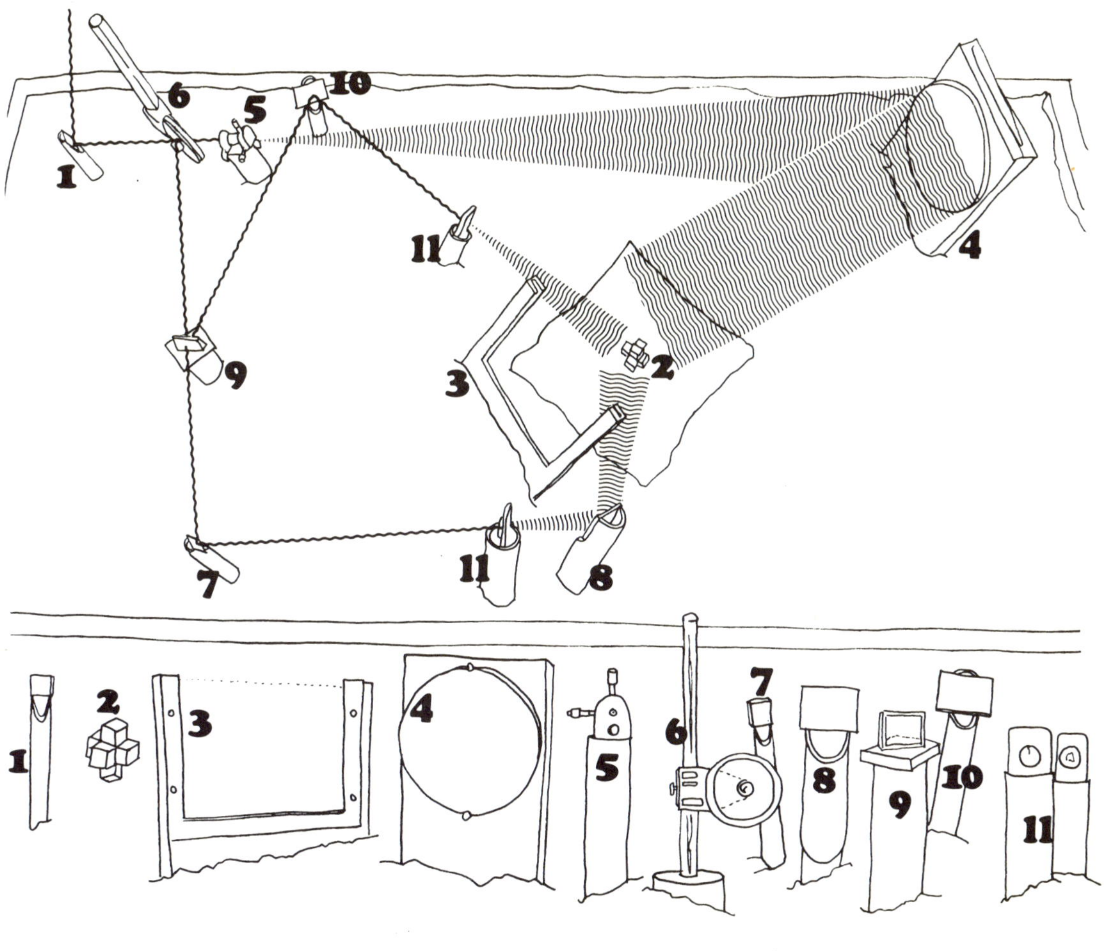

Das Regenbogen-Hologramm

Der Umlenkspiegel (1), der in der Mitte des Tisches steht, lenkt das Laserlicht auf den auf der gegenüberliegenden Seite des Tisches plazierten Umlenkspiegel im Referenzstrahl (2). Dieser Spiegel kann eben oder kollimierend sein. Der Plattenhalter für das Mutterhologramm - bevorzugte Größe 200 x 250 mm (8 x 10 inch) - kann wie in der Abbildung gezeigt plaziert werden. Die Abbildung zeigt auch, daß der variable Strahlenteiler (4), der den Strahl, der zwischen Umlenkspiegel (1) und Umlenkspiegel im Referenzstrahl (2) verläuft, auffängt und teilt, relativ nah an diesem Plattenhalter steht. Nun kann der Kollimierungsspiegel (5) neben den Referenzstrahl-Spiegel (2) gestellt werden. Genau im Brennpunkt des Kollimierungsspiegels wird die Optik für den Spaltstrahl (6) plaziert.Um den Brennpunkt genau bestimmen zu können, wird der variable Strahlenteiler so eingestellt, daß er den Strahl auf die Spaltoptik lenkt und dann auf den Kollimierungsspiegel. Dieser Spiegel kann nun so gedreht werden, daß der kollimierte Spalt auf die Mitte des Mutter-Plattenhalters trifft, wo er den hellsten Teil des Bildes ausleuchtet und in Richtung des Regenbogen-Plattenhalters (7) projiziert. In diesem Plattenhalter befindet sich ein geschwärztes und horizontal gekrümmtes Stück Aluminium oder Plexiglas, in dessen Krümmung ein flexibles Stück Film geklebt ist. Die Krümmung verbessert die Farbverteilung im Hologramm (ebene Platten funktionieren aber genauso gut). Um es noch einmal zu verdeutlichen: Die genaue Plazierung dieses Bildebenen-Plattenhalters hängt davon ab, welcher Teil des Bildes als Fokusebene gewählt wird. Hält man eine weiße Pappe in das vom Laserlicht projizierte Bild, so kann man die Bildebene und damit die Plazierung für den Plattenhalter vorbestimmen.

Nun wird die Länge des Strahls zum Mutterhologramm gemessen: vom variablen Strahlenteiler zur Spaltoptik, zum Kollimierungsspiegel, zur Mitte des Mutterhologramms, zur Mitte des Regenbogen-Plattenhalters. Die Messung des Referenzstrahls sollte die gleiche Länge ergeben (eventuell Angleichung vornehmen): vom variablen Strahlenteiler zum Umlenkspiegel (2), zur Mitte des Regenbogen-Plattenhalters.

Der Raumfilter (8) im Referenzstrahl muß den Strahl weit genug auffächern, damit er die gesamte Regenbogenplatte gleichmäßig ausleuchtet.

Durch Aufstellen von Abschattpappen wird verhindert, daß Streulicht von der Spaltoptik oder vom variablen Strahlenteiler auf die Hologrammplatten fällt. Es darf auch kein Licht von dem kollimierten Spalt, der durch die Mutter geht, auf die Regenbogenplatte fallen. Der Referenzstrahl darf wiederum nicht auf die Mutter treffen. Weiteres Streulicht kann verhindert werden, indem man schwarzen Stoff zwischen den beiden Plattenhaltern in den Sand legt. Das Lichtratio beträgt 4:1 (Referenzstrahl:Objektstrahl). Die meisten Arten an holographischem Filmmaterial können für Regenbogenhologramme verwendet werden, angefangen von hochauflösendem 8E75 bis weniger auflösendem, aber schnellerem SO 253. Wird Film benutzt, so wird er am besten auf den Plattenhalter geklebt, man kann ihn aber auch zwischen zwei Plastikscheiben halten. Bei Film sollte die Ruhezeit mindestens drei mal so lang sein, wie bei Platten. Das Hologramm wird genauso wie ein gebleichtes Transmissionshologramm belichtet und entwickelt. Hinterher kann es dann unter einer weißen Punktlichtquelle betrachtet werden (z.B. in der Sonne oder einem Halogenstrahler).

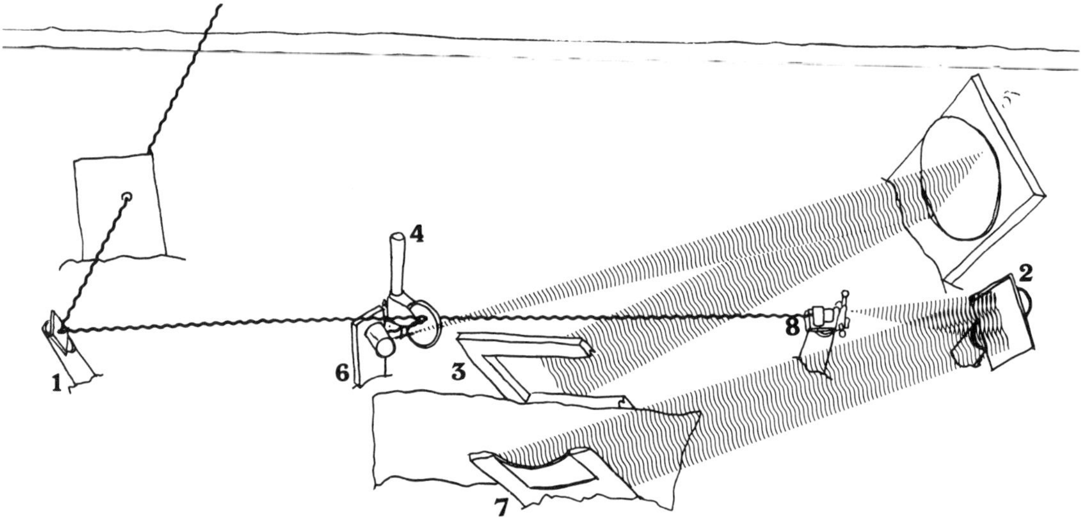
4
2
8
6
3
1
7

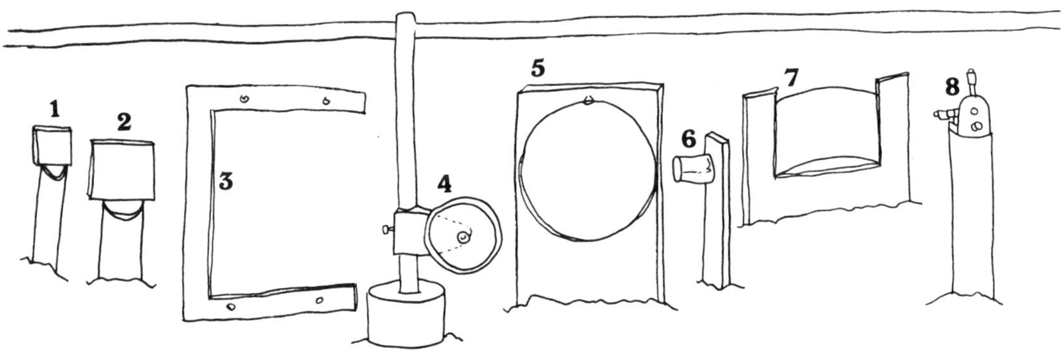
1
2
3
4
5
6
7
8

Andere Regenbogentechniken

Eine der Schwierigkeiten beim Versuch ein qualitativ gutes Regenbogenhologramm anzufertigen, ist, die richtige Spaltbreite herauszufinden um auch bei großer Raumtiefe sowohl Rauscharmut als auch eine gute Farbauflösung zu erhalten. Normalerweise erhält man »Pünktchen«, wenn der Spalt zu schmal ist (das Hologramm »rauscht«). Ist der Spalt zu groß, wird zwar das Rauschen reduziert, doch das Bild wird unscharf. Dies kann bis zu einem gewissen Grad kontrolliert werden, wenn das Bild relativ nahe an der Filmebene zentriert wird. Wenn jedoch die Raumtiefe zunimmt, wird es zunehmend schwieriger das Bild scharf zu halten und das Rauschen auf ein erträgliches Maß zu beschränken. Auch der beste Kompromiß bedeutet ein gewisses Maß an Rauschen und Unschärfe.

Vor kurzem entwickelten Emmett Leith und Hsuan Chen an der Universität von Michigan eine genial einfache Prozedur, um diesem Problem zu begegnen. Eine zylindrische Linse wird über dem Spalt in der Mutter auf der Seite angebracht, die der Transferplatte zugewandt ist. Der Brennpunkt der Linse liegt auf der Transferplatte. Der Beleuchtungsspalt auf der Mutter kann relativ breit sein (25 mm oder mehr). Da die zylindrische Linse nur in der vertikalen Ebene benutzt wird, kann die Bildebene immer noch genauso plaziert werden wie beim gewöhnlichen Regenbogenhologramm.

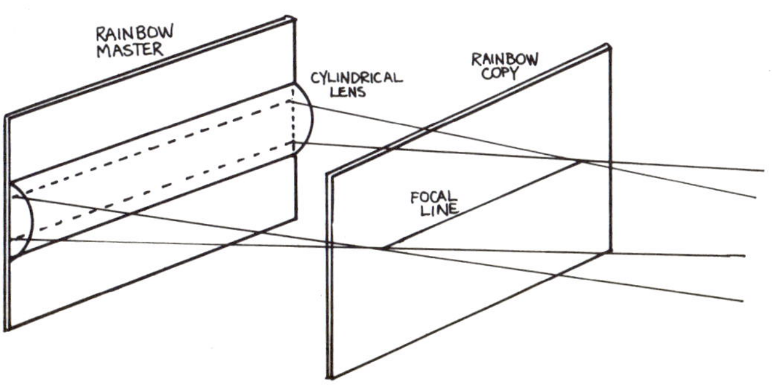

rainbow master = *Regenbogen-Mutter*
cylindrical lens = *zylindrische Linse*
rainbow copy = *Regenbogen-Hologramm*
focal line = *Brennpunkt-Linie*

Wir erinnern uns daran, daß beim Regenbogenhologramm nur die horizontale Information zur Tiefenwahrnehmung benötigt wird. Da ein größerer Spalt genommen wird, ist die Auflösung verbessert (weniger Rauschen). Trotzdem können sehr tiefe Bilder ohne Unschärfe hergestellt werden, da die zylindrische Linse die vertikale Information auf eine dünne Linie reduziert, und so Dispersion vorbeugt.

Einer der Hauptnachteile ist die Zunahme des Astigmatismus des Bildes, ein allen Regenbogenhologrammen eigener Zustand. Da aber die Verbesserung der Qualität so groß ist, kann man den Astigmatismus vernachlässigen. Obwohl man jede zylindrische Linse von guter Qualität verwenden kann, empfehlen Leith und Chen, sich selbst eine aus Plexiglas herzustellen, um Geld zu sparen und eine Sammlung mit verschiedenen Breiten und Brennweiten zu erhalten. Graham Saxby erwähnt kurz die Herstellung von Plastikimmersionslinsen. Genaueres erfährt man bei Sharon McCormack, San Francisco School of Holography, 550 Shotwell St., San Francisco, Calif. (Tel. 001 415-824-3769).

Das Mehrfarbige-Regenbogenhologramm

Dies ist eine relativ neue Technik, bei der Mehrfachbelichtungen benutzt werden, um die Farben in verschiedenen Bereichen oder Objekten im Hologramm im Verhältnis zueinander zu variieren.

Wir erinnern daran, daß sich die Farben im Regenbogenhologramm gemäß unserem Blickwinkel bei der Betrachtung verändern. In einem gewöhnlichen Regenbogenhologramm wird das ganze Bild von einem bestimmten Blickpunkt aus in einer Farbe erscheinen, oder zumindest wird es auf einem bestimmten horizontalen Band so erscheinen. Es wäre aber schön, ein Hologramm von einer Szene zu machen, in der verschiedene Objekte verschiedene Farben haben. Wir könnten uns ein Hologramm von einem künstlichen Sonnenuntergang vorstellen, mit roter Sonne hinter blauem See mit grünem Baum am Ufer. Diese Art von Mehrfarbenhologramm ist möglich und öffnet das Medium für Farbexpressionismus, wie man ihn in der Malerei und der Fotografie findet.

Ein Mehrfarben-Regenbogenhologramm wird hergestellt, indem man mehrere Mütter von einzelnen Objekten macht, die in verschiedenen Farben erscheinen sollen. Um den Regenbogentransfer zu machen, stellen wir zuerst eine Belichtung mit einer Mutter her. Dann entfernen wir diese

Mutter und ersetzen sie durch eine andere. Wir entfernen aber nicht die Transferplatte, sondern verändern den Winkel des Referenzstrahls darauf, indem wir den Filmhalter leicht drehen. Jetzt machen wir eine zweite Belichtung auf denselben Film. Da die beiden Bilder separate Referenz hatten, werden sie separat rekonstruiert. Und da die beiden Referenzstrahlen aus verschiedenen Winkeln kamen, werden die beiden Bilder ihre Farbveränderungen »unsynchron« durchmachen. Das Resultat: Wie man sie auch betrachtet, sie haben verschiedene Farben.

Dieser Prozeß kann gewöhnlich verwendet werden, um bis zu drei oder manchmal vier separate Farbbilder in dieselbe Szene zu setzen, bevor die Qualität darunter leidet. Man kann auch etwas schummeln und einige auf getrenntem Film aufnehmen. Die verschiedenen Teile werden dann übereinandergesetzt, um noch mehr Variationen zu erhalten.

Eine andere Methode funktioniert, indem man drei verschiedene Mütter in verschiedenen Positionen gleichzeitig aufstellt, die Lage der Kopie unverändert läßt und Belichtungen herstellt, indem man die Schlitzbeleuchtung von Mutter zu Mutter bringt, um separate Aufnahmen zu machen (nach Poohsan Tamara, beschrieben von Graham Saxby).

Alle Mütter sind Spalthologramme (z.B. 15 x 250 mm) und werden mit 30 Grad-Referenzwinkel aufgenommen. Man muß sich entscheiden, welche Mutter ein rotes, grünes oder blaues Bild abgeben soll. Zwischen den Mutterbelichtungen können Objekte bewegt, ersetzt oder vertauscht werden. Um den Regenbogentransfer zu machen, werden die Mütter an einem Stück Glas befestigt, mit der roten Mutter links, der grünen in der Mitte und der blauen rechts. Der Winkel zwischen roten und grünen Müttern ist 9 Grad von der Kopie aus gesehen, und 6 Grad zwischen grün und blau. Als Beispiel: Wenn die Entfernung zwischen Mutter und Kopie 250 mm beträgt, sollten die Mitten der roten und grünen Mütter 40 mm auseinander sein und die grüne und blaue 25 mm. Dieser Abstand gibt Gewähr für maximale Farbverteilung auf der Regenbogenkopie.

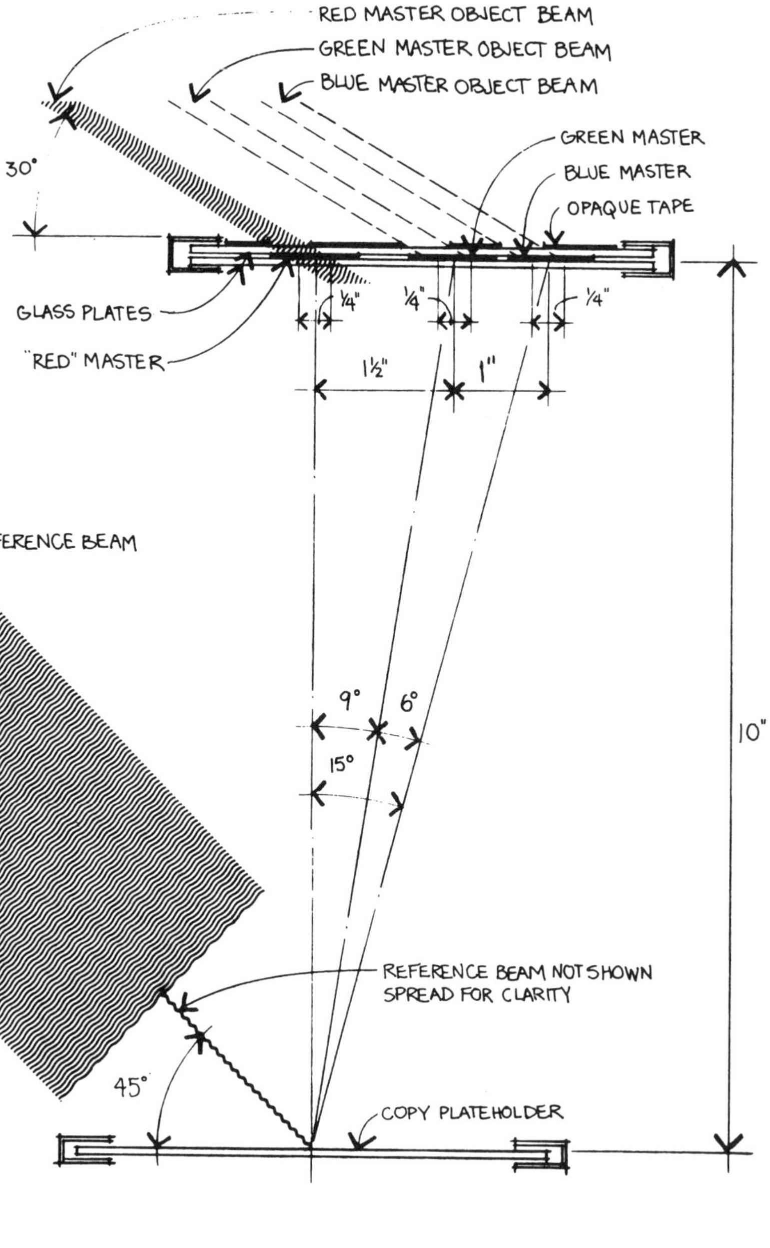

red/green/blue master object beam = *Objektstrahl der roten/grünen/blauen Mutter* green/blue master = *grüne/blaue Mutter* opaque tape glass plates = *Glasplatten* "red" master = *"rote" Mutter*	reference beam = *Referenzstrahl* reference beam not shown spread for clarity = *zur besseren Übersicht Referenzstrahl nicht gespreizt angezeigt* copy plateholder = *Transferplattenhalter*	6°, 9°, 15°, 45° = *6, 9, 15, 45 Grad* $^1/_4$", 1", $1^1/_2$", 10" = *6, 25, 37, 250 mm*

Die Mütter werden bis auf 5 mm breite Spalten abgedeckt. Eine Mutter wird immer einzeln belichtet, wobei der Referenzstrahl mit 45 Grad bei allen Belichtungen gleich bleibt. Da es sich um eine Dreifachbelichtung handelt, sollte jede Einzelbelichtung etwa $^1/_3$ der ermittelten Belichtungszeit betragen.

Eine dritte Technik, die zu neuen, zusammengesetzten Farben führt, benutzt die Mischung der Zusammensetzung des reinen Spektrums. Regenbogenfarbenmischung taucht auf, wenn wir eine Mehrfachbelichtung von derselben Mutter mit jeweils leicht abgeändertem Referenzwinkel auf der Kopie machen. In diesem Fall muß die Beziehung zwischen der Mutter und dem Kopiehalter unverändert bleiben, um sicherzugehen, daß die Bildlage sich nicht zwischen den Belichtungen verändert. Der Referenzwinkel wird geändert, indem man die Plazierung des Referenzspiegels anpaßt. Das wird am einfachsten erreicht, wenn man von vornherein zwei Referenzwege aufbaut, und den Strahl mit einem Spiegel in einen Gang lenkt. Wenn der Spiegel entfernt wird, wird der Strahl dem zweiten Weg folgen. Die andere Methode besteht darin, den Film zu verdecken und dann die Komponenten zu bewegen, um den Referenzstrahl in einen anderen Winkel zu bringen. In jedem Fall ist das Resultat ein Bild, das zwei oder drei Farben mischt, um eine neue dritte Tönung hervorzubringen. Indem man die Winkel anpaßt, und die relative Belichtung, kann man eine große Anzahl Farbtöne vom reinen bis zum Pastellton produzieren. Sogar achromatische Bilder sind möglich. Die Mischtechnik kann mit der Mehrfachmuttertechnik verbunden werden, um eine große Anzahl von Effekten zu erreichen.

Mehrfachbelichtung dieser Art ist eine mühsame Kunst, die viel Zeit und Anstrengung erfordert. Der Grad der Farbabweichung wird sich unter anderem nach der Winkelveränderung zwischen den Belichtungen richten, nach den Spaltdimensionen, dem Abstand vom Originalobjekt zur Platte, wenn die Mutter gemacht wird und der Krümmung des Films. Ein erwünschter Effekt wird gewöhnlich experimentell erreicht, und nicht ohne harte Arbeit.

Für den Anfang empfehlen wir, den Referenzstrahl pro Belichtung um 10 Grad zu verändern. Wenn man die einzelnen Mütter macht, sollte man daran denken, die Position der verschiedenen Bilder genau zu notieren, damit sie dort erscheinen, wo man sie haben will.

Da die oben beschriebenen Techniken so neu sind, gibt es wenig Literatur darüber. Es wird weiter nach Methoden geforscht, wie man die erzielten Farben am besten kontrollieren kann.

Offene-Blende-Hologramme[1]

Diese Methode beinhaltet die Ausnutzung der Fokussierfähigkeit des Beleuchtungsstrahls des Mutterhologramms. Das Mutterhologramm wird mit Hilfe eines ebenen Oberflächenspiegels für den Referenzstrahl aufgenommen. Der aus dem Raumfilter austretende Strahl kann als divergierend bezeichnet werden und trifft als solcher auch als Referenzstrahl auf die Platte. Die so im Hologramm erzeugten Interferenzstreifen tragen der Natur dieses Referenzstrahls Rechnung.

Wenn im Transferaufbau das fertige Mutterhologramm von der anderen Seite beleuchtet wird, um das reelle Bild zu erzeugen, benutzt man einen konvergierenden Strahl, der quasi dem ursprünglichen, divergierenden Referenzstrahl umgekehrt entspricht. Auf diese Art kodiert man in den Objektstrahl eine kompensierte und farbkorrigierte Linsenfunktion mit ein, die dann hinterher im endgültigen Hologramm auf der Bildebene mit abgebildet wird. Wenn dieses endgültiges Hologramm in weißem Licht betrachtet wird, überlagern sich die unterschiedlichen Wellenlängen, die in der Nähe der Bildebene gebeugt werden, auf dieselbe Position. Diese Überlagerung verursacht dann ein schwarz-weißes Bild. Das Ausmaß der Raumtiefe, über die man ein schwarz-weißes Bild erhält, hängt von dem Grad der Divergenz/Konvergenz ab; es hängt außerdem davon ab, wie korrekt der divergente Referenzstrahl (beim Erstellen des Mutterhologramms) den konvergenten Beleuchtungsstrahl des Mutterhologramms widerspiegelt (beim Erstellen des Transfers). Typisch jedenfalls für weißes Licht, das über längere Entfernungen als einige Zentimeter gebeugt werden soll, ist die Farbverschmierung. Der Hauptvorteil dieses Hologramms gegenüber einem Regenbogenhologramm ist die Parallaxenfreiheit in alle

[1]Wir überlegen uns, ob man nicht einmal einen Wettbewerb ausschreiben sollte, um einen passenden Namen für diesen Hologrammtyp zu finden. Der einzige Grund für die Benutzung des Begriffs »Offene Blende« ist die Unterscheidung von der »Spaltblende« des Regenbogenhologramms. Wir finden, es sollte ein besserer Name dafür gefunden werden.

Richtungen und eine relative Einfarbigkeit. Der Nachteil ist der Verlust der Abbildungsschärfe in der Raumtiefe.

Die folgenden Zeichnungen vom Aufbau zeigen, wie Transferhologramme liegend aufgenommen werden, um so den Einsatz von Überkopf-Halterungskomponenten zu vermeiden, genau wie bei den Regenbogenhologrammen. Das Wichtigste ist, sich daran zu erinnern, daß bei der Aufnahme des Mutterhologramms ein ebener Spiegel für den Referenzstrahl und im Transferaufbau ein Kollimierungsspiegel für die Beleuchtung des Mutterhologramms benutzt wird. Dabei muß darauf geachtet werden, daß die Konvergenz beim Transferaufbau der Divergenz beim Mutterhologramm reziprok entspricht.

Offene Blende-Mutterhologramm

Der Laserstrahl sollte wie üblich über den Umlenkspiegel (1) ungefähr parallel entlang der Kante vom Tisch gelenkt werden. Das zu holographierende Objekt (2) kann man ungefähr in der Mitte des Tischs in eine kleine Sandmulde legen, ca. 120-150 mm von dem Plattenhalter (3) entfernt. Dieser sollte ca. 150-180 mm über dem normalen Niveau des Sands in einem Neigungswinkel von 40-45 Grad gesteckt werden, so daß der Referenzstrahl ungehindert am Objekt zwischen Plattenhalter und dem Spiegel im Referenzstrahl (4) vorbeistrahlen kann (der Spiegel sollte ein 200 x 250 mm (8 x 10 inch) oder 275 x 350 mm (11 x 14 inch) großer, ebener Oberflächenspiegel sein). So kann sich der Strahl auf seinem Weg kontinuierlich weiter ausbreiten (divergieren), bis er die weiße Pappe im Plattenhalter gleichmäßig ausleuchtet. Diesen Strahl läßt man natürlicherweise bevorzugt durch einen variablen Strahlenteiler (5) laufen. Von nun an kann man die Länge des Referenzstrahls bestimmen, d.h. die Weglänge vom variablen Strahlenteiler zum Spiegel im Strahlengang bis zum Plattenhalter. Um noch einmal daran zu erinnern: diese Länge sollte natürlich der des später noch aufzubauenden Objektstrahls entsprechen. Der erste Spiegel im Objektstrahlengang (6) soll, wie in der Zeichnung dargestellt, den anderen Strahl auf das Objekt lenken. Ein 50:50 Strahlenteiler (7) wird in den Strahlengang des Objektstrahls eingebracht, um Licht auf den zweiten Spiegel im Objektstrahl (8) richten zu können. Dieser befindet sich rechts neben dem Plattenhalter, fängt das Licht auf und lenkt es auf das Objekt. Bringt man, wie gezeigt, eine Linse (9) in den Strahlengang ein, so wird von dem zweiten Objektspiegel ein aufgefächerter Lichtstrahl auf das Objekt reflektiert. Ähnlich wird eine zweite Objektlinse (10), die links neben dem Plattenhalter plaziert wird, ebenfalls den Laserstrahl für die Objektbeleuchtung auffächern. Die Anordnung der wenigen übrigen Komponenten wird bestimmt durch die Notwendigkeit der Weglängenangleichung von Referenz- und Objektstrahl. Noch einmal: die Länge jedes Objektstrahls sollte der des vorher gemessenen Referenzstrahls gleichen. Dabei ist z.B. die Länge des ersten Objektstrahls gleich dem Weg vom Strahlenteiler zum ersten Objektstrahlspiegel und weiter zum Objekt und zur Platte.

Die Länge des zweiten Objektstrahls entspricht der Entfernung vom ersten Strahlenteiler zum zweiten, zum zweiten Objektstrahlspiegel, zum Objekt und zum Plattenhalter. Zu diesem Zeitpunkt sollte man nun die Lochblende oder den Raumfilter (11) zur »Säuberung« des Strahls in den Aufbau einbringen. Die Messung für die Ratioeinstellung sollte ein Verhältnis von ca. 4:1 ergeben und wird in genau der gleichen Art durchgeführt wie beim Transmissionshologramm. Die Abschattung von Streulicht (12) sollte sorgfältig durchgeführt werden. Sowohl die normalen Abschattpappen, als auch die um die Lochblenden sind wichtig, um Streulicht abzublocken. Die wichtigste ist dabei die zwischen (7) und (9) plazierte; diese Pappe läßt nur den benötigten Strahl durch und verhindert alles sonstige Licht, das auf die Hologrammplatte treffen könnte.

Jetzt ist es an der Zeit, sich um die Divergenz des Strahls zu kümmern. Dafür mißt man die Entfernung vom Plattenhalter (3) zum großen Planspiegel (4) und weiter zum Raumfilter (11). In derselben Entfernung muß hinterher im Transferaufbau der konvergierende Beleuchtungsstrahl des Mutterhologramms hinter diesem seinen Fokus haben. Nun kann man sichergehen, daß der Divergenzwinkel des Referenzstrahls bei der Aufnahme des Mutterhologramms dem Konvergenzwinkel des Beleuchtungsstrahls des Mutterhologramms beim Transferaufbau entspricht. Die Einstellung des Winkels erreicht man, indem man den Raumfilter vor- und zurückschiebt, bis man dieselbe Entfernung des Fokuspunkts erhält.

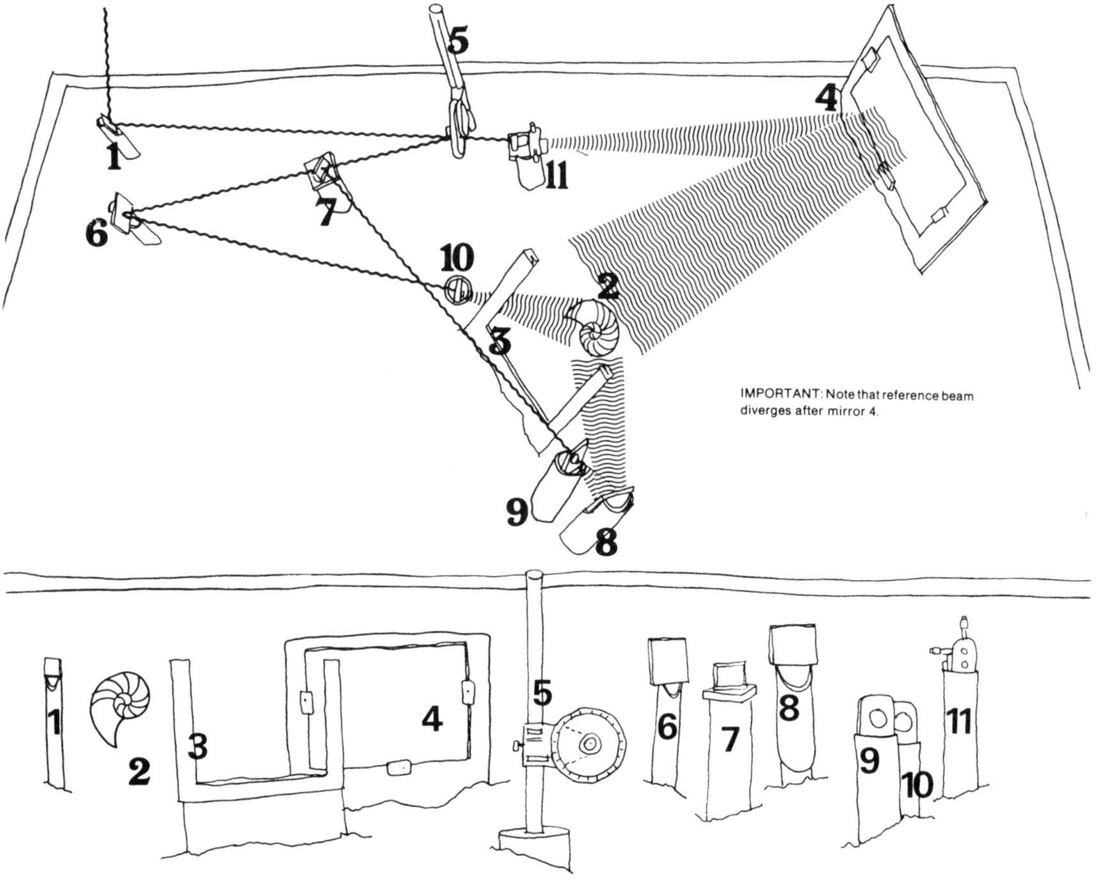

IMPORTANT: Note that reference beam diverges after mirror 4. =
WICHTIG: Beachten Sie, daß der Referenzstrahl nach Spiegel (4) divergiert.

Offene Blende-Transfer

Zuerst steckt man den Umlenkspiegel (1) so, daß der Strahl entlang der Mitte des Tischs verläuft. Vor dem Spiegel teilt man den Strahl mit einem variablen Strahlenteiler (2), um einen Teil des Strahls auf einen Umlenkspiegel (3) für die Beleuchtung des Mutterhologramms zu lenken. Dieser Teilstrahl wird wiederum durch eine Linse (4) aufgefächert, bevor er den Kollimierungsspiegel (5) erreicht, der sich auf der entgegengestzten Seite des Tischs befindet. (Anmerkung: Die Plazierung der Linse bestimmt, ob das Licht richtig konvergiert, nachdem es vom Kollimierungsspiegel reflektiert wurde.) In diesen konvergierenden Strahl stellen wir nun den Plattenhalter für das Mutterhologramm (6), und zwar dort, wo das Bild des Mutterhologramms am hellsten rekonstruiert wird.

Diesen Strahl, der das Bild vom Mutterhologramm abruft und es in Richtung Transfer transportiert, betrachtet man hier als den eigentlichen Objektstrahl. Für den späteren Gebrauch sollte die Weglänge des nun fertigen Objektbeleuchtungsstrahls gemessen werden (vom Strahlenteiler (2) zum Umlenkspiegel (3), zum Kollimierungsspiegel (5), zum Plattenhalter des Mutterhologramms (6), zum zweiten Plattenhalter (7)).

Der Plattenhalter für das Transferhologramm (7) kann 120-140 mm hinter dem des Mutterhologramms (6) plaziert werden oder da, wo Ihnen das fokussierte Bild am besten gefällt. Um den Aufbau fertigzustellen, fügen wir einen Referenzspiegel (8) hinzu. Die Weglänge des Referenzstrahls (die Länge vom Umlenkspiegel (1) zum Referenzspiegel (8), zur Mitte des zweiten Plattenhalters (7)) muß wieder der des vorher gemessenen Objektstrahls angeglichen werden.

Auch der Referenzstrahl wird durch einen richtig plazierten Raumfilter (9) gesäubert und aufgefächert. Breitet man ein schwarzes Tuch zwischen den beiden Plattenhaltern aus, kann man sich gut gegen Streulicht schützen. Um jegliches Referenzlicht auf dem Mutterhologramm zu vermeiden, stecken wir eine wichtige Abschattpappe gleich neben den Plattenhalter des Mutterhologramms.

Wie bei anderen Transmissionshologrammen beträgt das gewünschte Lichtratio 4:1 (Refernzstrahl:Objektstrahl). Auch die Belichtung und Entwicklung entspricht dem Vorgehen bei normalen Transmissionshologrammen. Das fertige Hologramm wird am besten mit einer weißen Punktlichtquelle auf die gleiche Art wie ein Regenbogenhologramm ausgeleuchtet.

Bei unserem Aufbau fällt auf, daß die meisten Optiken an einem Ende des Tischs versammelt sind, während sich der Kollimierungsspiegel am anderen Ende befindet. Dies liegt an der Brennweite unseres Spiegels von 54.6 inch. Um eine Konvergenz, bzw. Divergenz zu erreichen, muß die Ausbreitung des Lichts entsprechend vor oder hinter dem Brennpunkt des Kollimierungsspiegels anfangen.

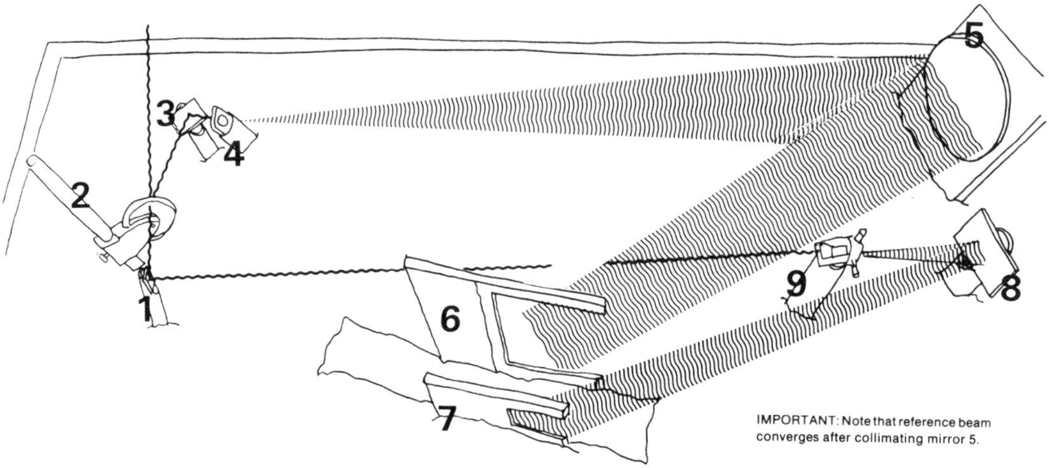

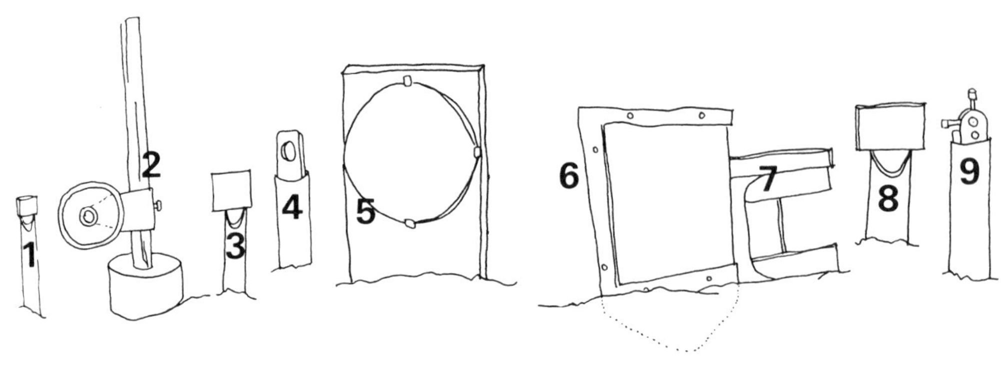

Weitere Hologramme für Fortgeschrittene

Das Gebogene Hologramm

Gebogene Hologramme nützen den räumlichen Vorteil des Mediums besser aus als flache Platten. Sie bieten größere Betrachtungswinkel, bis zu 360 Grad wenn man will, wobei sie einem erlauben, um das ganze Hologramm herumzulaufen und das Objekt von allen Seiten zu betrachten.

Gebogene Hologramme sind etwas kniffliger zu handhaben als flache Platten. Neben den Stabilitätsproblemen, die ein dünner Film mit sich bringt, muß man noch mehr auf Streulicht achten und auf Diskrepanzen in den Belichtungswinkeln, die sich auf einer gebogenen Oberfläche verändern. Es gibt jedoch Lösungen für diese Probleme, wie wir sehen werden.

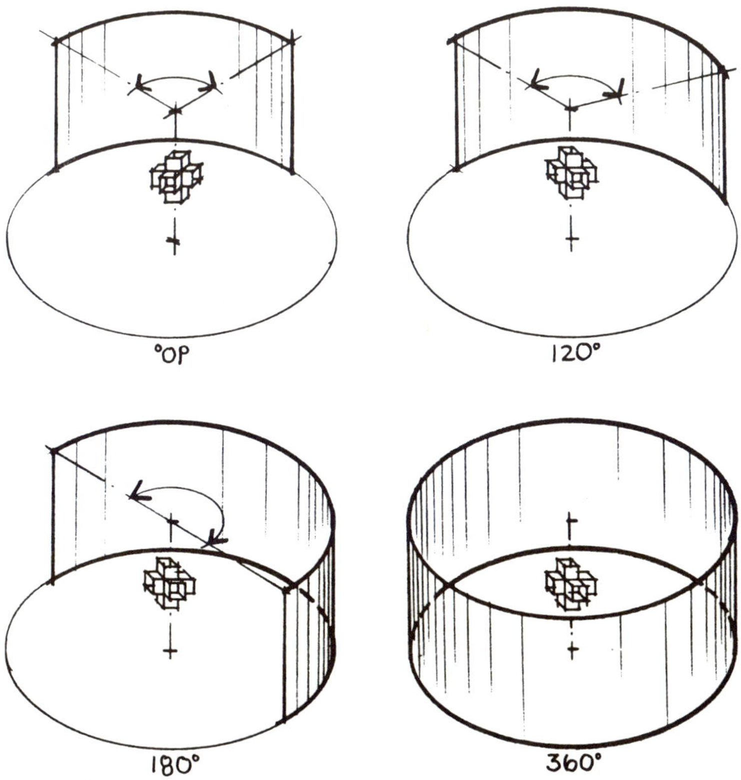

Das 360 Grad-Hologramm

Das einzige neue Ausrüstungsstück für 360 Grad-Hologramme ist ein Gerät, das den Film hält. Ein guter Filmhalter ist ein Plastikzylinder (in den meisten Plastikgeschäften erhältlich), mit ein paar Zentimetern Durchmesser und einige Zentimeter lang. Die Größe des Zylinders wird von dem gewählten Film abhängen, der von 35 mm Breite bis hin zu 250 - 300 mm erhältlich ist. Am besten, man fängt klein an, bis man es raushat.

Die Anordnung kann extrem einfach sein, wobei man einen Einzelstrahl und eine Linse benutzt (wenn möglich einen Raumfilter). Das Objekt ist in der Zylindermitte und ein einzelner aufgefächerter Strahl beleuchtet sowohl das Objekt als auch die Innenwand als Referenzstrahl. Der Film wird mit Tesafilm fest an die Innenseite des Zylinders geklebt, ein bis zwei Stunden in Ruhe gelassen und dann belichtet. Der Film wird entrollt, als Transmissionshologramm entwickelt und dann betrachtet, indem man ihn wieder in den Zylinder einsetzt und mit dem Laser anstrahlt.

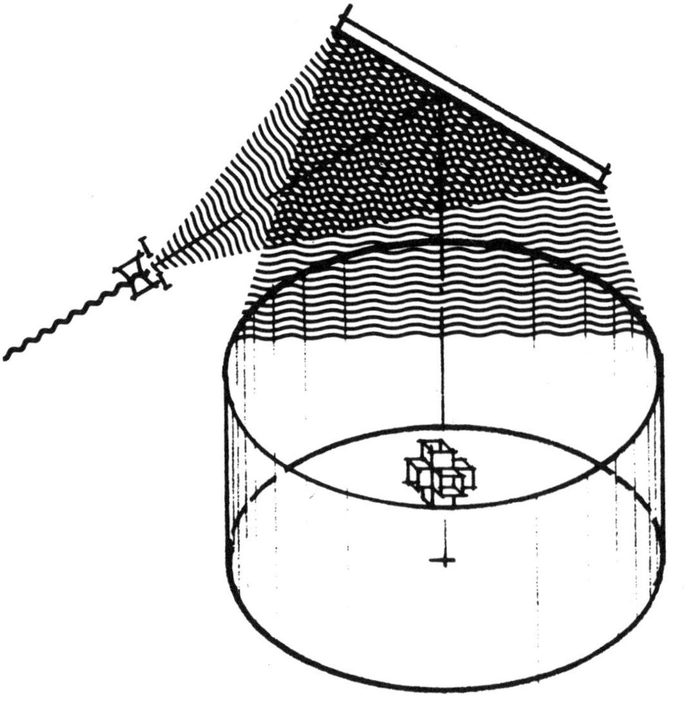

Diese Anordnung hat zwei Vorteile: die Einfachheit der Optiken macht es geeignet für Laser mit wenig Leistung, und deswegen wird ungewolltes Licht auf ein Minimum reduziert (ein Dauerproblem bei gebogenen Hologrammen).

Der Hauptnachteil ist die mangelnde Kontrolle über das Referenz:Objekt-Lichtratio, und die Tatsache, daß das Objekt nur von einer Seite beleuchtet ist.

Man kann diese Anordnung auf viele verschiedene Arten konstruieren. Ideal ist es, den Zylinder aufrecht auf den Tisch zu stellen und Licht, das das Objekt umgibt, von oben darauf zu richten. Dazu braucht man einen Spiegel über dem Aufbau, um das Licht nach unten zu lenken. Man kann sich einen solchen Spiegel bauen oder schummeln, indem man ein Loch in den Sand gräbt und mit Hartholz stabilisiert. Zylinder und Objekt kommen dann auf den Grund dieses Loches. Ein Spiegel am Rand lenkt den Strahl nach unten.

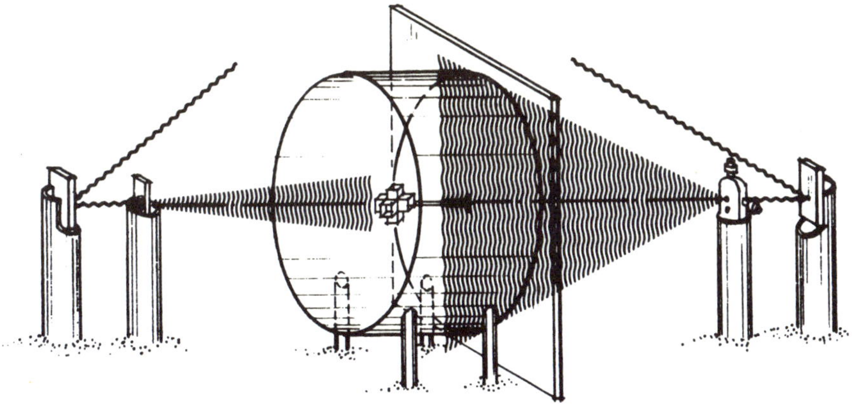

Eine andere Methode besteht darin, das Objekt auf eine Unterlage (zum Beispiel Glas) zu stellen. Dann wird der ganze Zylinder im Sand auf die Seite gelegt und der Strahl kann parallel zur Tischoberfläche laufen. Das Hologramm wird »glauben«, der Strahl kommt von oben.

Viele Objekte werden bei Einstrahlenanordnungen schlecht ausgeleuchtet sein. Der Strahl kann geteilt und ein Strahl in das andere Ende des Zylinders gerichtet werden, um das Objekt von unten zu beleuchten. Es ist dabei wesentlich, daß kein Licht die Wände des Zylinders trifft - es darf nur als Objektlicht Verwendung finden.

Es ist schwierig, aber möglich, das Licht durch ein passendes Loch in eine Pappe zu lenken oder, noch besser, durch eine alte Kameraverschlußöffnung, die eingestellt werden kann.

Noch eine andere Methode verwendet einen Spiegel genau unter dem Objekt, um von unten zu beleuchten.

Wenn Sie zufällig einen kleinen Parabolspiegel haben mit einer Brennweite von nur ein paar Zentimetern, dann können Sie versuchen, ihn am Ende des Zylinders gegenüber dem Referenzstrahl aufzustellen. Der Spiegel wird das Licht auf das Objekt in der Zylindermitte fokussieren und dabei helfen, Licht von den Innenwänden abzuhalten. Derselbe Effekt wird erreicht, wenn man den Spiegel durch eine Konvexlinse ersetzt und eine Strahlenteileranordnung benutzt.

Man muß bei allen diesen Anordnungen auf eines achten: Beleuchten Sie die Seite des Objekts, die vom Referenzstrahl abgewandt ist, wobei kein Licht des Objektstrahls auf den Zylinder fallen darf.

Zwei Dinge sollte man bedenken, wenn man ein Objekt für ein 360 Grad-Hologramm auswählt. Zunächst sollte das Objekt klein sein im Verhältnis zur Größe der Zylinderwand. Zweitens sollte es relativ hell sein, wenn ein Einstrahlenaufbau benutzt wird, da das Ratio nicht abgestimmt werden kann.

Hologramme mit weniger als 360 Grad können oft mit einer konventionelleren Mehrstrahlentechnik hergestellt werden. Machen Sie sich erst mit Platten von geringerer Krümmung vertraut (z.B. sollte man erst 120 Grad beherrschen, bevor man 180 Grad anpackt).

Die beiden wichtigsten Punkte, die man bei dieser Art Hologramm bedenken muß, sind: 1) die Auswirkungen unterschiedlicher Oberflächenwinkel auf einen festen Referenzstrahl und 2) die Schwierigkeit der Objektbeleuchtung, ohne daß das Licht direkt die gebogene Platte erreicht, die teilweise um das Objekt geht.

Das Referenzstrahlproblem wird in den Abbildungen 1 bis 4 demonstriert.

In Abb. 1, wo ein divergierender Referenzstrahl eine flache Platte trifft, erreicht das Licht die Platte bei A in einem leicht veränderten Winkel als bei B. Gewöhnlich ist diese Winkeldifferenz nicht groß genug, um die Wirkung des Hologramms sichtbar zu verändern.

Die Winkel des Rekonstruktionslichtes beim Betrachten werden mit den Originalreferenzwinkeln übereinstimmen, so daß das Bild korrekt rekonstruiert wird.

Wie in Abb. 2 gezeigt, kann der Winkel besser kontrolliert werden, wenn man den Referenzstrahl kollimiert und dabei sicherstellt, daß das Licht alle Teile des Hologramms gleichmäßig trifft.

Im Falle des gebogenen Hologramms in Abb. 3 wird klar, daß der gewünschte Einfallwinkel bei B und C, nicht aber bei A und D erreicht wird. Der Referenzstrahl trifft A mit beinahe 90 Grad, während D fast keine Oberflächenbelichtung bekommt. Je größer die Krümmung, umso mehr wird das zum Problem. Hier bringt auch Kollimierung keine Abhilfe.

Ein Ausweg ist, den Referenzstrahl von oben einfallen zu lassen, wie Abb. 4 zeigt, was wir ja mit dem 360 Grad-Hologramm auch gemacht haben. Bei einem solchen Aufbau, erreicht das Licht alle Punkte etwa im selben Winkel, vorausgesetzt die Krümmung der Platte entspricht der Auffächerung des Lichtes.

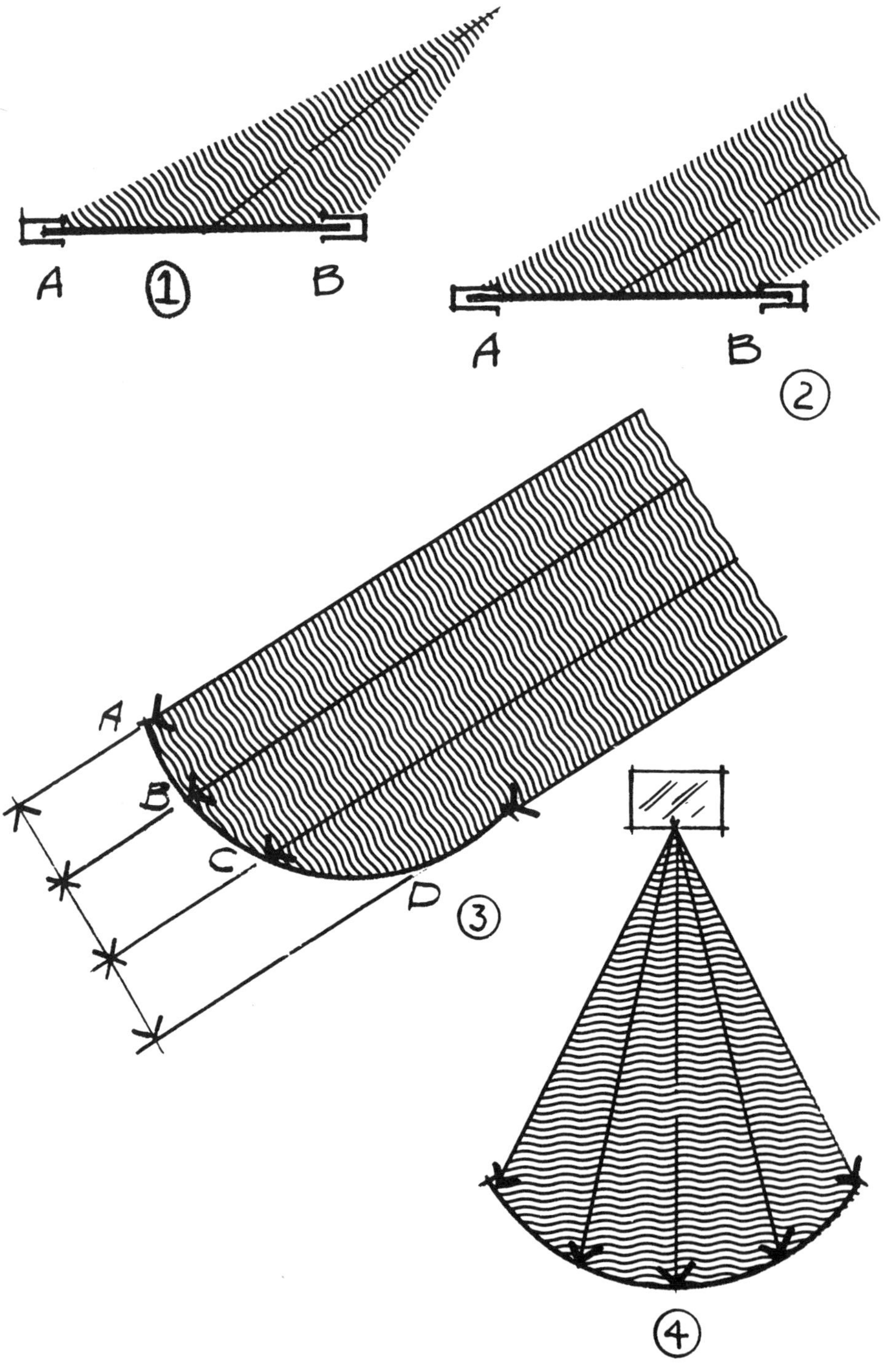
A
1
B
A
B
2
A
B
C
D
3
4

Die nächste Frage ist, wie man Objektbeleuchtung um eine gekrümmte Oberfläche schmuggeln kann. Abb. 5 demonstriert, was passiert, wenn man eine herkömmliche Anordnung für flache Platten in eine Anordnung für gekrümmte Platten (gestrichelte Linien) umwandelt.

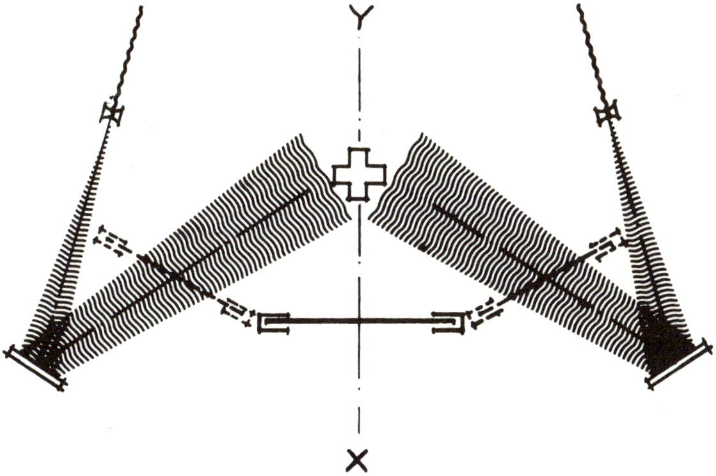

⑤

Die gekrümmte Oberfläche wird vom Objektstrahl beleuchtet.

Die Lösung ist wieder eine Beleuchtung von oben. Wenn wir uns vorstellen, man könnte die beiden Objektspiegel aus der Seite hier herausnehmen und auf das Objekt zu kippen, wird das Licht an der Platte vorbeigehen. Das mag vereinfacht werden, wenn man will, indem man einen einfachen, oben angebrachten Spiegel im Objektstrahl bei X plaziert, hinter der Plattenmitte. Der Spiegel im Referenzstrahl von oben sollte bei Y angebracht werden - in einigem Abstand hinter dem Objekt.

Die Mutter für gebogene Hologramme

Eine gebogene Platte kann als Mutterhologramm verwendet werden, um gewöhnliche, bei Weißlicht sichtbare Kopien zu machen. Der Hauptvorteil bei der Verwendung einer gebogenen Mutter gegenüber einer flachen Platte ist der erweiterte Betrachtungswinkel, den man auf dem Transfer erreicht. In der ersten Zeichnung (A) wird der Betrachtungswinkel des Objektes von der Größe der flachen Platte bestimmt - das wird die Winkelbegrenzung auf dem endgültigen Hologramm sein.

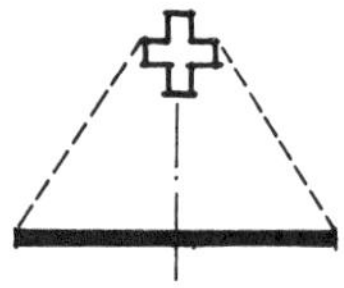

A

Eine größere Platte (B) wird einen größeren Betrachtungswinkel ergeben.

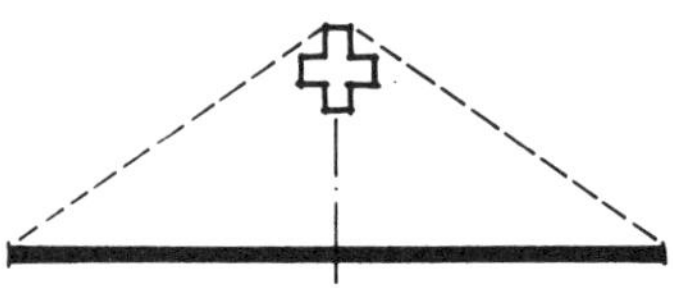

B

Eine gebogene Platte (C) wird diesen Winkel maximieren, indem sie denselben Effekt erzielt wie eine unendlich große Platte.

Die gebogene Platte C sieht sehr viel mehr vom Objekt als die flachen Platten A oder B. Der Transfer von einer gebogenen Mutter wird ebenfalls mit einem viel größeren Winkel betrachtet werden können.

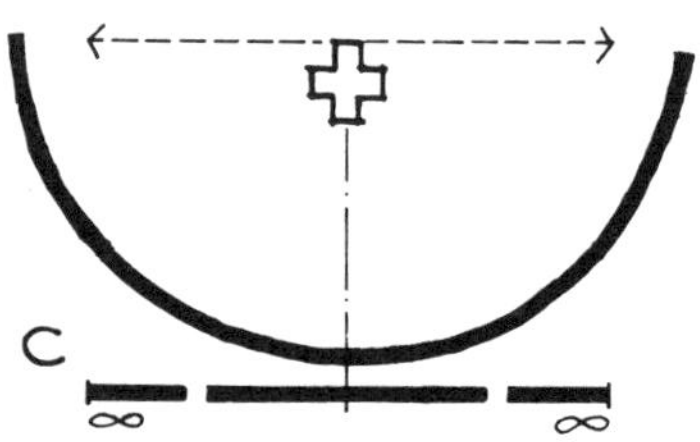

C

Die Schwierigkeit taucht auf, wenn man die Mutter für den Transferschritt beleuchten will. Das Problem hat wieder mit der Winkelbeziehung zwischen Licht und Oberfläche zu tun. Wenn die Mutter von einer Punktlichtquelle beleuchtet wird, wird das Licht in verschiedenen Winkeln einfallen, wobei nur die Zentralachse mit dem Referenzwinkel übereinstimmt (s. Abb. D). Ideal wäre es, einen konjugierten Strahl zu haben, oder Licht, das sich in den Punkt fokussiert, wo beim Mastering die Lochblende war. Man bräuchte eine gewaltige Konvergieroptik, um das fertigzubringen (z.B. einen sehr großen Parabolspiegel außerhalb des Umkreises der Mutter).

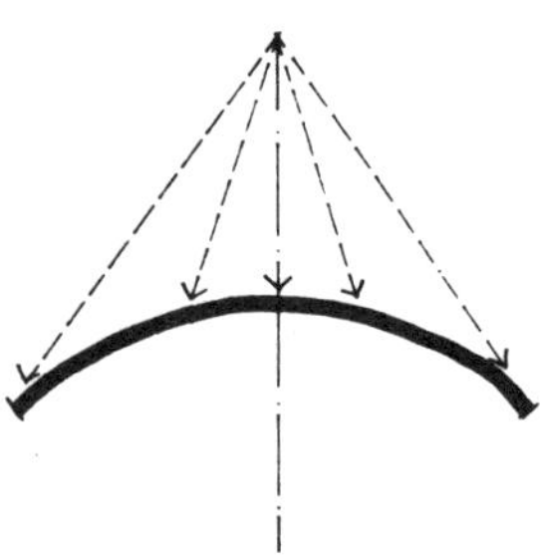

D

Diese Art Spiegel kann sehr teuer sein und ist wegen seiner Größe schwer zu handhaben. Der Effekt kann annähernd erreicht werden, wenn man eine Reihe flacher Spiegel in einem Bogen aufbaut, der der Krümmung der Mutter entspricht (s. Abb. E).

Wie man sehen kann, muß der Beleuchtungsstrahl ein ganz schönes Stück aufgefächert werden, um alle Spiegel zu erreichen. Aus diesem Grund wird diese Art der Hologramm herstellung nur für Leute empfohlen, die stärkere Laser haben.

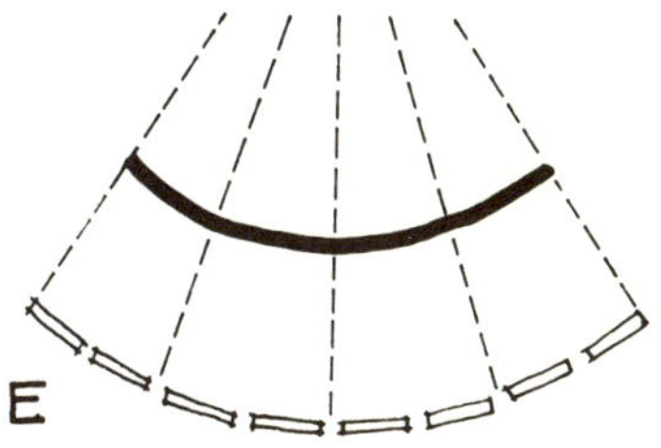

Es gibt vielleicht einen besseren Weg, dieses Problem anzugehen. Man könnte eine gebogene Mutter herstellen und sie dann für die Bildebenenherstellung gerade biegen. Um die Mutter herzustellen, verwenden wir einen Referenzstrahl von oben, der sich im gleichen Maß auffächert wie die Krümmung des Films. Horizontal gesprochen ist jetzt jeder Strahl rechtwinklig zur Filmoberfläche. Wenn jetzt die Mutter abgeflacht wird, kann sie mit einer kollimierten, ebenen Welle beleuchtet werden. Jeder Teil der Mutter wird sich auf der Bildebene rekonstruieren, obwohl dieses Bild zu den Seiten hin verzerrt sein wird. Jetzt belichten wir die Hologrammkopie flach. Um die Kopie zu betrachten, wird sie genauso gebogen wie die Mutter, um die Verzerrung zu korrigieren. Das Resultat ist ein gebogenes Bildebenenhologramm mit einem großen Betrachtungswinkel um das Objekt. Das Bildebenenhologramm kann als Weißlichthologramm sichtbar gemacht werden und das Bild kann, wenn gewünscht, ein Stück vor dem Film herausstehen. Tatsächlich kann diese Technik für Mütter bis zu 360 Grad benutzt werden, wodurch ein ganzer Bildebenenzylinder hergestellt werden kann.

Holographische Stereogramme oder Multiplex

Eine der offensichtlichsten Limitierungen der konventionellen Holographie ist die Schwierigkeit, lebende Subjekte oder Szenen im Freien festzuhalten. Sie werden gemerkt haben, daß wir keine Anweisungen gegeben haben, wie man ein Hologramm von Tante Martha und ihrer Katze macht. Gewöhnliche Hologramme dieser Art können nur mit einem enorm teuren und schwierig zu handhabenden Pulslaser gemacht werden. Pulsholographie wird anschließend in diesem Kapitel kurz erläutert, aber nur ein paar Privilegierte werden wahrscheinlich jemals in die Nähe eines Pulssystems geraten, das für Portraits geeignet ist.

Es gibt aber eine andere, sehr erfinderische Art, ein »Portrait«- Hologramm zu machen. Das Konzept bezieht zuerst die Photographie ein und speichert dann eine Serie von Bildern holographisch. Das wird eine etwas komplexe Aufgabe, aber sie ist, im Gegensatz zu Pulslasern, im Rahmen des Möglichen.

Was passiert, wenn wir ein Hologramm von einem Photo machen? Das Bild wird zweidimensional sein - wie das Photo und so flach wie ein Stück Papier. Angenommen, zwei Photos von einer Person werden aus leicht verändertem Winkel aufgenommen. Wenn jedes Auge ein anderes Bild sieht, entsteht eine dreidimensionale Illusion. Das ist das Funktionsprinzip der Stereophotographie. Gewöhnlich braucht man besondere Geräte oder Spezialbrillen, um Stereophotos zu betrachten, um sicherzustellen, daß jedes Auge nur den richtigen Blickwinkel hat.

Wenn man jetzt Photos aus vielen verschiedenen Perspektiven macht, enthalten die Bilder zusammen alle notwendigen Informationen über die Vielfalt an Ansichten eines Subjekts, genau wie ein Hologramm. Ein Hologramm, das aus diesen Ansichten zusammengestellt wird, kann ein 3-D-Stereoskopbild liefern, das ohne Spezialbrillen betrachtet werden kann.

Diese Art Hologramm hat viele Namen: Multiplexhologramm, Integralhologramm, holographisches Stereogramm und so fort. Der Streit um den besten Namen hält noch an. Hologramme dieser Art wurden erstmals 1967 in der Fachliteratur von Robert Pole von »IBM« erwähnt. In den nächsten Jahren gab es eine Reihe von Verbesserungen, die erwähnenswerteste 1973 von Lloyd Cross, und zuerst angeboten von der »Multiplex Company«. Die Technik von Cross ist immer noch die erfolgreichste und meistgenutzte für diese Art Hologramm. Eine Filmkamera wird verwendet, um die vielfältigen fotografischen Ansichten vom lebenden Subjekt für den Zwischenschritt zum fertigen Hologramm herzustellen. Das ganze funktioniert so:

Um schnell und einfach alle Blickwinkel aufzuzeichnen, nimmt eine festmontierte Filmkamera ein Subjekt auf einer Drehscheibe auf (oder das Subjekt bleibt still und die Kamera wird mit konstanter Geschwindigkeit darum herum bewegt). Im Normalfall entspricht jedes neue Filmbild einer Veränderung von $^1/_3$ Grad in der Betrachtungsposition. Filmtechniken wie Ausblendungen, Überblendungen, Zoom und Trickfilm können angewandt werden. Sogar von Computern erzeugte Bilder kann man verwenden.

Ein Hologramm wird hergestellt, indem man den Film durch einen speziell entworfenen optischen Drucker laufen läßt. Jedes Filmbild wird auf eine zylindrische Linse projiziert, die das Bild auf einen nur einen Millimeter breiten Streifen reduziert, mit einer Höhe, die der des fertigen Hologramms entspricht (gewöhnlich 200 bis 300 mm). Der Streifen wird auf die Ebene eines holographischen Films fokussiert, der auf eine gebogene Platte montiert ist. Ein Referenzstrahl wird von oben (oder unten) herangebracht, und ein einzelnes reduziertes Streifenhologramm entsteht. Jedes nachfolgende Filmbild wird zu einem solchen Hologramm. Vor jeder neuen Belichtung wird die Platte etwas verschoben, so daß eine Reihe nacheinander folgender Streifenohlogramme entsteht.

Optischer Drucker zur Herstellung von holographischen Stereogrammen.

Am Ende des Prozesses sind nicht weniger als 1080 einzelne Streifenhologramme nebeneinander belichtet worden (im Fall eines 360 Grad-Hologramms). Manchmal ist es notwendig, jedes Bild zweimal umzusetzen, was 2000 Hologramme auf ein Stück Film bringt! Es kann über 9 Stunden dauern, um den ersten 360 Grad-Abzug herzustellen! Der Film wird dann wie ein normales Hologramm entwickelt und Kontaktkopien können mit einer Kopiervorrichtung hergestellt werden.

Wenn das fertige Stück beleuchtet wird, projiziert jedes einzelne Streifenhologramm ein virtuelles Bild, das zweidimensional ist, wie der Kamerafilm. Jedes Auge sieht jedoch einen etwas veränderten Streifen und wir nehmen drei Dimensionen wahr. Dazu kommt, daß die Optik des Cross-Printers so entworfen ist, daß vertikale Information wie bei Regenbogenhologrammen reduziert wird, weshalb man das Multiplex mit einer klaren Glühbirne beleuchtet sehen kann. Das Resultat ist ein bewegliches, außergewöhnlich helles Regenbogenhologramm von lebenden Subjekten oder im

Freien aufgenommenen Szenerien in verblüffender Dreidimensionalität.

Holographische Stereogramme gehören zu den am häufigsten ausgestellten Hologrammen. Wir sehen sie in Schaufenstern, bei Messen, Museumseröffnungen usw. Für viele von uns war diese Art Hologramm das erste, das wir überhaupt zu Gesicht bekommen haben. Vor kurzem kamen noch weitere technische Verbesserungen dazu. Bill Molteni und Rudi Berkhout haben achromatische Stereogramme entwickelt, die flach betrachtet werden und nicht in einem gebogenen Zylinder. Unter Verwendung verbesserter optischer Komponenten hat Lloyd Cross größere Bilder vervollkommnet, die auf oder jenseits der Filmebene abgebildet werden können, und die Linien zwischen den einzelnen Streifenbildern sind kaum noch sichtbar. Vollfarbige Stereogramme scheinen im Bereich des Möglichen.

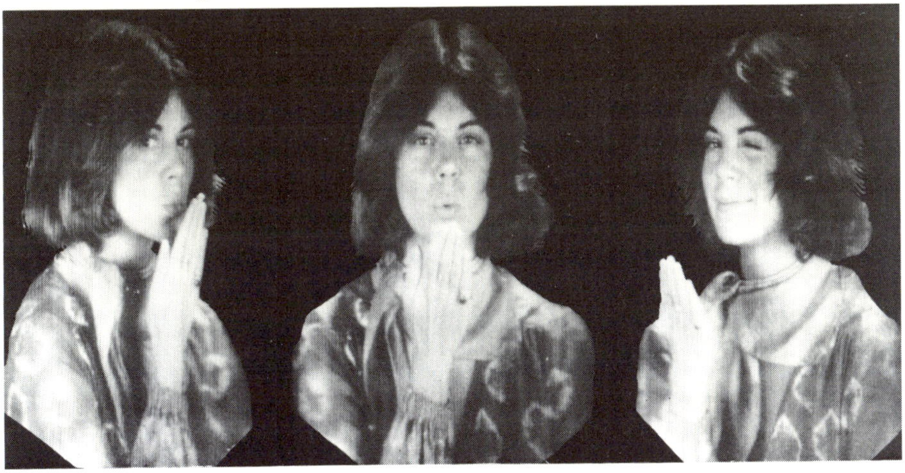

»Kiss II«, holographisches Stereogramm von Lloyd Cross und Pam Brazier.

Wegen der Verwendung von Filmtechnik und dem verblüffenden Effekt beweglicher 3-D-Bilder, werden Stereogramme oft als »holographische Filme« bezeichnet. In Wahrheit sind sie eher mit den Kartenblättergeräten des 19. Jahrhunderts verwandt als mit wirklichen Filmen. In der Welt des holographischen Kinos ist Edison noch nicht auf der Szene erschienen.

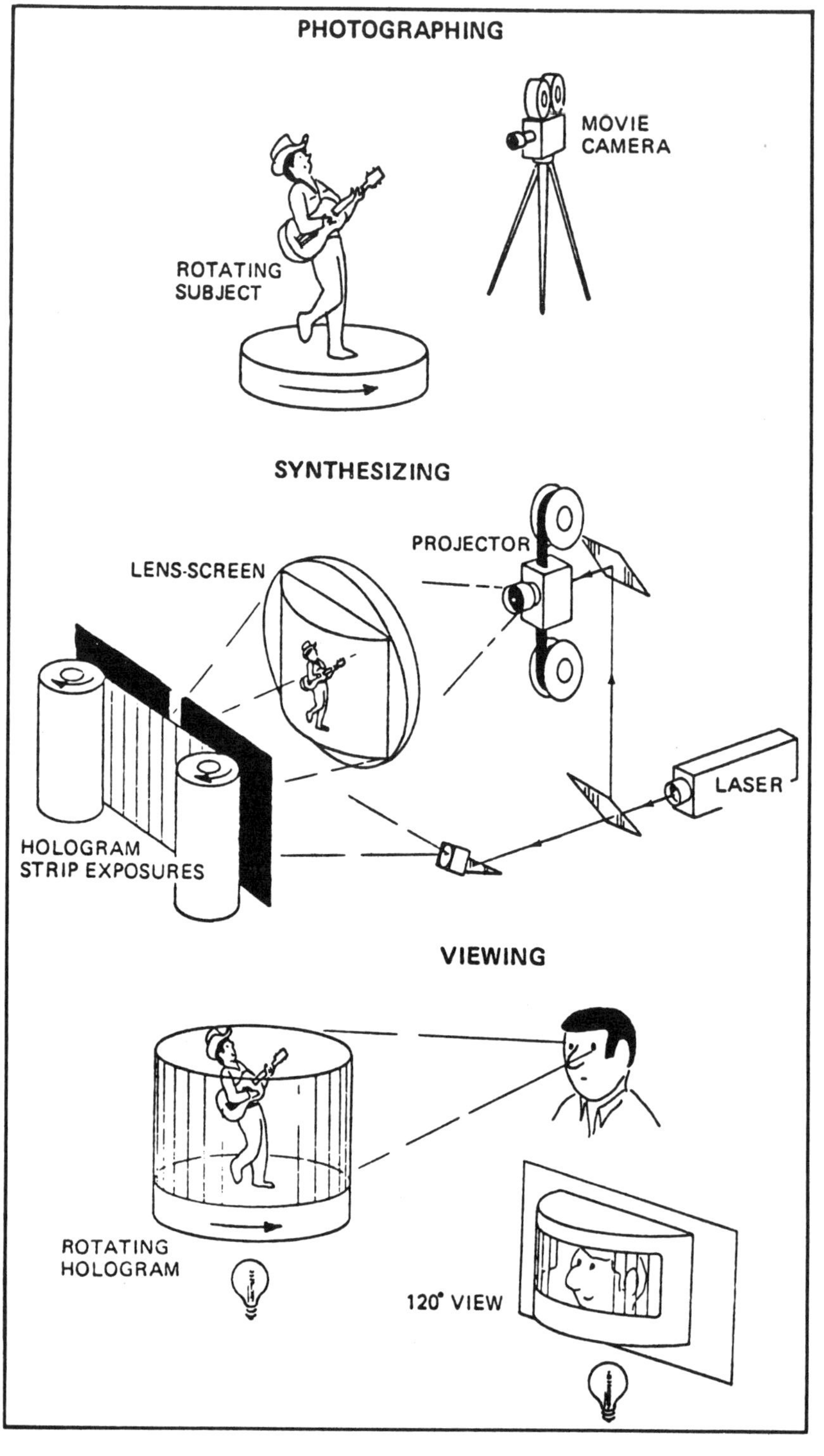

photographing = *Filmen*
rotating subject = *Subjekt auf Drehscheibe*
movie camera = *Filmkamera*
synthesizing = *Umsetzung*
lens-screen = *Linsenschirm*
projector = *Projektor*
hologram strip exposures = *Hologramm Streifenbelichtung*
laser = *Laser*
viewing = *Betrachten*
rotating hologram = *rotierendes Hologramm*
120° view = *120 Grad Blickwinkel*

Herstellung eines »Leslie«-Stereogramms

Der Bau oder Gebrauch eines Multiplex-Druckers geht weit über die Absichten dieses Buches hinaus. Aber man kann durchaus eines von Lloyd Cross' frühen Experimenten nachmachen. Vor dem Drucker benutzte Cross eine Serie von 35 mm-Dias eines Frauenportraits, aufgenommen aus einer Anzahl verschiedener Blickwinkel. Jedes Dia wurde einzeln auf einen Diffusionsschirm projiziert. Eine Abdeckblende in der Form eines vertikalen Schlitzes wurde über der holographischen Platte angebracht. Von jedem projizierten Dia wurde ein Streifenhologramm nach dem anderen auf die Platte belichtet. Das Resultat war ein grobes Beispiel für das, was das Stereogramm später liefern sollte. Das Hologramm wurde »Leslie-Typ« genannt (benannt nach der Frau, Leslie, die auf diesem ersten zu sehen war). Leslie-Hologramme sind nicht schwer herzustellen, wenn man ein wenig Geduld hat. Das folgende Projekt kann interessant sein:

Man braucht:

- Filmkamera (vorzugsweise 16 mm, aber jede andere tut's auch. Falls man 8 mm verwenden will, sind die alten 8 mm-Kameras am besten, weil der Filmtransport darin besser funktioniert als bei den neuen mit Kassetten).
- Drehscheibe oder irgendeine Methode, das Subjekt gleichmäßig zu drehen.
- einen alten Projektor, den man ausschlachten kann.
- eine alte Schreibmaschine (ja, ganz richtig), die man ausschlachten kann.
- einen Diffusor, mindestens 200 x 250 mm, wenn möglich größer, für Rückprojektion.
- Material für einen Spezialplattenhalter, wie unten beschrieben.
- Gewöhnliche optische Komponenten für Holographie.

Filmen:

Bei Filmen besteht eine feste Beziehung zwischen der Geschwindigkeit, mit der das Subjekt rotiert, der Geschwindigkeit der Kamera und der Größe des fertigen Streifenhologrammes, das von jedem Bild produziert wird. Man muß experimentieren, um beste Resultate zu erhalten. Für den Anfang nehmen wir an, unser fertiges Hologramm wird aus 40 Streifen bestehen und wir möchten etwa 120 Grad Blickwinkel eines Objektes festhalten. Pro drei Grad Drehung sollte dann ein Filmbild aufgenommen werden. Wenn wir eine Kamera benutzen, die mit 24 Bildern/Sek. läuft, können wir die korrekte Geschwindigkeit der Drehscheibe wie folgt berechnen: 24 Bilder/Sek. x 3 Grad/Bild = 72 Grad/Sek.

72 Grad/Sek. bei 360 Grad pro Umdrehung bedeutet 360/72 oder 5 Sekunden pro Umdrehung. Das sind 12 Umdrehungen pro Minute (UpM).

Da 12 UpM Drehscheiben schwer zu finden sind, solltet ihr einen alten Plattenspieler mit 16 UpM suchen, womit man auch zurecht käme. Man kann es aber auch mit Einzelbildschaltung versuchen - eine Drehscheibe wird für jede Aufnahme per Hand um drei Grad weitergedreht. In jedem Fall braucht man unbedingt ein Stativ, da die Kamera während des Filmens absolut stillstehen muß. Ohne diese Vorsichtsmaßnahmen können die Bilder in jedem Streifenhologramm nicht richtig in Bezug aufeinander aufgenommen werden.

Vorbereitung der Ausrüstung

Der Projektor muß hinten offen sein, damit der Objektstrahl den Film ausleuchten kann.

Die Schreibmaschine wird benutzt, um eine Spaltblende schrittweise vor einem fest installierten Plattenhalter zu bewegen. Wenn der Plattenhalter so konstruiert wird, daß er an der Basis der Schreibmaschine festsitzt und die Blende am beweglichen Schlitten, dann wird sich die Blende jedesmal um den gleichen Abstand weiterbewegen, wenn man die Leertaste drückt.

Hilfreiche Hinweise: Messen sie die genaue Länge der einzelnen Schritte des Schreibmaschinenschlittens und machen sie die Spaltblende dementsprechend groß. Wenn nicht, hat das Streifenhologramm entweder Lücken oder Überschneidungen. Wenn man die Blende an den Plattenhalter anpaßt sollte sie flach anliegen, um Schattenbildung im belichteten Bereich zu vermeiden.

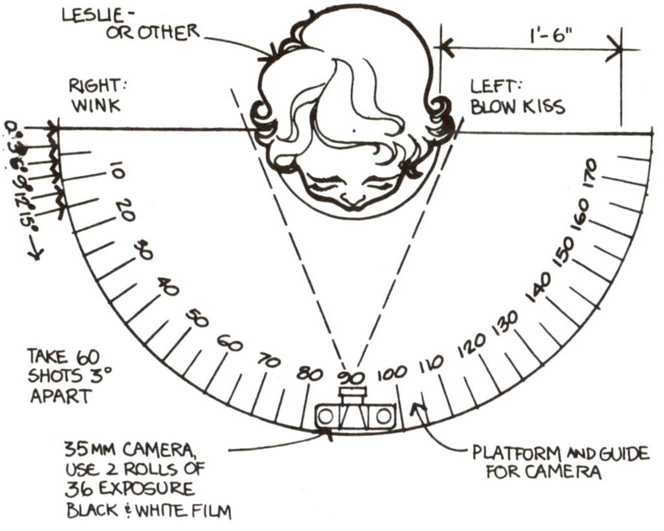

Holographisches Stereogram, hergestellt durch Diaaufnahmen anstatt durch Filmen.

leslie -or other = *Leslie oder jemand anders*
right: wink = *Rechts: Blinzeln*
left: blow kiss = *Links: Handkuß*
1" - 6" = *25 - 150 mm*
take 60 shots 3° apart = *machen Sie 60 Aufnahmen im Abstand von 3 Grad*
35 mm camera use 2 rolls of 36 exposure black& white film = *35 mm-Photoapparat verwenden Sie zwei Rollen schwarz-weiß Film mit 36 Aufnahmen*
platform and guide for camera = *Basis und Führung für die Kamera*

Basis und Führung für die Kamera

Bauen Sie eine Anordnung und verwenden Sie den Diffusionsschirm als Objekt. Der Referenzstrahl kommt von oben. Während der Belichtung wird es notwendig sein, den Film weiterzutransportieren und die Leertaste der Schreibmaschine zu bedienen. Der Filmtransport mag schwierig sein im Dunkeln, aber man kann den Antriebsmotor des Projektors ausschalten und ihn per Hand um immer die gleiche Strecke weiterdrehen.

Der Rest liegt bei Ihnen. Mit etwas Glück und Tüftelei wird es klappen. Es hat bei uns geklappt.

Das fertige Hologramm wird wie ein gewöhnliches Transmissionshologramm arbeiten. Es kann als Mutter dienen und normal in Bildebenenhologramme umgesetzt werden.

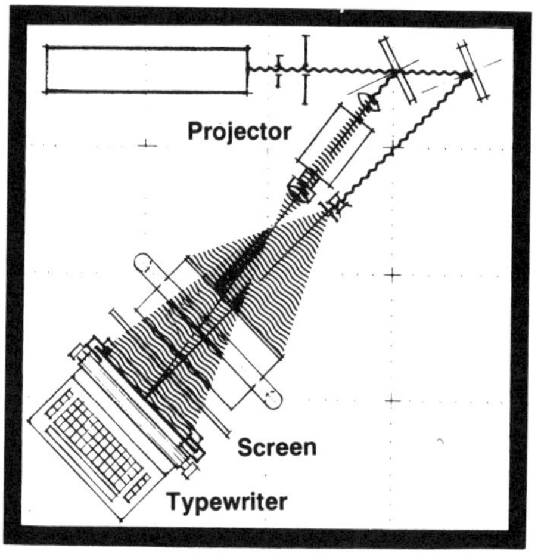

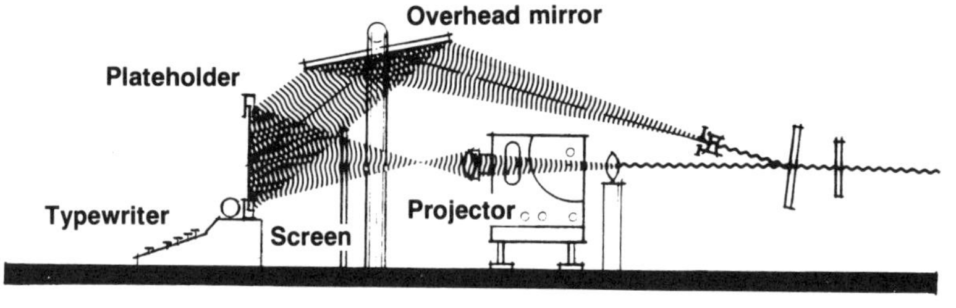

Projector = *Projektor*	
Screen = *Diffusor*	
Typewriter = *Schreibmaschine*	
Plateholder = *Plattenhalter*	
Overhead mirror = *Spiegel von oben*	

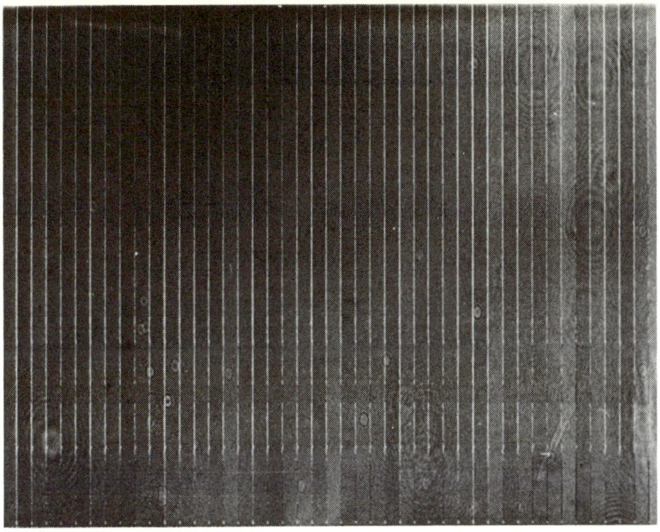

Lesliegramm, hergestellt nach dem obigen Aufbau.

Fehleranalyse

Problem: **Die Bilder sind von Spalt zu Spalt nicht richtig registriert worden, obwohl Kamera und Projektor sich während des Filmens oder der Projektion nicht bewegt haben.**

Lösung: **Versuchen Sie, mit Kamera und Projektor auf der Seite liegend zu arbeiten. Das sollte die Probleme ausgleichen, die gewöhnlich durch unperfekten Filmtransportmechanismus entstehen. Mit den umgelegten Geräten kann man erkennen, ob die oberen und unteren Kanten mit den Filmseiten übereinstimmen.**

Problem: **Einige Streifen sind hell, andere dunkel oder gar nicht vorhanden.**

Lösung: **Da die vielen Hologramme auf einer Platte festgehalten werden, ist es leicht möglich, daß die eine oder andere Belichtung verwackelt. Lassen Sie zwischen den einzelnen Belichtungen längere Zeit alles ruhen (mindestens 2 bis 5 Minuten). Stellen Sie sicher, daß der Film richtig sitzt, damit das volle Bild auf den Diffusor projiziert wird.**

Pulsholographie

Obwohl es den Puls-Rubinlaser schon länger gibt als den Dauerstrich-Helium-Neonlaser, ist der Rubinlaser für den Durchschnittsholographen immer noch viel zu teuer und zu schwierig zu bedienen. Man sollte ihn jedoch erwähnen, da gepulste Hologramme kein Stabilitätsproblem haben. Man braucht nicht nur keinen schwingungsisolierten Tisch, sondern man kann auch Hologramme herstellen von Leuten, Tieren, Geschossen oder allem anderen, was sich bewegt (na, jedenfalls fast).

Unglücklicherweise kostet das benötigte Lasersystem über 100.000 Dollar (weniger mit Beziehungen).

Der eigentliche Rubinlaser besteht aus einem synthetisch hergestellten Rubinkristallstab mit fein polierten parallelen Enden und einem absolut homogenen Kern. Die höchste Reinheit ist notwendig, damit der Strahl gute Qualität erreicht. Zwei Spiegel sitzen genau parallel justiert an jedem Ende. Eine Stromquelle richtet Energie auf eine Blitzlampe, die ihrerseits die Atome in dem Rubinstab anregt, eine Popularinversion zu bilden. Resultat ist ein mächtiger Lichtausstoß, der mit einem Gerät namens »Q-Switch« auf wenige Nano Sekunden verkürzt werden kann. Es können zusätzliche Rubinstäbe benutzt werden, um den Impuls zu verstärken, eine Technik, die gewöhnlich in der Holographie verwendet wird.

Da es schwierig ist, einen Strahl von so kurzer Dauer einzustellen, benutzt man gewöhnlich einen He-Ne-Laser, um den Strahlengang einzurichten. Wegen der intensiven Lichtleistung müssen spezielle Optiken verwendet werden. Der Gebrauch eines Raumfilters ist nicht praktikabel, weshalb die Strahlauffächerungslinsen von höchster Qualität sein müssen. Eine andere Eigenart des gepulsten Laserlichts ist die, daß die Intensität gefährlich für das Auge der aufzunehmenden Person sein kann. Ein Diffusionsschirm muß benutzt werden, um die Subjektbeleuchtung aufzufächern. Ebenso muß man aufpassen, daß kein Referenz- oder Streulicht das Auge erreichen kann.

Ungeachtet dieser Schwierigkeiten wurden holographische Porträts von hoher Qualität in den USA, Frankreich, Großbritannien, Schweden und der UdSSR gemacht.

PULSED LASERS

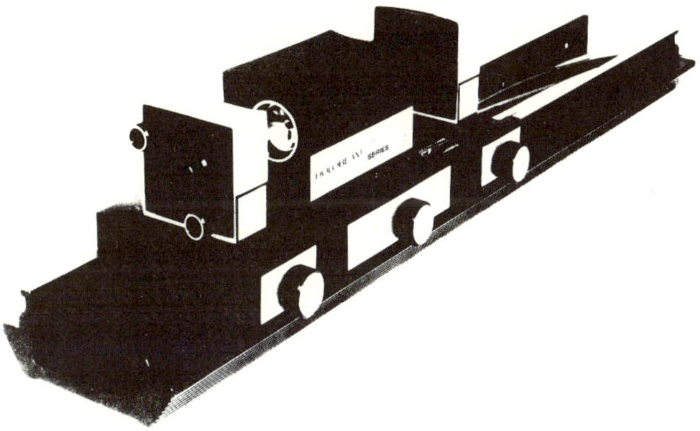

Versuchsweise wurden holographische Filme hergestellt unter Verwendung eines Pulslasers, der die Filmbilder nacheinander aufnahm. Nach der Entwicklung wird der Film abgespielt und eine dreidimensionale bewegliche holographische Abbildung entsteht. Eine der offensichtlichen Schwierigkeiten bei dieser Art Film ist das Betrachten. Man kann ihn nicht auf eine flache Leinwand projizieren wie gewöhnlichen Film. Wie bei anderen Hologrammen können die Bilder nur von einer kleinen Anzahl Personen gleichzeitig gesehen werden. Die Größe des Bildes ist begrenzt durch das Filmformat, die man bei der Aufnahme verwendet hat.

Es gibt jetzt aber Experimente mit speziellen Leinwänden, die ein projiziertes echtes 3-D-Bild wiedergeben können. Man ist wahrscheinlich noch Jahre von der Perfektion entfernt, aber man arbeitet daran in den USA und der UdSSR. Gerüchteweise sind die Russen weiter mit ihrem Konzept, aber ihre Systeme sind sehr anfällig und teuer.

Echtfarbige Hologramme

Es gibt bereits echtfarbige Hologramme, sie sind jedoch extrem schwer herzustellen. Echte Farbe kann man erzeugen, indem man die drei Primärfarben rot, grün und blau mischt. So arbeitet die Farbphotographie: verschiedene Schichten in der Emulsion sind empfindlich auf eine dieser Farben. Wenn man sie weißem Licht oder den Farben, aus denen es besteht, aussetzt, werden die verschiedenen Mischungen aufgezeichnet. Rote Objekte schauen rot aus, gelbe gelb etc.

Wenn wir das in der Holographie versuchen, stoßen wir auf eine Anzahl von Problemen. Das erste ist die Schwierigkeit, eine kohärente Entsprechung zu weißem Licht zu erhalten, oder auch nur einen Laser, der jede der Primärfarben produzieren kann. Der Kryptonlaser kann das, aber er kostet über 30.000 Dollar. Ein Argonlaser gekoppelt mit einem He-Ne-Laser kann rot, grün und blau erzeugen, doch sogar der kleinste Argonlaser kostet jetzt zwischen 5.000 und 6.000 Dollar.

Um Hologramme mit roten, grünen und blauen Farben zu machen, brauchen wir Platten oder Filme, die auf alle drei Farben empfindlich sind. Das meiste holographische Aufnahmematerial ist nur für Teile des Spektrums empfindlich. Zum Beispiel 8E75 reagiert auf rotes Licht, 8E56 muß für grün verwendet werden. Die einzige verfügbare Emulsion, die für Holographie geeignet ist und mehr oder weniger über das ganze Spektrum gleichmäßig und empfindlich reagiert, ist die des Kodak 649F. Diese Emulsion ist extrem langsam und braucht gewöhnlich mehr als das 10-fache an Belichtungszeit verglichen mit 8E75.

Mit Transmissionshologrammen ist Echtfarbigkeit am schwierigsten zu erzielen. Wir erinnern uns, was passiert, wenn man ein Transmissionshologramm unter einer Straßenlampe anschaut - verschiedene Bilder mit verschiedenen Farben entstehen, alle versetzt in Bezug zueinander. Ein echtfarbiges Hologramm würde drei Belichtungen brauchen, eine für jede Primärfarbe. Beim Betrachten würde jede Farbe ein separates Bild von jedem der drei Interferenzmuster bilden, was zusammen neun ergibt. Anstelle von Echtfarbigkeit hätten wir eine Menge ungemischter Farbbilder, die alle leicht unsynchron wären.

Das Problem heißt »cross talk« oder »Überkreuzmodulation«. Es kann vermindert werden, indem man verschiedene Referenzwinkel für die verschiedenen Farben wählt, während man das Objekt immer noch mit allen Farben beleuchtet. Das kann eine schwierige Aufgabe werden mit drei unabhängigen Strahlen, da jeder weit genug vom anderen entfernt sein muß und doch die Platte in vernünftigem Winkel treffen muß, ohne auf Komponenten, das Objekt o.a., zu treffen. Der Aufbau kann etwas vereinfacht werden, indem man nur zwei der drei Primärfarben benutzt. Als Resultat wird man eine gute Annäherung an Echtfarbigkeit erreichen. Die Zeichnung auf der nächsten Seite zeigt eine Methode, mit der man diesen Typ des »Zweifarben-Hologramms« herstellen kann. Zusätzlich zur Beachtung der Weglängen des roten und blauen Objekt- und Referenzstrahls (sie müssen übereinstimmen) kommt noch die Schwierigkeit, daß das Aufnahmematerial für verschiedene Farben verschieden empfindlich ist. Belichtungszeit und Ratio müssen für jede Farbe separat gemessen werden. Beim Betrachten muß jeder Rekonstruktionsstrahl von derselben Farbe sein und die Platte im Originalreferenzwinkel treffen, was zu einem »doppelbeleuchteten« Transmissionshologramm führt. Eine andere Möglichkeit besteht darin, jede der Farben unabhängig zu belichten. Das macht es leichter, die unterschiedliche Empfindlichkeit des Films auszugleichen.

Man könnte leicht sagen, daß sich dieser Hologrammtyp nicht lohnt - aber das zu entscheiden, überlassen wir Ihnen, vorausgesetzt Sie haben die notwendige Ausrüstung. Verschiedene andere Methoden zur Herstellung von echtfarbigen Transmissionshologrammen wurden erprobt, doch keine scheint einfacher zu sein. Die meisten erfordern den Einsatz von speziellen Diffraktionsgittern, Diffusoren und zylindrischen Linsen. Wie vorher erwähnt, kann man Regenbogenhologramm-Farbmischung verwenden, um Echtfarbigkeit zu erreichen. Die genaue Abstimmung der Winkeländerung mit der Farbverschiebung ist schwierig. Und der Betrachter kann die Echtfarbigkeit nur aus einer einzigen Betrachtungsposition sehen. Reflexionshologramme scheinen mehr für die weitere Entwicklung der Farbtechnik zu versprechen. Da die Reflexionshologramme von Natur aus wellenlängenselektiv sind, ist »cross talk« kein großes Problem. Man braucht nur die drei Belichtungen mit jeder Primärfarbe zu machen und dann die Platten so zu entwickeln, daß der Originalfarbton herauskommt. PBQ-Entwicklung scheint dafür ideal zu sein, oder man quillt die Gelatine mit Tri-Äthanolamin (siehe »Reflexions-Entwickeln«). Wieder muß man während der Belichtung auf die unterschiedliche Farbempfindlichkeit des Films für verschiedene Farben achten. Für weitere Informationen über Farbholographie siehe »Optical Holography«, Kapitel 17 (siehe Bibliographie im Anhang).

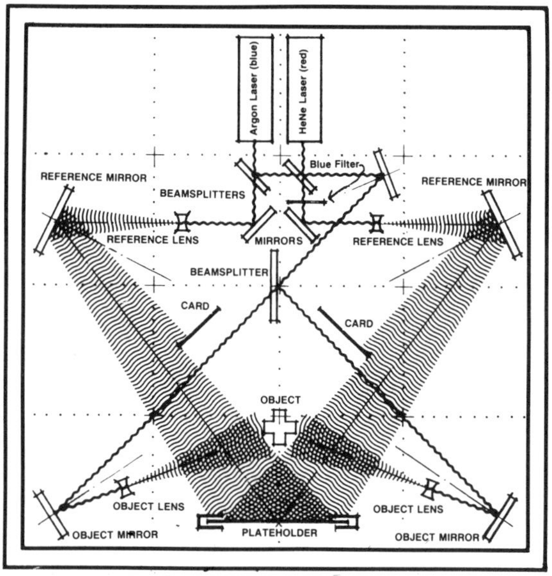

Zweifarben-Transmissionshologramm

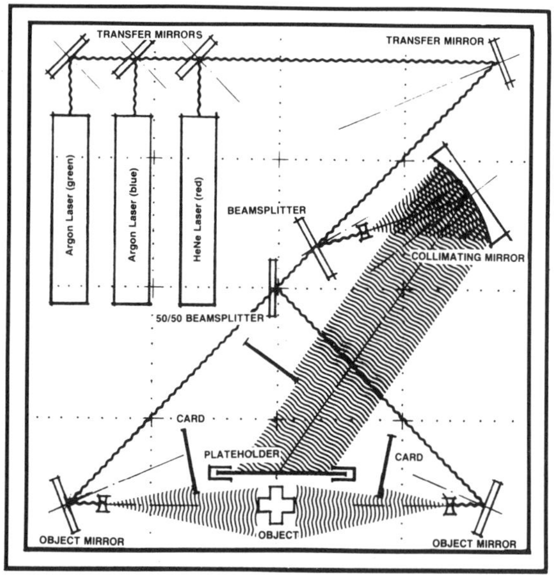

Dreifarben-Reflexionshologramm

Argon Laser (blue) = *Argonlaser (blau)*
HeNe Laser (red) = *Helium-Neonlaser (rot)*
reference mirror = *Spiegel im Referenzstahl*
reference lens = *Linse im Referenzstrahl*
beamsplitters = *Strahlenteiler*
Blue Filter = *Blaufilter*
mirrors = *Spiegel*
card = *Pappe*
object = *Objekt*
object lens = *Linse im Objektstrahl*
object mirror = *Spiegel im Objektstrahl*
plateholder = *Plattenhalter*

Argon Laser (green) = *Argonlaser (grün)*
Argon Laser (blue) = *Argonlaser (blau)*
HeNe Laser (red) = *Helium-Neonlaser (rot)*
Transfer Mirrors = *Umlenkspiegel*
beamsplitter = *Strahlenteiler*
50/50 beamsplitter = *50:50 Strahlenteiler*
collimating mirror = *Kollimierungsspiegel*

Theorie

Jedes Holographie-Buch, das sein Geld wert ist (und sogar solche, die es nicht sind) enthält ein Kapitel über die Theorie. Wir als intelligente Leser sind natürlich neugierig, wie und warum die Sache funktioniert. Dennoch - die meisten von uns sind frustriert, wenn sie Bände mathematischer Ableitungen durchackern müssen und bombardiert werden mit Begriffen wie Fresnel-Kirchhoff Integrale oder optische Phasenkonjugation. Die Frage lautet normalerweise: Wieviel muß ich wirklich wissen, um Hologramme herstellen zu können? Wenn Sie den Ausführungen dieses Buches bis hier gefolgt sind, sollte klar sein, daß alles, was man wirklich braucht, die Fähigkeit und der Wunsch zu Lesen ist. Und schon kann man sich ans Holographieren machen. Tatsächlich sollte die Frage vielmehr lauten: Wieviel möchte ich wissen? Denn jeder Leser bringt andere Voraussetzungen mit und stellt dementsprechend andere Ansprüche an dieses Buch. Es scheint, daß dieses Kapitel unmöglich allen Lesern sämtliche Fragen beantworten kann. Außerdem, wollten wir dieses Thema wirklich ausführlich behandeln, würde das Buch ein paar hundert Seiten dicker und damit zu teuer zum Kaufen und zu schwer zum Tragen, stimmt's?

Trotz alledem, wir sind der Meinung daß einige grundlegende Dinge erklärt werden sollten, schon allein um dem allgemeinen Vorurteil zu begegnen, die Holographie sei nur etwas für technisch Versierte.

Aufgrund dieser Überlegungen haben wir uns hauptsächlich auf die häufigsten Fragen der Studenten konzentriert, die keine spezifisch wissenschaftliche oder mathematische Ausbildung haben. All diejenigen, die weitere Informationen wünschen, seien sie technischer Art oder das Verständnis betreffend, sollten sich an die Literaturhinweise am Ende dieses Buches halten. Unser Wahnsinn hat Methode: Wir haben festgestellt, daß man Holographie am besten erklärt, wenn man die Merkmale und Wechselbeziehungen von Lichtquelle, Objekt und Betrachter herausstellt und diese Merkmale auf die Herstellung und das Betrachten einer holographischen Abbildung überträgt. Zuerst müssen wir etwas über das Licht wissen: welche Arten von Licht es gibt, wie es erzeugt wird und welche Eigenarten wir in verschiedenen Situationen beobachten können. Dies beinhaltet einen Vergleich der Beschaffenheit von Laserlicht mit der normaler Lichtquellen. Dann beobachten wir, was Licht beim Betrachter bewirkt und erklären, was beim Vorgang des Sehens wirklich passiert. Dies ist besonders wichtig, da wir feststellen werden, daß der Grund, weswegen wir ein dreidimensionales holographisches Abbild sehen, der gleiche Grund ist, weswegen wir Dimensionen in der Realität sehen. Wir nehmen das normale 3-D als selbstverständlich, ohne zu verstehen, warum wir so sehen, sind auf der anderen Seite aber überrascht, daß so etwas wie ein Hologramm den gleichen Effekt haben kann. Dem Geheimnis muß auf den Grund gegangen werden. Mit diesen Vorüberlegungen im Rüstzeug machen wir uns an die schwierigeren Sachen. Wir betrachten das Verhalten von Licht, das auf unterschiedliche Oberflächen und Materialien trifft. Wir wollen etwas über die Eigenarten von Reflexion und Lichtbrechung herausfinden, da Hologramme oft auf ähnliche Weise mit Licht umgehen.

Als nächstes erklären wir, wie ein normales Photo gemacht wird, damit der Unterschied zum Hologramm ganz deutlich wird. Bis dahin haben wir dann genug Wissen angesammelt, um das Funktionieren von Hologrammen als Interferenzfähigkeit des Lichts zu begreifen. Die Charakteristiken des Laserlichts, die das Auftreten von Interferenzen ermöglichen, werden ebenso behandelt wie die Problematik von Stabilität und Auflösungsvermögen von Filmemulsionen. Das Phänomen der Beugung wird untersucht, um erklären zu können wie das fertige Hologramm das Bild rekonstruieren kann. Wir beginnen nun zu verstehen, wie bestimmte Hologrammtypen funktionieren, warum einige Laserlicht zur Rekonstruktion benötigen, andere hingegen einfaches weißes Licht, warum während der Herstellung und des Betrachtens von Hologrammen bestimmte Effekte auftreten können. Auch die Einschränkungen, denen man bei der Herstellung von Hologrammen ausgesetzt ist, werden besprochen. Weiterentwickelte Techniken und Überlegungen, was in der Zukunft möglich werden könnte, werden im folgenden kurz angeschnitten.

Was ist Licht?

Ehrlich gesagt,weiß das niemand so genau. Diese Frage ist ähnlich grundlegend wie »Was ist Materie?« oder »Was ist Energie?«. Unser Problem liegt in der Schwierigkeit, Licht genau zu beobachten. Das Witzige ist, wir können es nicht wirklich sehen (lachen Sie nicht, das ist kein Scherz). Denken Sie mal einen Moment darüber nach. Während Sie diese Seite lesen, wird Licht von ihr in Richtung Ihrer Augen reflektiert. Sie sehen die Seite, aber wo ist das Licht zwischen Ihnen und dem Buch? Versuchen Sie, mit dem Finger draufzuzeigen. Es stimmt, Licht selber kann man nicht wirklich sehen. Genauso wie bei Materie und Energie (von der Licht nur eine bestimmte Form ist) können wir nur indirekt die Wirkungen beobachten.

Ein Grund für unser Versagen ist die Schnelligkeit, mit der sich Licht fortbewegt. Mit 300.000 km pro Sek. im Vakuum (in der Luft sind es nur einige km pro Sek. weniger) hält es den ewigen Geschwindigkeitsrekord. Nichts scheint sich schneller fortbewegen zu können. Und jede Art von Licht ist gleich schnell im Raum. Stellen Sie sich vor, wir legen die Strecke zum Mond in zwei Sekunden zurück oder die Distanz vom Buch zu Ihren Augen in einem Milliardstel einer Sekunde. Es ist also kein Wunder, daß wir nicht Augenzeugen der Lichtreise durch die Luft sind, wie es durch die Fensterscheibe rast, von Gegenständen abprallt und ständig unterwegs ist in Erfüllung seiner »Licht-Aufgaben«.

Seit Menschengedenken haben Theoretiker versucht, die Natur und das Verhalten von Licht zu beschreiben. Platon stellte sich vor, daß das Licht aus unseren Augen kommt, wie aus Scheinwerfern, die umhersuchen, um Dinge zu lokalisieren. Auch Euklid war dieser Meinung: »Wie sonst können wir erklären, daß wir eine vor uns auf den Boden gefallene Nadel nicht sehen, bevor wir sie suchen und unsere Augen direkt auf sie richten?« Moderne Lichttheorien wurden von solch wissenschaftlich Großkopferten aufgestellt wie: Isaac Newton, Christian Huygens, Thomas Young, Robert Hooke, James Maxwell, Max Planck, Niels Bohr und natürlich Albert Einstein. Wissenschaftler früherer Zeit steckten in dem Dilemma, Licht entweder als Welle oder als Teilchen zu erklären.

Einmal schien es ihnen, als ob sich Licht verhalte wie ein sich in Höchstgeschwindigkeit fortbewegender Schwarm winzigster Partikel, ein andermal schien es wie eine Welle zu sein, so wie man sie vom Meer kennt.

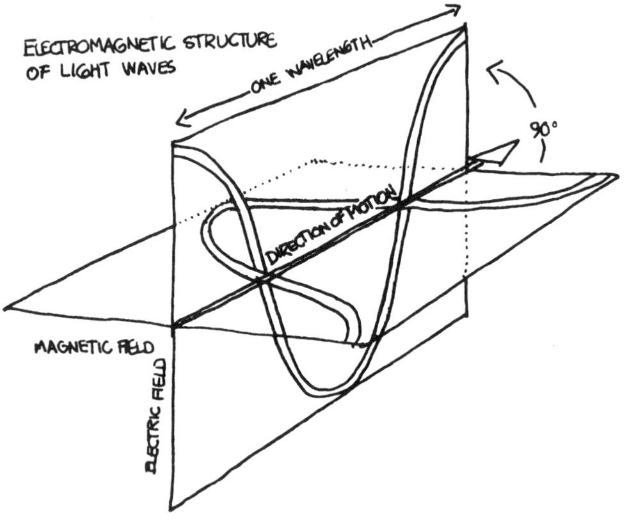

electromagnetic structure of light waves = *elektromagnetische Struktur der Lichtwellen*
one wavelength = *Eine Wellenlänge*
direction of motion = *Bewegungsrichtung*
90° = *90 Grad*
magnetic field = *magnetisches Feld*
electric field = *elektrisches Feld*

Mit der Entwicklung der Maxwellschen Gleichungen Mitte des letzten Jahrhunderts schien die Wellentheorie das Rennen zu machen. Maxwell zeigte, daß sich Energie in Form von elektrischen und magnetischen Feldern im Raum fortpflanzen kann. Licht war nur ein Teil dieser Energie, eine ganz kleine Sektion eines »elektromagnetischen Spektrums«. Aber alle diese unterschiedlichen Arten von Energie waren Wellen, die sich mit der unglaublichen Geschwindigkeit von 300.000 km/s fortbewegten.

Trotz alledem blieb die Wellen-Teilchen-Dualität ein Geheimnis, bis Max Planck im Jahr 1900 (zur Jahrhundertwende) erklärte, daß elektromagnetische Wellen aus einzelnen kleinen Bündeln bestehen, genannt »Quanten«. Die Quantentheorie, die auch für die heutige Definition des Lichts Gültigkeit hat, besagt, daß Energie je nach Situation und Standpunkt sowohl als Welle wie auch als Teilchen betrachtet werden kann. Der Kernsatz der Theorie lautet: Obwohl das Licht als kontinuierliche Welle aufreten kann, ist seine Energie stets ein ganzzahliges Vielfaches eines kleinsten Wertes. Diese kleinste Einheit oder Quant heißt Photon.

Betrachten wir eine Graphik, die die Intensitätsschwankungen der Energie eines Photons auf der Reise durch Zeit und Raum darstellt, so zeigt sie eine Sinuskurve. Die Anatomie einer Sinuskurve (aus dem griechischen für »Kreis«) erklärt sich am besten am Beispiel des Kreises. Stellen Sie sich eine Welle als zwei Teile eines Kreises vor, der horizontal in der Mitte durchgeschnitten und aufgefaltet wurde, so daß ein Wellenberg und ein Wellental entsteht. Der aufgeschnittene Kreis beginnt am Nullpunkt und durchläuft den gesamten Zyklus von »aus«(am Nullpunkt) zu »an«, zu »aus», zu »an« und wieder zu »aus«. Eine Wellenlänge beinhaltet einen kompletten zyklischen Durchgang; das graduelle Fortschreiten von Auf- und Abstieg.

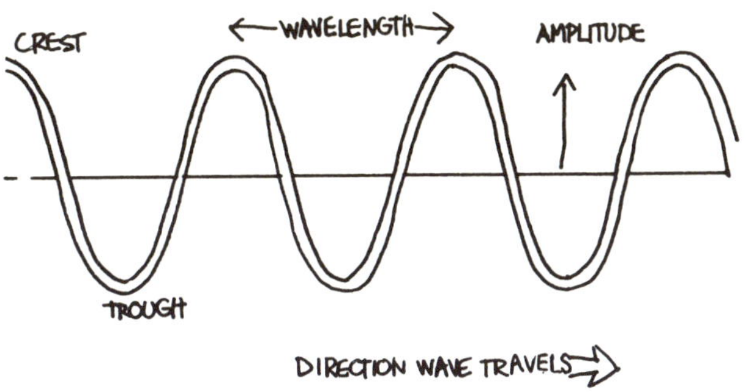

crest = *Wellenberg*
trough = *Wellental*
wavelength = *Wellenlänge*
amplitude = *Amplitude*
direction wave travels = *Richtung, in der sich die Welle bewegt*

Das teilchenartige Photon zeigt wellenartiges Verhalten. Während das Licht seinen Zyklus durchläuft, geht es ständig »an« und »aus«. Trotzdem scheint die Welt um uns herum nicht zu flackern wie ein alter Stummfilm - sie scheint nicht, aber sie tut es. Nur erreicht dieses Flackern nicht unser Gehirn. Dies erklärt sich wiederum aus der Geschwindigkeit des Lichts. Das »an« und »aus« ist so schnell (ca. eine Million mal eine Milliarde Zyklen pro Sekunde), daß unser Auge es als kontinuierliches Licht sieht, vielmehr unser Gehirn es als solches begreift. Der Wechsel zwischen Hell und Dunkel ist viel zu schnell, als daß wir ihn unterscheiden könnten. Statt dessen sehen wir eine Mischung aus beidem. Es ist unglaublich, sich vorzustellen, daß man in einer Welt lebt, die 50% der Zeit vollkommen dunkel ist.

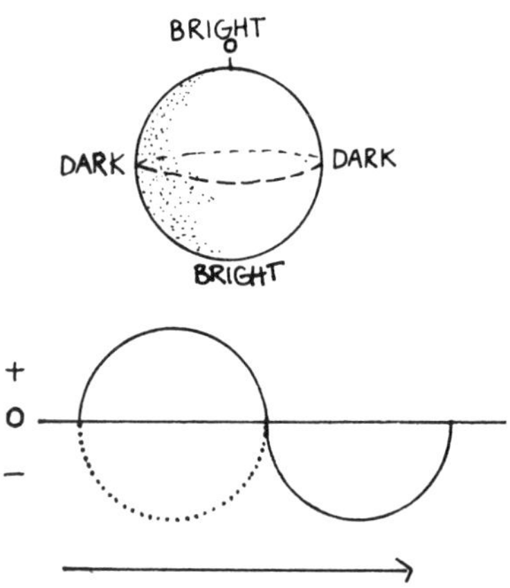

bright = *Hell*
dark = *Dunkel*

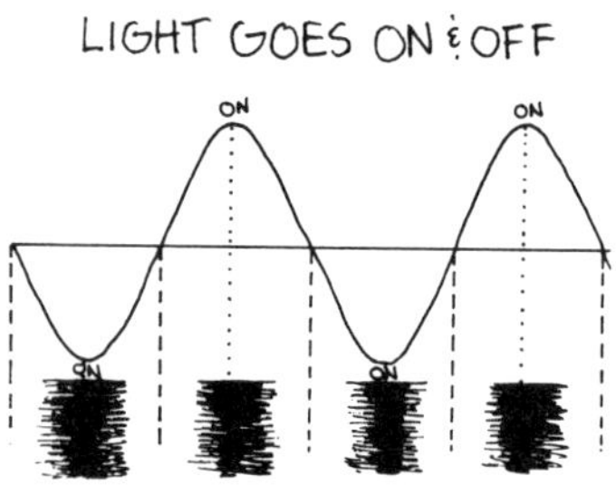

light goes on & off = *Licht geht an und aus*
on = *an*

Sie haben vielleicht auch schon von anderen Energie-Wellen gehört, die durchs Universum reisen und aus elektromagnetischcr Encrgic bestehen. Licht, kosmische Strahlen, Gamma-Strahlen, Fernsehsignale, Radiowellen, Infrarot-Strahlen, Röntgen-Strahlen - sie alle gehören zu diesem Spektrum. Wie unterscheiden wir nun die verschiedenen Arten von Strahlen?

Alle diese Strahlen haben eine unterschiedliche Wellenlänge, d.h. sie brauchen unterschiedlich lange, um einen vollen Zyklus zu durchlaufen. Radiowellen können mehrere hundert Meter lang sein, während kosmische Strahlen vielleicht die Ausdehnung von einem Milliardstel der Größe eines winzigen atomaren Teilchens haben. Mit der Wellenlänge von ca. 400-700 Nanometern (Milliardstel eines Meters) fällt unser sichtbares Licht in den engen mittleren Teil des Spektrums. Die einzelnen Wellen unterscheiden sich nicht nur in der Wellenlänge, sondern auch in der Geschwindigkeit, in der sie einen Zyklus durchlaufen, in der sogenannten Frequenz.

Die verschiedenen elektromagnetischen Wellen stellen eine zusammenhängende Bandbreite an Frequenzen dar. Als Frequenz bezeichnen wir die Anzahl der Wellenberge, die einen Punkt pro Sekunde durchlaufen. Die Frequenz des Lichts liegt bei ca. 400-800 Billionen (10^{15}) Wellenberge pro Sekunde. Wir sehen also, daß Photonen nicht gerade Faulpelze sind, und man wird sie sicher nie im Stillstand erleben. Wir wissen, daß Licht eine konstante Geschwindigkeit hat. Daraus folgt also: je kürzer die Wellenlänge, desto höher die Frequenz.

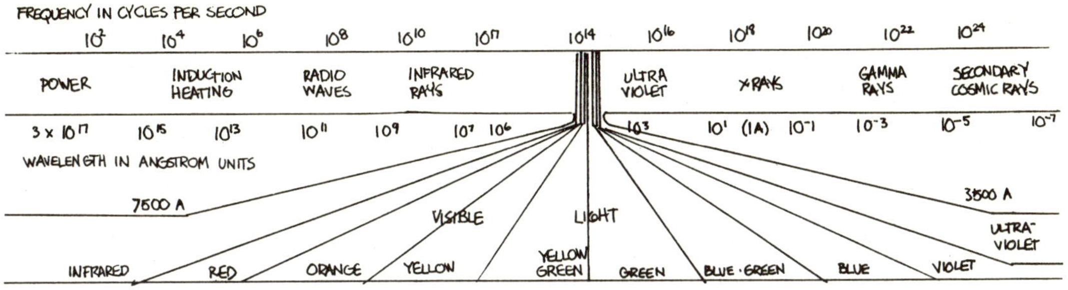

Wenn Sie ungefähr eine halbe Stunde über dem letzten Satz gebrütet haben, sind Sie ein guter, ehrlicher, denkender Mensch und Sie werden Ihren Weg schon machen. Diejenigen unter Ihnen, die nicht ins Stocken kamen, sind entweder Gelehrte - die wir herzlich willkommen heißen - oder Lügner (tuet Buße, aber da Sie für dieses Buch bezahlt haben, sei Ihnen verziehen). Wir werden also die Beziehung zwischen der Geschwindigkeit des Lichts und seiner Wellenlänge und Frequenz einfacher formulieren. Am besten so:

$$C=\lambda\nu$$

Lassen Sie uns das kurz erklären, bevor Sie diese Seite mit einem Hochleistungslaser attackieren - wir verstehen ja Ihre Wut, wo wir doch versprochen hatten, keine Formeln zu bringen. Aber es ist wirklich nicht so schwierig: »C« steht für die Geschwindigkeit des Lichts, die ja konstant ist, sich nicht ändert. Das λ (ausgesprochen »lambda«) ist die Wellenlänge, das ν (wie »nü«) die Frequenz. Also ergibt sich Folgendes: Wellenlänge multipliziert mit Frequenz ist gleich Geschwindigkeit. Da die Lichtgeschwindigkeit eine feste Größe ist, muß es die Relation zwischen Frequenz und Wellenlänge auch sein. Erklären wir es nochmal auf andere Weise:

frequency in cycles per second = *Frequenz in Zyklen pro Sekunde*
power = *Strom*
induction heating = *Induktionshitze*
radio waves = *Radiowellen*
infrared rays = *Infrarotwellen*
ultra violet = *Ultraviolett*
x-rays = *Röntgenstrahlen*
gamma rays = *Gammastrahlen*
secondary cosmic rays = *Sekundäre kosmische Strahlung*
wavelength in angstrom units = *Wellenlänge in Angstrom-Einheiten*
visible light = *sichtbares Licht*
infrared = *Infrarot*
red = *Rot*
orange = *Orange*
yellow = *Gelb*
yellow green = *Gelbgrün*
green = *Grün*
blue-green = *Blaugrün*
blue = *Blau*
violet = *Violett*
ultra-violet = *Ultraviolett*

C IS	λ nm.	ν CYCLES/SEC.	COLOR
ALWAYS	650	4.6×10^{14}	RED
186,000	600	5×10^{14}	ORANGE
MILES	570	5.3×10^{14}	YELLOW
PER	520	5.8×10^{14}	GREEN
SECOND	470	6.4×10^{14}	BLUE
	430	7×10^{14}	VIOLET

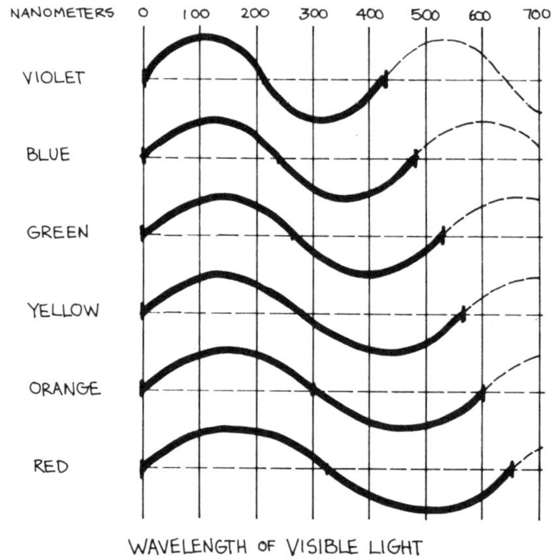

c is always 186,000 miles per second = *c ist immer 186.000 Meilen pro Sekunde (300.000 km/sek.)*
cycles/sec. = *Zyklen/sek.*
color = *Farbe*
red = *Rot*
orange = *Orange*
yellow = *Gelb*
green = *Grün*
blue = *Blau*
violet = *Violett*
nanometers = *Nanometer (nm.)*
wavelenght of visible light = *Wellenlänge des sichtbaren Lichts*

Machen wir von unserer Phantasie Gebrauch und versetzen wir uns an die Stelle eines subatomaren Däumlings. Es ist ein wunderschöner Tag und der Däumling hat Lust, von einem guten Aussichtspunkt aus vorbeiflanierende Photonen zu beobachten. Gerade in der Welt des Däumlings ähneln die Lichtwellen sehr den Wellen des Ozeans. Der Däumling wählt sich seinen Aussichtspunkt genau dort, wo die Photonen am allerhellsten sind (auf unserer Graphik ist das die oberste Spitze des Wellenbergs). Was passiert, wenn sie an diesem Punkt nicht die größte Helligkeit haben? Das kann nicht sein, denn hier in der Welt des Däumlings sind Photonen keine Teilchen. Hier betrachtet man die Spitzen der Wellenberge, die genau am Aussichtspunkt vorbeikommen. Jetzt zückt der Däumling seine unglaublich schnelle Stoppuhr und mißt die Zeitabstände zwischen der größten Helligkeit der Photonen. Er entdeckt zwei verschiedene Sorten von Photonen. Sie bewegen sich mit der gleichen Geschwindigkeit - das ist klar - aber trotzdem braucht eines fast doppelt so lange wie das andere, um von Wellenberg zu Wellenberg zu kommen. Also mißt der Däumling nach und stellt fest, daß das zweite auch doppelt so lang ist wie das erste. Wen wundert's also! Da der Däumling sonst nichts weiter vorhat, schaut er sich noch eine Reihe anderer Photonen an. Sie haben alle leicht unterschiedliche Wellenlängen, also kommen immer unterschiedlich viele von ihnen pro Sekunde vorbei. Da sie alle die gleiche Geschwindigkeit haben, sind die, die öfter vorbeikommen, kürzer und die selteneren länger. Hört sich logisch an - und ist es auch. Ist die Wellenlänge länger, geht die Frequenz runter, geht die Frequenz hoch, ist die Wellenlänge kürzer. Hab' Dank, Däumling!

Im Lichtspektrum sehen wir die kurzen Wellenlängen/höheren Frequenzen in den Farben Blau und Violett. Für Rot sind die Frequenzen viel niedriger und die Wellen fast doppelt so lang. Zwischen diesen beiden Extremen des sichtbaren Spektrums, liegen all die anderen Farben mit ihren verschiedenen Frequenzen. Man könnte die Sache auch so sehen: alles Licht ist die gleiche Energie und die unterschiedlichen Farben hängen von der Geschwindigkeit ab, in der sich diese Energie an- und abschaltet.

Frequenz und Wellenlänge sind unabhängig von der Amplitude, dem nächsten Thema, dem wir uns zuwenden wollen. Die Amplitude beschreibt die Helligkeit des Lichts - oder, graphisch gesehen, die Höhe des Wellenberges oder Tiefe des Wellentales, gemessen von der imaginären, horizontalen Linie, um die die Welle schwingt. Die Amplitude einer Schreibtischlampe ist größer als die einer Streichholzflamme, die Amplitude des Sonnenlichts wiederum größer als diese beiden.

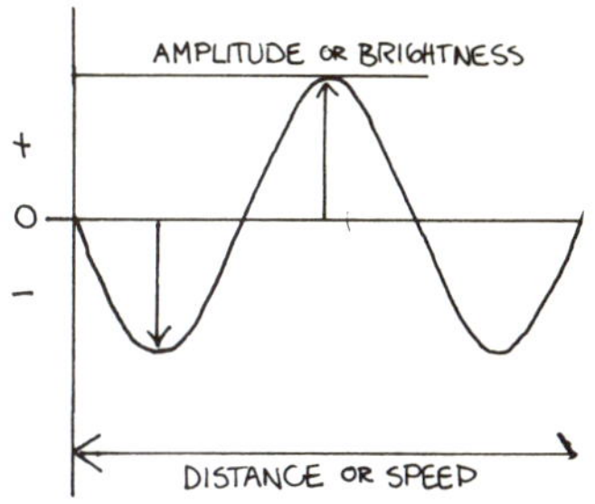

amplitude or brightness = *Amplitude oder Helligkeit*
distance or speed = *Entfernung oder Geschwindigkeit*

Mit der Entfernung ändert sich die Amplitude des Lichts. Nahe bei seiner Quelle ist das Licht stärker und wird dann immer schwächer, je weiter es sich davon entfernt. Das erklärt sich durch die Tatsache, daß sich Licht auf seiner Reise ausbreitet. Die Energie einer ganzen Wellenfront bleibt zwar gleich, aber die Intensität wird geringer, da die Front eine größere Fläche abdeckt. Sind wir z.B. doppelt so weit von der Lichtquelle entfernt als vorher, beträgt die Intensität nur noch ein Viertel. Dies ist das Gesetz vom inversen Abstandsquadrat, welches besagt, daß die Lichtintensität umgekehrt proportional zum Quadrat der Entfernung abnimmt. Bei dreifacher Distanz beträgt die Intensität also nur noch ein Neuntel.

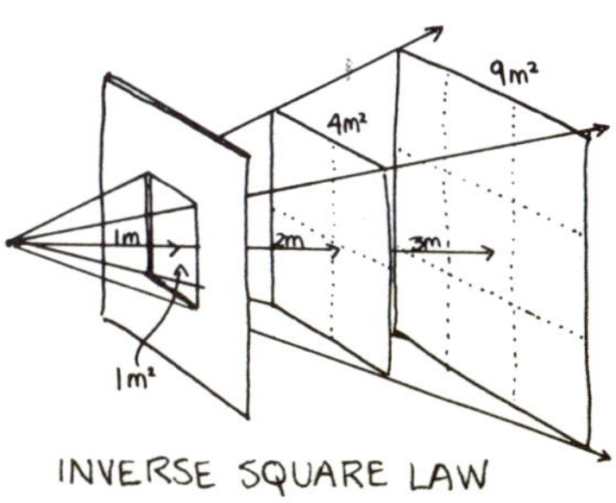

inverse square law = *Gesetz der umgekehrt proportionalen Lichtintensität*

Führen wir uns das einmal etwas deutlicher vor Augen. Stellen wir uns die Lichtwellenfront als Oberfläche eines sich füllenden Luftballons vor. Je weiter sich die Oberfläche vergrößert, desto mehr dehnt sich die Haut aus und verliert an Intensität, sprich Dicke. Eine andere Folge ist, daß die Oberfläche weniger gekrümmt erscheint im Vergleich zu einem Zustand geringerer Ausdehnung. Dieses Phänomen tritt auch beim Licht auf; die Wellenfront beginnt gekrümmt und flacht über die Distanz ab. Geschwindigkeit, Frequenz und Wellenlänge bleiben aber trotz Entfernung und Streuung unverändert. Später werden wir sehen, daß sowohl die Amplitude als auch die Phase (sie besagt, welcher Teil der Welle sich an einem vorgegebenen Punkt befindet) für die Holographie wichtig sind.

Wie wird Licht erzeugt?

Wie wir sehr wohl wissen, gibt es eine Vielzahl an Lichtquellen: die Sonne und andere Sterne, die Glühbirne, Leuchtstofflampen, Leuchtphosphore und natürlich den Laser. Das Prinzip all dieser Lichtquellen ist grundsätzlich das gleiche, wenn auch die Mechanismen etwas variieren.

Besuchen wir noch einmal unseren Freund, den Däumling, der sich gerade ein typisches Atom in einem Glühfaden anschaut. Er sieht eine Unzahl Elektronen, die wie wild rumsausen, wobei sie aber immer einen bestimmten, gleichbleibenden Abstand zum Mittelpunkt des Atoms einhalten. Nun kommt jemand vorbei und schaltet den Strom an. Kurz bevor er eine gewischt kriegt, sieht der Däumling noch, wie die Energie einige der Elektronen in eine größere Umlaufbahn schießt. Dabei fällt ihm auf, daß die Elektronen etwas von der Energie absorbiert haben müssen, da sie auf der höheren Umlaufbahn größere Energie aufweisen. Das Atom befindet sich nun in einem angeregten Zustand. Aber auch alle guten Dinge haben ein Ende. Plötzlich und ohne Vorwarnung emittiert das aufgeregte Atom ein Photon. Das Elektron kehrt in seine normale Umlaufbahn zurück und das Atom ist wieder ganz entspannt. Es sind diese Photonen, die das Licht ausmachen, das wir aus der Glühbirne kommen sehen. Die Bewegung der Elektronen von einer höheren auf eine niedrigere Energiestufe erzeugt das Licht. Da freut sich der Däumling.

Jedes Element hat seine bestimmte Anzahl an Elektronen und Energiestufen. Aufgrund der Tatsache, daß das Elektron verschiedene Wege einschlagen kann, um von Stufe zu Stufe zu springen, kann ein einzelnes Atom Photonen ganz unterschiedlicher Frequenzen ausschicken. Die Kombination all dieser verschiedenen Frequenzen ergibt die Farbe eines bestimmten Lichts. Weißes Licht entsteht dann, wenn die verschiedenen Frequenzen des sichtbaren Spektrums in relativ gleichmäßiger Anzahl auftreten. Oft hat z.B. Licht aus Halogenlampen einen bläulich-weißen Schimmer. Das bedeutet ein Übergewicht an blauen und violetten Frequenzen, obwohl auch viele andere Farben emittiert werden. Die Sonne ist grundsätzlich eine Weißlichtquelle, sie hat von jedem Element etwas. Bestimmte Sterne haben andere Farbeigenschaften, je nach ihrer speziellen Zusammensetzung und ihrer Dichte (enger gepackte Atome beeinflussen die Energiestufen ihrer Nachbarn in größerem Maße, was zu mehr Frequenz-Kombinationen führt).

Wir wissen, daß Neonschilder ein charakteristisches rotes Licht ausstrahlen. Das liegt daran, daß die durchschnittlichen Unterschiede der Energiestufen des Neon den Frequenzen des roten Lichts entsprechen. Dies wird ein sehr wichtiger Faktor, wenn wir versuchen werden, die Funktion des Lasers zu verstehen.

All die Lichtquellen, die wir bis jetzt besprochen haben, haben außer der Tatsache, daß sie sichtbar sind, noch eines gemeinsam - sie sind inkohärent. Was verstehen wir nun unter inkohärentem Licht? Als der Däumling die Emission von Licht von einem angeregten Atom eines Glühfadens beobachtete, entstand das Photon ganz spontan. Es war unmöglich vorauszusagen, welches Elektron wann von welcher auf welche Energiestufe hüpfen würde. Wenn wir den ganzen Glühfaden betrachten mit seinen unzähligen Trillionen von Atomen, sehen wir ein unglaubliches Durcheinander. Die Atome geben in alle Richtungen verschiedene Frequenzen zu unterschiedlicher Zeit ab und bringen sie außer Phase (zwei Wellen sind außer Phase, wenn sich ihre Wellenberge und -täler nicht am gleichen Ort formieren).

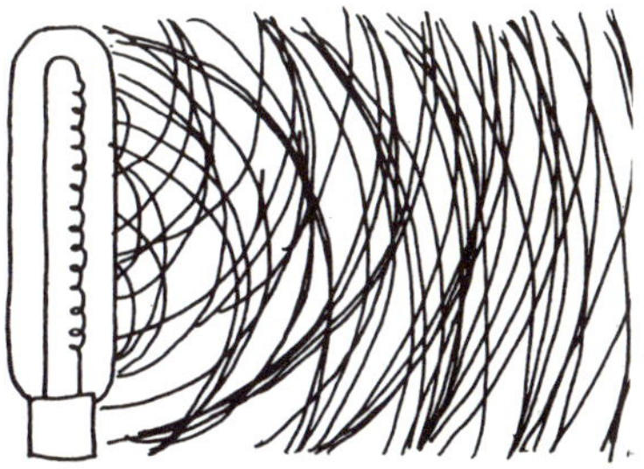

INCOHERENT LIGHT

incoherent light = *Inkohärentes Licht*

Wir können inkohärentes Licht mit einer Handvoll Kieselsteinchen vergleichen, die wir in ruhiges Wasser werfen.

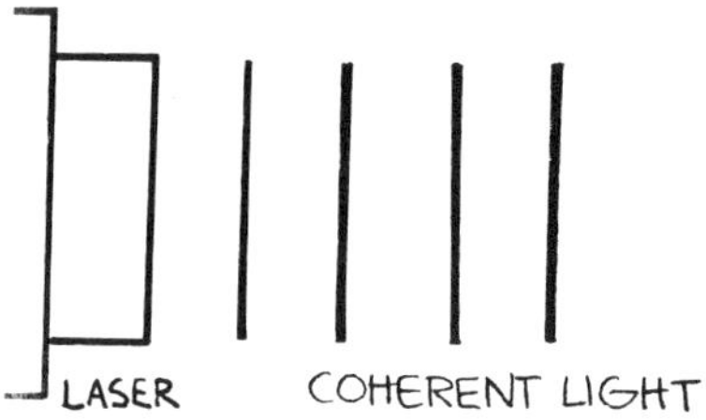

coherent light = *Kohärentes Licht*

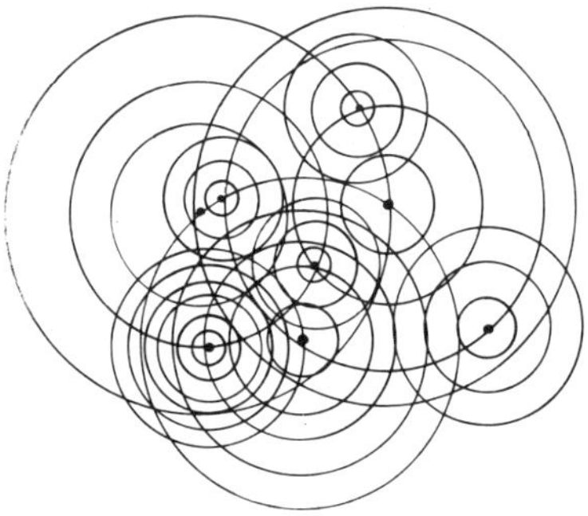

CACOPHONY OF WAVES IN A POND

cacaphony of waves in a pond = *Kakophonie der Wellen in einem Teich*

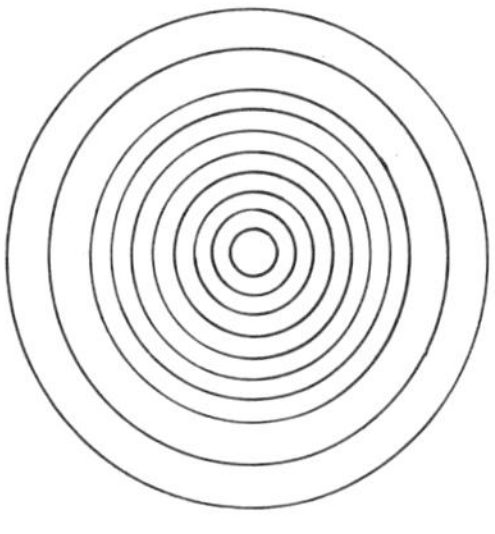

COHERENT WAVES

coherent waves = *kohärente Wellen*

Es entsteht eine Kakophonie sich überschneidender Wellen. Genauso sieht es bei den meisten unserer weißen Lichtquellen aus. Dummerweise ist solches Licht fürs Hologrammemachen ziemlich ungeeignet.

Es gibt eine weitere Methode, Energie von einem Atom auszusenden. Dazu muß man es mit einem elektromagnetischen Feld einer entsprechenden Frequenz stimulieren. Die so hervorgerufene Emission hat die gleiche Frequenz und Phase wie die sie stimulierende Energie. Diese stimulierte Emission erzeugt wiederum die Emission von anderen Atomen, wobei sowohl die neuerzeugten als auch die alten Wellen in Phase sind und die gleiche Frequenz haben. Das Resultat ist eine Vergrößerung der Amplitude des Lichts (Verstärkung = Amplifikation). Und damit haben wir kohärente Strahlung.

Vor 1960 kannten wir keine Quellen für reines kohärentes Licht. Erst die Entwicklung des Lasers (Light Amplification by Stimulated Emission of Radiation) bescherte uns eine Lichtquelle von genau einer einzigen Frequenz. Die Anwendungsgebiete des Lasers sind heutzutage zu zahlreich, um sie aufzählen zu können, obwohl man ihn zu Anfang als »Lösung, die nach Problemen sucht« titulierte. Der Laser ist die reinste Art von Licht, die wir kennen.

Vielleicht erklärt man kohärentes Licht am besten mit einem Beispiel: Stellen Sie sich vor, es fahren eine Million identische rote Volkswagen, alle Baujahr 1971, mit konstanter Geschwindigkeit und willkürlichem, aber gleichbleibendem Abstand zueinander durch einen Tunnel, so haben Sie ein hübsches Bild von kohärentem Licht. Stellen Sie sich auf der anderen Seite eine Million unterschiedliche Fahrzeuge vor: Porsches, Ferraris, 2CVs, Motorräder, Lastwagen, Busse etc. Sie alle werden auf einmal losgeschickt und jeder in die Richtung, die ihm gerade passt. Das daraus entstehende Chaos ähnelt sehr dem inkohärenten Licht.

Es ist erstaunlich, daß wir überhaupt etwas mit inkohärentem Licht anfangen können. Versuchen Sie mal, ein Bild zu malen mit 3.000 verschiedenen Stiften, die Sie gleichzeitig in der Hand halten. Diese Stifte - oder vielfarbige und verschobene Lichtfrequenzen - sind unkontrollierbar und kommen sich gegenseitig immer in die Quere. Wir erhalten ein viel deutlicheres Bild, wenn wir 2.900 der Stifte wegschmeissen. Auf dieses Beispiel kommen wir noch einmal zurück, wenn wir erklären, warum der Laser für die Holographie unabdingbar ist. Aber zuerst zurück zum Laser selbst.

Was ist ein Laser?

Heutzutage gibt es eine große Anzahl unterschiedlicher Laser und ständig werden neue Entwicklungen angeboten. In der Holographie wird überwiegend mit He-Ne-Lasern gearbeitet. Diesen 1961 erfundenen Laser nehmen wir als Beispiel für unsere Erklärung, wie Laser im allgemeinen funktionieren.

Dieser Laser besteht aus einem Glasrohr, das mit einer präzisen Mischung zweier Gase - Helium und Neon - gefüllt ist. Das Rohr ist versiegelt, bleibt aber an beiden Enden durchsichtig. An einem Ende befindet sich ein hochqualitativer, 100%ig reflektierender Spiegel. Am anderen Ende ist auch ein Spiegel, der aber nur 98% reflektiert oder auch ein klein bißchen weniger. Die Justierung dieser Spiegel ist sehr kritisch - sie müssen absolut parallel stehen und ihr Abstand zueinander muß ein exaktes Vielfaches der Wellenlänge betragen, die der Laser produzieren wird. Erinnern Sie sich daran, daß sich die Wellenlängen untereinander nur durch wenige Milliardstel eines Meters unterscheiden. Ist die Ausrichtung der Spiegel nicht ganz exakt, wird es nichts mit dem Laserlicht. Das Laserbauen ist also schon eine hohe Kunst.

Wollen wir also kohärentes Licht erzeugen, müssen wir die geeignete Energie in das Glasrohr schicken, die die Elektronen auf höhere Energiestufen bringt. Diese Aufgabe erfüllt das Netzgerät des Lasers, indem es zuerst die Helium-Atome stimuliert. Durch Zusammenstöße mit dem Helium werden dann die Neon-Atome in höhere Energiestadien versetzt. Die Neon-Atome fallen wieder in ihren normalen oder Grundzustand zurück, wobei rote Photonen freiwerden, ähnlich denen in Neonschildern. Diese Photonen stimulieren wiederum benachbarte Atome. Dieser Vorgang wiederholt sich, bis die Mehrzahl der Atome in einem angeregten Zustand ist. Die so geschaffene Situation ist unnatürlich und wird »Popular Inversion« genannt.

Das meiste des erzeugten Lichts entschwindet durch die Seiten des Rohrs, aber ein ganz kleiner Teil beginnt zwischen den Spiegeln hin-undherzureisen. Da die Spiegel ein genaues Vielfaches der Wellenlänge voneinander entfernt sind, addiert sich Welle zu Welle und verstärkt sich so rapide die Amplitude. Es verstärken sich aber zwischen den Spiegeln nur solche Wellen, die genau die richtige Länge haben - in diesem Fall 633 nm oder, ganz präzise, 6.328 Angström. Schließlich wird das Licht hell genug, daß es durch den nicht vollständig reflektierenden Spiegel austreten kann und ein Strahl kohärenten Lichts einer Frequenz sichtbar wird.

DIAGRAM AND PACKAGING OF A WORKING LASER

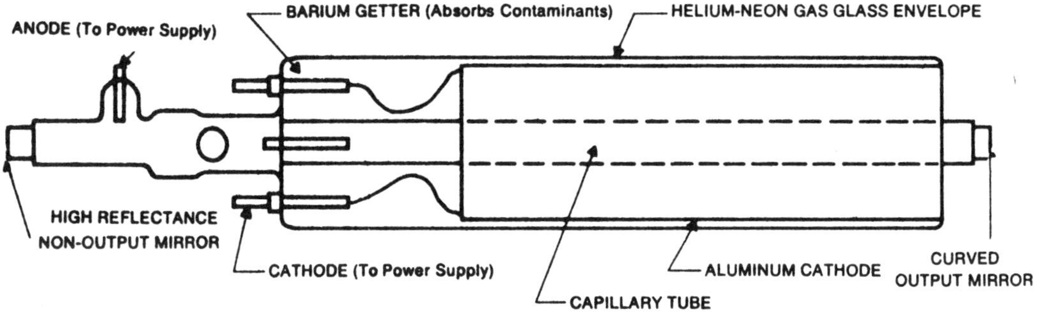

diagram and packaging of a working laser = *Querschnitt und Aufbau eines Lasers*
anode (To Power Supply) = *Anode (zur Stromquelle)*
high reflectance non-output mirror = *Hochreflektierender Spiegel ohne Ausgang*
barium getter (absorbs contaminants) = *Barium-Fangstoff (absorbiert Verschmutzungen)*
helium-neon gas glass envelope = *Helium-Neongas Glasumhüllung*
cathode (to power supply) = *Kathode (zur Stromquelle)*
capillary tube = *Kapillarröhre*
aluminium cathode = *Aluminium Kathode*
curved output mirror = *gekrümmter Ausgangsspiegel*

Es gibt natürlich noch andere Arten von Lasern. Allerdings sind viele für die Holographie ungeeignet oder zu teuer oder zu schwierig zu handhaben.

Der erste 1960 gebaute Laser hatte kein gasgefülltes Rohr, sondern einen festen Rubinstab. Dieser künstliche Rubin - es handelt sich hier nicht um einen natürlichen Edelstein - wird sehr sorgfältig hergestellt und an den Enden genau parallel geschliffen. Ein solcher Laser emittiert keinen dauernden Lichtstrahl, sondern einen kurzen Impuls, da hier die Atome alle gleichzeitig von dem angeregten in den Grundzustand zurückfallen. Diese Eigenschaft kann oft sehr nützlich sein, wie z.B. in der Pulsholographie.

Ein Laser produziert nur eine relativ geringe Menge an Licht. Da es aber zu einem engen Strahl gebündelt ist, ist es äußerst intensiv und verliert mit der Entfernung nicht an Intensität wie normales Licht. Daher kann der unaufgefächerte

Strahl auch dem Auge gefährlich werden: unser Auge fokussiert als Linse das intensive Licht auf einen kleinen Punkt und verursacht dadurch Verbrennungen. Die meisten He-Ne-Laser geben nur einige Milliwatt (Tausendstel eines Watts) an Licht ab - verglichen damit hat ein schwaches Christbaumbirnchen ca. ein Watt. Aber Laser, die einen Strahl von einem Watt oder mehr erzeugen, können Dinge in Brand setzen. Einfach unglaublich, oder?

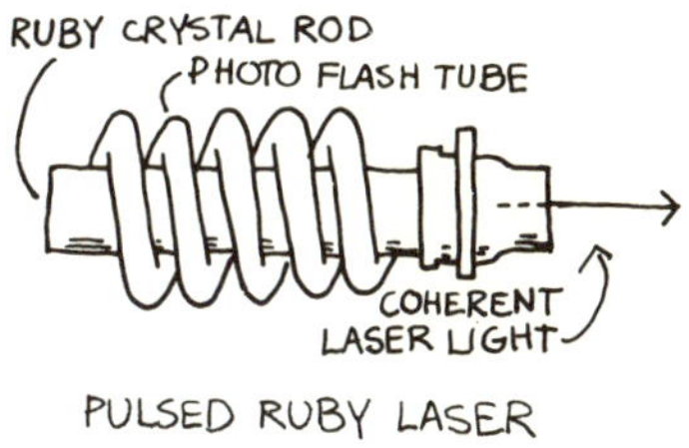

ruby crystal rod = *Rubinkristallstange*
photo flash tube = *Photoblitzröhre*
coherent laser light = *kohärentes Laserlicht*
pulsed ruby laser = *Rubin-Pulslaser*

Neben den angesprochenen He-Ne-Lasern und den Rubin-Puls-Lasern gibt es natürlich noch eine Menge anderer Laser. Unten haben wir ein paar der bekannteren angeführt. Die verschiedenen Wellenlängen, die sie erzeugen, sind auch im Spektrum auf dem hinteren Einband des Buches verzeichnet.

Die Wahrnehmung des Lichts

Jetzt, da wir etwas über Funktionsweise und Erzeugung von Licht verstehen, sollten wir überlegen, auf welche Weise wir das Licht oder vielmehr seinen Effekt wahrnehmen. Fangen wir folgendermaßen an: es gibt drei Voraussetzungen, um einen Gegenstand zu sehen. Können Sie sie aufzählen? (Jeder, der die Frage beantworten kann, ohne nach dem folgenden Satz zu linsen, wird sofort für einen Platz in den heiligen Hallen des Holographie-Ruhms nominiert) Die Antwort lautet: Licht (natürlich), ein Objekt (auch klar) und... einen Betrachter (nicht so klar). Der letzte ist ein wichtiger Punkt - und Sie glauben hoffentlich nicht, daß wir an Ihrer Intelligenz zweifeln.

Auch auf die Gefahr hin, lächerlich zu wirken, möchten wir Sie bitten, folgendes Experiment zu machen. Suchen Sie sich ein Zimmer, das man vollkommen abdunkeln kann, d.h. wo man alles Licht mit einem Schalter löschen kann, so daß man nichts mehr sieht. Jetzt stellen Sie einen Gegenstand mitten ins Zimmer, eine Kaffeetasse zum Beispiel. Im noch beleuchteten Raum schauen Sie sich die Tasse an. Betrachten Sie ganz genau die Oberfläche, die Winkel, die Umrisse, alles was Sie an visueller Information kriegen können. Nun wird das Licht ausgemacht. Was sehen Sie jetzt? Wiederholen Sie diesen Vorgang einige Male. Was ist es also, was man tatsächlich sieht: die Tasse oder das von der Tasse reflektierte Licht?

Licht ist für uns etwas Ähnliches wie Wasser für einen Fisch; es umgibt uns so selbstverständlich, daß wir es nicht mehr wahrnehmen. Die visuelle Wahrnehmung hängt nicht davon ab, daß wir Objekte sehen, sondern das von ihnen reflektierte Licht. Licht ist das Medium, durch das wir alles über die äußere Beschaffenheit eines Objekts erfahren. Machen wir noch ein weiteres Experiment. Schauen Sie noch einmal die mitten in den Raum plazierte Tasse an. Schauen Sie sie dann von einem anderen Standort im Raum an, oder besser noch, laufen Sie um sie herum und schaun Sie sie von allen Seiten an. Wie kommt es, daß Sie sie aus allen Richtungen sehen? Weil das Licht von der Tasse in alle Ecken des Raumes reflektiert wird - solange nicht irgendwo ein Hindernis steht. Zugleich ist der Raum voll mit Licht, das von anderen Gegenständen reflektiert wird, z.B. einem Tisch oder einem Türknauf. Wir spazieren also durch einen Raum, der angefüllt ist mit einer Kakophonie wahllos reflektierter Lichtwellenfronten. All diese Wellen gehen durcheinander hindurch, wie die Unzahl konzentrischer Wellen auf einem See bei Landregen. Auch wenn eine Welle den Raum mit anderen teilt, behält sie ihre individuelle Beschaffenheit. Es ist erstaunlich, daß unsere Augen und unser Gehirn einen Sinn in diesem Durcheinander erkennen und Dinge tatsächlich wahrnehmen können.

Das Auge ist ein ganz bemerkenswertes Organ. Die Iris funktioniert wie eine automatische Blende, sie dosiert das Licht, das von der Pupille auf die Linse fällt. Dieses Licht wird dann sofort von der Linse auf die Retina fokussiert, meist auf die Netzhautgrube (oder wegen seiner Farbe auch Gelber Fleck genannt), die empfindlichste Stelle der Netzhaut.

Auf der Retina verwandeln Photosensoren die Lichtenergie in einen schwachen elektrischen Strom. Dieser Strom gelangt durch den optischen Nerv in unser Gehirn, wo ein Komplex von Milliarden Nervenzellen diese Signale mit denen aus Erinnerung und vorangegangenen Erfahrungen vergleicht. Hier in unserem Gehirn nehmen wir die Vision der Wirklichkeit wahr. Das Auge ist tatsächlich unser Tor zur Welt, die uns umgibt.

Ganz überraschend ist dann immer wieder die Erkenntnis, wie sehr sich unsere Wahrnehmung eines Gegenstandes von seiner Realität unterscheidet.

Beginnen wir mit dem Objekt: von ihm wird Information über das Licht in alle Richtungen ausgestrahlt. Unser Auge nimmt einen kleinen Teil davon auf und verändert es abermals, indem es es als Punkt auf die Retina fokussiert. Nun erfolgt die Umwandlung in elektrische Impulse. Eine weitere Veränderung folgt durch den Empfang und die Interpretation unseres Gehirns. Es ist unvorstellbar, wieviel wir beim Sehen verpassen. Es ist also kein Wunder, daß uns ein holographisches Bild dermaßen in die Irre führen kann.

formation of 3-d image in the brain from parallax = *Bildung des 3-D Abbildes im Gehirn durch Parallaxe*
horizontal cross-section of the right eye = *horizontaler Querschnitt des rechten Auges*
pupil = *Pupille*
cornea = *Hornhaut*
aqueous humor = *Augenkammer*
iris = *Regenbogenhaut (Iris)*
suspensory ligament= *Aufhängung*
lens = *Linse*
ciliary muscles = *Ziliarmuskel*
vitreous humor = *Glaskörper*
sclera = *Lederhaut (Sclera)*
retina = *Netzhaut (Retina)*
choroid (outer coat) = *Aderhaut*
blindspot = *blinder Fleck*
fovea = *Sehgrube (Fovea centralis)*
optical nerve = *Sehnerv*
muscle to turn eye outward = *Muskel zur Bewegung des Auges*

FORMATION OF 3-D IMAGE IN THE BRAIN FROM PARALLAX

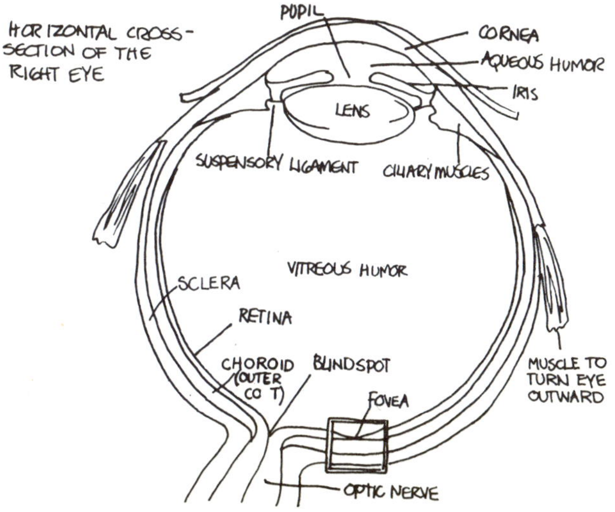

Die Tatsache, daß wir zwei Augen haben, führt zu einem interessanten Phänomen, nämlich der Wahrnehmung von Tiefe oder Dimension. Jedes Auge sieht eine leicht unterschiedliche Perspektive einer Szenerie oder eines Objekts. Diese beiden vereint erzeugen im Gehirn eine Illusion von Tiefe. Das einzelne Auge sieht eigentlich nur zwei Dimensionen. Sie glauben es nicht? Dann setzen Sie sich in einen Sessel und sehen sich im Zimmer um. Halten Sie dabei den Kopf so still wie möglich. Jetzt schließen Sie ein Auge, und stellen Sie sich vor, daß Sie statt der Realität ein Photo von dem Zimmer sehen. Dann öffnen Sie langsam das zweite Auge. Unglaublich, wie plötzlich Tiefe aus dem Nichts zu entstehen scheint.

Zwischen unseren Augen liegt ein Abstand von ca. 60 mm. Unser Gesichtsfeld entsteht also aus zwei sich überschneidenden zweidimensionalen Bildern. Das rechte Auge schaut an der rechten Seite eines Gegenstandes vorbei, während das linke Informationen von der anderen Seite beisteuert, die für das rechte nicht zu sehen sind. Diese beiden Blickwinkel treffen im Gehirn zusammen und erzeugen die sogenannte Parallaxe oder die Wahrnehmung der drei Dimensionen.

Eine andere aufschlußreiche Übung ist folgende: malen Sie eine senkrechte Linie auf eine Tasse und halten Sie sie mit ausgestrecktem Arm vor sich hin. Schaun Sie nur mit dem linken Auge auf die Tasse (das rechte ist verdeckt) und bewegen Sie sie langsam nach rechts bis die Linie gerade nicht mehr sichtbar ist. Öffnen Sie jetzt das rechte Auge, wird deutlich, welch anderen Betrachtungswinkel Sie gewinnen. Öffnen Sie abwechselnd das rechte, dann das linke Auge und Sie sehen, wie das Zusammenspiel beider Augen die wahre Dreidimensionalität erzeugt. Dreidimensionales Sehen kann aber auch durch andere, sekundäre, visuelle Vorgänge entstehen, die meisten davon sind erfahrungsbedingt. Wird ein Gegenstand durch einen anderen aus unserer Sicht verdeckt, ist uns klar, daß der erste weiter von uns entfernt ist als der zweite.

Die Entfernung eines Gegenstandes zum Betrachter legt Größe und Maßstab fest. Entfernt sich ein Mensch von uns, scheint er zu schrumpfen. Da wir seine Größe kennen, bildet er den Maßstab für die Größe der Dinge in seiner Umgebung, trotz des Schrumpfens durch die Entfernung. Kommt dieser

Mensch wieder auf uns zu und füllt somit mehr von unserem Gesichtskreis, erscheint er im Vergleich zu den anderen Dingen größer. Natürlich wissen wir aus Erfahrung, daß sich die Größe dieses Menschen nicht ändert. Die Veränderung der Größe schreiben wir der Verlagerung der Position in dieser Dimension zu.

Ein treffendes Beispiel hierzu bietet die Entdeckung eines Pygmäen-Stammes, der tief in den dichtbelaubten Urwäldern Afrikas lebte. Aufgrund ihrer Umgebung hatten sie nie die Gelegenheit, Dinge aus der Ferne zu sehen. Als eine Gruppe von Anthropologen sie mit auf eine Lichtung nahm, war die Aufregung groß. Nach der Ursache befragt, deuteten sie auf den Horizont und sagten: »Schau, da sind Tiere und Menschen, die kleiner sind als wir«. Ihnen fehlte die Seherfahrung in der Distanz und der Maßstab.

Die Wirkung der Atmosphäre auf entfernte Gegenstände ist ein anderes zu beachtendes Phänomen. Berge, Wolken oder Stadtsilhouetten erscheinen oft in einem bläulichen Farbton, da die Luft hauptsächlich blaues Licht reflektiert. Wir lernen diesen Ton mit großer Entfernung gleichzusetzen, ein Vorgang, der unserer Wahrnehmung einer Szenerie große Tiefe verleiht.

Auch ein einzelnes Auge kann durch Bewegung dreidimensionales Sehen vermitteln. So bleibt der Eindruck der Dreidimensionalität auch mit einem geschlossenen Auge erhalten. Wenn das offene Auge nicht absolut still ist, sendet es durch die Bewegung eine Vielzahl unterschiedlicher Blickwinkel an das Gehirn. Dort werden die verschiedenen Bilder vereint, ähnlich wie die, die aus beiden Augen das Gehirn erreichen.

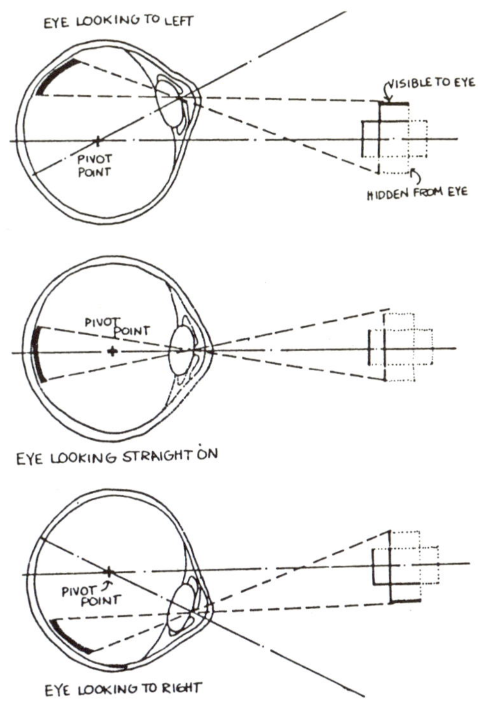

eye looking left = *Auge schaut nach links*
pivot point = *Kreuzungspunkt*
visible to eye = *sichtbar für das Auge*
hidden from eye = *unsichtbar für das Auge*
eye looking straight on = *Auge schaut geradeaus*
eye looking to right = *Auge schaut nach rechts*

Jedenfalls erhält und verarbeitet unser Gehirn ständig diese Vielzahl unterschiedlicher Bilder und visuellen Hinweise, um uns einen Eindruck von Form, Tiefe und Wesen der uns umgebenden Realität zu verschaffen. Wahres, realistisches, dreidimensionales Sehen ist also ein Zusammenschluß dieser unterschiedlichen Faktoren. Und wo ist die Dreidimensionalität wirklich? In unseren Köpfen! Wir projizieren die drei Dimensionen hinaus in die uns umgebende Welt - entstanden sind sie ausschließlich in unseren Köpfen. Und es mag ein großer Unterschied sein zwischen dem, was wir sehen und was wirklich ist, bedenkt man, wie beschränkt die Informationen sind, die uns die Augen liefern, mit ihren wenigen Frequenzen und ihren limitierten Betrachtungswinkeln.

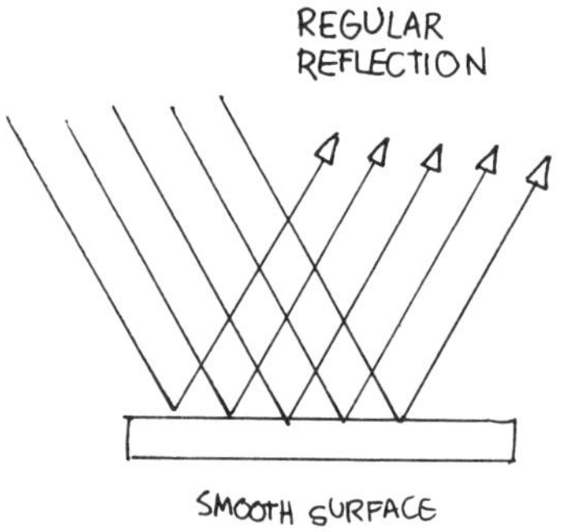

Reflexion

Soweit haben wir nun besprochen, wie Licht produziert und von unseren Augen und unserem Gehirn interpretiert wird. Jetzt ist es an der Zeit, daß wir zu den technischen Dingen kommen (wir versuchen es so einfach wie möglich zu machen). Zunächst interessiert uns, was mit Licht im Durchgangsstadium passiert, wenn es mit verschiedenen Materialien wechselwirkt.

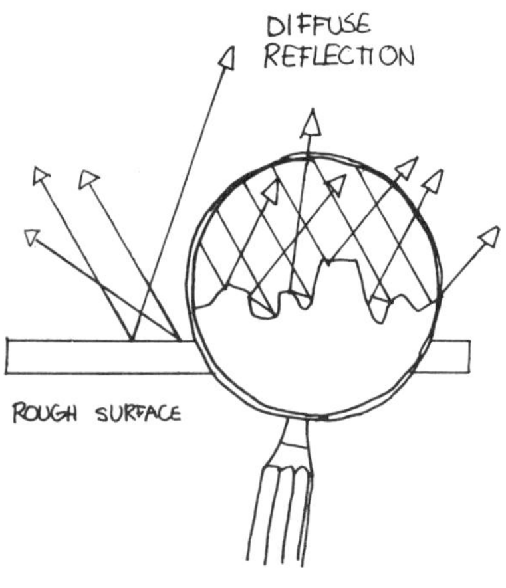

Normalerweise bewegt sich Licht in einer geraden Linie fort. Man kann es aber auch veranlassen, seine Richtung zu ändern, indem man eine polierte Oberfläche benutzt, z.B. einen Spiegel. Das Reflexionsgesetz besagt, daß der Einfallswinkel des Lichts gleich dem Ausfallswinkel ist. In anderen Worten: ein Lichtstrahl, der auf einen Spiegel trifft, wird ihn im gleichen Winkel wieder verlassen, nur in umgekehrter Richtung.

Die Eigenschaften des Lichts, wie Phase, Amplitude, Frequenz usw. werden von dem Spiegel nicht beeinflusst. Die Richtungsänderung ist der einzige signifikante Eingriff. Keine der Informationen, die das Licht in sich trägt, wird verändert. Deshalb können wir auch Leute oder Dinge in einem Spiegel sehen und wiedererkennen.

regular reflection = *geordnete Reflexion*
smooth surface = *glatte Oberfläche*
diffuse reflection = *diffuse Reflexion*
rough surface = *rauhe Oberfläche*

Etwas anderes ist eine diffuse Reflexion. Die meisten Dinge sind diffuse Reflektoren, da ihre Oberfläche nicht eben genug ist, um entscheidende Veränderungen des Lichts zu vermeiden. Trifft Licht auf einen diffusen Gegenstand, wird es in viele Richtungen reflektiert und teilweise absorbiert. Diese Gegenstände haben ihre bestimmten Farben, abhängig davon, welche Frequenzen sie absorbieren und welche sie für uns sichtbar reflektieren.

Als wir uns die Kaffeetasse angeschaut haben, beobachteten wir ein diffuses Objekt, das Licht in alle Richtungen des Raumes reflektierte. Beim Holographieren möchten wir auch ein diffuses Objekt aufnehmen, das Licht auf alle Teile der Platte reflektiert. Da wir rotes Licht benutzen, suchen wir Objekte aus, die diese Farbe besonders gut reflektieren.

Noch eine interessante Eigenart von diffusen Reflektoren sollten wir beachten. Fällt Licht auf einen Gegenstand, reflektiert jeder unendlich kleine Punkt der Oberfläche seine eigenen Wellenfronten. So wie die Tasse Licht in alle Richtungen des Raums reflektierte, könnte man auch sagen, daß jeder Punkt der Tasse Licht in alle Richtungen aussendet. Versuchen wir folgendes: malen Sie einen schönen, gut sichtbaren Punkt auf die Tasse. Stellen Sie die Tasse nun vor ein Fenster und schauen Sie sie durch die Glasscheibe hindurch an. Egal durch welche Ecke des Fensters Sie auf die Tasse schauen, rechts oben oder links unten, der Punkt ist von überall sichtbar. Das bedeutet: Das von dem Punkt reflektierte Licht erreicht jeden Teil des Fensters. Dies ist ein sehr wichtiger Punkt. Seien Sie nun nicht überrascht, wenn wir Sie bitten, das Fenster einzuschlagen oder es bis auf ein kleines Guckloch mit Brettern zu vernageln (Sie brauchen das nicht tatsächlich zu tun, sonst werden wir noch wegen Aufforderung zur Sachbeschädigung belangt). Schauen Sie durch das Guckloch, sehen Sie immer noch den ganzen Gegenstand. Zerbricht man ein Hologramm, passiert genau das gleiche: auch wenn man nur durch ein kleines Stückchen schaut, sieht man immer noch das ganze Bild. Ein Hologramm funktioniert genauso wie ein Fenster.

Lichtbrechung

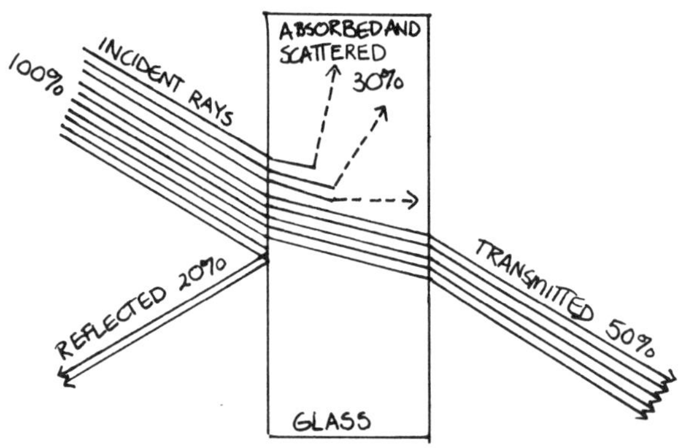

REFRACTION OF LIGHT BY GLASS

100% incident rays = *100% auftreffende Wellen*
absorbed and scattered 30% = *absorbiert und gestreut 30%*
reflected 20% = *reflektiert 20%*
transmitted 50% = *durchgelassen 50%*
glass = *Glas*
refraction of light by glass = *Brechung von Licht durch Glas*

Fällt Licht in einem schiefen Winkel durch ein transparentes Material, ändert es auch seine Richtung. Dies liegt an der veränderten Geschwindigkeit des Lichts, während es durch dieses neue Material geht. In Substanzen von größerer Dichte verringert sich die Geschwindigkeit des Lichts. Um diese Veränderung zu kompensieren, wird das Licht gebrochen. Verläßt es das Material, erlangt es wieder die normale Geschwindigkeit und dementsprechend ändert sich auch wieder die Richtung. Viele optische Illusionen basieren auf dem Prinzip der Lichtbrechung. Steckt man das Ende eines geraden Lineals in ein Glas mit Wasser, scheint es plötzlich krumm zu sein. Unter Wasser scheinen Dinge näher an der Wasseroberfläche zu sein, als sie tatsächlich sind. Hierfür ist die Lichtbrechung verantwortlich, genauso wie für andere Phänomene, wie z.B. die Luftspiegelung (Fata Morgana). Einer der vielleicht bemerkenswertesten Effekte ist der des Regenbogens oder des Prismas. Die Trennung der unterschiedlichen Farben oder Frequenzen entsteht dadurch, daß die einzelnen Frequenzen in unterschiedlichem Maß auf das Prisma oder den Regentropfen reagieren und unterschiedliche Geschwindigkeiten annehmen. Werden die Oberflächen des Prismas so angeordnet, daß das Licht zweimal in die gleiche Richtung gebrochen wird, erreicht man eine besonders große Streuung oder Dispersion.

Die Vorteile der Lichtbrechung werden auch bei der Anwendung von Linsen genutzt. Generell gibt es zwei Arten von Linsen. Fällt ein paralleler Lichtstrahl durch eine Linse mit konvexen Oberflächen, wird er zu einem Punkt zusammengezogen. Diese Linse nennt man sammelnd oder positiv. Fällt das Licht durch eine Linse mit konkaven Oberflächen, wird der Strahl aufgefächert. Hier haben wir eine zerstreuende oder negative Linse.

Jede Linse besitzt einen Brennpunkt. Der Brennpunkt einer positiven Linse liegt genau dort, wo das Licht zu einem Punkt zusammengezogen ist. Da eine Linse zwei Oberflächen hat, gibt es zwei Brennpunkte, und zwar auf jeder Seite einen. Als Brennweite bezeichnet man die Entfernung zwischen dem Mittelpunkt der Linse und dem Brennpunkt. Je nach Grad der Oberflächenkrümmung und der Stellung der beiden Oberflächen einer Linse zueinander haben unterschiedliche Linsen verschiedene Brennweiten. Negative Linsen haben ebenfalls einen Brennpunkt, auch wenn sich hier das Licht nicht auf ihn fokussiert. Da sich das Licht durch eine negative Linse auffächert, scheint es, als käme es aus einem Punkt hinter der Linse. Dieser scheinbare Brennpunkt liegt eine »negative« Brennweite vom Mittelpunkt der Linse entfernt. Solcher Art sind die meisten Linsen, die wir in der Holographie zur Auffächerung der Strahlen benutzen. Auch positive Linsen können benutzt werden, da sich das Licht nach dem Brennpunkt wieder auffächert. Eine schnellere Streuung erreicht man jedoch mit einer negativen Linse. Je kürzer die Brennweite, desto stärker ist die Streuung des Lichts. Wenn wir z.B. eine Linse mit der Brennweite von 28 mm benutzen und die ausgeleuchtete Fläche dann nicht groß genug ist, versuchen wir es mit einer 13 mm Linse oder etwas Ähnlichem.

Positive Linsen können sowohl ein reelles als auch ein virtuelles Bild erzeugen. Ein virtuelles Bild entsteht dann, wenn der Abstand zwischen Linse und Objekt geringer als die Brennweite ist. Man nennt es virtuell (=scheinbar), da das Objekt nicht wirklich dort ist, wo man es sieht, sondern nur »erscheint«. Das Bild kann nicht auf eine Leinwand oder eine ähnliche Oberfläche projiziert werden. Ein Vergrößerungsglas funktioniert auf diese Weise; das Objekt erscheint vergrößert, was es natürlich in Wirklichkeit nicht ist. Ein reelles

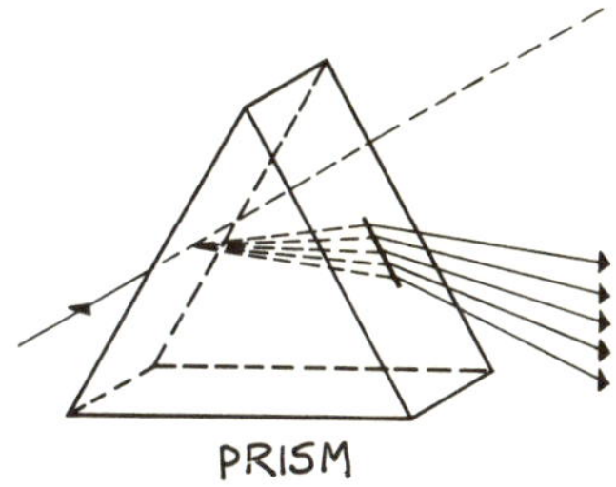
PRISM

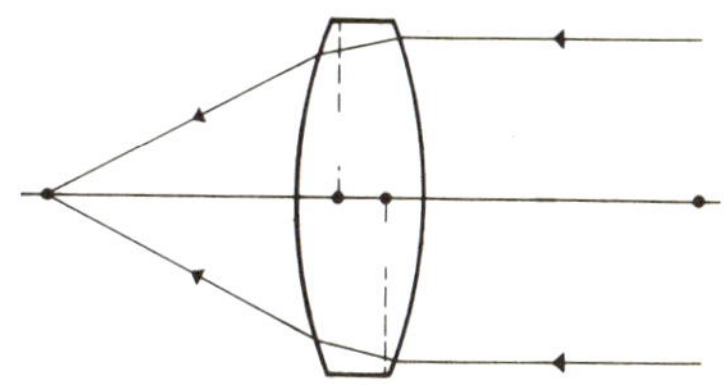
POSITIVE LENS

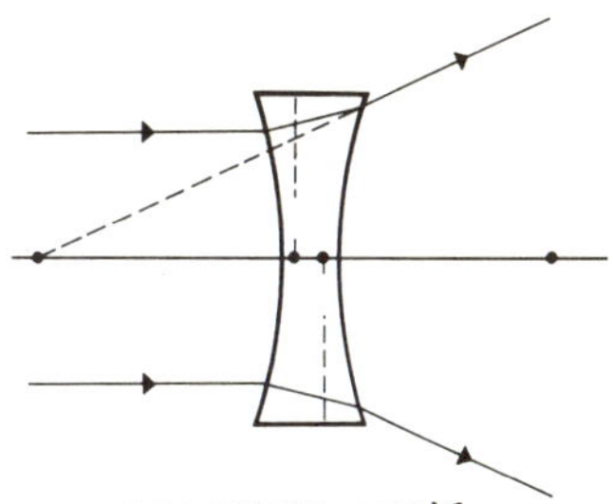
NEGATIVE LENS

prism = *Prisma*
positive lens = *positive Linse*
negative lens = *negative Linse*

Bild entsteht dann, wenn das Objekt hinter dem Brennpunkt liegt. Das Bild ist insofern reell, als es tatsächlich auf eine Oberfläche projiziert werden kann. Auf diese Art funktioniert auch die Linse in unseren Augen, oder auch eine Kameralinse. Anders als das virtuelle Bild steht das reelle Bild im Vergleich zum tatsächlichen Objekt auf dem Kopf. In Instrumenten wie einem Fernglas sorgen entsprechende Optiken dafür, daß das Bild dennoch richtigherum erscheint. Die Aufgabe dieser Optiken übernimmt bei uns das Gehirn. Aber eigentlich sehen wir die Welt auf dem Kopf stehend!

Im Gegensatz zu positiven Linsen können negative Linsen nur virtuelle Bilder erzeugen. Diese Linsen können nie Licht zu einem Punkt fokussieren und so auch nicht auf einer Oberfläche abbilden.

Spiegel können sowohl reelle als virtuelle Bilder erzeugen. Normale flache Spiegel geben ein virtuelles Bild wieder, da die reflektierte Szenerie hinter der Oberfläche zu sein scheint. Dagegen können konkave Spiegel Licht in ähnlicher Weise fokussieren wie positive Linsen und reelle Bilder erzeugen. Für bestimmte Anwendungen können konvexe positive Linsen und konkave Spiegel gleichermaßen benutzt werden. Für ein Teleskop z.B. kann man sowohl einen Spiegel als auch eine Linse als lichtsammelndes Objektiv verwenden.

Für Kollimatoren - die nichts anderes als umgekehrte Teleskope sind - kann man ebenfalls Spiegel oder Linsen benutzen. Ein Teleskop sammelt Licht grundsätzlich, indem es parallele Strahlen zusammenlaufen läßt. Ein Kollimator dagegen nimmt Licht, das aus einem Punkt kommt, und verwandelt es in parallele Strahlen.

Durch einen großen konkaven Spiegel erzeugtes kollimiertes Licht haben wir bereits bei einigen unserer holographischen Aufbauten benutzt. Wir hätten dazu auch eine große Linse nehmen können, aber das wäre extrem teuer geworden. Ein Spiegel kostet normalerweise nur ein Zehntel von einer entsprechenden Linse.

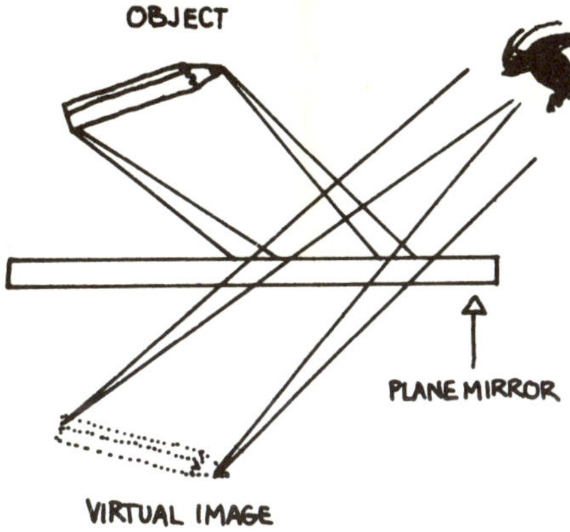

VIEWING WITH A MIRROR

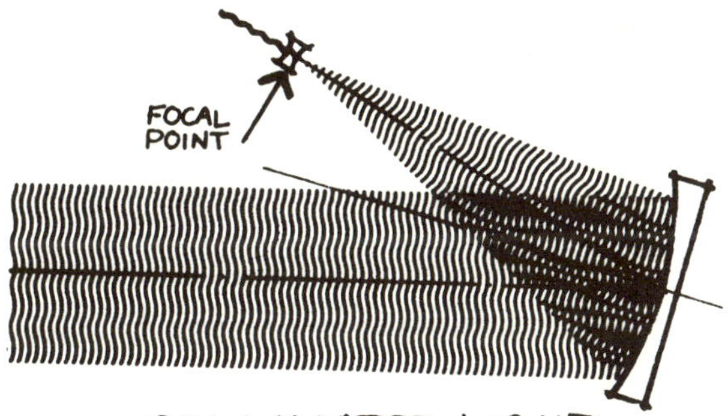

COLLIMATED LIGHT

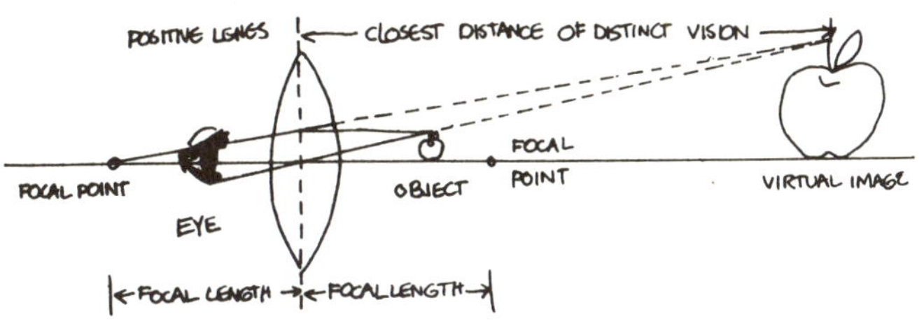

VIEWING WITH A LENS

Linsen und gekrümmte Spiegel können auch die Form der Lichtwellenfronten beeinflussen. Wir haben oben den Vergleich besprochen zwischen Licht, das sich von einem Punkt aus verbreitet, wie einem Luftballon, der aufgeblasen wird. Die Oberfläche ist gekrümmt und wird als sphärische Wellenfront bezeichnet. Die Wirkung von Linsen auf den Krümmungsgrad einer Wellenfront ist groß. Licht aus einem Laser kann man größtenteils als parallel bezeichnen. Seine Wellenfronten sind gerade, es handelt sich um ebene Wellen. Fällt das Licht durch eine Linse, divergiert (negative Linse) oder konvergiert (positive Linse) es. Aber darüberhinaus krümmt es sich auch, und zwar in zur Oberfläche der Linse entgegengesetzter Richtung. Umgekehrt kann eine sich ausbreitende gekrümmte Wellenfront in eine nicht streuende ebene Welle verwandelt werden. Dies erreicht man mit Hilfe eines Kollimators. Was ist so wichtig an ebenen oder gekrümmten Wellen?

positive lens = *positive Linse*
closest distance of distinct vision = *kürzeste Entfernung für scharfe Sicht*
focal point = *Brennpunkt*
eye = *Auge*
object = *Objekt*
virtual image = *virtuelles Bild*
focal length = *Brennweite*
viewing with a lens = *Betrachtung mit einer Linse*
plane mirror = *glatter Spiegel*
viewing with a mirror = *Betrachtung mit einem Spiegel*
collimated light = *kollimiertes Licht*

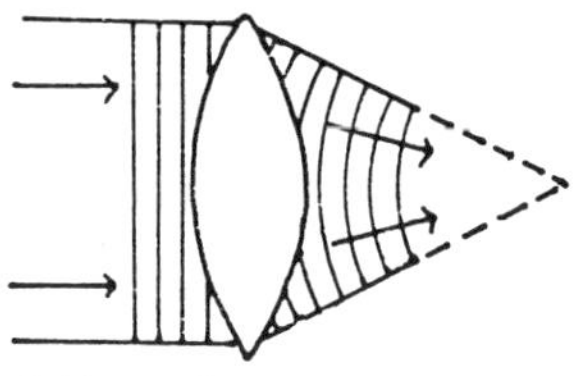

WAVE CONVERGENCE

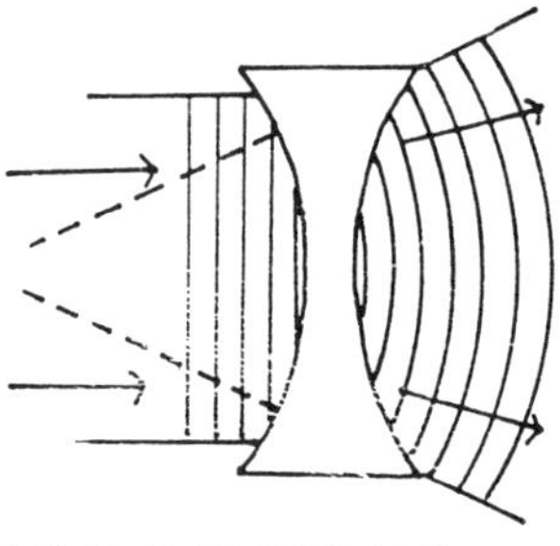

WAVE DIVERGENCE

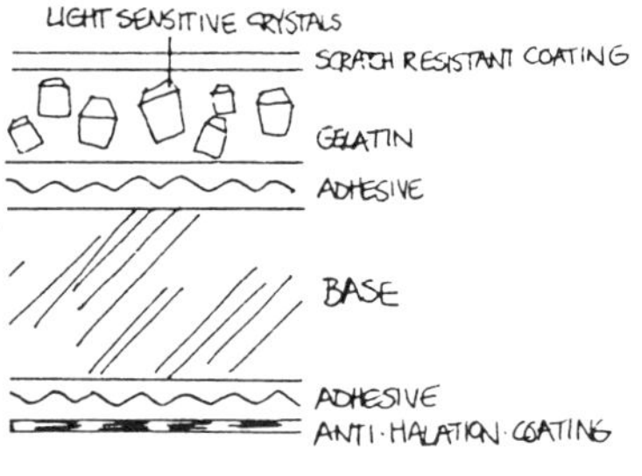

PHOTOGRAPHIC EMULSION

wave convergence = *Wellenkonvergenz*
wave divergence = *Wellendivergenz*
light sensitive crystals = *lichtempfindliche Kristalle*
scratch resistant coating = *kratzfester Überzug*
gelatin = *Gelatine*
adhesive = *Klebstoff*
base = *Träger*
adhesive anti-halation-coating = *Antilichthofbeschichtung*
photographic emulsion = *photographische Emulsion*

Vor allem müssen wir beachten, daß Wellenfronten bei entsprechend starker Krümmung das Bild verzerren können. Dics ist in der Photographie bei der Anwendung eines Fischauges genau zu beobachten. In der Holographie kann eine gekrümmte Wellenfront auf verschiedene Teile der Platte unterschiedliche Auswirkungen haben. Bei manchen Hologrammen - wie dem Regenbogenhologramm - kann das große Probleme schaffen. Hier hilft die Anwendung eines Kollimators. Bei vielen anderen Hologrammtypen ist es allerdings nicht so kritisch. Die Krümmung wird größer, je näher man an der Linse ist. Daher ist es ratsam, die entsprechende Linse oder den Raumfilter nicht zu nahe an die Platte zu positionieren.

Die bei der Abbildung durch Optiken entstehenden Verzerrungen und Ungenauigkeiten nennt man Aberration. Sphärische Aberration entsteht, wenn Licht, das durch die Kanten der Linsen fällt, nicht genau auf den gleichen Punkt fokussiert wird wie das Licht, das durch die Mitte der Linse gegangen ist. Ähnlich ist es, wenn Licht aus einem Punkt durch einen Kollimator fällt: es bildet sich nur eine ungenaue ebene Wellenfront und das Licht breitet sich ganz allmählich aus.

Da verschiedene Lichtwellenlängen durch eine Linse unterschiedlich gebeugt werden, entsteht auch eine chromatische Aberration. Für uns ist jedoch der Gebrauch von Linsen in dieser Hinsicht kein Problem, da wir durch den Laser nur mit einer Wellenlänge arbeiten.

Wir sind nun soweit, daß wir begreifen können, wie Licht entsteht, wie es von Objekten beeinflußt und von Linsen und Spiegeln gelenkt wird. Jetzt wollen wir uns anschauen, wie ein Photo gemacht wird.

Drei Dinge brauchen wir, um eine »Aufnahme« machen zu können: eine Kamera, ein Objekt und Licht. Die Kamera besteht aus einer Anordnung positiver Linsen (man benutzt normalerweise mehrere Linsen um sphärische und chromatische Aberration zu vermeiden), und einer Filmebene, die sich jenseits des Brennpunkts befindet. Auf diese Weise kann ein reelles Bild auf den Film projiziert werden. Photographischer Film ist im Grunde ein mit Gelatine beschichtetes Stück Plastik. In der Gelatine befinden sich fein verteilt Silberbromid-Kristalle, die die außergewöhnliche Fähigkeit besitzen, sich aufzulösen, sobald sie Licht ausgesetzt werden (für diejenigen , die sich für Chemie interessieren: das Silber wird in seinen »status nascendi« reduziert).

Nehmen wir als Motiv eine Person in einem schwarzweiß gestreiften Hemd. Das Licht wird von dem Hemd in alle Richtungen reflektiert. Die weißen Streifen reflektieren dabei mehr Licht (größere Amplitude) als die schwarzen, die Licht absorbieren. Nun plazieren wir unsere Kamera so, daß wir den Effekt eines kleinen Teils des reflektierten Lichts »einfangen« können. Das Licht fällt durch die Linse, wird auf einen Punkt fokussiert und weitet sich dann wieder aus, um ein Bild auf dem Film entstehen zu lassen. Dieses Bild beinhaltet Informationen über die relative Helligkeit/Dunkelheit der Oberfläche des aufgenommenen Gegenstandes. Die helleren Flächen werden dabei mehr Silberbromide zersetzen als die dunklen Streifen. Die stärker belichteten Flächen erscheinen auf dem entwickelten Negativ wiederum dunkler als die weniger hellen Flächen des aufgenommenen Motivs. Die sehr dunklen Stellen des Originals erscheinen als helle Flächen auf dem Negativ. Wir können also sagen, daß das Negativ die gleichen Schattierungen aufweist wie das Original, allerdings genau in der Umkehrung: schwarz wird zu weiß und weiß zu schwarz. Wird nun ein Abzug vom Negativ gemacht, kehrt sich nochmals alles um und die Schattierungen des fertigen Bildes werden mit denen des Originals identisch (in der Farbphotographie benutzt man hierzu die umgekehrten Primär- und Sekundärfarben, aus deren Kombination weitere Farben entstehen).

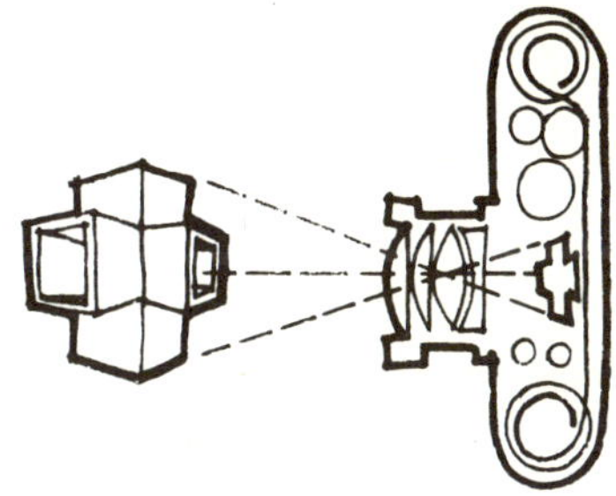

how a camera sees aobject = *wie die Kamera ein Object sieht*

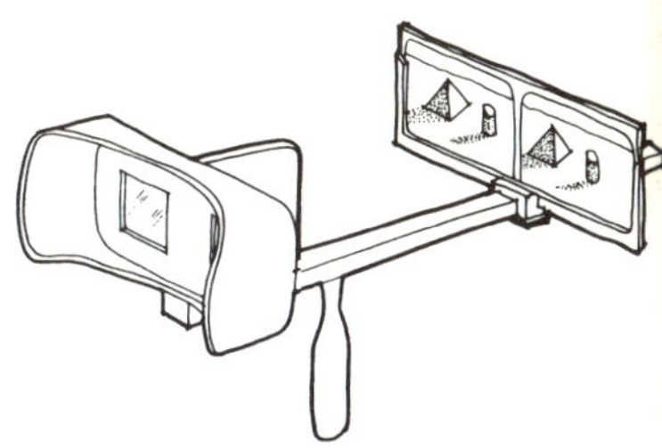

stereograph viewer = *stereographischer Betrachter*

Was wird sonst noch auf einem Photo festgehalten? Natürlich der wiedererkennbare Umriß und die Form des Motivs. In dieser Anhäufung schwarzer und weißer Partikel erkennen wir tatsächlich die Person wieder, die wir aufgenommen haben. Trotzdem fehlt etwas. Richtig geraten! Dem Photo fehlt die Dimension der Tiefe. Wie kommt das?

Wir erinnern uns, daß in unserem Gehirn der Eindruck von Dimension oder Parallaxe durch das Zusammentreffen zweier Perspektiven entstanden ist (entweder durch das Sehen mit zwei Augen oder durch die verschiedenen Blickwinkel eines sich bewegenden Auges). Das Photo dagegen wird nur aus einer einzigen Perspektive aufgenommen. Denn die Linse muß, wie wir wissen, das Licht in einen einzigen Punkt fokussieren, um ein Bild entstehen zu lassen. Dadurch wird die Perspektive des ganzen Photos auf die eines einzigen Punktes beschränkt. Jeder Punkt des Originals wird auf einem einzigen Punkt auf dem Film fokussiert. Obwohl wir dann den fertigen Abzug mit zwei Augen betrachten, ist die Information aus den anderen Blickwinkeln verlorengegangen. Beide Augen sehen so, als befänden sie sich an ein und derselben Stelle und das Bild erscheint flach.

Die Stereophotographie versucht diese Schwierigkeit zu überwinden, indem sie einen zweiten Blickwinkel hinzufügt. Bei der Aufnahme eines Stereophotos werden zwei Photos gemacht, die den gleichen Abstand zueinander haben, wie unsere beiden Augen. Das rechte und das linke Auge sehen den aufgenommenen Gegenstand jeweils aus ihren entsprechenden Blickwinkeln und das Gehirn glaubt Dimensionen wahrnehmen zu können. Damit das richtig funktioniert, müssen spezielle Brillen oder »Gucker« benutzt werden. So wird sichergestellt, daß das richtige Bild von dem entsprechenden Auge gesehen wird.

Abgesehen davon, daß der Gebrauch dieser speziellen »Gucker« lästig ist, vermittelt die Stereophotographie nicht die gleiche Art von Dimension wie die Wirklichkeit. Die beiden gegebenen Blickwinkel sind starr, auch wenn wir uns bewegen, können wir nicht um die Objekte herumschauen. Die Dynamik dessen, wieviel von unserem Gesichtskreis ein Objekt besetzt, ist ebenso verloren, wie die Bewegung eines näheren Objekts relativ weiter zu einem weiter entfernten. Um diese Phänomene wahrnehmen zu können, müßte eine große Anzahl weiterer Blickwinkel zur Verfügung stehen. Aber ist dies überhaupt möglich? Da gehe ich jede Wette mit Ihnen ein!

Erinnern wir uns, daß das Licht der Überbringer aller visuellen Informationen ist. Ein Photo kann Teile dieser Information speichern, wie die Amplitude oder im Fall eines Farbphotos auch die Frequenzen, sprich Wellenlängen. Aber ein wichtiger physikalischer Teil geht verloren, nämlich die Phase des Lichts, die Positionen der Wellenfronten relativ zueinander. Dies ist das eigentliche, was draußen in der Welt passiert, bevor unsere Linse daraus ein konkretes Bild herausdestilliert.

Ein Hologramm speichert beides, Phase und Amplitude. Der Begriff Hologramm, der soviel wie »ganzheitliche Botschaft« oder »ganzheitliche Aufnahme« bedeutet, ist also zu Recht gewählt. Um zu verstehen, wie und warum ein Hologramm dazu in der Lage ist, müssen wir noch zwei weitere Eigenschaften des Lichts untersuchen.

primary wave = *Primärwelle*
combined wave = *kombinierte Welle*
constructive interference = *konstruktive Interferenz*
destructive interference = *destruktive Interferenz*

Interferenz und Hologrammstruktur

Wir haben oben bereits die Wellencharakteristik des Lichts besprochen. Stellen wir uns vor, daß zwei Wellen »ineinanderlaufen«. Was passiert dabei?

Treffen zwei Wellen, welcher Art auch immer, aufeinander, entsteht eine andere, neue Welle, die sich von jeder der beiden vorherigen unterscheidet. Die Wellenberge und -täler formieren vereint entweder größere Berge und Täler (konstruktive Interferenz) oder kleinere (destruktive Interferenz). Dies kann man leicht ausprobieren, wenn man - zum Beispiel in der Badewanne sitzend - die Wasseroberfläche mit beiden Händen so in Bewegung setzt, daß zwei Wellengruppen entstehen. Dabei können wir folgendes beobachten: treffen zwei Wellenberge zusammen, so ergibt sich ein neuer Berg, entsprechend der Addition der beiden vorigen. Ähnlich ist es, wenn Wellenberg auf Wellental trifft - sie löschen sich gegenseitig aus.

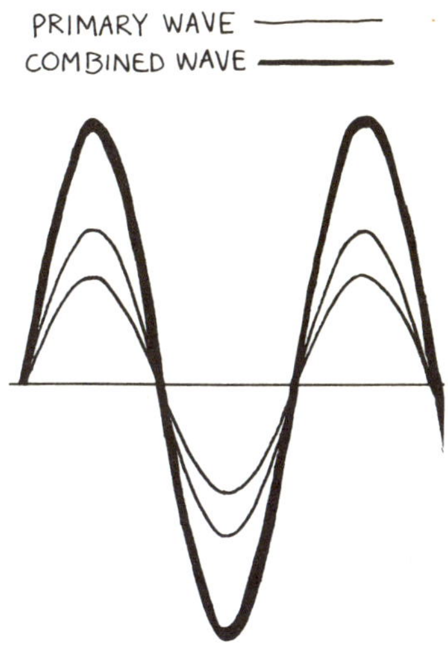

CONSTRUCTIVE INTERFERENCE

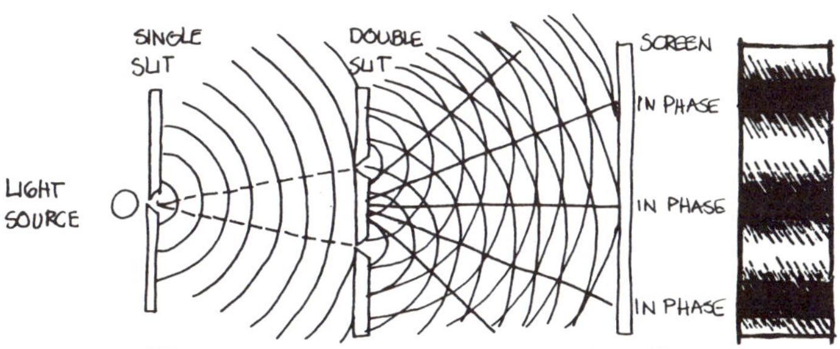

DEMONSTRATION OF INTERFERENCE CAUSED BY LIGHT FROM SINGLE SOURCE PASSED THROUGH TWO APERTURE

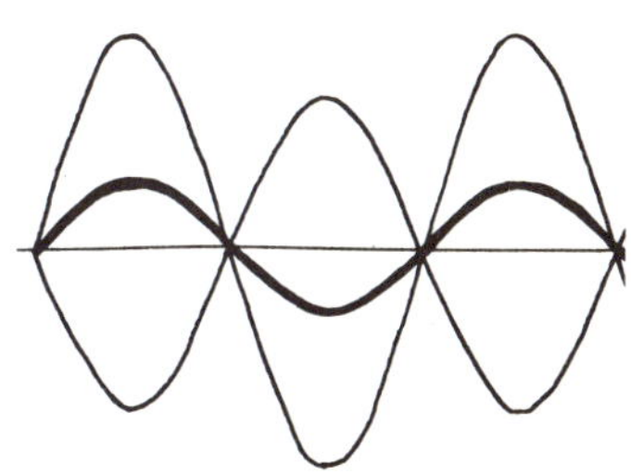

DESTRUCTIVE INTERFERENCE

light source = *Lichtquelle*
single slit = *einzelner Schlitz*
double slit = *Doppelschlitz*
screen = *Projektionswand*
in phase = *in Phase*

demonstration of interference caused by light from single source passed trough two apertures = *Demonstration der Interferenz, die von Licht verursacht wird, das von einer Quelle kommt und durch zwei Öffnungen geht*

Lichtwellen funktionieren auf ähnliche Weise. Normales inkohärentes Licht mit seinen vielfältigen Frequenzen ergibt bereits eine sehr komplexe Welle. Trifft dieses Licht auf eine weitere komplexe Formation, so interferieren sie miteinander. Eine Wirkung wird allerdings nur in der Farbschattierung sichtbar. Dieses unglaubliche Durcheinander von Frequenzen gibt kaum einen Aufschluß über die unterschiedlichen Positionen der einzelnen Komponenten zueinander. Diese Tatsache macht es in den meisten Fällen unmöglich, ein Hologramm zu machen. Es ist wirklich so, als wolle man ein Bild mit tausend einzelnen Stiften malen.

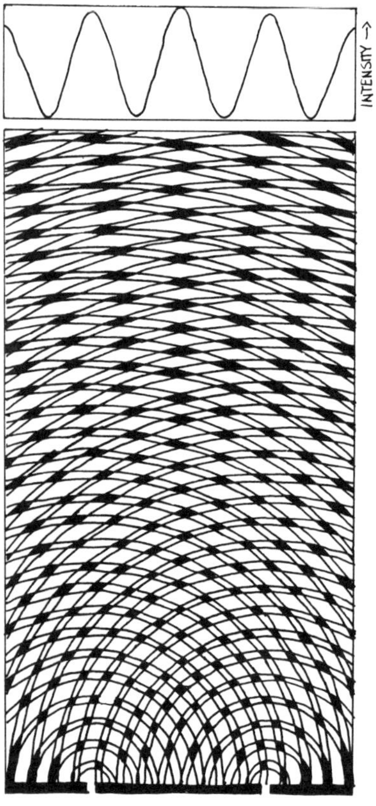

INTERFERENCE OF LIGHT DIFFRACTING THROUGH TWO APERTURES

intensity = *Intensität*
interference of light diffracting trough two apertures = *Interferenz von Licht, gebrochen durch zwei Öffnungen*

Wenn allerdings Licht mit der gleichen Frequenz aufeinander trifft, entstehen ganz erstaunliche Effekte - ähnlich wie die in der Badewanne. Treffen zwei Wellen »in Phase« aufeinander, d.h. Wellenberge und -täler befinden sich an der gleichen Stelle, erhält die neue Welle eine Amplitude von der Größe der Summe der beiden Originalwellen. Sind die beiden Wellen jedoch um 180 Grad verschoben, löschen sie sich gegenseitig aus. Das Ergebnis ist eine sehr geschwächte Welle.

Im Endeffekt ergeben sich durch das Zusammentreffen zweier bestimmter Wellen Felder von Licht und Dunkel. Größe und Form dieser sogenannten Interferenzstreifen werden bestimmt durch die Geschwindigkeit, mit der die relative Phase der beiden Wellen schwingt. Diese Geschwindigkeit kann manchmal sehr gering sein. In diesem Fall entstehen breite, sichtbare Interferenzstreifen, so wie wir sie beim Interferometer beobachtet haben. Ebensolche Felder entstehen, wenn kohärente Wellen durch zwei oder mehrere enge, dicht beieinander liegende Spalte fallen (s. Abb.)

Stellen wir eine lichtempfindliche Platte oder einen Film an eine Stelle, wo Wellenfronten interferieren, so können wir ein Interferenzmuster festhalten. Dieses Interferenzmuster zeigt uns das Phasenverhältnis der beiden Wellen. Indem wir die hellen und dunklen Streifen, die aus der Kombination der beiden Wellenfronten entstanden sind, einfangen, registrieren wir alle Charakteristiken der einzelnen Wellen. Dies könnten wir mit einer individuellen Welle nicht erreichen.

Erinnern wir uns, daß wir wegen der Schnelligkeit des Lichts nicht die Positionen einzelner Photonen feststellen können. Wir können jedoch einen allgemeinen Zustand beobachten. Da kohärente Wellen genau im gleichen Takt marschieren, nimmt jede Welle genau den Platz der vorhergegangenen ein. Dadurch erhalten wir ein sogenanntes »stehendes Wellenmuster«. Die Wellen scheinen stillzustehen, obwohl die Energie in stetiger Bewegung ist. Interferiert diese Wellenfront nun mit einer zweiten, entsteht ein gleichbleibendes Muster, das die Charakteristiken beider Wellen gespeichert hat. Jede der beiden Wellen kann wieder erzeugt werden, indem man das Muster mit der jeweils anderen bestrahlt, d. h. tatsächlich das Interferenzmuster »auseinandernimmt«. Was für ein erstaunliches Konzept!

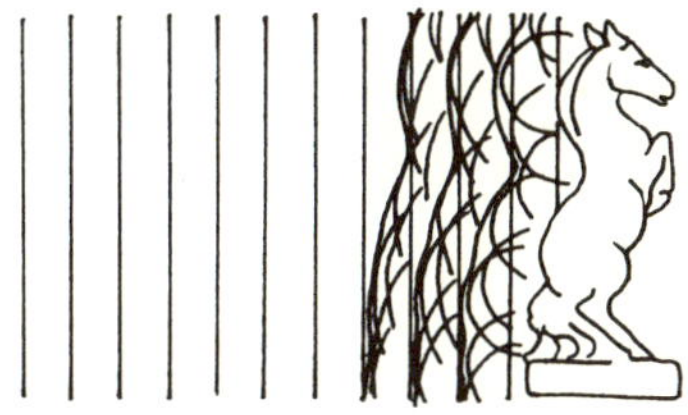

COHERENT LIGHT REFLECTED FROM AN OBJECT

direction of coherent light = *Richtung des kohärenten Lichts*
coherent light reflected from an object = *kohärentes Licht, von einem Objekt reflektiert*

Ein Hologramm besteht aus nichts anderem als einem gespeicherten Interferenzmuster. Dieses Muster entsteht, wenn Licht, das von einem Objekt reflektiert wird, mit einem Referenzstrahl interferiert. Wie wir wissen, reflektiert jeder Punkt eines diffusen Objekts Licht in alle Richtungen. Daher bildet jeder Punkt des Objekts sein eigenes Interferenzmuster mit dem Referenzstrahl.

Kehren wir für einen Moment zu unserem Beispiel mit der Kaffeetasse zurück. Wir stellen uns vor, daß der Punkt, den wir auf die Tasse gemalt haben, Licht in den Raum aussendet. Wird nun die Tasse mit kohärentem Licht ausgeleuchtet, erzeugt dieser Punkt von sich selbst aus eine einfrequentige Wellenfront. Nun plazieren wir in der Nähe eine holographische Platte, so daß das Licht von dem Punkt auf jedem Teil der Platte sichtbar ist. Um ein Interferenzmuster zu erzeugen, fügen wir einen informationslosen Lichtstrahl, den Interferenzstrahl (Referenzstrahl) hinzu. Es entsteht so eine einzigartige Kombination aus hellen und dunklen Flächen, wie sie nur aus dem reflektierten Licht dieses an dieser Stelle positionierten Punktes entstehen konnte. Außerdem sieht die Platte den Punkt weiterhin von jedem Teil ihrer Oberfläche. Auf die gleiche Art muß auch jeder andere Punkt der Tasse sein eigenes Interferenzmuster bilden. Es muß also eine Ansammlung an Mustern von jedem individuellen Punkt existieren. Addieren wir alle diese Punkte zusammen, stellen wir fest, daß aufgrund eines sehr komplexen Interferenzmusters von der Tasse reflektiertes Licht über die ganze Platte verteilt festgehalten ist.

WAVEFRONTS REFLECTED FROM ALL POINTS ON OBJECT

wavefronts reflected from all points on Object = *Wellenfronten, reflektiert von allen Punkten eines Objekts*

Auch wir fanden es anfänglich schwer, dieses komplexe Konzept wirklich zu begreifen. Machen Sie sich also nichts daraus, wenn Sie ab und zu etwas verdutzt geschaut haben und wenn Sie einige Passagen mehrfach lesen mußten.

Man könnte sich dieses Konzept auch anders vorstellen, indem man zu der Idee vom Hologramm als Fenster zurückkehrt. Das Interferenzmuster ist einfach eine Methode des »Einfrierens« aller Charakteristiken und Relationen der verschiedenen Lichtwellen untereinander - zwecks späterer Rekonstruktion.

So begreifen wir auch den fundamentalen Unterschied zwischen Holographie und Photographie. In der Photographie registriert das Abbild Punkt für Punkt das Original. In der Holographie gibt es dieses Punkt-für-Punkt-Festhalten nicht. Jeder Punkt des Objekts kann aus einer Vielfalt von Positionen betrachtet werden. In der Photographie benutzt man eine Linse, um das Abbild des Objekts entstehen zu lassen. In der Holographie benötigt man zu diesem Zweck keine Linse und es entsteht auf der Platte auch kein tatsächliches Abbild, sondern ein seltsames Muster, das die Fähigkeiten besitzt, unter gewissen Voraussetzungen das Bild zu rekonstruieren.

In der Photographie werden Informationen über die Amplitude des Lichts gespeichert. In der Holographie werden neben diesen auch die Informationen über die Phase festgehalten, um so alle visuellen Charakteristiken des Objekts zu speichern. Hologramme und photographische Aufnahmen werden auf ähnliche Art entwickelt, die Chemikalien sind grundsätzlich die gleichen.

Allerdings stammen die hellen und dunklen Flecken auf einem Photo direkt vom Bild, während die sehr feinen hellen und dunklen Flächen auf einem Hologramm die Interefe-renzstreifen darstellen. Die Interferenzstreifen selber zeigen überhaupt keine erkennbare Übereinstimmung mit dem Abbild des Objekts.

Um ein einwandfreies Interferenzmuster zu erhalten, ist es unerläßlich, daß sowohl das vom Objekt reflektierte Licht als auch der Referenzstrahl aus einer gemeinsamen kohärenten Quelle stammen. Man braucht also nicht nur einen Laser für die Aufnahme, sondern Objekt- und Referenzlicht müssen auch aus demselben Strahl sein. Versucht man nämlich, zwei unterschiedliche Laser für die Objekt- und Referenzausleuchtung zu benutzen, kann es passieren, daß die Wellenfronten außer Phase sind und damit keine Interferenz zustande kommt.

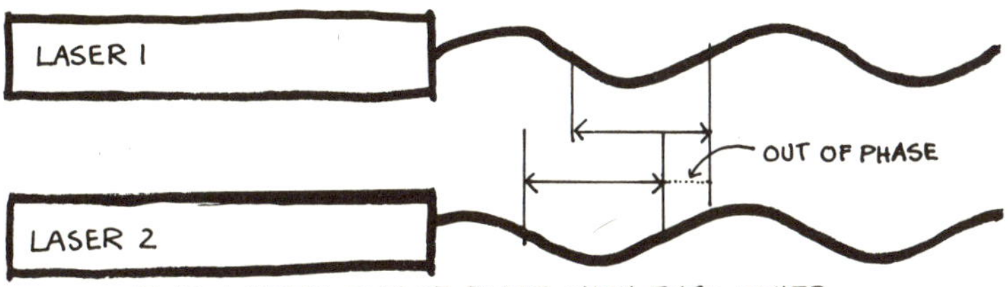

TWO LASERS OUT OF PHASE WITH EACH OTHER

laser 1/2 = *Laser 1/2*
out of phase = *außer Phase*
two lasers out of phase with each other = *zwei Laser, die nicht in Phase sind*

Licht in Phase zu halten, ist keine leichte Aufgabe. Obwohl der Laser die einzige Lichtquelle ist, der diese Aufgabe beherrscht, kann es leicht passieren, daß das Licht mit sich selber außer Phase geht. Wie das? Nun, wir sollten uns vor Augen halten, daß die Bezeichnung »kohärent« nur relativ ist. Auch Laserlicht ist nicht vollkommen kohärent, nur fast. Trennt man zwei Teile der Wellenfront über eine hinreichend große Distanz, sind die Wellen nicht mehr genau schrittgleich. Deshalb gleichen wir in den verschiedenen Aufbauten die Weglängen des Lichts an. Die Distanz, innerhalb derer die Weglängen variieren können, ohne daß die Wellen außer Phase gehen, nennt man die Kohärenzlänge. Diese Kohärenzlänge ist nicht nur bei einzelnen Lichtweglängen von Bedeutung, sondern auch bei der Objekt- und Referenzentfernung bei Ein-Strahl-Hologrammen. Wenn wir uns noch einmal die Aufbauten der Ein-Strahl-Technik anschauen, die wir in diesem Buch beschrieben haben, sehen wir, daß sie alle so angelegt sind, daß sowohl Objekt- wie Referenzlicht annähernd die gleiche Entfernung zur Platte zurücklegen. Wir können dann sagen, daß der Unterschied der Entfernungen innerhalb der

from laser = *vom Laser*
mirror = *Spiegel*
lens = *Linse*
coherence volume = *Kohärenzvolumen*
film = *Film*
beamsplitters = *Strahlenteiler*

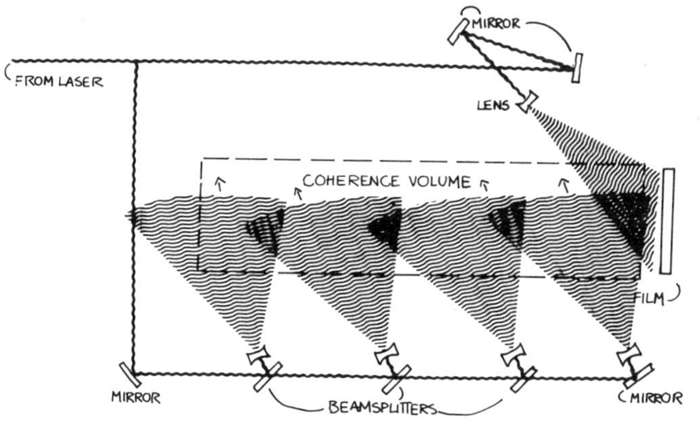

MULTIPLE COHERENCE VOLUMES

Kohärenzlänge des Lasers liegt. Das Raumvolumen, in dem dies zutrifft, wird Kohärenzvolumen genannt.

Auch der Unterschied in den Weglängen bei der Ausleuchtung des vorderen und hinteren Teils eines relativ großen Objekts kann zu Problemen führen. Ist das Objekt größer als das Kohärenzvolumen, so kann es auf Grund unterschiedlicher Weglängen passieren, daß Teile des Objekts nur sehr dunkel oder auch überhaupt nicht auf dem Hologramm erscheinen. Dieses Problem kann man durch die Verwendung mehrerer Objektstrahlen umgehen, so wie es in der nebenstehenden Illustration von mehrfachen Kohärenzvolumina gezeigt wird. Die Entfernung, die das Licht von dem ersten Strahlenteiler bis zur Platte zurücklegt, ist die gleiche wie bei den folgenden Teilstrahlen. Dabei wird das Licht so gelenkt, daß verschiedene großvolumige Flächen ausgeleuchtet werden.

Solche Aufbauarten sind eigentlich nur bei der Verwendung von leistungsstarken Lasern ratsam, da relativ viel Licht sowohl durch die vielfache Strahlteilung als auch die großflächige Auffächerung verlorengeht.

Eine weitere Möglichkeit, die Kohärenzlänge des Lasers zu vergrößern, ist der Einbau eines Etalons. Das Etalon besteht aus einem speziell angefertigten, durchsichtigen Substrat, das in die Laserröhre eingebaut wird, und zwar meistens zwischen dem hinteren Spiegel und dem Ende der Röhre.

Das Etalon kann die Kohärenzlänge von wenigen Zentimetern auf mehrere Meter verlängern. Allerdings kann es auch die Ausgangsleistung des Lasers um 30-50% verringern. Nur ganz bestimmte Laser sind für den Einbau eines Etalons geeignet, und dies sind meistens die teuren, leistungsstarken Geräte.

Bei der soeben besprochenen Art von Kohärenz handelt es sich um die sogenannte zeitliche Kohärenz. Eine andere Art, nämlich die räumliche Kohärenz, ist ebenfalls für die Anfertigung von Hologrammen erforderlich. Damit bezeichnet man die Kohärenz über dem Querschnitt des Strahls, den sogenannten transversalen Mode. In dem Kapitel über den Laser-Einkauf haben wir bereits erwähnt, daß wir zum Holographieren ein Gerät benötigen, das im TEM_{00} Mode lasert. Dies bezeichnet den niedrigsten transversalen Mode und bedeutet, daß das Licht auch quer durch den Strahl in Phase ist. Wenn wir einen Strahl mit einer Linse auffächern und seine Projektion an einer Wand oder einer Pappe anschauen, sollten wir einen recht gleichmäßigen Lichtkegel sehen können. Hat der Lichtkegel aber einen dunklen Fleck in der Mitte, lasert unser Gerät im TEM_{01} Mode, auch Donut-Mode genannt. Dieser schwarze Fleck entsteht durch eine destruktive Interferenz im Strahl selber. Es ist schwierig, Hologramme mit einem solchen Strahl - oder gar solchen mit höheren Moden - herzustellen. Die einzige Interferenz, die wir erreichen wollen, ist die, die durch einen sauberen Referenzstrahl und das vom Objekt reflektierte Licht entsteht.

TEM$_{00}$

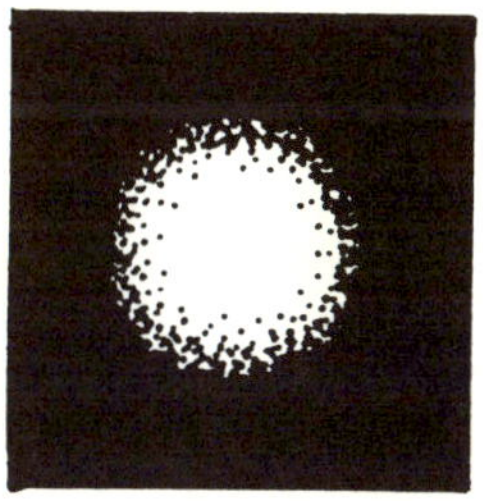

TEM$_{01}$

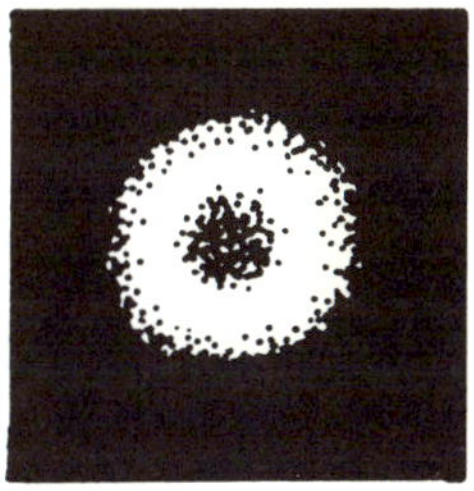

TEM$_{\text{MULTI}}$

Da wir jetzt die Funktionsweise von interferierendem Licht verstehen, begreifen wir auch die Notwendigkeit von absoluter Stabilität während des Holographierens. Ändert sich während der Belichtung die Lage der beiden Lichtwellenfronten zueinander, so kann kein Interferenzmuster gespeichert werden. Warum nicht? Erinnern Sie sich, daß der Film ein gut definiertes Muster über die ganze Belichtungsdauer hindurch »sehen« muß. Schon die leichte Verschiebung einer Wellenfront verwischt nachhaltig die Flächen von konstruktiver und destruktiver Interferenz. Auch wenn die Verschiebung nicht größer als ein Bruchteil einer Wellenlänge ist, löscht sie schon die Interferenzstreifen aus.

Jede kleinste Bewegung von Objekt, holographischem Film oder den verwendeten Spiegeln und Optiken wird diesen Effekt auslösen. Und wir unterhalten uns hier über nur wenige Milliardstel eines Meters! Es ist also kein Wunder, daß man Hologramme auf einem speziellen, vibrationsisolierten Tisch anfertigt, auf dem alle Komponenten und Objekte bestens befestigt sind. Dies erklärt auch, warum Glas als Emulsionsträger zuverlässiger ist als flexibler Film. Dies erklärt auch, warum man kein normales Hologramm von lebenden Subjekten machen kann. Dabei geht es nicht nur darum, daß wir nicht lange genug stillsitzen können. Schon allein die Bewegung des pulsierenden Blutes durch die Adern reicht aus, um das Zustandekommen eines Interferenzmusters während einer normalen Belichtungszeit zu verhindern.

set-up = *Aufbau*

In der Photographie ist das Ergebnis eines Wacklers ein unscharfes Bild. In der Holographie erhalten wir gar kein Bild, nur einen dunklen Fleck oder ein »Loch« an der Stelle, wo sich das unstabile Objekt befand. Unscharfe Bilder in der Holographie haben nichts mit Bewegung zu tun. Sie entstehen meist durch Streuung oder Rauschen in der Emulsion oder bei Weißlichthologrammen durch chromatische Aberration.

Wir können nun auch erklären, weshalb wir Filmmaterialien mit sehr hohem Auflösungsvermögen verwenden. Der Film muß in der Lage sein, deutlich zwischen den mikroskopisch kleinen Flächen von Hell und Dunkel zu unterscheiden, die das feine Interferenzmuster ausmachen. Das benötigte Auflösungsvermögen hängt von der jeweils angewendeten Aufnahmegeometrie und der Wellenlänge des Lichts ab. Größe und Anordnung der Interferenzstreifen resultieren aus dem Trennungswinkel der beiden Wellenfronten. Bei dem Aufbau für ein Interferometer legen wir die beiden Strahlen fast übereinander, um sehr große sichtbare Interferenzstreifen zu erhalten. Dabei ist der Trennungswinkel praktisch gleich null. Dieses Interferenzmuster können wir fast mit einem ganz normalen photographischen Film aufnehmen, da kein großes Auflösungsvermögen verlangt wird. Je größer aber der Winkel zwischen den beiden Strahlen wird, desto kleiner werden die Interferenzstreifen. Dies geht ziemlich schnell, da schon bei sehr wenigen Winkelgraden eine Vielzahl an Streifen entsteht. Dann ist es schon unmöglich, die Streifen

finished hologramm = *fertiges Hologramm*

mit bloßem Auge zu sehen. Ist der Winkel zwischen Objekt und Referenzstrahl dann so groß, wie man es bei normalen Aufbauanordnungen vorfindet, sind die Interferenzstreifen mikroskopisch klein und ungeheuer zahlreich. Sie sind dann in der Lage diese unglaubliche Informationsflut zu speichern, die in einer dreidimensionalen Szenerie enthalten ist. Man findet bis zu mehrere Tausend einzelner Interferenzlinien pro Millimeter und dementsprechend muß der Film dies auflösen können. Dies erreicht man, indem man die Silberpartikel, die in der Emulsion verteilt sind, besonders klein hält, viel kleiner als in einem normalen photographischen Film.

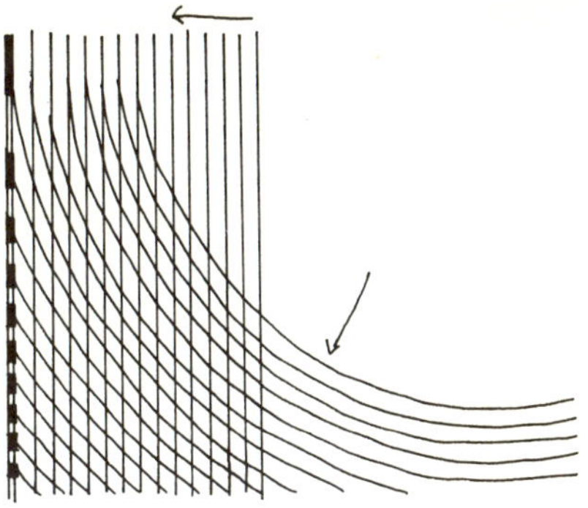

INTERFERENCE BY TWO ANGULARLY DISPLACED COHERENT WAVEFRONTS (TRANSMISSION HOLOGRAM FORMATION)

interference by two angulary displaced coherent wavefronts (transmission hologram formation) = *Interferenz von zwei in verschiedenen Winkeln auftreffenden kohärenten Wellenfronten (Formation des Transmissionsholgramms*

Die Herstellung eines solchen Filmmaterials ist recht schwierig, aber die typische Agfa HD Emulsion beinhaltet Partikel von einer Kleinheit bis zu 30 Nanometer. Die Sowjets haben aber zum Beispiel Emulsionen mit Partikeln von 10 Nanometern hergestellt. Allgemein kann man sagen: je kleiner die Partikel sind, desto besser löst der Film die Interferenzstreifen auf und desto besser ist die Qualität des Hologramms. Größere Partikel lösen nicht so gut auf; sind sie zu groß, könnten sie den Wechsel von einem Interferenzstreifen zum nächsten verpassen. Größere Partikel sind auch anfälliger für Erscheinungen wie Streuen und Rauschen in der Emulsion. Diese vorherrschende Grobkörnigkeit und Unschärfe entsteht durch Unregelmäßigkeiten an der Oberfläche der Partikel, die das Licht in Richtungen schicken, wo es nicht hin soll. Die Definition der Interferenzstreifen ist beeinträchtigt und somit die Klarheit des zu betrachtenden Bildes.

Für die Mathefans unter Ihnen bringen wir nun die Formel, mit der die Dichte der Interferenzstreifen errechnet werden kann:

$d= \lambda/(2 \sin(q/2))$ oder
$2d \sin(q/2)=\lambda$

wobei »d« den Abstand zwischen den Streifen und q den Winkel zwischen den beiden Wellenfronten bezeichnet.

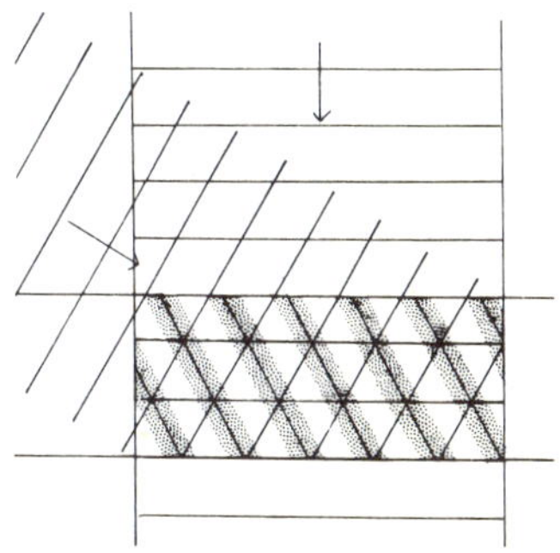

CONSTRUCTIVE INTERFERENCE BY BRAGG DIFFRACTION

constructive interference by bragg diffraction = *konstruktive Interferenz durch Braggsche Diffraktion*

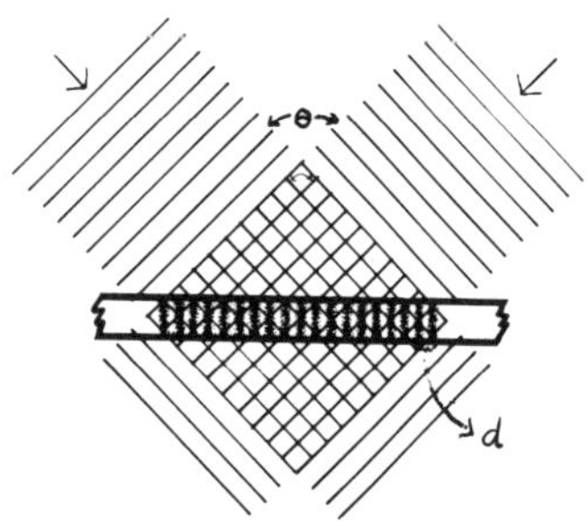

Ganz offensichtlich braucht man diese Formeln nicht im Kopf zu haben, um gute Hologramme machen zu können. Allerdings versorgen sie uns mit einer gesunden theoretischen Grundlage für die Klärung der Frage, warum die Hologramme sich so und nicht anders verhalten. Die Formel ist bekannt als »Bragg-Bedingung« für die konstruktive Interferenz von gebeugtem Licht (genannt nach W.L. Bragg, der sie herleitete).

Die »Bragg-Bedingung« bestimmt die Anforderungen für die Filmauflösung und die Stabilität während der Belichtung. Der einzige veränderbare Faktor, der dieses Kriterium beeinflussen kann, ist der Winkel zwischen Objekt- und Referenzwelle. Die Abstände zwischen den Interferenzstreifen halten die Amplitude und die Phase des vom gesamten Objekt reflektierten Lichts fest, da dieser Winkel eine Funktion des Schnittpunktes der Referenzwellenfront mit der jedes einzelnen Punktes des Objekts ist.

Es sollte uns auch klar sein, daß die Abstände der Streifen über der Oberfläche eines gegebenen Hologramms variieren. Aufgrund der Geometrie der Wellenfronten sind die Abstände an der Seite, die am nächsten zum Ursprung des Referenzstrahls liegt, kleiner und wachsen langsam gegen das andere Ende der Platte. Der verwendete Film muß natürlich genügend Auflösungsvermögen besitzen, um alle Gebiete des Hologramms aufnehmen zu können.

object = *Objekt*
reference beam = *Referenzstrahl*
plate = *Platte*
Fringes = *Interferenzstreifen*
fring spacing = *Interferenzstreifenabstand*

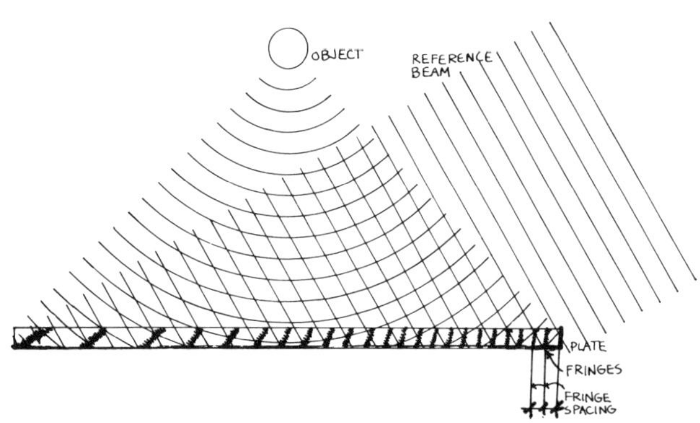

FRINGE SPACING VARIATIONS

Noch eine Bemerkung zu den Interferenzstreifen: das holzmaserähnliche graue Muster, das auf Hologrammen manchmal sichtbar ist, ist nicht das der Interferenzstreifen, die das Objekt festhalten. Dieses Muster entsteht durch fehlerhafte Optiken oder Staub etc. Die Interferenzstreifen sind mikroskopisch klein, wir können sie gar nicht sehen. Das holzmaserähnliche Muster kann uns allerdings helfen, uns das richtige Interferenzmuster vorzustellen; es dürfte nicht allzu verschieden davon ausschauen. Keines von beiden ähnelt jedoch auf irgendeine erkennbare Art dem abgebildeten Objekt.

Lichtbeugung und Rekonstruktion eines Hologramms

Wir haben oben bereits erwähnt, daß die Lichtbrechung für die Richtungsänderung des Lichts verantwortlich ist, wenn es durch ein Medium hindurchgeht, wie z.B. eine Linse oder ein Prisma. Es gibt noch eine andere Methode, Licht umzulenken.

Normalerweise stellen wir uns den Weg des Lichts als gerade Linie vor. Trifft das Licht auf ein Objekt, entsteht ein Schatten. Je gerader der Weg des Lichts ist, desto klarer und deutlicher ist der Schatten. Schauen wir uns jedoch die Ränder des Schattens genauer an, beobachten wir eine Unschärfe. Dies liegt an der leichten Krümmung, die das Licht an den Ecken des Objekts vollzieht. Diese Krümmung des Lichts an Rändern und Ecken wird Diffraktion oder Beugung genannt.

Fällt Licht durch ein Loch, wird es am Rand gebeugt. Ist dieses Loch sehr klein, sagen wir von der Größenordnung einer Wellenlänge, entsteht ein äußerst interessantes Phänomen.

Wir würden erwarten, daß sich das Licht, wenn es durch diese kleine Öffnung fällt, so verhält, wie auf der Zeichnung dargestellt.

Dies ist jedoch nicht der Fall. Was passiert, ist folgendes:

Das kleine Loch verhält sich wie eine Punktquelle für eine neue Serie von Wellen, die aufgrund der Diffraktion zum Rand hin gekrümmt sind. Die Größe der Öffnung bestimmt den Diffraktionsgrad; je kleiner das Loch, desto größer die

Lichtbeugung. Größere Löcher verursachen geringere Beugung.

Nehmen wir nun eine Blende mit mehreren kleinen Löchern, so dient jedes einzelne Loch als eigene Quelle für eine neue Wellenfront. Stellen wir uns einen Gegenstand mit einer großen Anzahl solcher Löcher vor, alle von unterschiedlicher Größe und Konfiguration, wird schnell klar, welch komplexe und vielfältige Wellenform aus ihnen allen zusammen resultiert.

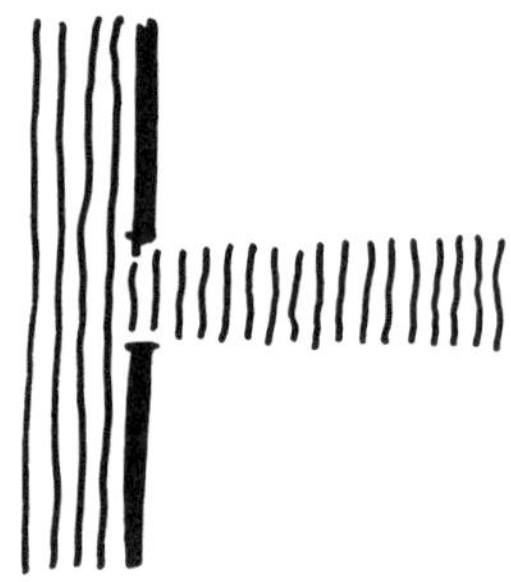

diffraction not taking place = *Es findet keine Diffraktion statt*

Ein Hologramm ist im Grunde nichts anderes als ein solcher Gegenstand mit unzähligen kleinen Löchern. Wir erinnern uns, daß ein Hologramm aus Millionen winzig kleinen hellen und dunklen Flecken besteht, die die Streifen des Interferenzmusters ausmachen. Schicken wir Licht in das Hologramm, wirken die dunklen Flecken wie Barrieren, während es durch die hellen Flächen hindurchkann, wobei es sich natürlich an den Rändern beugt. Das Interferenzmuster und die neuen Wellenfronten rekonstruieren genau die Interferenz und das Licht, das bei der Aufnahme des Hologramms vorhanden war. Betrachten wir also das Hologramm, so sehen wir exakt die gleiche komplexe Wellenfront, die ursprünglich vom Objekt reflektiert wurde - nur entsteht diese Wellenfront jetzt durch eine riesige Anzahl winziger Löcher. Soweit es uns betrifft, ist dieser Unterschied sehr schwer feststellbar. Die neuen Wellen verteilen sich im Raum, genauso als wäre das Objekt tatsächlich da. Unsere Augen sehen jeweils ein eigenes Bild aus einer anderen Perspektive und unser Gehirn stellt die Dreidimensionalität her, genauso als handelte es sich um das tatsächliche Objekt.

diffraction trough various apertures = *Diffraktion durch verschiedene Öffnungen*

Wir wissen, daß bei der Anwendung einer Linse durch die Brechung des Lichts ein reelles oder virtuelles Bild entstehen kann. Durch Diffraktion von Licht können ebenfalls solche Bilder erzeugt werden. Tatsächlich ist es möglich, holographische Linsen oder andere holographische optische Elemente (HOEïs) herzustellen. Dies ist ein ständig wachsender Markt in der Anwendung dieser Technologie. Im Fall von dreidimensionalen Abbildungen auf Hologrammen können wir die Bilder als reell oder virtuell betrachten. Schauen wir uns ein normales Transmissionshologramm an, so erscheint das Objekt hinter der Platte. Das Licht, das zur Rekonstruktion des Bildes benötigt wird, geht durch die Platte hindurch in Richtung unserer Augen. Das Licht selber formt dabei nicht wirklich das Bild (riskieren Sie einen Blick hinter die Hologrammplatte - es ist nichts zu sehen). Wir können also sagen, daß sich ein virtuelles Bild hinter der Platte befindet. Das Hologramm ist in Wirklichkeit eine höchst komplizierte Linse, die das Licht exakt in der Form beugt, daß das gewünschte Ergebnis erzielt wird. Dies könnten wir wohl niemals mit einer Linse herkömmlicher Machart erreichen.

Drehen wir das Hologramm herum, so daß das Licht von der anderen Seite hindurchfällt, wird es wiederum fokussiert und ergibt ein reelles Bild. Das Bild kann auf einer Leinwand gesehen werden, oder - wie im Fall von Bildebenenhologrammen - anstelle eines Objekts als Vorlage für ein zweites Hologramm benutzt werden. In diesem Fall ist das Bild pseudoskopisch, d.h. das Innerste ist nach außen gekehrt. Das virtuelle Bild ist orthoskopisch, also alles ist dort, wo es hingehört (wir raten Ihnen dringend, diese Begriffe häufig zu verwenden, Sie werden großen Eindruck bei Ihren Freunden schinden).

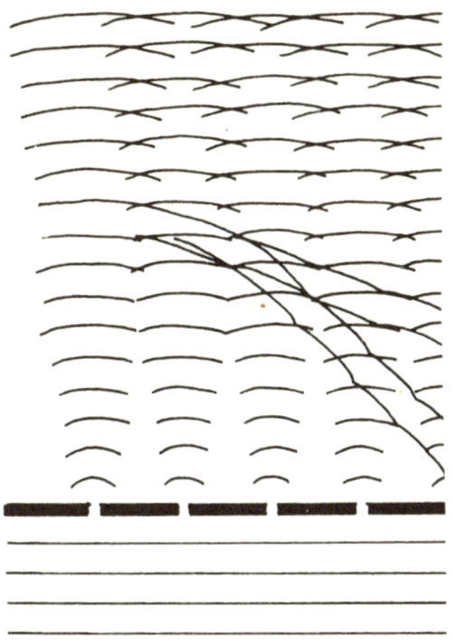

DIFFRACTION THROUGH A HOLOGRAM

diffraction trough a hologram = *Diffraktion durch ein Hologramm*

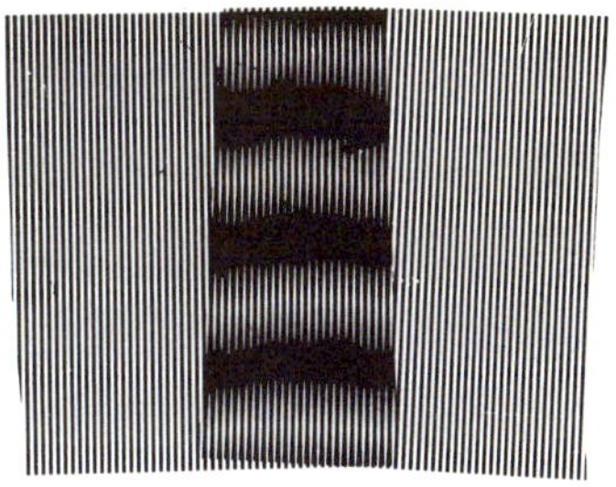

CHANGE IN FRINGE SIZE BY CHANGING ANGLE OF INTERSECTION OF 2 BEAMS

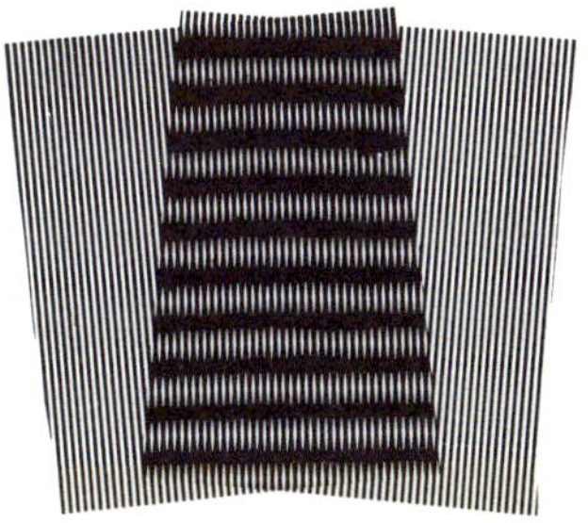

change in fringe size by changing angle of intersection of 2 beams = *Veränderung der Interferenzstreifenabstände durch wechselnden Schnittwinkel von zwei Strahlen*

Die Lage des Bildes ändert sich in beiden Fällen nicht; der Teil des virtuellen Bildes, der am nächsten zur Platte ist, bleibt auch beim reellen Bild dort. Allerdings »sehen« wir das reelle Bild rückwärts, so daß es wie umgestülpt wirkt (in Wahrheit sind wir es, die pseudoskopisch sind).

Dieselbe Art von reellen und virtuellen Bildern wird auch beim Reflexionshologramm erzeugt, nur wirkt hier die Platte wie ein Spiegel. Dennoch können wir wie beim Transmissionshologramm reelle und virtuelle Bilder erhalten und zwar aufgrund der Eigenschaften des gegebenen Interferenzmusters und nicht durch die Krümmung der Oberfläche.

Bildebenenhologramme können einen Teil des Bildes vor und einen anderen Teil hinter der Platte erscheinen lassen. In diesem Fall beinhaltet das Hologramm sowohl reelle als virtuelle Bilder auf jeder Seite der Platte (wobei eine Seite orthoskopisch und die andere pseudoskopisch ist). Das reelle Bild erscheint vor der Platte, das virtuelle dahinter. Dies verändert sich nicht, egal von welcher Seite man das Hologramm betrachtet. Schaut man es umgedreht an, wird allerdings der reelle Teil virtuell und umgekehrt.

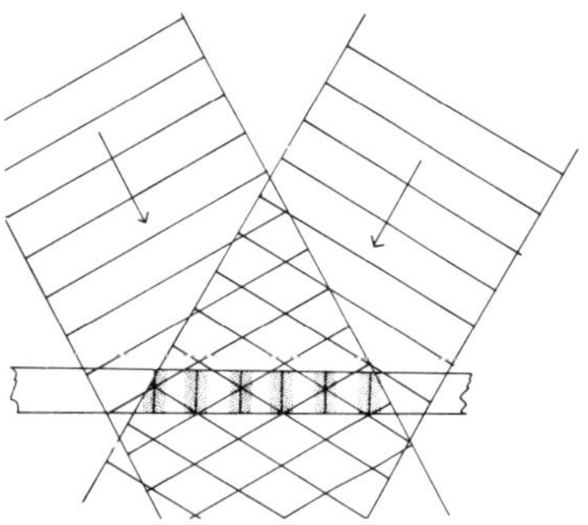
PLANE HOLOGRAM

plane hologram = *Flächenhologramm*

Man kann zwei unterschiedliche Arten von Hologrammen herstellen: das Flächen- und das Volumenhologramm. Ein Flächenhologramm entsteht, wenn die Interferenzstreifen im Vergleich zur Korngröße der Emulsion groß sind. Wie wir wissen, tritt dies auf, wenn der Trennungswinkel zwischen Referenz- und Objektstrahl sehr klein ist. Gabors erste Hologramme waren dieser Art. Sie waren auch sogenannte In-Line-Hologramme, da der verwendete Aufbau für so wenig Trennung wie möglich sorgen sollte. Diese geringe Trennung erlaubte es Gabor auch, mit weniger kohärenten Lichtquellen und weniger auflösendem Filmmaterial zu arbeiten, das ihm zur damaligen Zeit vor der Entwicklung des Lasers zur Verfügung stand (Wir haben auf die Beschreibung von In-Line-Hologrammen in diesem Buch verzichtet, da sie für dreidimensionale Objekte wenig geeignet ist).

Jede Art von Flächenhologramm, ob In-Line oder getrennt, weist charakteristische Unregelmäßigkeiten der Interferenzstreifen über die Fläche des Films verteilt auf. Eine weitere Eigenschaft von Flächenhologrammen ist die willkürliche Wahl des Beleuchtungswinkels bei der Rekonstruktion des Bildes, um eine größtmögliche Diffraktion zu erreichen.

Wir sprechen hier hauptsächlich über Volumenhologramme. Dieser Typ entsteht, wenn die Interferenzstreifen enger als die Korngröße des Filmmaterials liegen, so daß sich ein Teil des Interferenzmusters in der Schichtdicke ausbildet. In unseren Aufbauten war der Winkel zwischen Objekt- und Referenzstrahl immer groß genug, um die feinen Streifen dieses Hologrammtyps entstehen zu lassen. Alle Volumenhologramme entsprechen Braggs Gesetz, das, wie gesagt, die Basis für die konstruktive Interferenz einer gebeugten Wellenfront bildet. Als Folge der Einhaltung der Braggschen Bedingung sollte der Beleuchtungswinkel des Hologramms praktisch identisch mit dem ursprünglichen Referenzwinkel sein. Diese Tatsache kennen wir bereits aus Erfahrung; um unsere Hologramme anschauen zu können, müssen wir sie sorgfältig zum Licht hin ausrichten. Wieso ist das so wichtig?

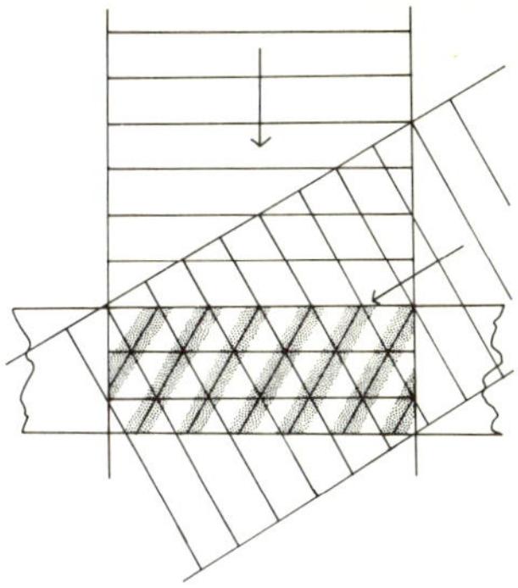

volume hologram = *Volumenhologramm*

Fällt ein Lichtstrahl durch ein Flächenhologramm, so wird er im Grunde von nur einem Interferenzstreifen gebeugt. Im Volumenhologramm trifft der Lichtstrahl gleich auf eine ganze Anzahl von Streifen. Die Dichte der Interferenzstreifen wird während der Belichtung des Hologramms festgelegt. Nur wenn das Licht genau die gleiche Entfernung wie bei der Aufnahme zurücklegt, beugt jeder Streifen das Licht so, daß es in Phase auf den nächsten Streifen trifft. Ändern wir den Beleuchtungswinkel, kann es passieren, daß der von dem ersten Streifen gebeugte Strahl außer Phase auf den nächsten trifft. In diesem Fall wird das Licht nicht konstruktiv verstärkt, sondern von der Emulsion absorbiert.

Das Braggsche Phänomen kann jedoch vorteilhaft genutzt werden, auch wenn es oft frustrierend ist, daß Hologramm und Licht so sorgfältig zueinander ausgerichtet werden müssen. Da sich das Hologramm nur mit Licht aus einem bestimmten Winkel rekonstruieren läßt, wird es möglich, ein weiteres Hologramm auf die gleiche Platte zu belichten, das sich dann aus einem anderen Winkel rekonstruieren läßt. Tatsächlich kann man eine ganze Reihe unterschiedlicher Motive auf ein und derselben Platte festhalten. Jedes wird dann einzeln sichtbar durch eine Veränderung des Beleuchtungswinkels. Diese Viel-Kanal-Technik bildet auch die Basis für die Möglichkeit der Farbmischung bei Regenbogenhologrammen. In diesem Fall sind die einzelnen Belichtungen so nahe aneinander, daß sie sich überschneiden. Sie sind aber dennoch weit genug auseinander, um Verschiebungen der Regenbogenstreifen zu erzeugen. Wendet man diese Technik an, muß man genauestens den Winkel beachten, in dem sich die eine Belichtung rekonstruiert, bevor sie verschwindet und durch die nächste Belichtung ersetzt wird oder beide sich in dem gewünschten Maße überschneiden. Dieser Winkel ändert sich mit der Dichte der Interferenzstreifen, der Emulsionsdicke und der Aufbaugeometrie.

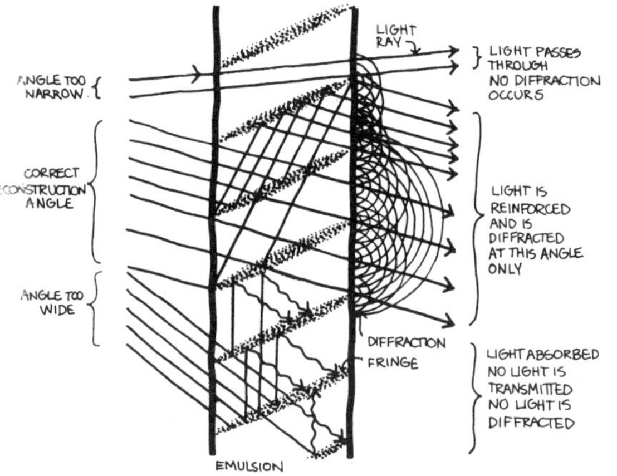

BRAGG DIFFRACTION TRANSMISSION HOLOGRAM ACTS AS A LENS

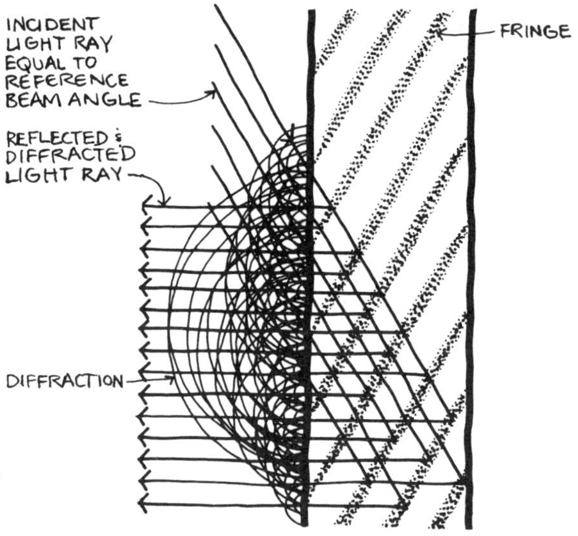

BRAGG DIFFRACTION REFLECTION HOLOGRAM ACTS AS A MIRROR

incident light ray equal to reference beam angle = *auftreffender Lichtstrahl im gleichen Winkel wie der Referenzstrahl*
fringe = *Interferenzstreifen*
reflected & diffracted Light ray = *reflektierter und gebrochener Lichtstrahl*
diffraction = *Diffraktion*
bragg diffraction reflection hologram acts as a mirror = *Braggsche Diffraktion, Transmissionshologramm dient als Spiegel*

angle to narrow = *Winkel zu klein*
correct reconstruction angle = *korrekter Rekonstruktionswinkel*
angle to wide = *Winkel zu groß*
light ray = *Lichtstrahl*
light passes trough no diffraction occurs = *Licht geht hindurch, Diffraktion findet nicht statt*
light is reinforced and is diffracted at this angle only = *Licht wird verstärkt und nur bei diesem Winkel gebrochen*
light absorbed no light is transmitted no light is diffracted = *Licht wird absorbiert, kein Licht wird durchgelassen, keine Diffraktion*
bragg diffraction transmission hologram acts as a lens = *Braggsche Diffraktion, Transmissionshologramm dient als Linse*

Die meisten Transmissionshologramme zeigen Eigenschaften sowohl von Flächen- als auch Volumenhologrammen. Jedes vorgegebene Hologramm wird entweder nach dem einen oder anderen Typ benannt, je nachdem, welche Charakteristiken überwiegen.

Das Reflexionshologramm ist eine besondere Art des Volumenhologramms. Das führt uns zu einer der häufigsten Fragen in der Holographie: »Warum kann man Reflexionshologramme in ganz normalem, weißem Licht betrachten, während man bei üblichen Transmissionshologrammen einen Laser braucht?«

Bei der Herstellung eines Reflexionshologramms treffen Objekt- und Referenzstrahl von entgegengesetzten Seiten auf die Platte. Dadurch erhalten wir ein beinahe hundertprozentiges Volumenhologramm. Alle Interferenzstreifen sind übereinandergestapelt, geformt durch stehende Wellen im Volumen der Emulsion. Aufgrund des sehr großen Trennungswinkels (bis zu 180 Grad) sind die Interferenzstreifen extrem klein, ca. die Hälfte der Wellenlänge des benutzten Lichts. Fünfzig, hundert oder sogar mehr Streifen sind in einer Schicht von nur wenigen Mikrometern übereinandergestapelt. (Dies erklärt auch die besonders hohen Ansprüche an Stabilität und Auflösungsvermögen bei dieser Hologrammart.) Ist das Hologramm fertig entwickelt, verhalten sich die Streifen wie ein Stapel dicht aneinandergereihter Ebenen, die das Licht sowohl beugen als auch in die Richtung reflektieren, aus der es gekommen ist. Reflexionshologramme sind sowohl winkel- als auch wellenlängenspezifisch. Dies liegt an der Vielzahl und der Dichte der Ebenen. Das Braggsche Gesetz kann nur von der Wellenlänge erfüllt werden, die genau zwischen sie paßt. Alle anderen Wellenlängen werden absorbiert. Das Hologramm verhält sich wie ein reflektierender Resonanzfilter, der zur gleichen Zeit, in der er das Bild wiedergibt, eine bestimmte ausgewählte Farbe verstärkt. Es spielt keine Rolle, ob das Beleuchtungslicht vielfarbig oder weiß ist; man erhält immer ein klares, einfarbiges Bild.

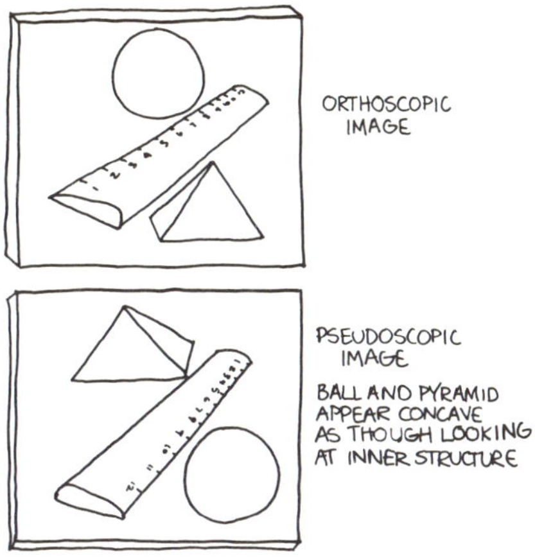

orthoscopic image = *orthoskopisches Bild*
pseudoscopic image = *pseudoskopisches Bild*
ball and pyramid appear concave as though looking at inner structure = *Ball und Pyramide erscheinen konkav, als ob man die innere Struktur ansieht*

Diese Hologramme werden oft Lippmann-Bragg-Hologramme genannt, da die oben beschriebenen Ebenen denen in den Lippmannschen Farbphotoemulsionen gleichen. Man hört auch Namen wie: »Bragg-Winkel-Denisyuk-Lippmann-Volumen-Phasen-Amplituden-stehende-Wellen-Hologramm«, aber wir bevorzugen einfach Reflexionshologramm.

Reflexionshologramme sind anfälliger für Nebenwirkungen bei der Entwicklung als Transmissionshologramme. Wird ein Reflexionshologramm entwickelt und fixiert, so werden alle unbelichteten Silberpartikel ausgewaschen (das ergibt die klaren Flächen). Nach dem Trocknen wird die Emulsion dünner, als sie ursprünglich war und dadurch erscheint das Hologramm bei der Rekonstruktion in einer kurzwelligeren Farbe. Ein mit rot aufgenommenes Reflexionshologramm wird in der kürzeren Farbe grün erscheinen. Um die Emulsion auf ihre ursprüngliche Dicke zu quellen, wird Tri-Äthanolamin verwendet, das die normalen Abstände der Bragg-Ebenen wiederherstellt.

Ist bei der Entwicklung kein Fixierer notwendig, wie z.B. bei Umkehr-Bleichen, ist die Schrumpfung nur geringfügig. Hier erhalten wir also ein verstärktes Rot oder Orange. Die anderen Farben werden absorbiert, in diesem Fall also auch das Grün.

Transmissionshologramme hingegen filtern das Licht normalerweise nicht. Mehrere Wellenlängen können durch die gleichen Flächen konstruktiv gebeugt werden. Betrachten wir ein normales Transmissionshologramm unter weißem Licht, wird jede Wellenlänge gebeugt, und zwar jede in einem leicht verschobenen Winkel. Grün wird schneller als rot gebeugt, blau wiederum schneller als grün. So erzeugt jede Farbe ein eigenes Bild, wobei keines dieser Bilder mit einem weiteren deckungsgleich ist. Das Resultat dieser vielen Bilder ist ein buntes, verschwommenes Etwas. Der einzige Weg zu einem klaren, scharfen Bild ist die Ausleuchtung des Hologramms mit nur einer Wellenlänge; daher auch der Begriff »laserlichtsichtbares Transmissionshologramm«. Steht kein Laser zur Verfügung, kann auch ein sehr stark gefiltertes anderes Licht genommen werden; allerdings wird es nicht an die Schärfe des Laserlichts herankommen. Oft werden zur Rekonstruktion eines Transmissionshologramms auch Queck-

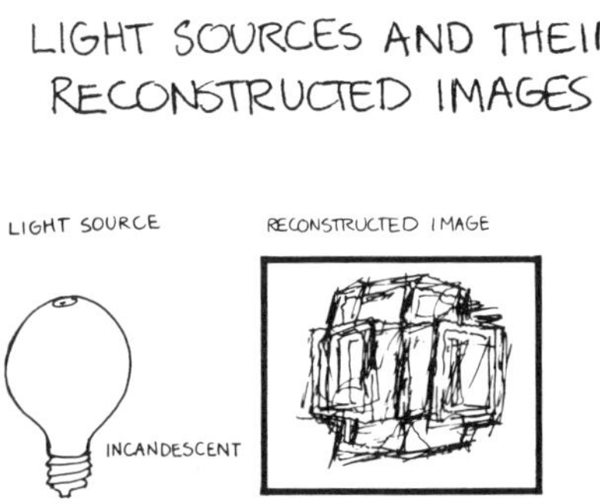

light sources and their reconstructed images = *Lichtquellen und die durch sie rekonstruiertenBilder*
light source = *Lichtquelle*
reconstructed image = *rekonstruiertes Bild*
incandescent = *Glühlampe*

silberdampflampen mit einem sehr engen Interferenzfilter benutzt. Diese Lampen haben den Vorteil einer hohen Lichtleistung, die sich auf einen engen Teil des Spektrums konzentriert.

Die Auswirkungen unterschiedlicher Frequenzen auf die Fähigkeit der Bildrekonstruktion des Hologramms sind gut zu beobachten, wenn man ein Transmissionshologramm unter dem Licht einer Quecksilberdampflampe betrachtet. Wir können hierbei beobachten, wie mehrere einzelne Bilder von unterschiedlicher Färbung entstehen, die zueinander leicht verschoben sind. Die Farben der unterschiedlichen Bilder entsprechen den unterschiedlichen Spektrallinien der Lampe. Das lila-blaue Bild wird am weitesten von der Platte entfernt erscheinen, da diese hohen Frequenzen schneller gebeugt werden als z.B. die gelbe, deren Bild näher zur Platte liegt.

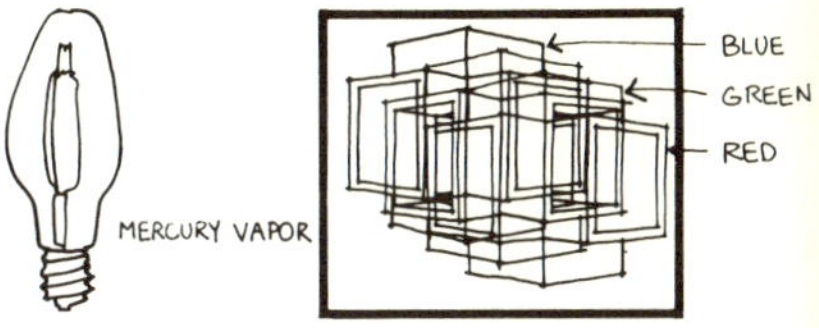

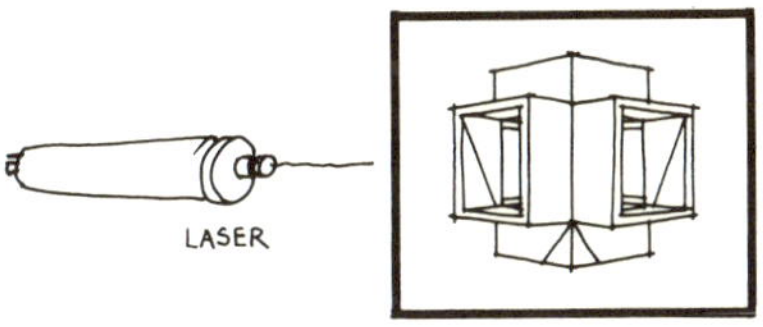

mercury vapor = *Quecksilberdampf lampe*
blue = *Blau*
green = *Grün*
red = *Rot*
laser = *Laser*

Hologramme werden häufig dem Aufnahmematerial entsprechend kategorisiert, entweder als Absorptions- oder Phasenhologramm. Silberhalegonidfilme erzeugen normalerweise Absorptionshologramme. Das heißt, daß ein Teil des Lichts bei der Rekonstruktion des Bildes absorbiert wird, um eine Diffraktion erzeugen zu können, die dem ursprünglichen Interferenzmuster entspricht.

Wie wir wissen, besteht das Hologramm aus einer Unmenge kleiner Löcher - die schwarzen absorbieren das Licht und die hellen lassen es durch. Auf diese Art funktionieren sowohl Transmissions- als auch Reflexionshologramme. Allerdings absorbieren Reflexionshologramme auch noch Licht in ihrer Funktion als Wellenlängenfilter. Daher sind sie von Natur aus sehr ineffizient. Es bleibt ja nur ein kleiner Prozentsatz des Lichts übrig, um das eigentliche Bild zu rekonstruieren.

Filmmaterial, das Phasenhologramme erzeugt, arbeitet nicht mit diesen kleinen schwarzen und weißen Löchern. Hier erzeugen die Interferenzstreifen räumliche Variationen im Brechungsindex der Emulsion. Das Phasenmaterial ist transparent, dementsprechend geht sehr viel weniger Licht verloren und wir erhalten ein helleres Bild. Durch Bleichen kann man Absorptionshologramme auf Silberfilm in Phasenhologramme verwandeln; hier ist also der Grund, warum wir das erklärt haben. Das Bleichen verwandelt die Silberpartikel in transparente Silbersalze, die das Licht sowohl beugen als brechen. Es ist also leicht zu verstehen, warum gerade das Bleichen so besonders wichtig ist für das ineffiziente Reflexionshologramm.

Manche Materialien, wie z.B. die Dichromatgelatine, sind von vorneherein Phasenmaterialien. Hier geht wenig Licht verloren, und daher sind diese Hologramme so außergewöhnlich hell. Reine Phasenmaterialien könnten theoretisch 100% des einfallenden Lichts beugen. Aber ein kleiner Teil des Lichts geht normalerweise immer verloren. Allerdings sind Hologramme mit 70-80% Beugungswirkungsgrad nicht ungewöhnlich und haben eine frappierende Wirkung, wenn sie mit einem hellen Licht ausgeleuchtet werden. Dichromatreflexionshologramme können auch als Breitbandhologramme hergestellt werden, die mehrere einzelne Farben auf einmal aufzeigen. Dadurch wird mehr Beleuchtungslicht an das Bild geführt, wodurch es heller wird. Eine Mischung verschiedener Wellenlängen wird möglich, wodurch eine große Anzahl an Farbschattierungen entsteht. Es ist möglich, verschiedene Pastelltöne zu erzeugen und auch goldene, silberne und weiße Schattierungen. Allerdings kann man keine natürlichen Farben abbilden, d.h. die entstehenden Farben entsprechen nicht unbedingt den ursprünglichen Farben der Vorlage. Die Hologrammfarben werden durch all die individuellen, getrennten Wellenlängen bestimmt, die wiederum durch ihren eigenen Satz an Bragg-Ebenen verstärkt werden. Mit Silberfilm-Reflexionshologrammen ist dieser Effekt sehr viel schwieriger zu erreichen. Zur Zeit arbeiten aber eine Reihe von Holographie-Chemikern daran. Natürlich hat man schon vollfarbige Hologramme gemacht. Sie werden in dem Kapitel »Fortgeschrittene Holographie« erklärt.

Die Zukunft

Es ist leicht, die Phantasievorstellungen aufzuzählen, die die Holographie erfüllen sollte, wenn es nach uns ginge. Wir stellen uns wilde Bilder in allen Farben vor, die in der Mitte des Raumes vor uns schweben oder auf den Fernsehschirm projiziert werden. Wir stellen uns vor, wie wir unsere eigenen Abbilder über Telefonleitungen an unsere Freunde weiterleiten oder holographische Schnappschüsse von unserer Familie machen, die sich vor unseren Augen selbst entwikkeln. Holographische Straßenschilder oder Reklamewände könnten die Fernstraßen säumen. Beschwerden darüber, daß sie die Landschaft verschandeln, könnte schnell begegnet werden, indem man das Licht ausmacht. Wir könnten noch einiges aufzählen.

Es ist schwer zu sagen, was wirklich passieren wird. Sicherlich könnten eine Reihe von technischen Durchbrüchen helfen. Das Größte wäre ein neues wirksames und billiges Laser-Medium. Na schön, das ist Sache der Laserfirmen! Wir brauchen etwas, das viele Farben lasert und einige Watt Licht ausstrahlen kann und bei der Größe einer Glühbirne etwa genausoviel kosten sollte (warum eigentlich nicht?).

Wir brauchen Verbesserungen auf chemischem Gebiet - wie wäre es mit einem Film ohne Korn, wie Dichromatgelatine, der für alle Farben empfindlich ist, etwa so schnell wie Kodak plus-X und bei Feuchtigkeit, Hitze, Druck oder sonstwas keine Veränderungen erfährt.

Wir brauchen jemanden, der herausfindet, wie man ein Hologramm schneller über den Fernseher übermittelt. Um die Informationen, die jetzt in einer dreißigstel Sekunde über den Bildschirm gehen, zu senden, bräuchte man jetzt immer noch zwei Stunden.

Na ja, es kann noch eine ganze Weile dauern, bevor irgendetwas davon Wirklichkeit wird. Aber Sie müssen uns nicht beim Wort nehmen. Okay, Sportsfreunde, macht euch an die Arbeit und zeigt uns, daß wir danebenliegen.

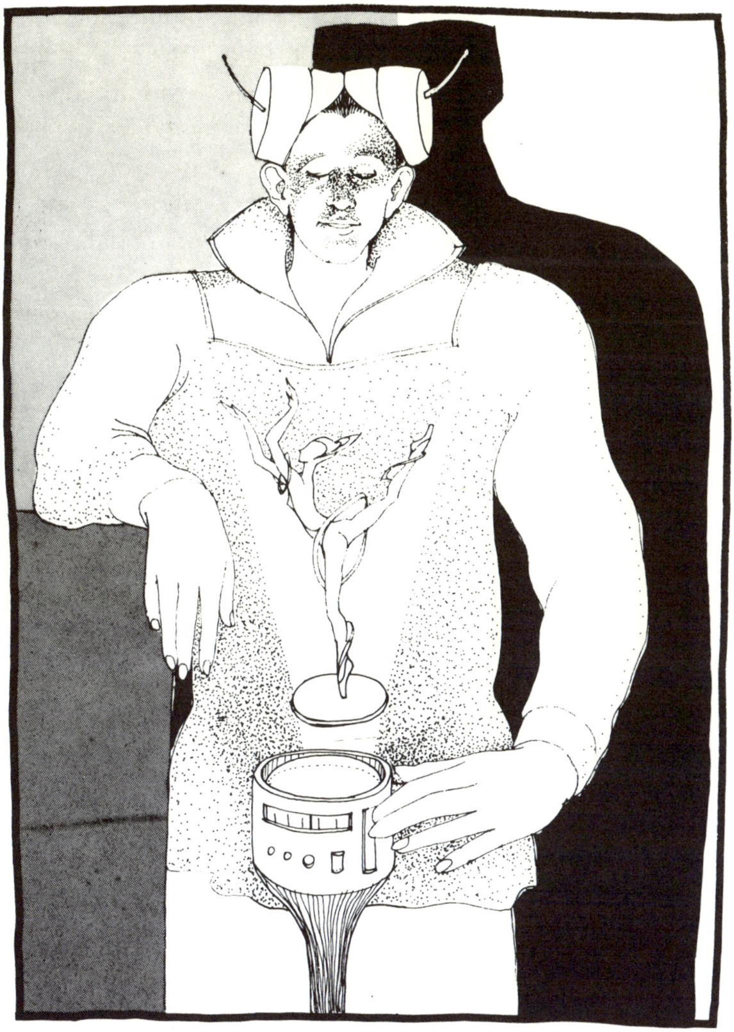

Salvador Dali

Kunst und Holographie

»Holographie ist vielleicht das weitest entwickelte Abbildungsverfahren bis auf das des menschlichen Auges.« Isaac Asimov

»Unsere neuentdeckte Kunstfertigkeit bei der Kontrolle der detaillierten Struktur des Lichts - den Wellen nämlich - kann unsere Sicht der Welt in großem Ausmaß verändern.« G. Cochran und R. Buzzard

»Das Schönste, das wir erfahren können, ist das Geheimnisvolle. Es ist die Quelle jeder wahren Kunst und Wissenschaft.« Albert Einstein

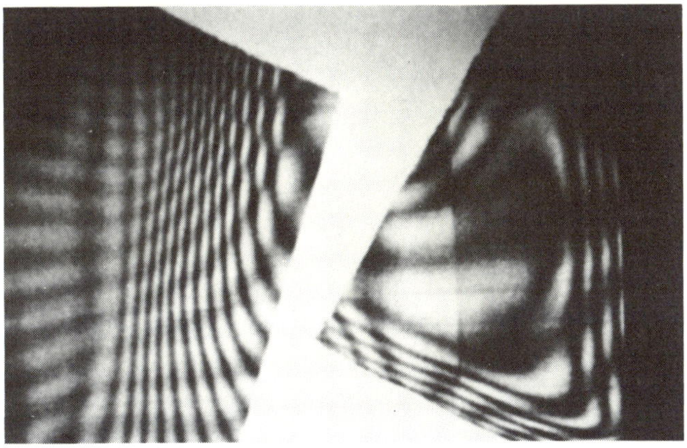

»Moire Screens« von John Kaufman.
Reflexionshologramm 1981.

»Egg and Jewel« von Randy James.
Regenbogenhologramm, 1978.

Einführung

Das Thema Kunst und Holographie ist, wie man annehmen kann, von Natur aus umstritten. Kunst in jeder Form hat immer eine besondere persönliche Erfahrung einbezogen, sowohl von der Seite des Künstlers her als auch bei den Menschen, die mit seiner Arbeit in Berührung kamen. Trotzdem besteht unsere Kultur immer noch auf der Unterscheidung zwischen »wertvoller« Kunst und solcher, die es nicht ist, besonders dann, wenn sie neue Techniken, Technologie oder ein neues Medium einbezieht. Wir würden gern einen zu kopflastigen Diskurs über die Frage »Was ist Kunst?« vermeiden, eine Frage, die auf einer Stufe steht mit »Was ist Realität?«, doch eine Diskussion darüber, wie holographische Kunst in diese Frage hineingezogen wurde, ist notwendig (wenn holographische Kunst wirklich allgemein akzeptiert würde, könnten wir uns dieses Kapitel wahrscheinlich sparen, oder wenigstens den Titel ändern).

In diesem Kapitel müssen wir also das Wesen der holographischen Kunst herausfinden und den schöpferischen Prozeß, der dahintersteht. Auch ein Wort zur Kontroverse scheint angebracht, einige Vergleiche und Gegenüberstellungen mit anderen Medien aus gegenwärtiger und historischer Sicht, die Zusammenhänge von alldem, und dann einige Ratschläge bezüglich der Techniken, die man anwenden kann, um das Wesentliche der Ideen hervorzuheben, die Sie als Künstler holographisch ausdrücken möchten. Dieser letzte Abschnitt umfaßt solche Methoden wie Doppel- und Mehrfachbelichtungen, »Matte-Screening«, Collagen und die Veränderbarkeit reinen Lichtes durch Diffraktionsgitter oder durch Verwendung hochreflektierender Materialien.

Ist kreative Holographie möglich?

Schon seit geraumer Zeit wird diese Frage gestellt. Sie macht deutlich, daß zwischen den Anwendungsmöglichkeiten eines Verfahrens und den bisher erzielten Ergebnissen nicht unterschieden wird. Wir erinnern daran, daß Displayhologramme in Forschungslabors geboren und zuerst dazu verwendet wurden, alle Dimensionen eines bereits existierenden Objektes visuell zu kopieren. Die meisten Displayhologramme wurden mit dieser Absicht hergestellt. Tatsächlich bilden die meisten Leute auf ihren ersten Hologramm einen eher banalen kleinen Gegenstand ab. Dummerweise führte das dazu, daß einige Kritiker mit fehlender Vorstellungskraft und einige, die es besser wissen müßten, sich bereitwillig zu verallgemeinernden Bemerkungen über ein Verfahren hinreißen ließen, nachdem sie nur ein oder zwei armselige Beispiele gesehen hatten.

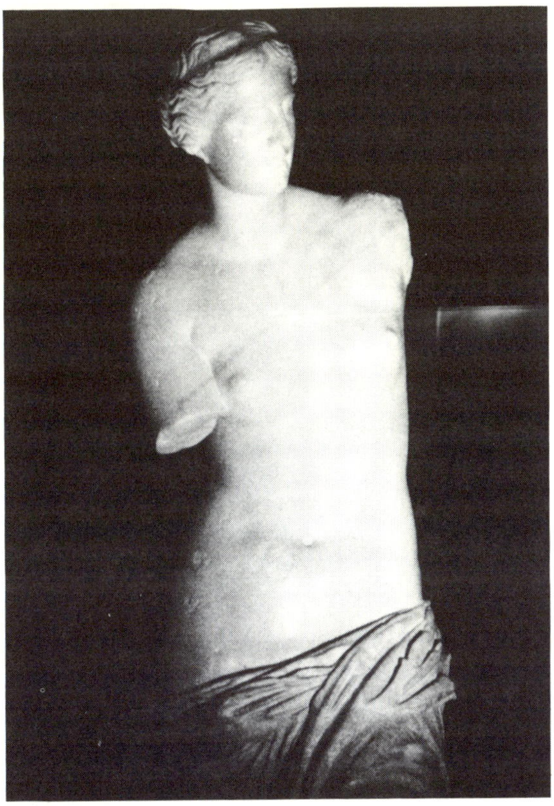

»Venus de Milo«, 1 x 1,5 Meter laserlichtsichtbares Transmissionshologramm von Jean-Marc Fournier und Gilbert Tribilion, LOBE Laboratorium, Besancon, Frankreich, 1976.

Die Frage lautet gewöhnlich: Wenn ein Hologramm lediglich ein räumliches Bild herstellt - was unterscheidet es von dem Originalobjekt? Warum nimmt man dann nicht gleich das Objekt selbst? Es stimmt schon, einige Holographieausstellungen entsprachen diesem Ansatz - sie verließen sich darauf, den Betrachter mit der Eigenart des Verfahrens zu verblüffen, statt an seinen ästhetischen Sinn zu appellieren. »Das Medium Holographie hat sein Publikum zu oft mit technischer Kunstfertigkeit verführt und sich auf die Wirkungskraft der Technik verlassen statt auf die des Inhalts.« Dies führte dann zu Aussagen wie der folgenden: »Holographie ist durch ihr Wesen dazu verdammt, existierende Formen nachzustellen und nicht imstande, neue zu schaffen.« (S. Duffshirt, Kunstkritiker).

»The Hybernation of Consciousness-Homage to Magritte« von James Feroe, Regenbogenhologramme (2), 1980.

Nach solchen Sprüchen könnten wir eigentlich alle unseren Laser gegen einen Marmorblock eintauschen. Aber wir sind mißtrauisch bei Aussagen, die sich auf das »Wesen« von etwas beziehen, besonders wenn es so neu ist, daß »das Wesen« kaum definierbar ist. Diese Sichtweise unterstellt auch, daß alle Hologramme lediglich abbilden können, nur weil einige es tun. Wie engstirnig! Erzählen Sie mal Ansel Adams, daß seine Fotografien mit den Schnappschüssen von Tante Martha verglichen werden sollten (falls Sie eine Tante Martha haben oder zufällig Tante Martha sind, will ich Ihnen nicht zu nahe treten - ich will nur etwas klarmachen).

Eine andere, grundlegendere Frage wird manchmal gestellt: »Ist Holographie Kunst?« Das ist eine etwas verwirrende Spöttelei, genauso, als wollte man fragen: »Ist Ton Kunst?« oder »Ist ein Malerpinsel Kunst?« Das Hologramm ist ein Werkzeug, nicht ein Endprodukt in sich. Ein Werkzeug kann schöpferisch benutzt werden oder auch nicht, abhängig davon, was der Benutzer damit anstellen will und abhängig von der Art der Erfahrung derer, die sich mit seiner Arbeit auseinandersetzen. Die entscheidenden Fragen lauten: »Welche Hologramme sind Kunst?« und »Was braucht man, um ein kreatives Hologramm herzustellen?«

Um sich diesen Fragen zu nähern, ist ein wenig Verständnis für den schöpferischen Prozeß vorauszusetzen. Der Künstler ist sowohl Schöpfer als auch Vermittler, der in der Auseinandersetzung mit seiner Umwelt und deren Beeinflußbarkeit arbeitet. Als empfindsamer Mensch beobachtet der Künstler zunächst seine Umgebung. Er stellt Vermutungen an, erarbeitet Konzepte für Bilder und Formen und verwandelt seine Vision dann in einen erkennbaren, positiven Gedanken. Dieses Bild wird dann in ein Medium übersetzt. Das Medium kann Malerei sein, Glas, Ton, Stein, Erdnußbutter oder sonstwas. Es kann neue Werkzeuge erfordern, um eine Ansicht der Welt zu entwickeln, die das Normale oder Gewöhnliche überschreitet. Das Medium kann auch Licht sein, im Fall eines Hologramms oder einer anderen Form der Lichtskulptur. Erinnern wir uns daran, daß Licht das Medium ist; das Hologramm ist das Werkzeug, das man benutzt, um es zu formen. Oder stellen Sie sich das Hologramm als Malerpinsel vor, und den Laser als Farbe. Wir können dann erkennen, daß ein bestimmtes Hologramm Kunst sein kann, nicht, weil es ein Hologramm ist, sondern auf Grund dessen, was der Künstler damit erreichen will. Holographie ist lediglich die gewählte Sprache, im Gegensatz zu irgendeiner anderen Methode. Diese Art von Hologramm sollte man nicht mit dem holographischen Schnappschuß verwechseln. Damit würde man dem Künstler großes Unrecht tun.

Um wirkungsvoll Ideen umzusetzen, muß man die Möglichkeiten des Mediums kennen, mit dem man arbeitet, und im Umgang mit seinem Werkzeug Geschicklichkeit erlangen. Manchmal verlieren Anfänger in der Holographie diese Tatsache aus den Augen und sind enttäuscht, weil sich ihre Vorstellungen nicht verwirklichen lassen. Dies und der Mangel an Information und Anleitung, hat viele Künstler von der Holographie ferngehalten. Glücklicherweise hat sich das geändert. Je mehr Leute erfahren, was die Holographie kann, umso stärker wird diese Kenntnis zur Weiterentwicklung von Handhabung und Ideen beitragen. Eine unserer wichtigsten Absichten ist es, die Entwicklung von beidem voranzutreiben, um unsere herkömmliche Auffassung der sichtbaren Wirklichkeit verwandeln zu helfen.

Wir glauben, daß hinter der Kontroverse die Tatsache verborgen ist, Holographie könnte sehr viel mehr sein als nur eine neuartige Technik, die nach Anerkennung ruft. Rosemary Jackson schreibt: »Holographie ist vielleicht das revolutionärste visuelle Aufzeichnungsmedium seit den prähistorischen Höhlenmalereien von Lascaux. Zum ersten Mal in der Geschichte des alphabetisierten Menschen können wir mit Hilfe eines Mediums kommunizieren, das die gleichen Eigenschaften und Charakteristika der Dimension besitzt wie die Welt, in der wir leben.«

Die Auswirkungen dieser einzigartigen Raumschaffung mit Licht, in der die räumlichen Eigenschaften der Skulptur verschmelzen können mit der besonderen Perspektive, der Beleuchtungs oder Collageeffekten des flachen Mediums, sind gewaltig. In der konventionellen Bildhauerei zum Beispiel wird das Werk in einem gegebenen Raum präsentiert; man kann das Kunstwerk auf ein Podest stellen, in eine Kiste tun, von der Decke hängen, in einem besonderen Raum mit ungewöhnlicher Beleuchtung zeigen oder sonstwie. Der Raum um die Skulptur herum ist jedoch von Bedeutung, er erhält eine Funktion als Ort. Raum ist eine Variable unabhängig vom Werk, mit der man rechnen muß. In der Holographie kann sowohl der Raum als auch das Objekt gleichzeitig entworfen werden. Dieser völlig kontrollierte Rauminhalt wird ein fester Bestandteil des Kunstwerks - ein Raum, der für eine Zeit den tatsächlichen Raum überlagert oder ersetzt.

»Stargate«, Weißlichttransmissionshologramm von Dan Schweitzer, 1980.

»Rough Cut« Shadowgram von Rick Silberman, 1979.

Die Bedeutung dieser Tatsache darf, auch in Hinblick auf zweidimensionale Medien, nicht unterschätzt werden. In ihrem Artikel »Cultural Implications of Holographic Space«, schreibt Kalina Haran folgendes: »Holographischer Raum ist der erste wichtige Durchbruch in Fachkenntnis und Ausdehnung des bildlichen Raumes seit der Durchsetzung der Bildebene durch die Renaissance-Künstler, in Folge von Brunelleschis Entdeckung der linearen Perspektive im Jahr 1425.« Haran erklärt weiter die Bedeutung der Perspektive im 15. und den folgenden Jahrhunderten: »Perspektive wurde die visuelle Entsprechung zu neuen Bewegungen in der Kunst, die die Sicht des Menschen von sich selbst und seiner

Beziehung zur Welt veränderten. Die lineare Perspektive ermutigte den Menschen dazu, seine äußere Umgebung von seinem einzigartigen, einzelnen Standpunkt aus wahrzunehmen und zu analysieren.«

Haran erläutert im folgenden die Bedeutung dieses Ereignisses und stellt fest, daß die Künstler vor dem Gebrauch der Perspektive die Beschaffenheit und die Anwendung des Raumes, der durch die Gegenstände hindurchgeht und sie umfaßt, wirklich nicht verstanden. Die Entwicklung und die Anwendung der Perspektive beeinflußten die Wahrnehmung der Welt und spiegelten sie auch wieder, zu einer Zeit, als sie mit Newtons Raumkonzepten konfrontiert wurde. Künstler und Wissenschaftler jener Tage arbeiteten daran, ein Raster von links-rechts- und oben-unten-Realität einzurichten, in dem logisches, lineares, folgerichtiges Denken funktionieren konnte.

Es stimmt natürlich, daß diese Konzepte in jüngster Zeit angegriffen oder einfach ignoriert wurden, von Künstlern, die im Impressionismus, Kubismus, Minimalismus oder verschiedenen anderen -ismen tätig waren, dennoch wurden die Begrenzungen dessen, was in zwei Dimensionen wiedergegeben werden konnte, offensichtlich. Haran bemerkt dazu: »Wir suchen nach bildlichen Übereinkünften, die unseren sich verändernden Wirklichkeitssinn widerspiegeln, ohne ein verbindendes Konzept finden zu können, einen neuen Raum, der groß genug wäre, komplex genug, um unser Einsteinsches, vierdimensionales kulturelles Paradigma darzustellen.«

Holographie kann das Wesen dieser Raum-Zeit ausdrücken, da sie Dinge abbilden kann, die nicht an bestimmte Standpunkte gebunden sind. Die relativen Positionen von Objekten und Formen zueinander dominieren ganz deutlich, wobei das Konzept eines festgelegten Blickwinkels nur von ziemlich beschränkten oder lokal festgelegten Perspektiven aus gültig war.

Seinen eigenen Raum zu schaffen, ist für den Künstler höchst aufregend. Zum erstenmal wird es möglich, unser normales Konzept des Raumes entweder radikal zu verändern oder völlig neu zu schaffen. Zum Beispiel erlauben es Doppelbelichtungen, daß zwei Objekte zur gleichen Zeit denselben Raum einnehmen. Das ist in unserer normalen Welt unmöglich, aber es ist ein Konzept, das in den flachen Medien oft versucht wurde. Jetzt kann es dimensional gemacht werden. Es wird auch möglich, den Raum zu überschneidenden »Subuniversen« zu modellieren, durch Mehrfachbelichtung, »Matte-Screening« und Mehrkanalablesung. Diese Techniken und ihre Umsetzung werden wir etwas später noch erläutern.

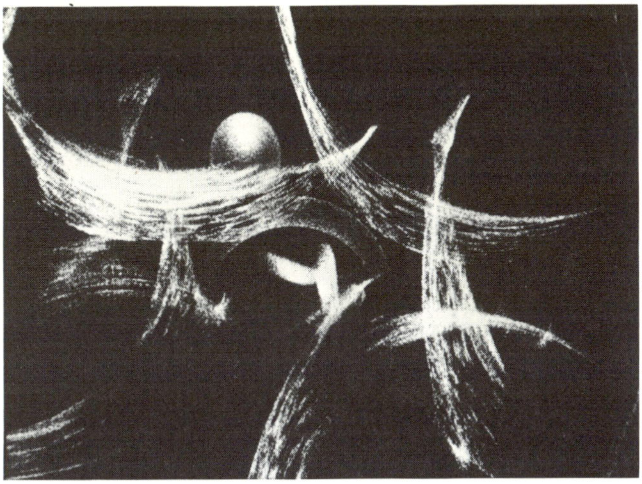

»Planet Claire« Weißlichttransmissionshologramm von Rudie Berkhout.

Ed Bush schreibt: »Für einen Holographen kann die Vorstellung eine Domäne von Raum und Zeit werden, in der die Beziehungen der objektiven Realität plastisch werden. Formen können nach Gutdünken verdreht werden. Objekte können ihre Festigkeit verlieren und einander mit unnatürlicher Leichtigkeit durchdringen. Plötzliches Erscheinen und Verschwinden von Objekten wird normal und vollkommen akzeptabel, im Gegensatz zur rationalen Welt, wo solche Ungereimtheiten vom Betrachter oft mit Ablehnung gestraft werden. Mit dem Werkzeug der Holographie hat der Künstler die Möglichkeit, mit Raum und Zeit auf eine vereinte Weise umzugehen, statt einem vor dem anderen den Vorzug zu geben, wie andere Medien das oft verlangen. So können sie dieses neue Territorium betreten und mit Teilen davon, verpackt in Hologramme, zurückkehren.«

Dan Schweitzer bemerkt: »Mit diesen Techniken ist es möglich, ein Gewebe der Wirklichkeit zu schaffen, das Teile einer anderen Wirklichkeit enthält ... das sind Räume im Gewebe unserer normalen Wahrnehmung, die vollgepackt sind mit anderen Universen, mit denen wir uns normalerweise nicht befassen.« Anait Stevens fügt hinzu: »Mein Hauptinteresse besteht nicht darin, Wirklichkeit hinter der Platte zu verschlüsseln - es besteht darin, mit neuen Plätzen und Räumen und Rauminhalten zu spielen, die Masse ohne Gewicht haben, was für einen Bildhauer sehr aufregend ist.«

»Crystal Beginning« 1977, Weißlichttransmissionshologramm, entworfen von S.A. Benton, hergestellt von S.A. Benton, H.S. Mingace und W.R. Walter im Polaroid Forschungslabor.

Holographie beschränkt sich nicht auf den Akt des Schaffens oder Aufteilens von Raum. Sie vertritt auch eine neue Art und Weise, sich der Behandlung und der Kontrolle des Lichts zu nähern. Es ist in der Tat ziemlich bemerkenswert, zu sehen, wie die Holographie in so kurzer Zeit von Künstlern für so unterschiedliche Zwecke verwendet wurde - vom rein Abbildenden zum rein Abstrakten und allen Kombinationen davon.

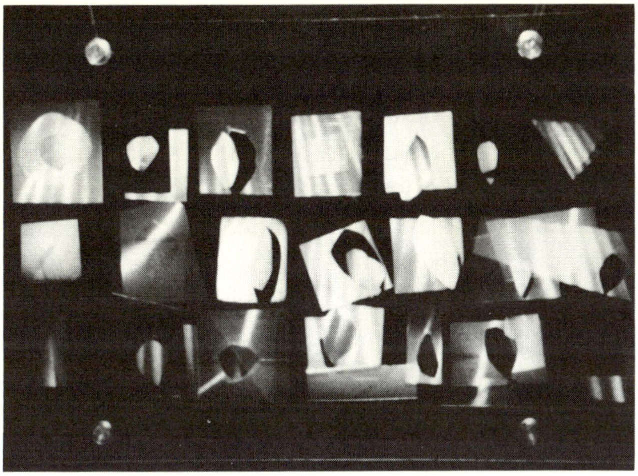

»Ohne Titel« von Randy James.
Montage aus Regenbogenhologrammen, 1979.

Andy Pepper sieht die Holographie als repräsentativ für einen gewissen Schritt in der Geschichte der Lichtskulptur. Er stellt fest, daß die Lichtskulptur ihren Ursprung auf Louis Bertrand Castel, einen Jesuitenpriester, zurückführen kann, der 1734 ein Gerät mit dem Namen »clavessin oculaire« erfand. Dieses Gerät erzeugte wechselnde abstrakte Lichtbilder, indem es Sonnenlicht durch eine Reihe von Prismen in einem abgedunkelten Raum dringen ließ. Im Lauf der Zeit trugen noch andere dazu bei, Geräte zur Manipulation von Licht zu bauen. Ein Beispiel war das Clavilux, das aus verschiedenen Punkt- und Flutlichtstrahlern bestand, die von Regelwiderständen kontrolliert wurden und Prismen, Filter und Projektionswände verwendete. Sein Erfinder, Thomas Wilfred, betrachtete das Clavilux als Instrument, das »gespielt« werden sollte, und gab eine Reihe von Vorführungen damit in den zwanziger Jahren. Seine Arbeit inspirierte andere dazu, Licht in einem kinetischen Sinn zu verwenden, indem sie sowohl Elemente der Bildhauerei als auch der Performance-Kunst einbezogen. Einige arbeiteten mit Effekten der neuen elektronischen Technologie der sechziger Jahre und benutzten sowohl Licht- als auch Klangsynthesizer. Andere, darunter Pepper selbst, produzierten räumliche Formen, indem sie Licht durch semitransparente Wolkenkammern aus Dampf leiteten.

Pepper weist darauf hin, daß es interessant ist, zu beobachten, wie sich die Beziehung des Betrachters zur Lichtskulptur über die Jahre verändert hat. Castel hat einen gewissen Grad mechanischer Kontrolle über seine Schöpfungen behalten. Wilfred, der bei allen öffentlichen Vorführungen seines Gerätes zugegen war, bot seine persönliche Kontrolle an. Jüngere Versuche von kinetischen Künstlern gaben einer Interaktion zwischen Betrachter und Geräten den Vorzug - der Betrachter konnte tatsächlich die Ergebnisse der Vorführung beeinflussen.

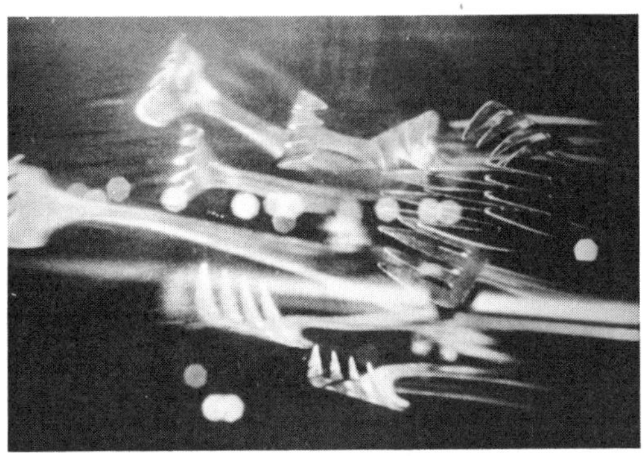

»Equivocal Forks II« Weißlichttransmissionshologramm von Harriet Casdin-Silver, 1977.

Holographen gehen einen Schritt weiter und geben dem Betrachter direkte Kontrolle innerhalb der Parameter des holographischen Prozesses. Bewegungen der Umrisse oder des Bildes ergeben sich aus der veränderten Position des Betrachters. Tritt man aus der Betrachtungszone heraus, verschwindet das Bild. Verschiedene Betrachter können das Werk gleichzeitig anschauen und doch, weil sie es ja aus verschiedenen Positionen tun, eine sehr persönliche Auseinandersetzung mit dem Gesehenen führen. Man kann es aus einer festen Position heraus betrachten oder auch darum herumgehen und gleichzeitig eine kinetische Erfahrung dabei machen. Auf diese Weise wird der Betrachter zum Choreographen - er führt bei der Aufführung Regie.

Dieser Effekt ist am meisten ausgeprägt bei Arbeiten, die reines Licht verwenden oder bei solchen, die die Effekte abstrakter Diffraktionsgitter statt konkreter Objekte benützen.

Künstler wie Bruce Goldberg, Vince DiBiase, Fred Unterseher, Ruben Nunez und Harriet Casdin-Silver arbeiten auf diesem Gebiet. Andere, darunter Dan Schweitzer, Sam Moree, Randy James und Lon Moore beziehen Aspekte beider Möglichkeiten ein. Rudie Berkhout, der mit mehrfarbigen Regenbogenhologrammen arbeitet, hat einige sehr bemerkenswerte Effekte damit erzielt.

»Round and True« von Randy James. Reflexionshologramm, 1981.

Hologramme wurden auch auf anderen Gebieten kreativ eingesetzt. Einige, wie David Hylinski und Michael Sowdon, kombinieren zwei- und dreidimensionale Effekte, indem sie über die Emulsion malen. Andere, wie Margaret Benyon, John Franske, Ed Lowe und Setsuko Ishii, haben Hologramme in größere Arbeiten integriert. Benyon, Rick Silberman und andere haben mit dem Konzept des »negativen Raumes« experimentiert, wo Schatten eine 3-D-Empfindung hervorrufen. Diese »Shadowgrams« entstanden, indem man absichtlich eine dreidimensionale Form während der Belichtung verrückte (oder ein instabiles Objekt nahm), wodurch ein dreidimensionales »schwarzes Loch« hervorgerufen wurde, wo das Objekt stand. Einige Künstler haben diese Methode zusammen mit Mehrfachbelichtung benutzt, um neue Formen mitten in die schwarzen Löcher zu stellen.

Andere, wie Dan Schweitzer, verändern absichtlich ihre optischen Komponenten, um auf dem Bild Verschiebungen hervorzurufen. Silberman und andere haben die einzigartigen pseudoskopischen Möglichkeiten der Holographie ausgenutzt, um den Raum nach außen zu stülpen. Jim Feroe demonstriert, daß es möglich ist, eine Komposition erkennbarer Objekte zu entwickeln und so anzuordnen, daß der Raum, in dem sie stehen, eine neue Bedeutung gewinnt - wobei Objekte, die größenmäßig nicht zusammenpassen, in unmöglichen Situationen gezeigt werden. Seine Arbeit nimmt eine der Einschränkungen, denen die Holographie unterliegt - Objekte sind gewöhnlich nicht zu verkleinern oder zu vergrößern - und wendet sie zu seinem Vorteil. John Kaufman arbeitet mit Ultrarealismus in Reflexionshologrammen. Bill Molteni, Anait Stevens, Amy Greenfield und viele andere haben holographische Stereogramme schöpferisch verwendet und einige der Spezialeffekte einbezogen, die bei Video- und Filmherstellung angewandt werden. Viele andere Holographie-Künstler experimentieren zur Zeit mit einer großen Vielfalt von Methoden, um Stücke zu schaffen, die individuell einen gewünschten Effekt ausdrücken und kollektiv gesehen den Umfang der holographischen Kunst definieren. Die meisten Künstler werden jedoch zustimmen, daß an diesem Punkt der Umfang für eine Festlegung der Grenzen zu ausgedehnt erscheint.

»Vacuum Hoses« von John Kaufman. Reflexionshologramm, 1978.

Es kann durchaus möglich sein, daß holographische Kunst im Endeffekt als ähnlich wichtig in der menschlichen Entwicklung angesehen wird wie die Perspektive im 14. Jahrhundert. Vielleicht wird das Konzept nicht festgelegter relativer Standpunkte, zuerst von Einstein vertreten und von den Naturwissenschaftlern freudig aufgenommen und jetzt von den Holographiekünstlern demonstriert, genausoviel beitragen, um unsere Weltsicht radikal zu verändern. Wie Haran bemerkt, bestehen »die breiten Auswirkungen der Holographie in ihren Möglichkeiten, unsere bildliche Wahrnehmung der (vier-)dimensionalen Welt zu erweitern. Holographische Kunst bietet deshalb eine Möglichkeit ästhetischer Erfahrung im Rahmen einer neuartigen Didaktik an, verbreitet eine neue, visuelle Ausdrucksfähigkeit, die die Wahrnehmung und Bearbeitung der menschlichen Umwelt beeinflussen und vielleicht sogar eine umfassendere, holistische Philosophie ermutigen könnte.«

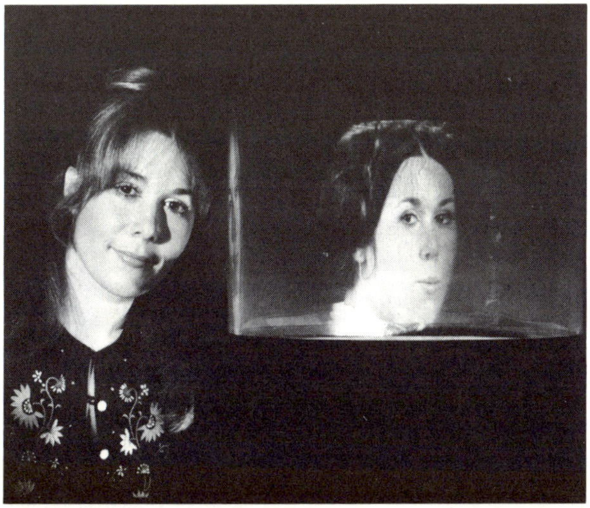

Sharon McCormack, Holographie-Künstlerin und Leiterin der San Francisco School of Holography, mit lebensgroßem, stereographischem Selbstportrait. Diese Hologramm wurde mit einer von ihr entwickelten, großformatigen. ölgefüllten Linse hergestellt, 1979.

Techniken zum Ausprobieren

Jetzt, nachdem wir Ihnen den Mund mit der Rolle der Holographie in der Entwicklung der Kunst wässrig gemacht haben, möchten Sie sicher wissen, wie man einige der Sachen anstellt, von denen wir geredet haben. Der erste Vorschlag, den wir zu machen haben, wäre ein Blick auf die Arbeit von Künstlern, die sich gegenwärtig mit Holographie befassen.

Treten Sie in eine der Organisationen ein und fangen Sie an - Sie werden überrascht sein, was los ist und wie sehr der Meinungsaustausch Ihrer Entwicklung weiterhelfen wird, sowohl in technischer als auch in ästhetischer Hinsicht.

Es ist unmöglich, all die Verfahren vorzustellen, die bei der Herstellung holographischer Kunst zur Anwendung kommen, weil es einfach zu viele gibt. Statt dessen beschränken wir uns auf eine Anzahl allgemeiner Kategorien, die wir untersuchen, um Sie auf den richtigen Weg zu bringen.

Fassade des Museum of Holography, 11 Mercer Street, NYC.

Mehrfachbelichtungen erlauben einen der aufregendsten Zugänge. Damit können zwei oder mehr Objekte so dargestellt werden, daß sie zur selben Zeit denselben Raum einnehmen oder daß ihre Bilder sich überschneiden. Man kann das Konzept auch dazu benutzen, orthoskopische und pseudoskopische Bilder gleichzeitig hervorzubringen oder Vorder- und Rückenansicht eines Objektes oder einer Szene zur selben Zeit zu zeigen. Ein Hologramm mit Mehrfachbelichtung in dieser Art wird dadurch hergestellt, indem man zuerst eine Belichtung auf die übliche Art und Weise macht und dann das Objekt wechselt, während die Anordnung, insbesondere der Referenzstrahl gleichbleibt. Dann wird eine zweite Belichtung gemacht. Der ganze Prozeß kann bis zu drei oder vier Mal wiederholt werden, bevor die Qualität des Hologramms leidet. Die Belichtungszeit für jede Aufnahme sollte etwas reduziert werden (etwa um 20 %), um die Gesamtzeit nicht allzu sehr zu verlängern. Gewöhnlich wird die Platte zwischen den einzelnen Belichtungen entfernt, wobei man sorgfältig auf ihre genaue Lage achtet. Dann wird das zweite Objekt in Stellung gebracht, die Platte wieder eingesetzt und ein zweites Mal belichtet. Der gleiche Effekt kann auch dadurch erreicht werden, daß man Bildebenenhologramme aufbaut und andere Muttern statt der Mehrfachbelichtung benutzt.

Eine Variation des oben Gesagten läßt sich erreichen, indem man die Platte zwischen den Belichtungen dreht. Wenn die Platte auf der gleichen Ebene wie der Referenzstrahl gedreht wird, d.h. von oben nach unten, wenn ein Referenzstrahl von oben benutzt wird, wird eine Doppelbelichtung dazu führen, daß sowohl ein orthoskopisches als auch ein pseudoskopisches Bild gleichzeitig erscheint. Wenn die Platte senkrecht zur Ebene des Referenzstrahls, d.h. bezogen auf einen Strahl von oben, von links nach rechts gedreht wird, dann können zwei verschiedene Bilder derselben Art (entweder ortho- oder pseudoskopisch) auf derselben Platte erscheinen, auf jeder Seite eines. Wenn man für beide Belichtungen dasselbe Objekt benutzt, es aber für den zweiten Schuß um 180 Grad dreht, werden beide Seiten des Objektes aufgenommen. Wenn man die Platte von einer Seite aus anschaut, sieht man die Vorderseite des Objektes. Wenn man sie herumdreht, erscheint die Rückseite. Das gibt die Illusion eines beinahe 360 Grad-Blickwinkels auf einer einzelnen flachen Platte.

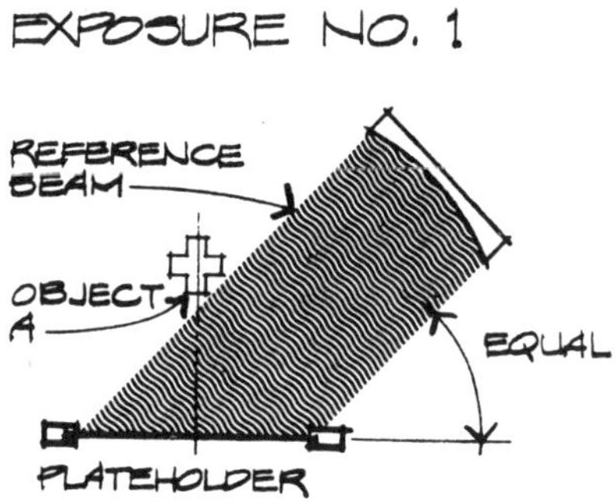

exposure no. 1/2= *Belichtung Nr. 1/2*
reference beam = *Referenzstrahl*
object a/b = *Objekt a/b*
platcholder = *Plattenhalter*
equal = *Einfallwinkel*
reconstructed image = *Rekonstruktion des Bildes*
reconstructed beam = *Rekonstruktionsstrahl*
images A & B = *Bilder A und B*
developed plate = *entwickelte Platte*

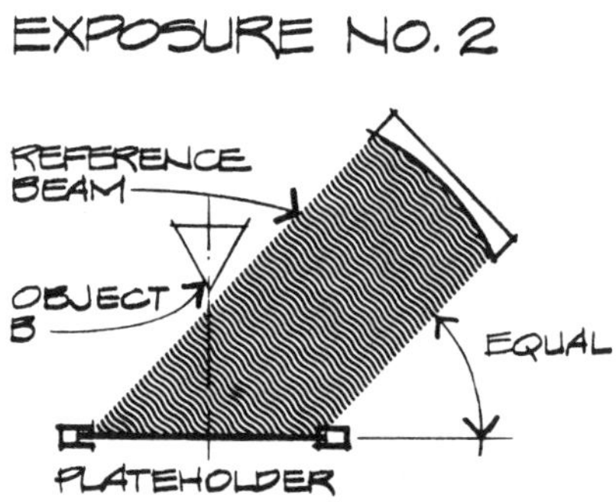

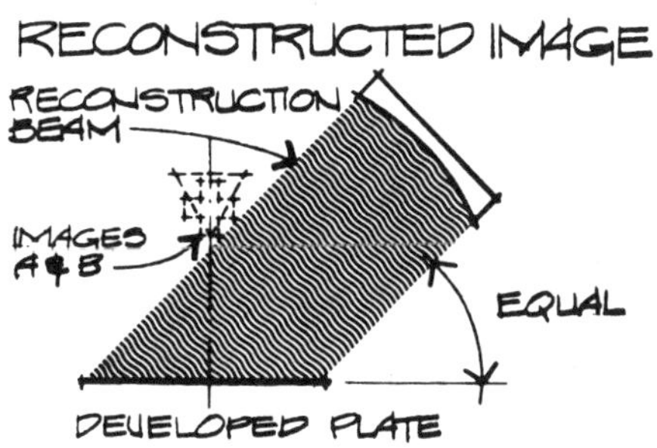

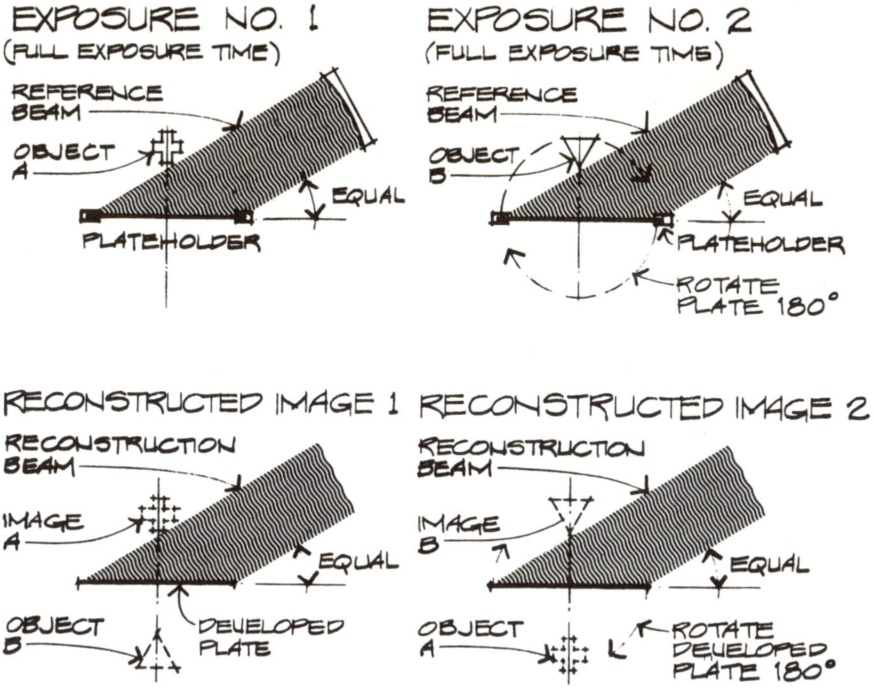

exposure no. 1/2 = *Belichtung Nr. 1/2*
(full exposure time) = *(Volle Belichtungszeit)*
reference beam = *Referenzstrahl*
object a/b = *Objekt a/b*
equal = *Einfallwinkel*
plateholder = *Plattenhalter*
rotate plate 180° = *Platte um 180 Grad drehen*
reconstructed image 1/2 = *rekonstruiertes Bild 1/2*
reconstruction beam = *Rekonstruktions-(Beleuchtungs-)Strahl*
image a/b = *Bild a/b*
developed plate = *entwickelte Platte*
rotate developed plate 180° = *entwickelte Platte um 180 Grad drehen*

exposure no. 1/2 = *Belichtung Nr. 1/2*
reference beam = *Referenzstrahl*
object front = *Objekt Vorderansicht*
plateholder = *Plattenhalter*
equal = *Einfallwinkel*
object back = *Objekt Rückenansicht*
rotate object 180° = *Objekt um 180 Grad drehen*
reconstructed image 1/2 = *rekonstruiertes Bild 1/2*
reconstruction beam = *Rekonstruktionsstrahl*
front of image = *Vorderansicht des Bildes*
developed plate = *entwickelte Platte*
back of image = *Rückenansicht des Bildes*
rotate developed plate 180° = *entwickelte Platte um 180 Grad drehen*

Auch Mehrkanaltechniken können verwendet werden, um mehr als ein Bild auf einer Platte unterzubringen. Bei dieser Methode wird sowohl das Objekt als auch der Referenzstrahl bei jeder Belichtung geändert. Das ist auch als »Kodieren« des Referenzstrahls bekannt. Die erste Belichtung wird auf die herkömmliche Art gemacht. Das Objekt wird durch ein anderes ersetzt und der Referenzstrahl so eingestellt, daß er die Platte in einem unterschiedlichen Winkel trifft. Indem man mit verschiedenen Winkeländerungen experimentiert, wird einer der folgenden Effekte bei der Betrachtung des Hologramms entstehen: Wenn man die Platte dreht, wird Objekt Nr. 1 verschwinden und Objekt Nr. 2 erscheinen. Wenn die Veränderung des Winkels klein ist, kann Objekt Nr. 1 so angeordnet werden, daß es allmählich verschwindet und in 2 übergeht, wenn man die Platte dreht. Dieser Winkel hängt ab von der Art des Hologramms, das man herstellt, von der Art des Lichts, das man beim Betrachten benutzt und von der Entfernung des Originalobjektes von der Platte. Das ist im Grunde die gleiche Technik, die man zur Farbmischung bei Regenbogenhologrammen benutzt. Durch sorgfältige Anpassung kann man erreichen, daß Objekte sowohl verschwinden als auch auftauchen und ihre Farbe unabhängig verändern.

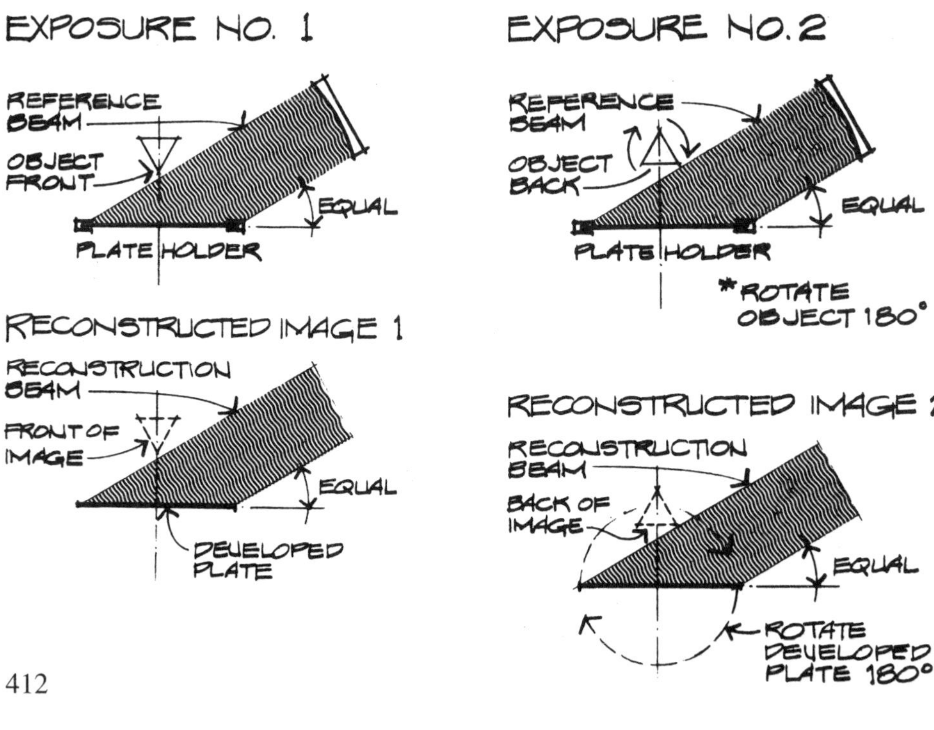

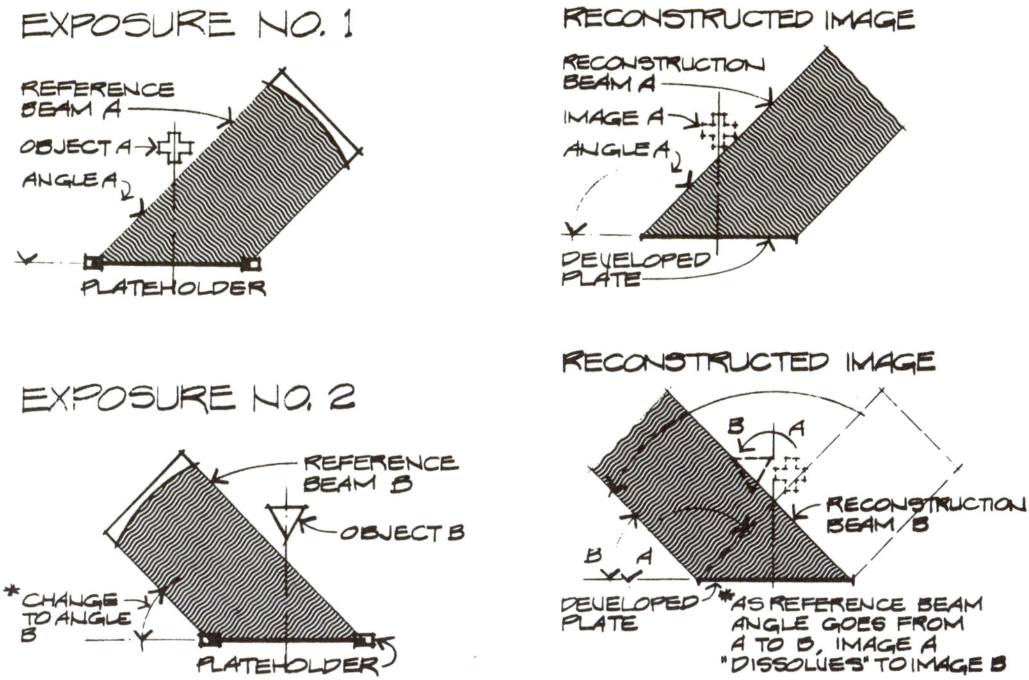

exposure no. 1/2 = *Belichtung Nr. 1/2*
reference beam a/b = *Referenzstrahl a/b*
object a/b = *Objekt a/b*
angle a = *Winkel a*
plateholder = *Plattenhalter*
*change to angle b = **zu Winkel b wechseln*
reconstructed image = *rekonstruiertes Bild*
reconstruction beam a/b = *Rekonstruktionsstrahl a/b*
image a = *Bild a*
developed plate = *entwikkelte Platte*
*as reference beam angle goes from a to b, image a "dissolves" to image b = **wenn der Winkel des Referenzstrahls von a nach b wechselt, verschmilzt Bild a zu Bild b*

Ausschnittprojektion (»Matte-Screening«) oder Raumcollage ist eine andere, oft benutzte Methode. Dabei handelt es sich um ein räumliches Doppelbelichtungsverfahren, bei dem Teile einer dreidimensionalen Szene verdeckt werden und eine andere Szene im fehlenden Raum der ersten zum Vorschein gebracht wird. Obwohl das Konzept ähnlich dem in zweidimensionalen Medien abläuft, kommt dabei doch ein Effekt heraus, der mit anderen Mitteln nicht erreicht werden kann. Es wird möglich, bei der Verwendung von zwei Szenen durch die eine hindurchzuschauen, und dahinter den Raum der zweiten zu sehen, nur ist der nicht da. Einer der Räume erscheint, wo er nicht sein sollte und bleibt dabei völlig unterscheidbar vom anderen, wie ein getrenntes Universum ohne sich überschneidende Bilder, doch immer noch mitten im Raum des anderen.

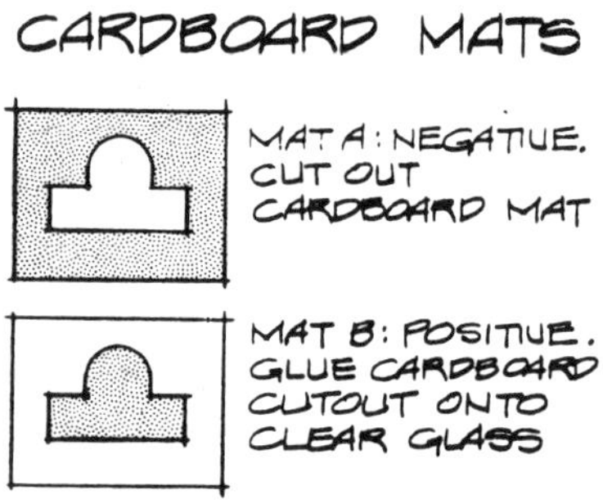

cardboard mats = *Karton-Schablonen*
mat a: negative = *Schablone a: Negativ*
cut out cardboard mat = *Kartonschablone ausschneiden*
mat b: positive = *Schablone b: Positiv*
glue cardboard cutout onto clear glass = *Ausschnitt auf durchsichtiges Glas kleben*

Als Beispiel kann man ein Stück aus einem Karton oder einer Holzplatte aussschneiden und auf eine Glasplatte kleben. Nun hat man einen positiven und einen negativen Ausschnitt von derselben Größe. Nun nimmt man zwei Belichtungen vor, eine durch jede Schablone. Eine Belichtung wird nur den Blick durch den Ausschnitt zeigen, die andere alles, bis auf den Ausschnitt. Wenn die beiden Belichtungen von verschiedenen Szenen gemacht werden, erhält man zwei verschiedene Räume, die jeder durch verschiedene Teile der Platte gesehen werden. Indem man den Betrachtungswinkel verändert, kann man durch einen Raum hindurch sehen, was hinter dem anderen sein sollte, aber nicht da ist (und umgekehrt). In diesem Sinne gibt es eine räumliche Überschneidung des Betrachtungswinkels. Derselbe Effekt kann erreicht werden, indem man die verschiedenen Hologramme auf Film aufnimmt und dann zerschneidet und wieder zu einer Collage verklebt. Kombinationen mit anderen Arten von Mehrfachbelichtung können zu einer enormen Anzahl von Effekten führen. Indem man Mehrfachschablonen verwendet oder kleine Ausschnitte, ist es möglich, eine große Anzahl unabhängiger Szenen auf eine Platte zu bannen. Durch die Verwendung einer beweglichen Schlitzmaske kann Bewegung erzeugt werden, ähnlich wie bei holographischen Stereogrammen, nur verwendet man echte 3-D-Objekte.

Eine der aufregendsten Möglichkeiten für viele Künstler ist die Arbeit mit dem Abstrakten; ein reines Spektrum, erzeugt von Beugungsgittern. Solche Gitter entstehen beim Zusammentreffen von zwei (oder mehr) Strahlen ungebrochenen Laserlichts. Das steht im Kontrast zur Herstellung eines Hologramms von einem normalen diffusen Objekt - dem Gegenstand all unserer Bemühungen bis hierher.

Beugungsgitter gehören zu den einfachsten Hologrammen überhaupt, und man kann sie so entwerfen, daß sie ungewöhnliche Ausbrüche sehr reiner Farben und Formen erzeugen. Die einfachste Art der Beugung kann mit einem der dargestellten Diagramme erreicht werden.

Beim Mittelachsen-Typ erzeugen eine große Anzahl von Beugungsmustern einen großen Strahl eines sich wiederholenden Spektrums, das aus einer Lichtquelle hervortritt, wenn es mit weißem Licht betrachtet wird. Diese Art kann

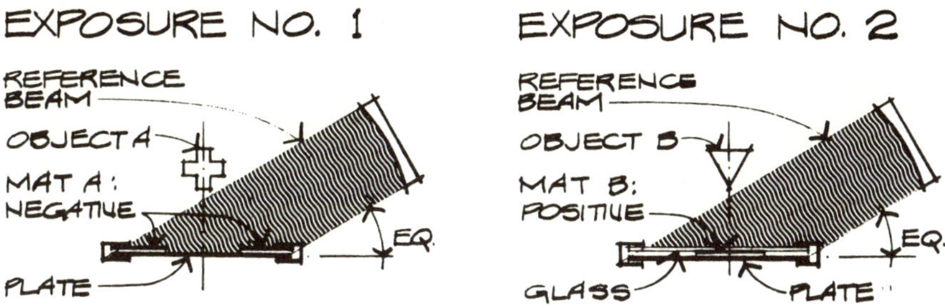

verändert werden, indem man Mehrfachbelichtungen mit verschiedenen Linsenanordnungen benutzt, um eine Vielzahl von Lichtexplosionen oder -rädern zu erzeugen. Der Typ von Hologramm neben der Mittelachse (»off axis«) wird gewöhnlich eine Beugung mit einem einzigen Muster hervorbringen (auf Grund des Bragg-Effektes, siehe Theorie), was beim Betrachten ein einziges Spektrum ergibt, wenn die Platte im richtigen Rekonstruktionswinkel plaziert wird (bezogen auf den Originalwinkel eines der Strahlen). Dieser Typ kann ebenso verändert werden, indem man den Strahl oder die Strahlen durch verschiedene Linsen, Plastikteile usw. schickt oder den Strahl von Spiegeloberflächen wie Kristall, Aluminiumfolie, Kugellager u.ä. reflektieren läßt.

Wie bei anderen holographischen Anordnungen muß sorgfältig auf die Übereinstimmung aller Strahlenwege, auf das Verhältnis (1:1 bis 4:1 ist o.k.) und die Belichtung, nach

exposure no. 1/2 = *Belichtung Nr. 1/2*
reference beam = *Referenzstrahl*
object a/b = *Objekt a/b*
mat a: negative = *Schablone a: Negativ*
plate = *Platte*
eq. = *Einfallwinkel*
mat b: positive = *Schablone b: Positiv*
glass = *Glas*

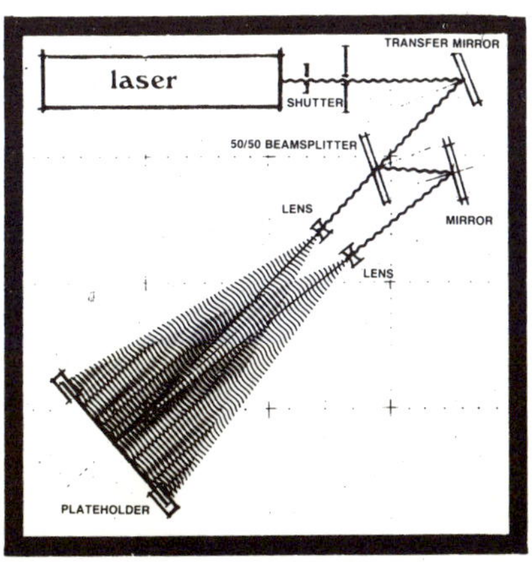

ON·AXIS DIFFRACTION GRATING

laser = *Laser*
shutter = *Verschluß*
transfer mirror = *Umlenkspiegel*
50/50 beamsplitter = *50:50 Strahlenteiler*
lens = *Linse*
mirror = *Spiegel*
plateholder = *Plattenhalter*
on-axis diffraction grating = *Mittelachsen-Beugungsgitter*

genauer Messung, geachtet werden (jeder Strahl kann als Referenzstrahl genommen werden). Beugungsgitter können entweder als Transmissions- oder Reflexionshologramme entwickelt werden, auch wenn man gebleichte Transmissionshologramme wegen ihrer Wirksamkeit vorzieht.

Ein synthetischer Weitwinkeleffekt beim Betrachten kann erzielt werden, indem man mehrere flache Hologramme zusammensetzt. Das kann oft eine leichtere Methode zur Herstellung eines 360 Grad-Hologramms sein als die Verwendung gebogenen Filmmaterials. Zum Beispiel: Eine Serie von vier Hologrammen wird hergestellt. Dasselbe Objekt, das fest am Platz bleibt, aber für jede Aufnahme um 90 Grad gedreht wird, findet dabei Verwendung. Ein Referenzstrahl von oben wird eingesetzt. Die fertigen Hologramme werden zu einer Schachtel verklebt und von einem einzigen Licht von oben beleuchtet, während die Schachtel rotiert (oder der Betrachter darum herumgeht), wobei alle Seiten des Objekts sichtbar werden. Diese Technik kann man zu einigen der anderen hinzufügen, die oben erwähnt wurden, um 360 Grad »unmöglicher Räume« zu erhalten.

laser = *Laser*
shutter = *Verschluß*
transfer mirror = *Umlenkspiegel*
beamsplitter = *Strahlenteiler*
mirror = *Spiegel*
lens = *Linse*
card = *Pappe*
plateholder = *Plattenhalter*
collimating mirror = *Kollimierungsspiegel*
2 off-axis diffraction gratings = *zwei »Off-Axis«-Beugungsgitter*

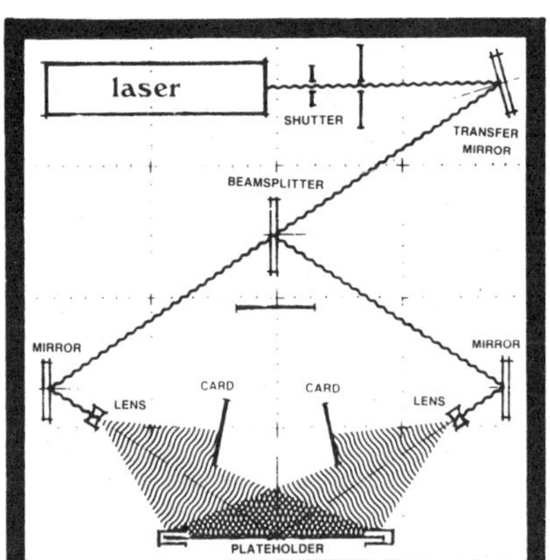

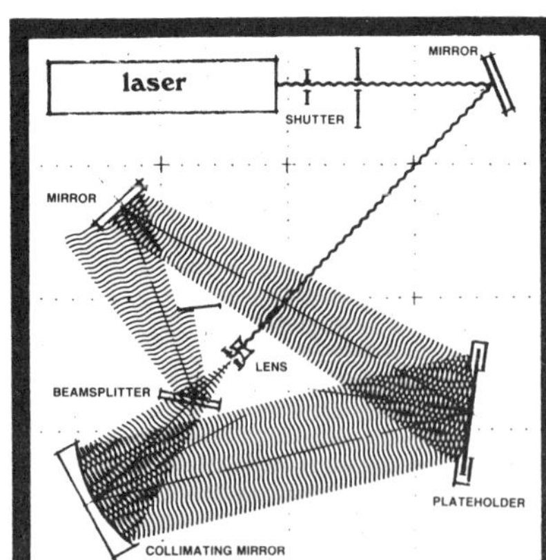

2 OFF·AXIS DIFFRACTION GRATINGS

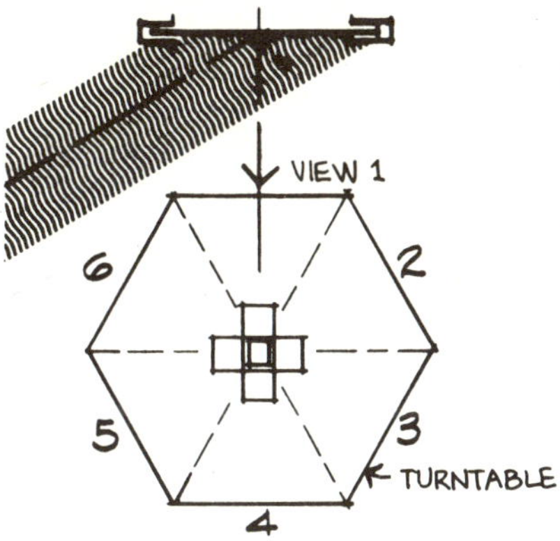

SIX-SIDED VIEW

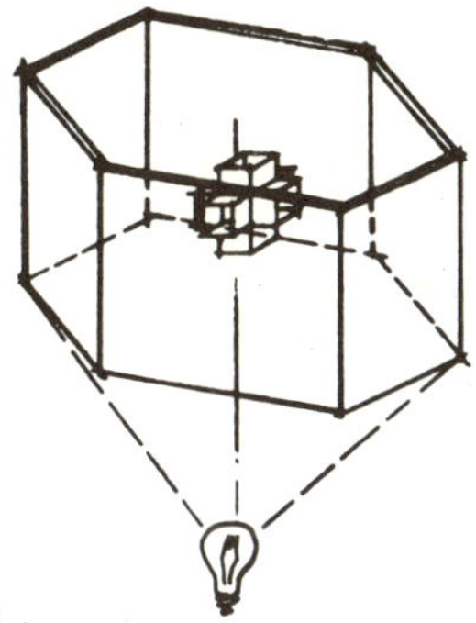

RECONSTRUCTION

view 1 = *Betrachtungsposition 1*
turntable = *Drehscheibe*
six-sided view = *sechsseitige Ansicht*
reconstruction = *Rekonstruktion*
eight-sided view = achtseitige Ansicht
assembled mosaic = *zusammengesetztes Mosaik*
four-sided mosaic = *vierseitiges Mosaik*
three-sided mosaic = *dreiseitiges Mosaic*
360° wide angle mosaics = *360 Grad-Winkel-Mosaik*

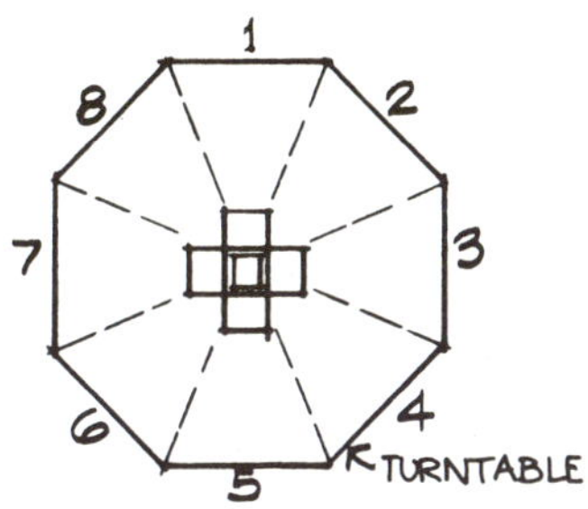

EIGHT-SIDED VIEW

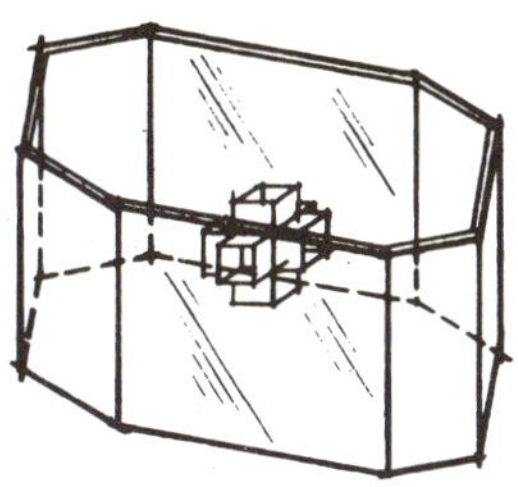

ASSEMBLED MOSAIC

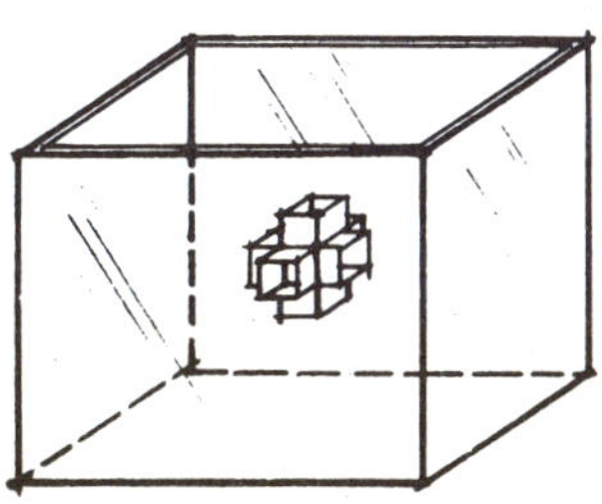

FOUR-SIDED MOSAIC

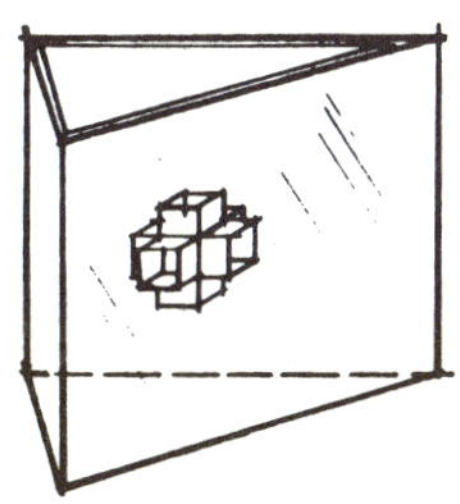

THREE-SIDED MOSAIC

360° WIDE ANGLE MOSAICS

Das Kopieren von Hologrammen

Will man eine Anzahl von Hologrammen herausbringen und arbeitet dabei mit einem der Transmissionsformate - sei es gewöhnliche Transmission, Regenbogen, offene Blende oder Transmissionsbeugungsgitter - kann man das Hologramm kontaktkopieren, statt jedes einzeln mit einer komplexen Anordnung herzustellen. Diese Methode spart auch Laserlicht, da sie mit einem einzigen Strahl funktioniert. So wird es möglich, eine Serie von »Abzügen« desselben Hologramms zu machen.

Die Kopie wird mit Hilfe eines Index-Match-Halters (Seite 94) hergestellt. Das Original und die Kopieplatte werden zusammengebracht und in die Halterung gelegt, mit dem Original Richtung Strahl. Der Strahleinfallswinkel sollte genau gleich dem Referenzstrahl des Originals sein. Nach der Belichtung werden die beiden Platten auseinandergenommen und die Kopie entwickelt (immer daran denken, die richtige Platte zu entwickeln!).

developed plate = *entwikkelte Platte*
emulsion = *Emulsion*
index-matching fluid = *Index-Match-Flüssigkeit*
opaque glass plate = *Milchglasplatte*
wing nut = *Flügelschraube*
pressure plate = *Druckplatte*
machine bolt = *Maschinenschraube*
angle frame = *Winkelrahmen*
contact copying plateholder = *Kontaktkopie-Plattenhalter*

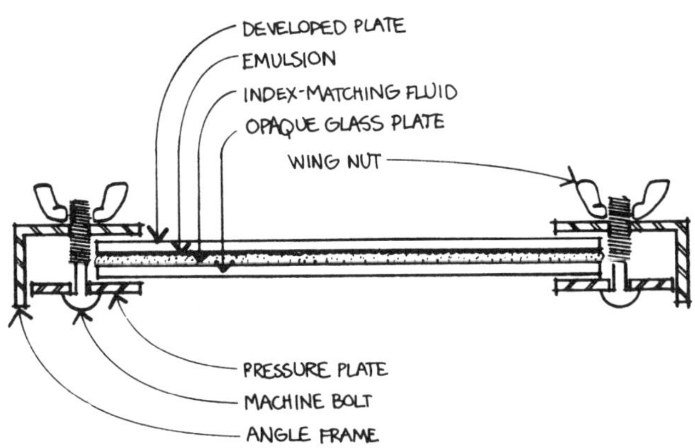

CONTACT COPYING PLATEHOLDER

Das Hologramm-Display

Das fertige Hologramm aufzustellen ist fast genauso wichtig wie seine Herstellung. Vielleicht mehr als jedes andere Verfahren ist die Holographie für ihre Effekte vollkommen vom Licht abhängig. Wenn das Licht nicht im richtigen Winkel auftrifft, nicht die richtige Art Licht ist für den gezeigten Hologrammtyp oder vom umgebenden Licht geschwächt wird, dann erscheint selbst ein Superhologramm nur als armseliges oder nicht vorhandenes Bild. Etwas Sorgfalt beim Aufstellen kann einen enormen Unterschied machen, sowohl, was die Bildqualität als auch was die allgemeine Wirkung des ganzen Stückes ausmacht.

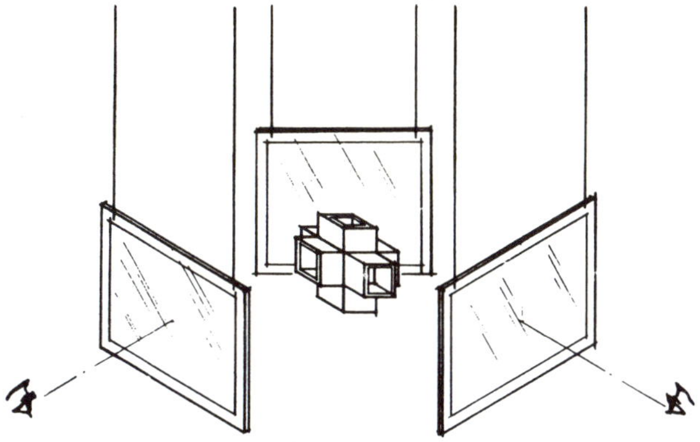

Skulpturenfenster

Ein Display zu entwerfen kann so einfach sein wie ein Hologramm in einen Rahmen zu stecken, oder so schwierig wie der Bau einer ganzen Skulptur drumherum. Die Art des Displays sollte sich nach einer Anzahl von Faktoren richten, darunter:

1) Typ des Hologramms (Reflexion, Transmission, Regenbogen)

2) Art des Bildes (reell, virtuell, projiziert, realistisch, abstrakt etc.)

3) Referenzwinkel (sollte von oben oder unten kommen, seitlich beleuchtete Hologramme sind schlecht für Galerien)

4) Art der Emulsion (klar, matt etc.)

5) Filmformat (flach, gebogen, Stücke, Größen etc.)
6) Wirksamkeit (Helle des Betrachtungslichtes, Wirkung des umgebenden Lichts).
7) Ort der Betrachtung (um die Höhe zu bestimmen).

Das tatsächliche Display kann auf vielfältige Art hergestellt und arrangiert werden. Manche werden in klare Plexiglasrahmen gesteckt und von der Decke gehängt. Andere werden in konventionelleren Rahmen aufgestellt. Die Rahmung sollte auf das Medium eingehen, d.h. es ist oft ganz nett, Raum hinter dem Hologramm zu lassen, um zu zeigen, daß da »wirklich nichts« ist. Reflexionshologramme können, da sie von vorn beleuchtet werden, an einer Wand befestigt und Punktstrahler von oben oder unten verwendet werden. In diesem Fall sieht es so aus, als ob das Bild sich bis in die Wand hinein ausdehnt. Transmissionshologramme können auch frontal beleuchtet werden, wenn man sie mit einem Spiegel hinterlegt.

Einige Hologramme werden auf Sockeln oder Stativen mitten im Raum präsentiert. In diesen Fällen sollte dem umgebenden Licht große Aufmerksamkeit gewidmet werden. Das Display sollte auch von dauerhafter Konstruktion sein, weil viele Leute voller Staunen über die von Ihnen geschaffenen Wunder ihre Hände darauflegen werden um herauszufinden, wie so etwas möglich ist.

Einige Hologramme, besonders die, für die die Position des Betrachtungslichtes von extrem kritischer Bedeutung ist, werden mit eingebautem Licht geliefert. Holographische Stereogramme werden so gezeigt. Vielleicht möchten Sie ihren eigenen Entwurf machen, mit einer Lichtquelle für andere Hologramme. Das macht es leichter, sie vorzuführen, während man unterwegs ist. Eine der frustrierendsten Erfahrungen ist es, in einen neonerleuchteten Raum zu treten, um mit einem Galeriebesitzer zu reden, der an Ihrer Arbeit interessiert ist. Seien Sie allzeit bereit!

Wir hoffen, daß unsere Bemerkungen Ihnen für's erste auf den Weg helfen. Kunst und Holographie ist ein Thema, das noch in den Kinderschuhen steckt, trotzdem: wäre es nicht schön, wenn jemand ein ganzes Buch darüber schreiben würde? Vielleicht gibt es unter den Lesern einen, der unseren Traum erfüllt ...

»Transparents Threats« sechs Regenbogenhologramme von Ed Lowe. 360 Grad Installation, die den Betrachter umgibt. Denver, 1979.

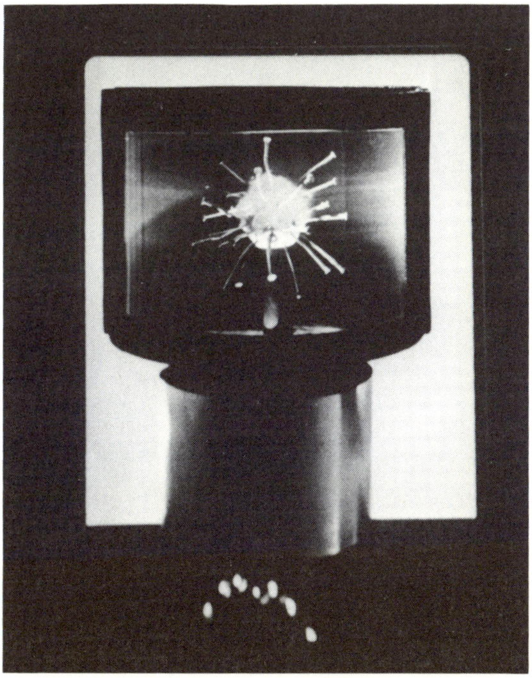

»Voodoo Dolly« von A. Kurzen, holographisches Stereogramm.

Notizen

Philosophie

Im vorliegenden Buch haben wir eine vernünftige Darstellung gangbarer Techniken versucht, mit denen man Display-Hologramme von hoher Qualität mit einem Minimum an Aufwand und Kosten herstellen kann. Wir würden uns einer Auslassungssünde schuldig machen, vergäßen wir zu erwähnen, daß Display-Holographie nur eine Anwendung unter vielen im weit umfangreicheren Spektrum der Holographie ist (schade, wenn wir Sie enttäuschen müssen). Holographie wird industriell angewandt in der Interferometrie, im zerstörungsfreien Testen aller möglichen Materialien und Geräte, in Sichtbarmachung von Gasströmungen, Konturmessung, Spannungsauswertung und anderem. Es gibt holographische Mikroskopie und holographische Datenspeicherung, -verarbeitung und -erfassung. Hologramme können mit verschiedenen Wellen und Strahlungen hergestellt werden, darunter Schall (akustische Hologramme). Einzelheiten würden den Rahmen dieses Buches sprengen, aber es gibt exzellente Abhandlungen über die Themen.[1]

Es gibt zwei nicht-optische holographische Themen, die beide an Bekanntheit gewinnen und auf die wir eingehen möchten. Das eine benutzt ein holographisches Modell, um zu erklären, wie das Gehirn arbeitet, das andere befaßt sich mit Hilfe von holographischer Theorie mit der Lücke im Verständnis der Beziehungen von Materie und Energie in unserer Vorstellung vom Universum. Beide sind von hochrangiger Bedeutung, da sie möglicherweise auf eine neuartig-dynamische Weise erklären können, wie fundamentale Systeme, die wir gewöhnlich als gegeben hinnehmen, arbeiten. Was noch aufregender erscheint: Wir könnten imstande sein, mit dem, was wir über die optische Holographie gelernt haben, zu helfen, diese Prozesse zu verstehen.

Die Fußnoten in diesem Kapitel finden Sie auf den Seiten 445-446.

Das Holographische Gehirn

Eines der großen Geheimnisse, dem wir als Gattung gegenüberstehen, ist der Versuch, die Arbeitsweise unseres eigenen Gehirns zu verstehen. Wie verarbeiten wir Information und neue Eindrücke, wie lernen wir, wie funktioniert unser logisches Denken und wie begreifen wir unsere eigene Existenz? Tausende von Menschen haben auf den Gebieten Neurophysiologie, Philosophie, Psychologie, Pädagogik, Soziologie, Religion usw. versucht, diese Fragen professionell anzugehen. Als Einzelne haben wir wahrscheinlich alle damit zu kämpfen gehabt. Sogar mit der enormen Masse an Informationen gibt es immer noch grundlegende Lücken in der Beschreibung, wie wir diese Basisfunktionen zustandebringen.

Eines der größten Rätsel ist die Art und Weise, wie das Gehirn Informationen speichert. Keine direkte Verbindung wurde jemals gefunden zwischen einer bestimmten Gehirnzelle oder einer Gruppe von Zellen und einem bestimmten Gedanken oder einer bestimmten Erinnerung. Wenn es so wäre, könnte man das leicht beweisen, indem man gewisse Teile des Gehirns entfernt und den Verlust einer erworbenen Fähigkeit beobachten müßte. Jedoch »eine der akzeptiertesten und trotzdem rätselhaften Tatsachen über die Funktionsweise und die Erinnerungsfähigkeit des Gehirns ist, daß große Zerstörungen innerhalb eines Neurosystems seine Funktionsfähigkeit nicht ernsthaft beeinträchtigen.«[2] Lashley und andere[3] haben das zuerst experimentell nachgewiesen, indem sie Tieren 80 bis 99 % der Gehirnstrukturen entfernten, z. B. die visuelle Hirnrinde. Sie beobachteten unglaublicherweise, daß das auf die Erkennung von vorher gelernten visuellen Mustern keinen Einfluß hatte. Irgendwie war die Information anderswo gespeichert.

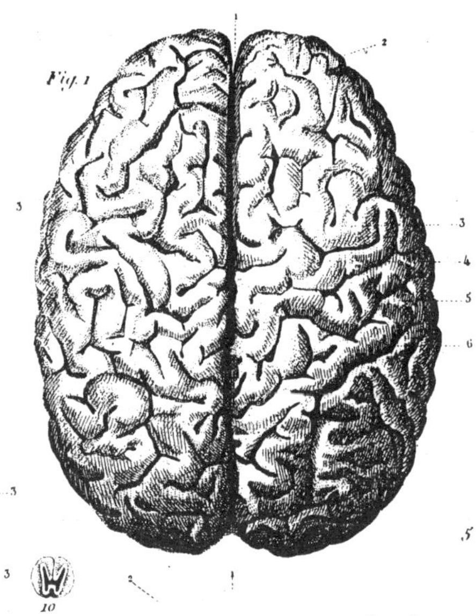

In anderen Versuchen wurden Teile des Gehirns entweder entfernt oder neu plaziert, um eine erlernte Fähigkeit auszulöschen. Ein Forscher beschreibt seine vergeblichen Versuche, einen Salamander vergessen zu lassen, wie er frißt. »In mehr als 700 Operationen habe ich Gehirnteile vertauscht, umgedreht, angefügt, weggenommen und zerrissen. Ich habe sie neu gemischt, aufgeschnitten, verlängert, verdreht, verkürzt, gegeneinandergesetzt, übereinander und nebeneinander und umgekehrt. Ich habe vorn und hinten mit Stücken aus der Wirbelsäule und dem Rückenmark verbunden und andere Gehirnteile umgestülpt. Aber nichts konnte den Freßtrieb zerstören - es sei denn, man warf das Gehirn in den Abfalleimer.«[4]

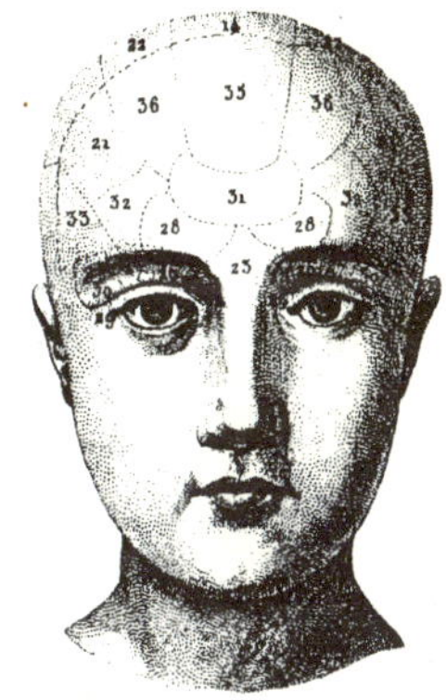

Lashley fand heraus: »Während die Intensität der Erinnerung der Proportion der Gehirnmasse entsprach, konnte nur eine vollständige Entfernung der gesamten Gehirnmasse die Erinnerung vollständig auslöschen.«[5] Das führte ihn zu der Annahme, »daß die Intensität der Erinnerung von der totalen Gehirnmasse abhängt, daß aber Erinnerung überall im Gehirn gespeichert wird.«[6]

Pribram[7] bemerkte die erstaunlichen Gemeinsamkeiten zwischen diesem Konzept und gewöhnlicher holographischer Theorie: »So können wir zwei Elemente der Holographie unterscheiden, die sie einzigartig als Informationsspeichergerät machen: Erstens ist jedes einzelne Teil gleich der Summe der Teile, weil die Botschaft überall in jedem Teil des Hologramms gespeichert ist; und zweitens erfaßt das Hologramm das Wesen eines Objekts und so liefert wiederholte Überlagerung der Wesensteile die Einzelheiten, die Besonderheiten des Objektes, wenn das gesamte Hologramm beleuchtet wird.«[8]

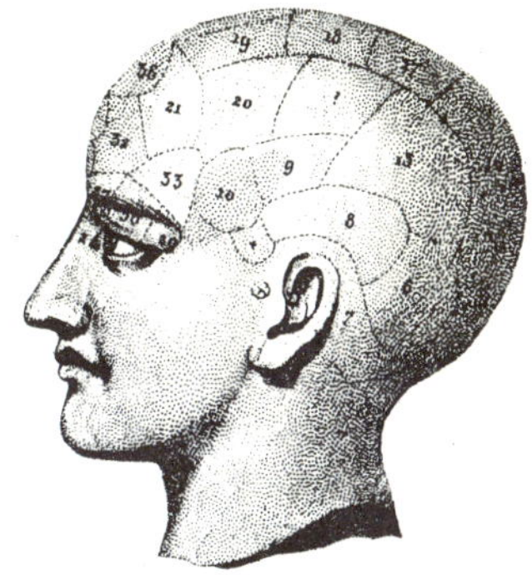

Wir erinnern uns, daß bei der Herstellung eines Hologrammes Information über das Aufnahmeobjekt überall auf der Platte gespeichert wird. Wenn das Hologramm zerbricht, wird ein winziges Stück immer noch eine Vorstellung des Ganzen enthalten. Der einzige Weg, das Bild völlig verschwinden zu lassen besteht darin, das gesamte Hologramm wegzuwerfen. Klingt das bekannt? Tatsächlich demonstriert Rodieck[9] »daß die mathematischen Gleichungen, die den holographischen Prozeß beschreiben, genau mit dem übereinstimmen, was das Gehirn mit Informationen macht.«

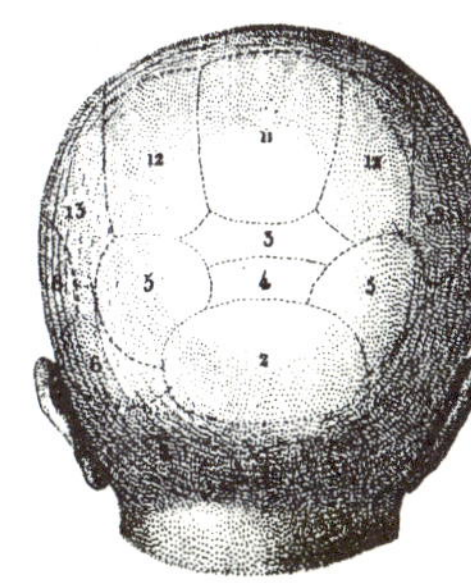

Ist das mehr als nur Zufall? Wenn ja, was dient als Speichermechanismus? Wo ist das Interferenzmuster und welche Art Licht stellt es her?

Wir erinnern uns, daß Hologramme nicht unbedingt mit sichtbarem Licht gebildet werden müssen, so wie unsere holographischen Platten (als Beispiel seien akustische Hologramme oder sogar die vom Wind gekräuselte Oberfläche eines Teiches genannt). Sie können von jeder Art Wellenentwicklung gebildet werden. Und: »Es müssen nicht unbedingt physische Wellen vorhanden sein, um ein Hologramm zu erzeugen, sondern eher Interferenzmuster, ein Verhältnis harmonischer Beziehungen.«[10]

So müssen wir lediglich nach einem Mechanismus suchen, der Interferenzmuster im Gehirn erzeugt und speichert.

Nehmen wir das folgende Modell an: Das Gehirn ist ein Hologramm. Das Bewußtsein ist das holographische Bild. Die einzelnen Neuren sind analog zu den Silberkörnern auf der holographischen Platte. Wie Silberkörner haben einzelne Neuren eine extrem eingeschränkte Perspektive und wenig echte Bedeutung. Als Gesamtheit erreichen sie allerdings eine gewaltige Speicherkapazität für Informationen.

Das System würde wie folgt operieren: Neue Sinnesinformationen werden vom Gehirn empfangen. Diese neue Information kann nicht für sich gespeichert werden, doch trifft sie auf alle vergangenen Erinnerungen und Erfahrungen des Organismus. »Vergangene Erfahrung« dient als Bezugsrahmen für die neuen Anregungen oder den neuen Objektrahmen. Deshalb kann Speicherung als Interferenzmuster geschehen.

Sofort wird dieses neue Wissen Teil des Bezugshintergrundes und bildet einen neuen »Referenzstrahl«. Jetzt wird neue Information empfangen, und sie kommt in Konflikt mit diesem neuen Bezug. So kann man eine immer weitergehende Lernerfahrung beschreiben, wobei neu ständig mit alt verglichen wird, einbezogen und dann benutzt, um neue Anregungen zu bewerten. Das Interferenzmuster, das daraus entsteht, kann dann überall im Gehirn gespeichert werden, so wie jedes andere Interferenzmuster. »Das neuronische Hologramm (das Gehirn) wird ständig der wechselnden Umwelt ausgesetzt und codiert so einen ständig sich verschiebenden Satz von Interferenzmustern, die als zeitlich sich entfaltendes Hologramm gelesen werden, d.h. als das Bewußtsein mit seinem ständig wechselnden Realitäts»modell« und damit verbundenen Gedanken, Erinnerungen, Bildern und Überlegungen.«[11]

Der aufmerksame Leser wird fragen: Wenn die Information über das ganze Gehirn verteilt wird, warum scheinen sich dann bestimmte Teile auf bestimmte Funktionen zu spezialisieren? Man kann die Sehkraft, das Gehör, den Geschmack und andere Eindrücke dadurch beeinflussen, indem man die richtige Gehirnpartie anregt. Dieses scheinbare Paradox kann gelöst werden, wenn man in Betracht zieht, daß analog dazu bei der Untersuchung einer gewöhnlichen holographischen Platte größere Interferenzhäufigkeit an manchen Stellen auffällt. Deshalb kann das Bild heller erscheinen, wenn man durch bestimmte Stellen der Platte schaut, und weniger hell, wo vielleicht weniger Belichtung oder Strahlendichte auftrafen. Wir könnten uns ein ähnliches Phänomen im Gehirn vorstellen, das sich wie eine Art Mehrkanalhologramm verhält, mit unterschiedlichen Dichten für verschiedene Fähigkeiten, die in bestimmten Partien anzutreffen sind. Da Partien mit größerer Dichte als stärkere Referenzquellen zu handeln geneigt sind, werden neue Impulse einer verwandten Art am wirksamsten in diesen Stellen zu speichern sein. Diese Partien werden so immer stärker in Bezug auf ihre spezialisierten Funktionen. Wenn jetzt eine Gehirnpartie entfernt wird, ist die Information immer noch in den verbleibenden Partien gespeichert, nur die Zugriffskapazität ist reduziert. Der Mangel kann oft ausgeglichen werden, indem man durch Wiederholung die Fähigkeit neu lernt oder einen neuen starken

Bezugsrahmen baut. Tatsächlich passiert das bei der Rehabilitation nach einem Schlaganfall.

Um uns das holographische Speichersystem in Aktion vorzustellen, können wir die kognitiven Prozesse eines Erwachsenen und eines neugeborenen Kindes vergleichen.

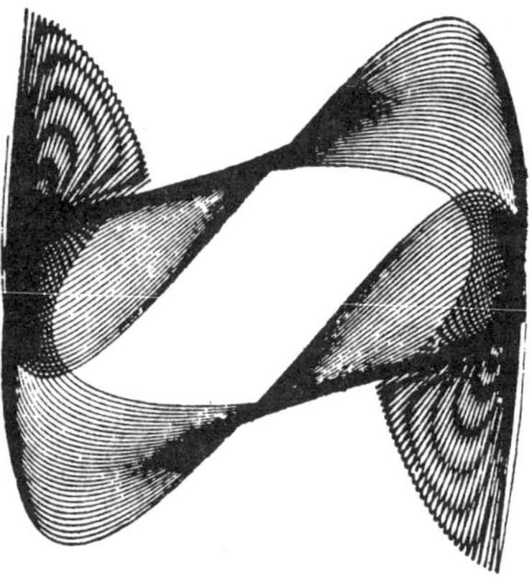

Wenn ein Erwachsener einen Apfel sieht, erkennt er ihn beinahe sofort. Der Erwachsene, der Äpfel gesehen, geschmeckt und deren Beschreibung unzählige Male gehört hat, braucht wenig neue sinnliche Eingebungen zur schnellen und wirkungsvollen Identifikation. Der starke Bezugsrahmen »Apfel« kann mit der Betrachtung eines Hologramms verglichen werden, das, mit einem starken Beleuchtungsstrahl erhellt, ein helles Bild liefert.

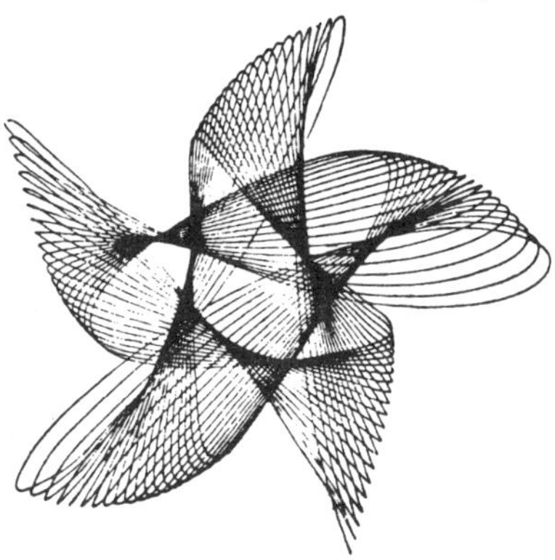

Das Baby hat andererseits keine vorherige Erfahrung mit einem Apfel, um seine erste Begegnung beeinflussen zu können. Sicher, es gibt genetisch gesteuerte kognitive Prozesse, die einen gewissen Grad von Objektidentifikation gestatten, aber Erkennen des Apfels als »Apfel« geschieht nur durch wiederholte Begegnung damit. Das Baby fängt mit einem schwachen Bezugsrahmen an, aber mit jedem weiteren Moment wird neue Information zugefügt. Die Erfahrung des vorhergehenden Moments wird der Erinnerung des nächsten Moments oder dem Bezugsrahmen hinzugefügt. Schließlich führt dieser andauernde Prozeß zur Erstellung eines Bezugsrahmens von ausreichender Stärke, um nur noch sehr wenig neue sinnliche Anregung zum Erkennen zu benötigen.

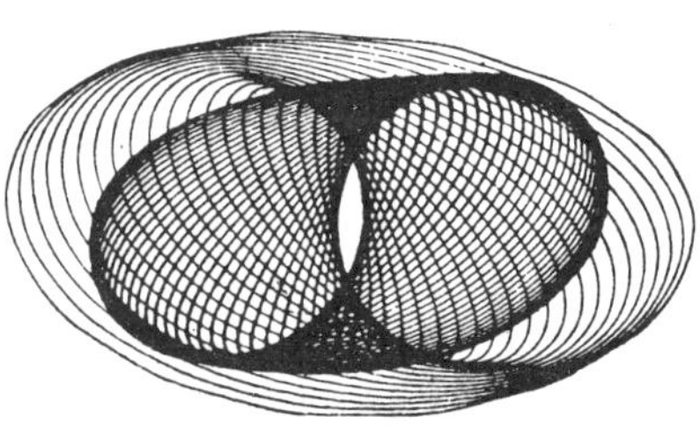

Man kann sich dieses Prozessablaufs durchaus bewußt werden. Sowohl die Erfahrung von einem Augenblick zum nächsten als auch die Erfahrung in Bezug von einem Augenblick zur Summe der vergangenen Erfahrung findet in diesem System statt. So kann ein Erwachsener zum Beispiel leicht Trugbilder oder Illusionen erfahren, indem er visuelle Hinweise mit sehr starkem Bezugsrahmen ausfüllt. Es ist mit großer Konzentration möglich, die Illusion zu durchschauen, indem man den Von-Augenblick-zu-Augenblick-Rahmen ersetzt durch den normalen Bezugsrahmen eines Erwachsenen, der die Gesamtheit der Erfahrung anwendet. Allmählich wird sich ein neuer Bezug festsetzen, der die Illusion zerschlägt.

Hinter Trugbilder zu blicken, kann oft eine schwierige Übung sein. Dabei kann es jedoch vorkommen, daß kognitive Interferenz zwischen den beiden Bezugsrahmen selbst vorkommt. Das könnte eine beinahe stereoskopische oder einer neuen Dimension angehörige Perspektive des Ereignisses hervorbringen und dabei größere Kontrolle über die Bewertung der Situation erlauben. In Wirklichkeit kann diese neue Interferenz das Phänomen des Gewissens erklären oder das Konzept von »dieser kleinen Person in uns«, das wir alle erfahren.

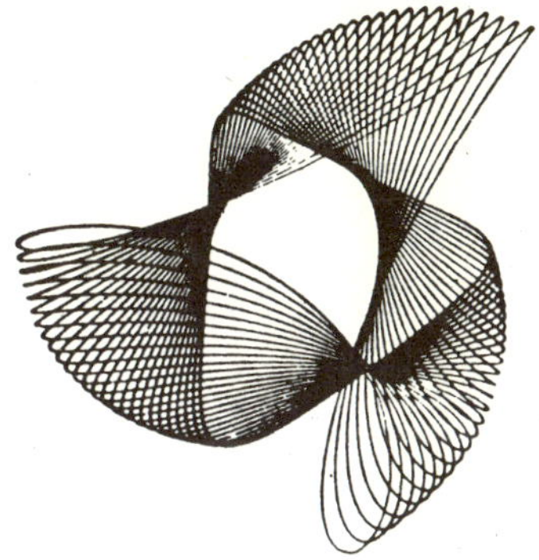

Pribram[12] erläutert, wie »Erkenntnisholographie« nach der herkömmlichen holographischen Theorie funktionieren könnte. Angenommen, wir benutzen bei der Herstellung eines Hologrammes einen Referenzstrahl von einem Parabolspiegel oder einer konvergierenden Linse, um einen Punkt zu erzeugen. Wenn der Punkt beleuchtet wird, wird er das Objekt rekonstruieren. Auch wenn das Objekt beleuchtet wird, wird der Punkt wieder entstehen! Ein Detektor, der an dieser Stelle plaziert wird, kann dann das Objekt »identifizieren«. Diese Idee kann noch einen Schritt weitergeführt werden, indem man ein Hologramm von zwei Objekten herstellt. Das Hologramm kann natürlich rekonstruiert werden, indem man einen Beleuchtungsstrahl anstelle des ursprünglichen Referenzstrahles setzt. Reflektiertes Licht von einem der Objekte kann ebenso benutzt werden, um als Referenzstrahl für das andere Objekt zu dienen. Wenn der Referenzstrahl abgeschirmt wird und das Hologramm und das Objekt sich nicht bewegt haben, wird, obwohl nur Objektlicht benutzt wird, ein Objekt das andere abbilden. Wir haben gerade eine assoziative Beziehung beschrieben, die im Falle des neuronischen Hologramms erklären kann, weshalb ein Gedanke einen anderen hervorbringen kann.

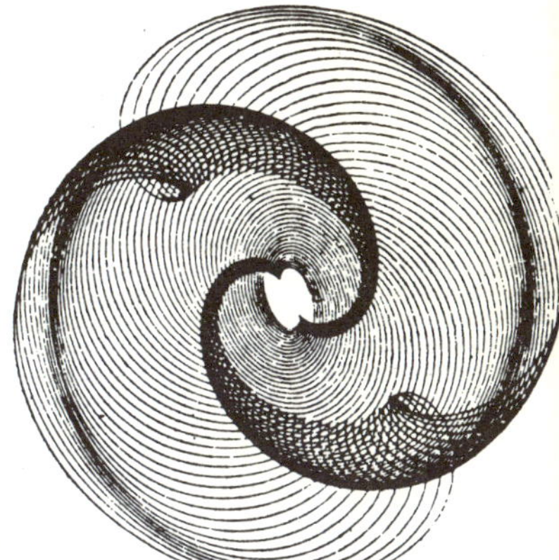

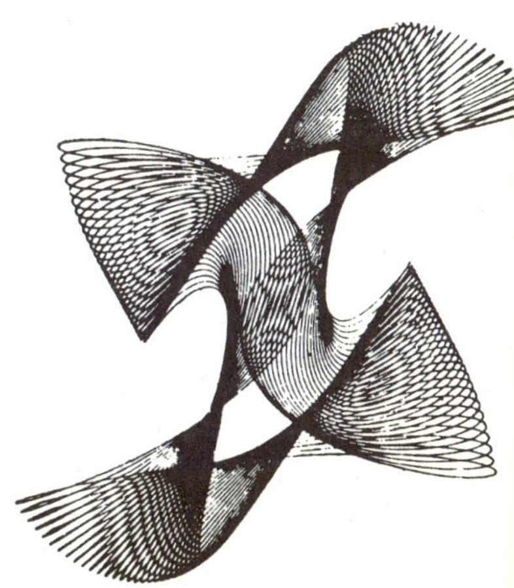

Zusammenfassend schreibt Pribram, daß »holographische Gedächtnisse große Kapazitäten zeigen, Parallelverarbeitung und Inhaltszuwendung für schnelle Erkenntnis, assoziative Speicherung für vollständige Wahrnehmung und assoziativen Rückruf. Die holographische Hypothese dient daher nicht nur als Führer zum neurophysiologischen Experiment, sondern auch als mögliches Erklärungswerkzeug zum Verstehen der Mechanismen, die bei verhaltensabhängigen Problemen beim Studium von Gedächtnis und Wahrnehmung im Spiel sind.«[13] Und, wie Ferguson anmerkt: »Pribrams Theorie hat zunehmend Unterstützung erhalten und ist nicht ernsthaft angegriffen worden.«[14]

Holo-Kosmologie

Das Zentralthema der Physik ist wohl der Versuch, genau und in übereinstimmenden Begriffen die Mechanik des von uns wahrgenommenen Universums zu beschreiben. Eine der größten Schwierigkeiten einer solchen Wissenschaft besteht darin, daß, während immer mehr Daten angehäuft werden um eine Hypothese zu verifizieren, neue Unsicherheiten aufzutauchen beginnen, die zu noch mehr unbeantworteten Fragen und ungenügenden Erklärungen führen.

Das war der Fall bei der Diskussion über die Frage, wie Materie und Energie unser Universum formen, und noch grundlegender, was dieser »Stoff«, aus dem alles besteht, wirklich ist (und gerade wenn wir denken, wir hätten alles kapiert, kommt ein schwarzes Loch vorbei und wirft all die alten Theorien über den Haufen).

Unser größtes Problem könnte sein, daß wir auf der Suche nach Antworten, wie alles abläuft, erkennen, wie behindert wir durch unsere eigenen begrenzten Sinne sind. Leibniz erkannte das im 18. Jahrhundert, als er daran festhielt, daß Raum-Zeit, Materie und Energie alles intellektuelle Konstruktionen waren. In der modernen Physik erfahren wir jetzt, »daß Physik nur einfach ist, wenn sie örtlich analysiert wird«[15] oder relativ in Bezug auf unseren alltäglichen Rahmen von Raum und Zeit.

Ein Weg, auf dem wir uns dieses Konzept vorstellen können, wäre ein imaginärer Ausflug hinunter in die Arbeitsweise des Atoms. Stellen wir uns vor, wir stehen auf einem guten, soliden Holzboden in einem guten, soliden Gebäude mit einem guten, soliden Fundament in der guten, soliden Erde, ja? Jetzt fangen wir an zu schrumpfen. Der Boden kommt auf uns zu, Schmutz- und Staubflecke werden groß. Der Boden wird plötzlich zu großen Holzfasern, zwischen denen sich große Räume auftun. Während wir weiter schrumpfen, entdecken wir einzelne Molekülketten, die endlos zusammengekettet scheinen, umgeben von anders geformten Luftmolekülen, die rasch umherhüpfen. Wir schrumpfen noch etwas, und die Moleküle machen einzelnen Atomen Platz. Wir sind besonders verblüfft über die riesigen Räume, die zwischen den einzelnen Atomen existieren, aber wir konzentrieren uns auf eines, um zu sehen, woraus es besteht. Die äußere Schale löst sich unerklärlicherweise auf, und wir sehen einen gewaltigen Leerraum. Nach einer scheinbaren Ewigkeit kommen wir zu einem winzigen Kern im Zentrum, der, während wir weiterschrumpfen, sich vom anscheinend Festen in Nichts auflöst. Wir sind von Leere umgeben.

Aber Moment mal, wo ist denn die Materie hingegangen?

Vielleicht können wir bei der Quantenmechanik nach einer Antwort schauen. Wie wir uns aus der holographischen Theorie erinnern können, kann das Licht sowohl als Welle als auch als Teilchen beschrieben werden. Das trifft auch auf alle Materie zu. »Nach der Quantentheorie ist jedes Quantum Materie sowohl Welle als auch Teilchen und durchdringt das ganze Universum; es gibt keine feste Materie als solche, sondern nur Wahrscheinlichkeitsdichten im Kontinuum.«[16]

Nach dieser Theorie gilt die Regel, daß man bei der Beobachtung eines Teilchens, z.B. eines Elektrons, auf seinen genauen Ort nur als »Wahrscheinlichkeitswolke« hinweist. Wir können nicht genau wissen, wo es sich zu einer bestimmten Zeit befindet, aber wir können sagen, daß es wahrscheinlich an dem und dem Platz sein wird. Das ist sehr nervend, da wir daran gewöhnt sind, den Ort von Dingen genau zu bezeichnen. Aber erinnern wir uns daran, daß die Physik auf dieser Mikroebene nicht mehr vertraut ist. Dennoch, wir sind durcheinandergebracht, weil die Grundbausteine, die alles in unserer »zusammenhängenden Welt« ausmachen, in Raum und Zeit nicht festgelegt werden können!

David Bohm, der mit Einstein gearbeitet hat, merkt an, »was als stabile, berührbare, sichtbare, hörbare Welt existiert, ist eine Illusion. Sie ist dynamisch und kaleidoskopisch - nicht wirklich vorhanden.«[17] Bentov geht noch einen Schritt weiter und konstatiert: »Es scheint, daß die wirkliche Wirklichkeit - die Mikrowirklichkeit -, das, was all unserem soliden, gesunden Menschenverstand zugrundeliegt, aus einem ausgedehnten Leerraum mit oszillierenden Feldern besteht. Viele verschiedene Arten von Feldern, die alle miteinander agieren.«[18] Mit anderen Worten, Materie ist nur eine besondere Form von Energie (aus der Relativitätstheorie). Es ist klar, daß das »Teilchen« nicht wirklich existiert, es ist nur eine sinnliche Manifestation; wir können es nur als Teilchen wahrnehmen, wenn es als solches zufällig auf unseren sinnlichen Wahrnehmungsapparat trifft.

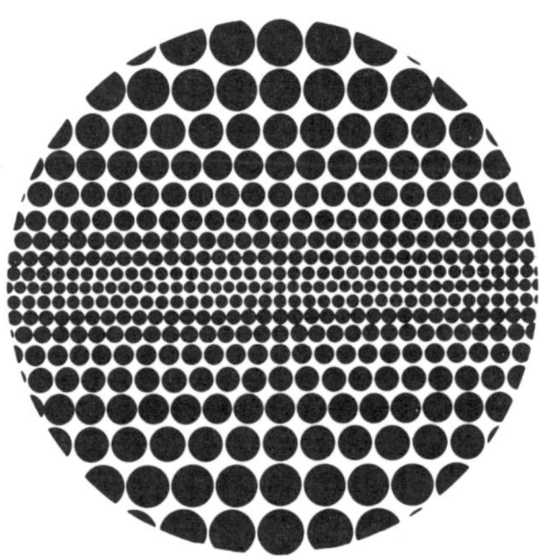

Aber, aber ... alles, was wir kennen, ist aus diesen Teilchen zusammengesetzt!

Wenn die Materie reduziert werden kann auf eine Serie oszillierender Felder mit keiner festgelegten Position, dann muß unsere Beschreibung des Orts des Teilchens nicht auf die Stelle beschränkt bleiben, wo wir »denken«, daß es sein sollte. Man kann sogar sagen, daß es zu einem bestimmten Moment in der Zeit irgendwo existieren kann, oder sogar überall, da es von Natur aus keine eingrenzende Bedingung gibt.

Bentov[19] ebenso wie Tiller[20] erforschen dieses Phänomen weiter. Zuerst treffen beide eine klare Unterscheidung zwischen unserem wahrgenommenen Universum und einem tatsächlichen Universum, das weit außerhalb unseres sinnlichen Wahrnehmungsapparates steht. Dann stellen sie eine neue Perspektive zu einem der grundlegendsten und doch am wenigsten verstandenen Konzepte der modernen Physik auf. Einstein erklärte, daß die Geschwindigkeit des Lichtes eine absolute Grenze darstellt, und experimentelle Ergebnisse beim Test der Relativitätstheorie scheinen dem recht zu geben. Bentov und Tiller behaupten jedoch, daß Materie und Energie sich mit mehr als Lichtgeschwindigkeit fortbewegen können, wobei die Lichtgeschwindigkeit als Grenze der niedrigsten erreichbaren Geschwindigkeit fungiert. Dieses Konzept ist immer noch im Einklang mit der Relativität, wobei experimentelle Bestätigung schwierig ist, da wir Dinge, die sich schneller als das Licht bewegen, nicht sehen können. Nichtsdestoweniger suchen Forscher nach diesen Teilchen, Tachyonen genannt.[21]

Bentov beschreibt die Aktion eines Pendels oder auch eines jeden anderen Körpers, wenn sich seine Einzelbestandteilchen über Strecken von weniger als 10^{-33} cm (oder dem Planckschen Abstand) bewegen. Die Quantentheorie zeigt, daß es für ein Partikel möglich ist, sich von Punkt A zu Punkt B auf diesen kurzen Strecken zu bewegen, ohne notwendigerweise Zeit dazu zu brauchen. Wenn es diese Distanz tatsächlich in null Zeit zurücklegt, dann muß es dazu unendliche Geschwindigkeit haben! Bentov untersucht dann die Aktion eines Pendels, wenn es sich bei seinem Schwung immer langsamer bewegt und dann die Richtung ändert. Zu einem bestimmten

Augenblick ist Bewegungsgröße gleich null, was bedeutet, daß seine Position wirklich unbestimmbar ist. Dies besagt, daß sich das Pendel eine winzig kurze Periode lang mit unendlicher Geschwindigkeit weiterbewegen und irgendwo und überall im Universum lokalisiert werden könnte! Sofort nach diesem Moment scheint es in seine frühere Position zurückzukehren.

Wenn das Teilchen sich momentan auszudehnen scheint, um das Universum auszufüllen, was passiert dann mit all den anderen Teilchen, die dasselbe tun könnten? Werden sie einfach beiseitegedrängt? Nicht, wenn Teilchen wirklich aus Wellen bestehen. Wenn wir uns jetzt zwei Teilchen ansehen, die sich zufällig zur selben Zeit ausdehnen, haben wir einen Zustand, der dem alten Modell von zwei Steinen, die in einen stillen Teich geworfen werden, entspricht. Zwei Wellenkreise werden erzeugt, die sich gegenseitig durchdringen, an bestimmten Punkten aber einander beeinflussen und konstruktive und destruktive Interferenz verursachen. Wenn man sich jetzt viele Teilchen vorstellt, kann man sehen, wie eine beinahe unbegrenzte Anzahl (oder wenigstens eine ganze Menge) von Interferenzknoten und Antiknoten erzeugt werden kann.

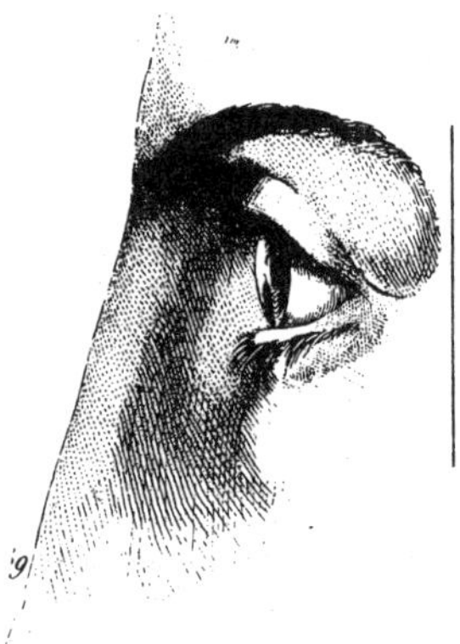

Bis zu diesem Punkt haben wir folgendes erkannt:

1) Wenn man sie genau untersucht, besteht Materie aus Energie.

2) Wir haben eine beschränkte sinnliche Wahrnehmungserfahrung von Materie und Energie, da wir daran gewöhnt sind, nur gewaltige Zusammenballungen davon zu sehen. Es kann sein, daß wir nicht sehen, woraus sie tatsächlich bestehen.

3) Materie kann nicht genau im Raum lokalisiert werden. Es kann gezeigt werden, daß sie möglicherweise irgendwo existieren kann und sogar überall, wenn sie sich mit sehr hoher Geschwindigkeit bewegt.

4) Wenn Materie Energie ist und sich in Wellen fortbewegt, können diese Wellen aufeinander reagieren und Interferenzmuster bilden.

Nehmen wir jetzt einmal an, wir haben das obige Modell rückwärts untersucht. Aus der Relativitätstheorie wissen wir, daß die Wahrnehmung eines Ereignisses von der relativen Position des Beobachters abhängt. So wie wir der Meinung sein können, daß unser gutes altes verläßliches Teilchen plötzlich Amok läuft und sich ins Universum ausdehnt, sehen wir plötzlich, daß man genauso annehmen kann, das Teilchen selbst wäre der plötzliche Ausnahmezustand, und unsere verläßliche Ordnung ist wirklich dieser ausgedehnte, omnipräsente Zustand aller Materie und Energie. Das wäre sicher in Einklang mit der illusionären Natur des Teilchens, die wir entdeckt haben, als wir uns das Atom ansahen und nur oszillierende Felder gefunden haben!

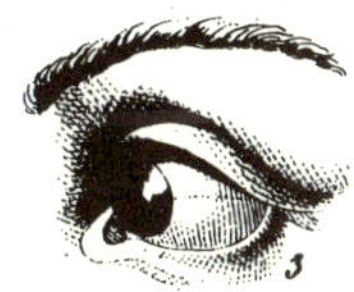

Wir haben eine neue Bedingung entdeckt, die besagt:
5) Energie, die das gesamte Universum erfüllt, bricht plötzlich, augenblicklich »zusammen«, um ein Teilchen zu bilden.

Wenn wir jetzt Bedingung 4) und 5) kombinieren, werden wir zu der folgenden unglaublichen Annahme geführt:
6) Energie, die notwendigerweise allen Raum erfüllt, bildet Interferenzmuster und aus diesem alles durchdringenden Zustand bildet sich augenblicklich Materie.

Wir haben soeben die Herstellung eines Hologramms beschrieben.

Jetzt können wir das folgende Modell in Betracht ziehen: Das Universum funktioniert holographisch. Energie trifft mit konstruktiven und destruktiven Interferenzen zusammen, um Hologramme zu bilden, die wir als Materie wahrnehmen. So wie die optischen Hologramme, die wir gemacht haben, uns die Erscheinung nichtexistenter 3-D-Bilder gaben, bildet Energie von vielleicht viel höherer Dichte Hologramme, die wir als tatsächliche Gegenstände wahrnehmen. Sie erscheinen real, wenn man sie als Aggregate unendlicher Knoten eines stehenden Welleninterferenzmusters ansieht.

Um die Wertigkeit einer holographischen Kosmologie zu erörtern, müssen gewisse Bedingungen der Hologrammkonstruktion ausgewiesen werden:

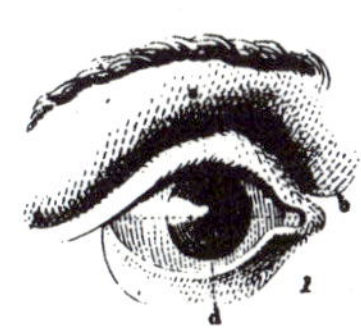

1) Wie werden stehende Welleninterferenzmuster gebildet und aufrechterhalten, und wie stellen sie sich dar.
2) Was tritt als kohärente Strahlung auf?
3) Wenn Information überall im System gespeichert wird, speichert das Hologramm alle Perspektiven des Systems, d.h. in diesem Fall, umfaßt es alle Dimensionen der Raumzeit?

Um es kurz zu wiederholen: Stehende Wellen entstehen, wenn eine Wellenfront eine stationäre Erscheinung annimmt, während Energie weiterhin durchs System fließt und jede nachfolgende Welle die Stellung der vorhergehenden einnimmt. Stehende Wellen werden bei der Hologramm-Wiedergabe erzeugt (oder auch bei tatsächlicher Objektbetrachtung), da bei andauernder Beleuchtung sich immer wieder die gleiche Wellenfront bildet.

Klar ist, daß, wie bei unserem optischen Hologramm, die Beziehungen der stehenden Wellen durch das »ganze Bild« hindurch erhalten werden müssen (oder in unserem Fall durchs ganze Universum), um zwingend erklären zu können, wie der ganze Zinnober Hologramm genannt werden kann. Wenn das stimmt, muß Energie durch alle Teilchen so fließen, daß die Illusion von Ruhe hervorgerufen wird; dennoch muß die Energie einfache, harmonische Bewegung hervorrufen und das Ergebnis von Interferenz eines Systems kohärenter Strahlung sein. Wie können wir das feststellen?

Bentov[22] beschreibt, wie Wellenmechanismen Einsicht in die Konsistenz stehender Wellen bringen können. Als Analogie kann dienen: Wenn eine Saite in einer integralen Beziehung zu ihren Längen schwingt, entsteht eine stehende Welle mit einfacher harmonischer Bewegung. Dieses Phänomen kann zweidimensional demonstriert werden, wenn man ein dünnes, mit Sand bedecktes Blech mit einen Geigenbogen in Schwingung bringt. Dieselbe Art stehender Wellen kann in Feststoffen erzeugt werden: das Muster stimmt überein mit der Art von Gittern, die in einem Kristall gefunden werden.

Da der Kristall vibriert, kann er Oszillator genannt werden. Wenn dieser Oszillator neben einen ähnlichen Kristall gelegt wird, werden die beiden schließlich phasengleich oszillieren und dabei ein »abgestimmtes Resonanzsystem« bilden. Das passiert auch, wenn eine angestrichene Violinsaite das ganze Instrument zum Vibrieren bringt. Dabei wird offensichtlich auch der Ton verstärkt (Energie). Wenn noch mehr Oszillatoren dazukommen, werden sie das Resonanzsystem verstärken (wie ein Symphonieorchester). Angenommen, diese Oszillatoren sind individuelle Atome. Mit der Gesamtzahl der Atome im Universum ist die totale Summe der erzeugten Energie erstaunlich! Und: »Je größer die Anzahl der Oszillatoren innerhalb eines solchen Systems, umso stärker ist das System, und umso schwieriger ist es, es zu stören.«[23]

So würden wir erwarten, auf der atomaren Ebene ein äußerst stabiles Teilchenverhalten zu sehen, solange die Atome einfache, harmonische Bewegung zeigen. Und das tun sie auch wirklich. Physiker haben einfache, harmonische Schwingungen in allen grundlegenden Teilchen der Materie gefunden. »Die Atome unseres Körpers sind solche Oszillatoren, sie schwingen mit einer Frequenz von etwa 10^{15} Hertz. Es ist sehr gut möglich, daß unsere Körper mit dieser sehr hohen Schwingungsrate an- und ausblinken. Wir haben keine Möglichkeit, das festzustellen, da wir gegenwärtig solch schnelle Phänomene nicht messen können.«[24]

Wir haben ein System beschrieben, bei dem ein Satz stehender Wellen in Phase funktionieren kann und so große Mengen an Energie durch ein Resonanzsystem leitet, um die Struktur anscheinend bewegungsloser Wellenfronten aufrechtzuerhalten. Auf makroskopischer Ebene nährt die Existenz der Struktur auf der Grundlage von Augenblick zu Augenblick die Illusion von Substanz und Konsistenz.

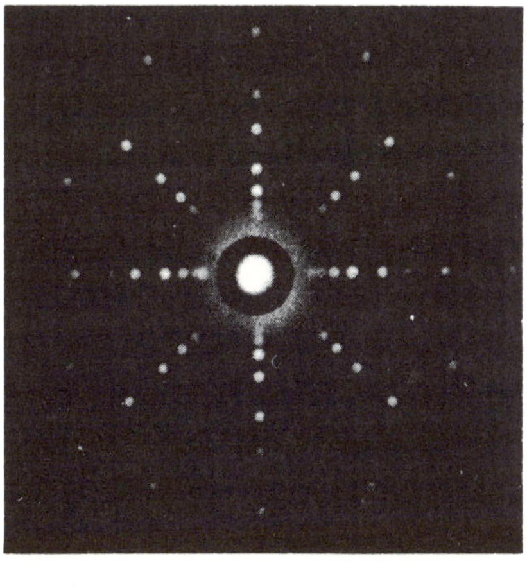

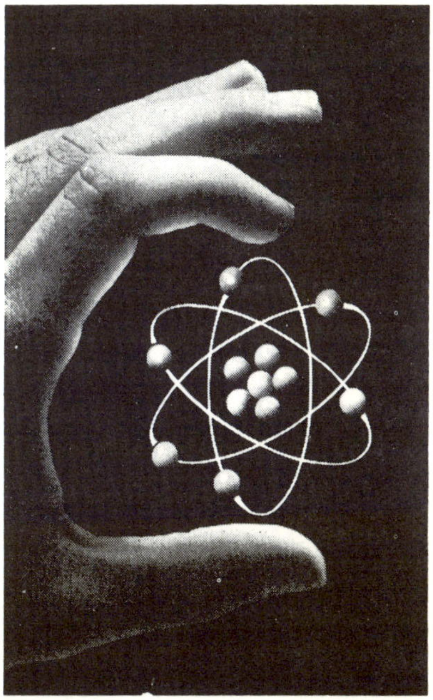

Wenn wir nach einer Quelle für kohärente Strahlung für dieses System suchen, können wir einige Probleme erwarten.

Wir erinnern uns an unsere Untersuchung von gewöhnlichem sichtbarem Licht: Es ist tatsächlich unmöglich, das Licht zu sehen. Alles, was erfahren werden kann, sind die Auswirkungen des Lichts auf unsere Umgebung. Das Licht selbst ist unsichtbar; wir beobachten nur reflektierte oder modulierte Wellenfronten, die von den beschränkten optischen Fähigkeiten unserer Augen verwandelt werden. Wir könnten bei dieser neuen, kohärenten Strahlung ähnliche Schwierigkeiten erwarten, mit der zusätzlichen Behinderung durch das Fehlen eines Sinnesorgans, das eine direkte Umsetzung der Effekte verarbeiten könnte. In diesem Fall würden wir uns wieder einen Schritt weiter von der Bestätigung ihres Vorhandenseins entfernt haben. Wir können annehmen, daß das der Fall ist, da es vernünftig wäre, auf diese Energie alle Erscheinungsformen von 4-D-Raum und -Zeit zurückzuführen, weshalb sie jenseits davon in einer fünften oder höheren Dimension angesiedelt sein müßte.

Wir wollen beschreiben, wie Information aus einer Dimension, die wir mit unseren Sinnen oder Instrumenten nicht wahrnehmen können, das von uns erlebte Universum beeinflussen oder sogar formen kann. Als Beispiel stellen wir uns das folgende Szenario vor: Wir fangen mit einem »Meer« kohärenter Energie von extrem hoher Frequenz an, eine, die wir direkt nicht wahrnehmen können. Der fügen wir ein anderes Meer von Energie hinzu, die leicht phasenverschoben zur ersten ist. Wir können erwarten, daß folgendes passiert:
1) Interferenz wird in jedem »Meer« getrennt erfolgen und Knoten und Gegenknoten bilden.
2) Relativ zueinander werden die beiden phasenungleichen Meere rhythmische Frequenzen bilden, die viel niedrigere Perioden als die Originale haben. Eine rhythmische Frequenz ist eine illusorische Sekundärwelle, die sich aus der Differenz zwischen den beiden Primärwellen bildet.
3) Diese niedrigeren Frequenzen können in den Bereich unseres wahrnehmbaren Universums fallen. Wenn das jetzt alles ist, was wir sehen, würden diese illusionären Wellen das ausmachen, was wir Realität nennen. Eine universelle, kohärente Hintergrundwelle könnte ununterscheidbar von der Leere des leeren Raumes sein.

Tiller führt ein ausgezeichnetes Modell an, um die Verwirrung zwischen wahrgenommener Substanz und Leere vorzuführen:

»Es gibt eine bekannte Idee, sogar in der Physik, daß ein Kristall auf dem absoluten Nullpunkt keine Elektronen abweist. Sie gehen durch ihn hindurch, als sei er leer. Und sobald man die Temperatur ansteigen läßt und Ungleichmäßigkeiten erzeugt, prallen sie ab. Wenn man jetzt diese Elektronen benutzt, um den Kristall zu beobachten (z. B. indem man sie mit einem Elektronenmikroskop scharf einstellt, um ein Bild davon zu bringen), würde man nur diese Ungleichmäßigkeiten sehen und sagen, sie sind das, was existiert, und der Kristall existiert nicht, richtig?«[25]

Wir können in einem holographischen Modell beobachten, daß alle Information über ein gegebenes Teilchen im ganzen Universum präsent ist. Vorher sahen wir, in Bentovs Modell, wie Energie »zusammenbrechen« könnte, um ein Teilchen zu bilden, sich dann mit unendlicher Geschwindigkeit auszudehnen und das Universum auszufüllen. Auf diese Weise wird die Information über ein bestimmtes Teilchen überallhin vermittelt.

Bohm[26] beschreibt eine andere Analogie, die sehr klar das Konzept vom »Teil, das im gesamten Ganzen enthalten ist« erläutert. Sie liefert auch eine ausgezeichnete Methode, sich Teilchenmaterialisation bildlich vorzustellen. Das Modell beruht auf einem Experiment mit einem Tropfen unauflöslicher Tinte in einem Gefäß mit Glyzerin. Die Anordnung wurde so konstruiert, daß die Flüssigkeit langsam gedreht werden konnte, ohne daß Vermischung stattfand. Darufhin zog sich der Tintentropfen zu einem Faden auseinander, der schließlich unsichtbar wurde. Wenn die Drehung umgekehrt wurde, war der Tropfen plötzlich wieder sichtbar. Bohm nennt das die »umhüllte oder eingebundene Ordnung«: »Gewöhnlich denken wir an jeden Punkt in Raum und Zeit als unabhängig und getrennt, und alle Beziehungen finden statt zwischen sich berührenden Punkten in Raum und Zeit. Aber wenn wir den Tropfen genommen und umhüllt haben, ist er im Ganzen und jeder Teil des Ganzen trägt zu diesem Tropfen bei. Die zugrundegelegte Ordnung deutet eine Realität an, die weit jenseits von dem ist, was wir Materie nennen. Materie ist wie ein schwaches Kräuseln auf einem riesigen Ozean von Energie. Und der Ozean ist in erster Linie überhaupt nicht in Raum und Zeit.«[27]

Bohm führt sein Modell in Bezug auf das offensichtliche Wellen/Teilchen-Paradox aus: »Wir haben ein Tröpfchen umhüllt, indem wir die Maschine ein paarmal gedreht haben. Wir geben jetzt ein weiteres Tröpfchen an einem anderen Platz ein und umhüllen das dann n-mal. Aber inzwischen wurde das erste 2 mal n umhüllt, richtig? Jetzt haben wir einen geringfügigen Unterschied zwischen einem Tröpfchen, das n-mal umhüllt wurde, und einem anderen, daß mal n umhüllt wurde. Sie sehen gleich aus, aber wenn wir eines davon n-mal drehen, bekommen wir dieses Tröpfchen, drehen wir es noch einmal n-mal, bekommen wir jenes. Jetzt machen wir es in einer etwas anderen Position noch einmal, so daß es n-mal geht und das zweite 2 mal n und das Original 3 mal n. Wir machen weiter, bis wir eine Menge Tröpfchen dazugeben. Jetzt drehen wir die Maschine anders herum, und ein Tröpfchen bildet sich und wird sichtbar, und dann das nächste und das nächste, und wenn das schnell gemacht wird, schneller als die Auflösung des menschlichen Auges, werden wir sehen, daß offenbar ständig ein Teilchen das Feld überquert.«[28]

Wir stehen immer noch der Frage gegenüber, weshalb manche Energiefelder »stationär« als Materie erscheinen, während andere sich durch Raum und Zeit und den Rest des elektromagnetischen Spektrums fortbewegen. Einstein verbrachte den größten Teil seines Lebens damit, eine »einheitliche Feldtheorie« zu suchen, die Materie, Energie und Schwerkraft zusammenbindet. Wir haben erläutert, wie die Existenz einer kohärenten Superreferenzenergie hinter der Erscheinung von allem stecken könnte; aber die Verifizierung ist schwierig, und wir haben keine passende Erklärung, wie die eine Energie Materie wird und die andere Licht.

Es gibt ein bekanntes physikalisches Phänomen, das die Antwort geben könnte. Es ist der eine Körper, in dem alle physikalischen Konstrukte in einer einzigen Einheit verschmelzen. Es ist natürlich das schwarze Loch.

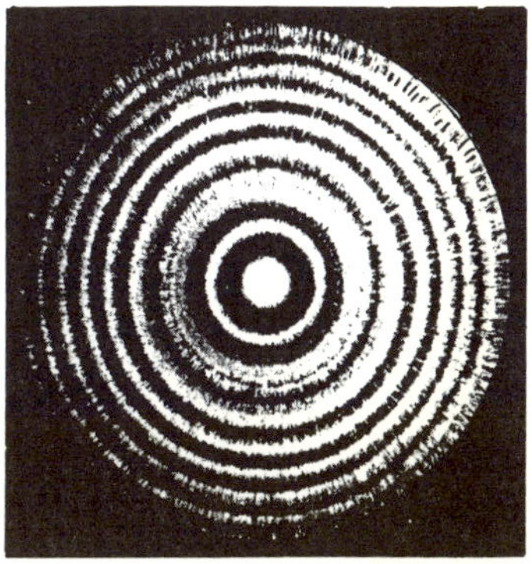

Um es noch einmal kurz ins Gedächtnis zu rufen, ein schwarzes Loch ist ein Gebiet zusammengebrochener Energie, das so dicht ist, daß es ein Gravitationsfeld von solchem Ausmaß erzeugt, daß nichts, nicht einmal Licht, davon wegkommt. An diesem Punkt biegen sich Raum und Zeit ineinander und werden so gestört, daß beide zu einer Einzigartigkeit verschmelzen - sie werden eine Einheit. Die Definition eines schwarzen Lochs ist dann: ein Körper oder ein Zusammenschluß von Körpern, aus denen keine Energie oder Materie entkommen kann, da die Fluchtgeschwindigkeit größer ist als die Lichtgeschwindigkeit (was gemäß der allgemein akzeptierten Theorie gilt, die die Lichtgeschwindigkeit als Obergrenze im Universum ansetzt).

Schwarze Löcher sind zufällig nicht auf eine bestimmte Größe beschränkt. Unsere Beobachtungen von sogenannten gewöhnlichen schwarzen Löchern (dem Ergebnis von schwerkrafterzeugtem Zusammenbruch fester Sterne) beschränken sich immer auf das, was wir von außen über das Innere sagen können. Wir könnten, während wir uns immer noch an unsere Definition halten, unser gesamtes sichtbares Universum als einziges schwarzes Loch beschreiben. Wenn wir uns einen Moment lang vorstellen können, wir könnten aus dem Universum heraustreten, würden wir genau die gleichen Phänomene beobachten. Wir würden auf ein System schauen, aus dem kein Licht entkommt. Und von der Definition her würden alle Merkmale von Raum und Zeit als Einzelereignis geschehen.

Stephen Hawking[29] hat vor kurzem eine ausgezeichnete Arbeit zum Thema schwarze Minilöcher gemacht. Er hat vorgeführt, daß es diese kleinen Löcher geben kann, vielleicht in Erbsengröße, möglicherweise während der Schöpfung entstanden. So müssen wir uns also damit abfinden, daß schwarze Löcher in einer Vielzahl von Größen und Formen vorkommen, passend für jede Gelegenheit.

Der nächste Schritt wäre, zu überlegen, was passieren würde, wenn schwarze Löcher auf der atomaren Ebene existieren würden. Was würde tatsächlich passieren, wenn im Zentrum jedes Materiestückchens ein winziges schwarzes Loch säße?

1) Raum und Zeit würden zu einer Einheit verschmelzen und wären nicht zu unterscheiden. Das ist genau das, was unterhalb der Planckschen Entfernung passiert.

2) Relativität müßte bei jedem schwarzen Loch funktionieren. Größere relativistische Ereignisse könnten jedoch als Zusammenballung dieser einzelnen Monaden gelten.

3) Das schwarze Loch müßte erwartungsgemäß unter bestimmten Umständen Materie einfangen (andere schwarze Löcher) und unter anderen Umständen vernichten. Das Atom ist zu beidem fähig.

Die Auswirkungen dieses Modells für die Holo-Kosmologie sind ziemlich wichtig. Es wäre eine weitere Erklärung dafür, wie das Ganze auch in jedem der Teile vorhanden ist. Es könnte auch einen weiteren Mechanismus beschreiben, bei dem durch gewaltige Energien, die durch Resonanz erzeugt werden, ein zusammenhängendes Bild atomarer Teilchen abgeleitet werden könnte. Am wichtigsten wäre jedoch: Es würde demonstrieren, wie ein vereintes Universum, das aus Einzelteilen zusammengesetzt ist, für all die beobachteten Raum-Zeit-Zusammenhänge einstehen könnte, wobei die Verteilung dieser Merkmale überwiegend holographischer Natur wäre.

Zusammenfassung

Sicherlich ist das hier Präsentierte keine umfassende Studie zu diesem Thema. Es bedarf noch einer ganzen Menge Forschungsarbeit und viele sind zur Zeit mit dieser Forschung befaßt. Wir müssen uns nur daran erinnern, daß wir es sind, die die Forschung betreiben, und wir deshalb ungewollt die Ergebnisse beeinflussen. Aber vielleicht können doch ein paar Körnchen Wahrheit daraus abgeleitet werden. Wie Ferguson so wortgewaltig konstatiert:

»Die holographische Supertheorie besagt, daß unsere Gehirne die »harte« Realität konstruieren, indem sie Frequenzen aus einer Dimension interpretieren, die Zeit und Raum überschreitet. Das Gehirn ist ein Hologramm und interpretiert ein holographisches Universum.«[30]

Wir hoffen, daß dieses Buch hilfreich war beim Nachdenken über diese Fragen. Wenn es uns gelungen ist, Ihren Blick auf die wahrgenommene Wirklichkeit zu verändern, indem wir Ihnen geholfen haben, Hologramme herzustellen, wenn wir Ihre Art zu sehen verändert und dabei Ihr Verständnis von sich selbst, wie Sie arbeiten und wie die Welt funktioniert verbessert haben, dann war unsere Anstrengung nicht umsonst.

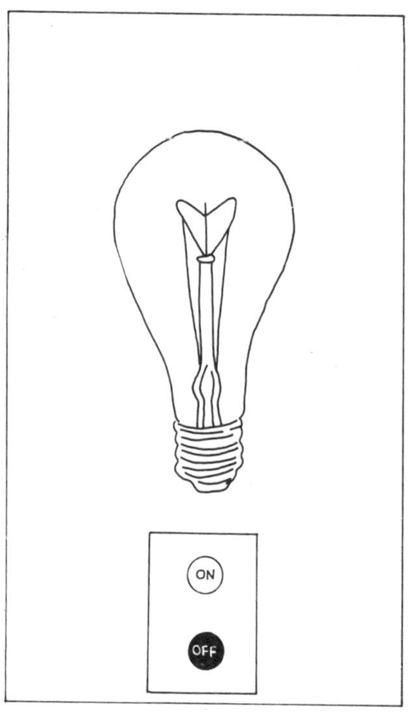

1) A Survey of Holography, #SP-5118, G.P.O. #330 00541, eine Veröffentlichung der NASA, erhältlich bei: U.S. Government Printing Office, Washington D.C., 20402 USA.
2) Pribram, Karl H., Marr Nuwer und Robert J. Baen. »The Holographic Hypothesis of Memory Structure in Brain Function and Perception«, Contempory Developments in Mathematical Psychology, Vol. 2, herausgegeben von R.C. Atkinson, D.H. Krantz, R.C. Luce und P. Suppes, W.H. Freeman & Co., San Fransisco, 1974.
3) Lashly, K.S., »In Search of the Engram«, Psychological Mechanisms in Animal Behavior, Academic Press, New York, 1950.
4) Rodiek »Mind, Molecules and Magic«, S. 43, Auflage vergriffen.
5) Lashly, a.a.O.
6) Ebenda.
7) Pribram, a.a.O.
8) Ebenda.
9) Rodieck, a.a.O.
10) Ebenda.
11) Ebenda, S. 46.
12) Pribram, a.a.O., S. 423.
13) Ebenda, S. 454.
14) Ferguson, Marilyn, »A New Perspective on Reality«, Revision, Vol. 1, # 3/4 Sommer/Herbst 1978.
15) Taylor, Edmund F. und John A. Wheeler »Spacetime Physics«, W.H. Freeman & Co., San Francisco 1966, S. 182.
16) Rodiek, a.a.O.
17) Bohm, David, »The Enfolding-Unfolding Universe - A Conversation with David Bohm«, geführt von Renee Weber, Vol 1., # 3/4 Sommer/Herbst Revision 1978, S. 24-51.
18) Bentov, Itzhak, »Stalking the Wild Pendulum: On the Mechanics of Consciousness«, E.P. Dutton, New York, 1977, S. 26.
19) Ebenda.
20a) Tiller, William A., »The Positive and Negative Spacetime Frames as Conjugate Systems«, Vortragsprotokoll des A.R.E. Medical Symposium, Phoenix, Arizona, Januar 1975.

20b) »A Lattice Model of Space and its Relationship to Multidimensional Physics«, Vortrgsprotokoll des A.R.E. Medical Symposium, Phoenix, Arizona, 1977.
21) »Energy Unlimited«, erhältlich bei: E.U., Route 4, Box 288, Los Lunas, New Mexico, 87031, Ausgabe Februar 1979 und Juli 1979.
22) Bentov, a.a.O.
23) Ebenda, S. 19.
24) Ebenda, S. 56.
25) Tiller, a.a.O., S. 48.
26) Bohm, a.a.O., S. 25-26.
27) Ebenda, S. 25.
28) Ebenda, S. 26.
29a) Milton, S., »Stephen Hawkings«, Astronomy, Vol. 7, November 1979, S. 28.
29b) Ridpath, I., »Awesome Theories in a Weelchair«, Science Digest, Vol. 84, September 1978, S. 46.
29c) Time Magazine, Vol. 112, September 4, 1978, S. 56.
30) Ferguson, a.a.O., S. 12.

Lloyd Cross in seinem Labor. Anfänge beim Bau eines Stereogramm-Printers.

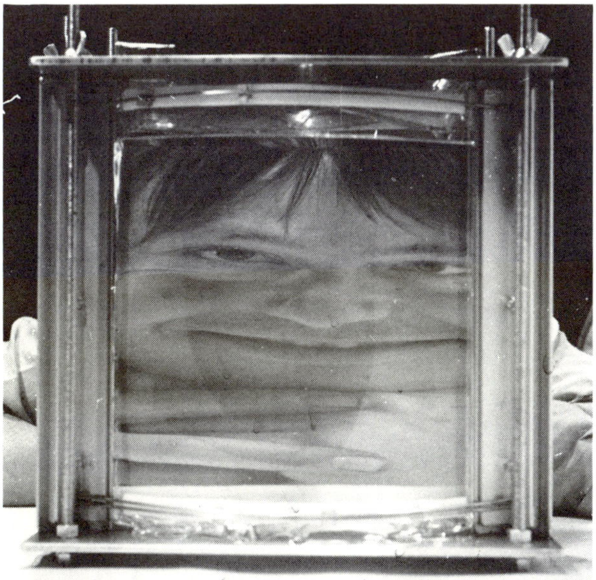

Lloyd Cross demonstriert die optische Genauigkeit einer mit Flüssigkeit gefüllten Linse.

Filmaufnahmen für das holographische Stereogramm »Dracula and Damsel« bei der Multiplex Co., San Francisco, 1976. Dracula: Dave Schmidt, Makeup: Sharon McCormack, Regisseur: Lee Lacy.

Anhang

Glossar

Aberration: Eine Ungenauigkeit im optischen System, die die Abbildung fehlerhaft oder verändert erscheinen läßt.

Abschwächung/Dämpfung: Der Verlust oder die Abschwächung des Lichtes durch Absorption oder Streuung.

Absorptions-Hologramm: Ein Hologramm, das auf einem Material aufgenommen wird, das bei der Belichtung eine unterschiedliche Schwärzung erfährt. Wenn das Hologramm beleuchtet wird, wird der Teil des Lichtes, der nicht absorbiert wird, gebeugt, um die Objektwelle zu rekonstruieren.

Abstreifer: Vorrichtung zur Entfernung überschüssigen Wassers von der Emulsionsoberfläche, um gleichmäßiges Trocknen zu ermöglichen.

Achromatisch: Ohne Farbe. Schwarzweiß. Der Begriff wird in optischen Systemen verwendet, um Linsen zu beschreiben, die hinsichtlich einer chromatischen Aberration korrigiert sind.

Additive Farbmischung: Bedeutet die Übereinanderbelichtung von zwei oder mehr Farben, um so neue und andere Farben zu erzielen.

Akustische Holographie: Bezeichnet die Herstellung von Hologrammen mit Schallwellen.

Amplitude: Die Höhe oder Tiefe eines Wellenbergs oder Wellentals, gemessen aus der Mittellage (Nulldurchgang).

Amplitudenhologramm: Ein Hologramm, bei dem die Information als unterschiedliche Schwärzung gespeichert wird. Gleichzeitig ein anderer Name für das Absorptionshologramm.

Angeregte Abstrahlung: Strahlung, die durch eintreffende Strahlung der gleichen Phase, Amplitude und Frequenz erzeugt und wieder abgegeben wird.

Angeregter Zustand: Zustand eines Atoms, der auftritt, wenn Energie von außen absorbiert worden ist, die das Atom mehr Energie als sonst enthalten läßt.

Argon-Laser: Dieser Laser funktioniert durch Unisation von Argongas, die in einem Magnetfeld kontrolliert wird. Emittiert verschiedene Wellenlängen zwischen blau und grün.

Astigmatismus: Verzerrung einer Abbildung, weil sich verschiedene Punkte des Bildes in horizontaler oder vertikaler Richtung falsch abbilden.

Aufbau: Die Konfiguration eines optischen Aufbaues, um ein bestimmtes Hologramm zu »schießen«.

Auflösung: Die Fähigkeit eines Filmes oder eines optischen Systems, zwischen zwei direkt nebeneinanderliegenden Punkten zu unterscheiden. Das Auflösungsvermögen eines Filmes wird davon bestimmt, wieviele direkt nebeneinanderliegend befindliche Linien der Film unterscheiden kann. Holographische Aufnahmematerialien müssen ein äußerst hohes Auflösungsvermögen besitzen, weil die Interferenzstreifen häufig extrem klein sind und sehr dicht beieinanderliegen.

Aufnahmematerial: Jede Substanz, die man benutzen kann, um das Interferenzstreifenmuster eines Hologramms zu speichern.

Außeraxial: Die Methode, die Emmett Leith und Juris Upatnieks erfunden haben, um Hologramme herzustellen. Hierbei treffen Objekt- und Referenzstrahl in unterschiedlichen Winkeln auf die holographische Platte.

Axial: Ein Hologramm, das so aufgenommen wird, daß sich Referenzstrahl und Objektstrahl auf derselben Achse befinden. Es wird auch »In-Line«- oder »Gabor«-Hologramm genannt.

Bandbreite: Der Frequenzbereich, innerhalb dessen irgendein Instrument funktioniert.

Beatfrequenz: sich aus zwei Wellen ergebende Oberwelle.

Belichtung: Der Einfall von Licht auf eine Emulsion während eines bestimmten Vorgangs oder für eine bestimmte Dauer.

Belichtungsempfindlichkeit: Der Grad der Lichtempfindlichkeit des Aufnahmematerials, um eine ausreichende Belichtung zu erreichen. Empfindlichkeit von holographischem Aufnahmematerial wird üblicherweise in ergs/cm2 angegeben.

Benton-Hologramm: Eine andere Bezeichnung für das Regenbogenhologramm. Bezogen auf seinen Erfinder, Steve Benton. Ein Hologramm, bei dem die vertikale Information reduziert ist, um so die Farbverschmierung des Bildes zu korrigieren.

Beruhigungszeit: Die Zeit zwischen dem Laden des Plattenhalters und der Belichtung, die man verstreichen läßt, um eventuelle Vibrationen im System ausklingen zu lassen.

Besetzungsumkehr: Durch optisches Pumpen werden mehr Atome als im Grundzustand in einen geladenen Zustand versetzt. Dadurch wird die induzierte Emission hervorgerufen.

Betontisch: Ein optischer Tisch, bestehend aus einer großen Betonplatte, die als Trägheitsmasse dient.

Beugung: Die Richtungsänderung einer Lichtwellenfront, wenn sie auf ein Objekt trifft. Normalerweise ist damit der Fall gemeint, daß der Richtungsverlauf von Licht geändert wird, wenn es durch einen kleinen Spalt hindurchmuß.

Beugungsgitter: Ein holographisches Beugungsgitter ist ein (leeres) Hologramm, das durch die Interferenz von zwei oder mehreren Strahlen reinen, nicht informationsgeladenen Laserlichts hergestellt worden ist.

Beugungswirkungsgrad (BWG): Heißt beim Hologramm, zu welchem Grad das einfallende Beleuchtungslicht abgebeugt wird, um die Abbildung zusammenzusetzen. Je größer der Beugungswirkungsgrad, um so heller erscheint das Bild bei einer gegebenen Menge Licht.

Bewegung: Bedeutet in der Holographie Instabilität, wenn z.B. Objekt oder gesamtes holographisches System nicht in absolutem Ruhezustand sind.

Bikonkav: Eine Linse, bei der beide Oberflächen nach innen gebogen sind: eine Art negative Linse.

Bikonvex: Eine Linse, bei der beide Oberflächen nach außen gebogen sind: eine Art positive Linse.

Bildebenenhologramm: Ein Hologramm zweiter Generation, das entsteht, wenn man eine neue Platte dort hinstellt, wo das Mutterhologramm sein Bild im Raum rekonstruiert.

Bleichbad: Eine Chemikalie, die bei der Verarbeitung von belichteten Hologrammen ein Absorptionshologramm in ein Phasenhologramm ändert, um so den Beugungswirkungsgrad (Helligkeit) zu verbessern.

Braggsche Beugung, Braggs Gesetz: Beugung, die durch Reflektionen verstärkt wird; eine Reflektion an Schichten mit gleichen Abständen, die einer bestimmten Wellenlänge mit bestimmtem Einfallswinkel korrespondieren. Der Winkel, bei dem diese Verstärkung auftritt, wird der Braggsche Winkel genannt.

Brechung: Die Veränderung der Laufrichtung des Lichtes, wenn es von einem Medium eines bestimmten Brechungsindexes in den eines anderen übergeht. Bei einem Phasenhologramm verursacht die Brechung eine Phasenverzögerung, die dem Original-Phasenunterschied zwischen den beiden gespeicherten Wellenfronten entspricht.

Brechungsindex: Das Verhältnis von Lichtgeschwindigkeit in Luft zur Lichtgeschwindigkeit in einem anders brechenden Material für eine gegebene Wellenlänge.

Brechungsindex-Verbindung: Ein Verfahren, den Brechungsindex eines Materials nachzuahmen, um so unerwünschte Effekte dessen optischer Oberfläche zu vermeiden. Es wird eine Flüssigkeit mit demselben Brechungsindex des Substrates benutzt, um so die beiden Oberflächen miteinander zu verbinden oder optisch zu kuppeln. In der Holographie werden häufig unbelichtete Platten an eine schwarze Glasplatte gekuppelt, um die »Newtonschen Ringe« (interne Reflektion) zu vermeiden.

Brennweite: Entfernung von der Mitte einer Linse oder eines gekrümmten Spiegels zu der Position, an der alles Licht zu einem Bündel zusammentrifft. Nimmt man eine Linse oder einen Spiegel mit einer positiven Brennweite, wird das Licht genau auf einen Punkt fokussiert.
Nimmt man dagegen eine negative Linse, scheint das Licht nur auf einen Punkt zu fokussieren. Der Brennpunkt ist der Punkt, auf den das Licht fokussiert. Die Brennebene ist die Ebene durch diesen Punkt.

Brewsterwinkel: Der Einfallswinkel, mit dem man z.B. unpolarisiertes Licht an Glasoberflächen polarisieren kann. Fällt senkrecht zur Ebene der Glasscheibe polarisiertes Licht in diese ein, so gibt es keine Oberflächenreflektion. Alles Licht geht durch. Die Glasscheibe erreicht ihre höchste Transparenz. An die Enden der Laserröhre sind Glasscheiben im Brewsterwinkel geklebt (normalerweise 45 - 55 Grad). Man nennt diese Brewster-Fenster. So wird ein maximaler Lichtaustritt mit nahezu keiner Teilreflektion erreicht und das Licht polarisiert.

BRH (Bureau of Radiological Health): Amerikanische Behörde für radiologische Gesundheit, die die Lasersicherheitsbestimmungen festlegt.

c: Wissenschaftliche Kurzbezeichnung für die Lichtgeschwindigkeit. Lichtgeschwindigkeit bedeutet 3×10^{8} m pro Sekunde. Dies entspricht ungefähr 300.000 km pro Sekunde.

Chromatische Abweichung: Abbildungsfehler einer Linse oder eines Hologramms, bei dem die einzelnen Farben die Abbildung in unterschiedlichen farbverschobenen Positionen wiedergeben. Wenn der Abbildungsfehler groß genug ist, erscheint das Bild unscharf, weil die Farben nicht in der richtigen Position registriert werden.

Collage: Collagentechnik in der Holographie bezeichnet verschiedene Rauminhalte übereinander, durch mehrere Hologramme oder Mehrfachbelichtung.

Computer-generiertes Hologramm: Ein synthetisches Hologramm, dessen Belichtung mit Hilfe eines Computers (»plotters«) durchgeführt wird. Die binäre Struktur (der Interferenzstreifen) wird zuerst vergrößert hergestellt und dann fotografisch verkleinert in ein Speichermedium belichtet. Diese

Technik erlaubt die Kreation von unmöglichen oder nicht existenten dreidimensionalen Formen.

Cross-Hologramm: Weiterer Name für das holographische Stereogramm, das die Vorteile der Regenbogenholographie benutzt. Genannt nach Lloyd Cross.

Dauerstrichlaser: Ein Laser, der kontinuierlich einen Strahl aussendet.

Denisyuk-Hologramm: Weitere Bezeichnung für das Ein-Strahl-Reflexionshologramm, genannt nach seinem Erfinder Juri Nikolajewitsch Denisyuk.

Dichromat-Gelatine: Eine lichtempfindliche Emulsion, die aus der Verbindung von Gelatine und normalerweise Ammoniumdichromat hergestellt wird. Bei der Belichtung werden die Gelatinemoleküle durch das Ammoniumdichromat zertrennt.

Dichte: Der Grad der Schwärzung oder Undurchlässigkeit eines bestimmten Materials. Technisch quantifiziert als dekadischer Logarithmus des Kehrwerts der Transparenz (Verhältnis der Masse zur Raumeinheit). Nicht dasselbe wie Absorption.

Diffuser Reflektor: Ein Objekt, das, wenn es beleuchtet wird, Licht in alle Richtungen zerstreut. Die meisten Objekte sind diffuse Reflektoren.

Dispersion: Zerteilung des polychromatischen Lichts (weißes Licht) in die einzelnen Teilfrequenzen.

Divergenz: Die Brechung oder Beugung von Lichtstrahlen voneinander weg, normalerweise mit einer konkaven Linse oder einem konvexen Spiegel, so daß sich das Licht ausbreitet. Auch konvexe Linsen oder konkave Spiegel lassen Lichtbündel divergieren, wenn sie nämlich deren Fokus durchlaufen haben.

Doppelbelichtung: Belichtung zweier Hologramme auf ein und derselben Platte. Wird benutzt, um überlagernde Bilder oder zwei diskrete Bilder zu schaffen, die unter verschiedenen Bedingungen abgerufen werden können (vgl. auch »Matte Screening«).

Doppelbrechung: Die Teilung eines Lichtstrahls in mehrere Teilstrahlen, wenn er ein doppelbrechendes Material durchläuft. Bei der Benutzung monochromatischen Lichts differieren die beiden Teilstrahlen und ergeben unerwünschte »Ringe«.

Dreidimensionales Sehen: Der Aufbau von zwei separaten Bildern zweier Augen oder eines sich in Bewegung befindlichen Auges in eine zeitlich gleichmäßig verteilte Erfahrung im Gehirn.

360-Grad-Hologramm: Ein Hologramm, bei dem das Aufnahmematerial das Objekt komplett - in Form eines Streifens - umgibt und belichtet wird.

Durchlaßvermögen: Der Anteil des Lichts, der auf ein Objekt gerichtet wird.

Ebene Welle: Wellen, die als parallele Ebenen laufen, quasi ein kollimierter Strahl.

Echtzeit-Holographie: Eine Technik, bei der ein holographisches Bild auf das reale Objekt projiziert wird, um den Interferenzstreifen zu beobachten, die durch kleinste Veränderungen durch eine dieser beiden verursacht werden.

Ein-Strahl-Hologramm: Ein Hologramm, das nur mit einem Strahl gemacht wird, bei dem der Strahl sowohl als Referenzstrahl als auch als Objektstrahl fungiert.

Elektromagnetische Strahlung: Strahlung von geladenen vibrierenden Partikeln, die wiederum mit der Geschwindigkeit des Lichts durch den Raum kreisen. Das sichtbare Licht ist nur ein sehr kleiner Teil des gesamten elektromagnetischen Spektrums.

Emulsion: Lichtempfindliches Material in einem aus Gelatine bestehenden Trägermaterial, das entweder auf Film oder Glasplatte als Substrat aufgebracht worden ist.

Entfernungen: Entfernungen oder Weglängen beziehen sich in der Holographie in der Regel auf den Abgleich der Weglängen, um innerhalb der Kohärenz zu bleiben.

Entwickler: Eine chemische Lösung, die das latente photographische Bild oder holographische Differenzstreifenmuster des Silbersalzes in schwarzes metallisches Silber verändert. Der Begriff Entwickler bezieht sich normalerweise auf den Grad der Stärke des Entwicklers oder die Ursache für den Grad der erreichten Dichte.

Entwicklung: Der gesamte chemische Vorgang von der Belichtung bis hin zur endgültigen Trocknung des Hologramms.

Etalon: Ein optisches Glasteil mit äußerst flachen und parallelen Oberflächen. Es wird benutzt, um die Kohärenzlänge eines Lasers zu verbessern, indem Moden, die geringfügig aus der Phase sind, eliminiert werden.

Farbhologramm: Aufgenommen mit zwei oder mehreren farblich verschiedenen Lasern, um so ein Bild zu produzieren, das echt farbig erscheint.

Farbstofflaser: Ein Laser, der verschiedene chemische Farbstoffe benutzt, um so auf einem weiten Bereich des Spektrum durchstimmbar zu sein. Er wird angeregt oder funktioniert durch den Strahl eines Ionenlasers, um die Farbstoffe auf diese Art und Weise zum Lasern zu bringen.

Farbverlauf: Der Bereich, über den sich ehemaliges weißes Licht in seine Spektralfarben verteilt. Beim Regenbogenhologramm der vertikale Betrachtungswinkel, in dem das Bild in einer einzelnen Farbe erscheint.

Festkörper-Laser: Der Laser hat als lichtemittierendes Medium einen Festkörper, wie z.B. Rubin.

Filmebene: Die Ebene, auf der sich das Aufnahmematerial befindet.

Fixierbad: Eine chemische Lösung, die unbelichtete Silbersalze aus der Emulsion herauslöst, um sie so zu desensibilisieren und so das als metallisches Silber gespeicherte Bild zu konservieren.

Fixierklärbad: Eine chemische Lösung, die den Fixierer aus der Schicht entfernt. Der Gebrauch von Fixierklärbad verbessert gewöhnlich die Stabilität des Hologramms, weil so der Verfall des Bildes, verursacht durch die Oxydation des verbliebenen Fixierers, verhindert wird.

Flächenhologramm: Ein Hologramm, dessen Interferenzlinien einen großen Abstand haben, im Verhältnis zur Dicke der Emulsion, so daß die Interferenz vornehmlich an der Oberfläche des Hologramms gespeichert wird.

Fourier-transformiertes Hologramm: Spezielles Hologramm eines ebenen Objektes, das in die Brennebene einer Linse gestellt wird. Wird auch Fraunhofer-Hologramm genannt.

Frequenz: Die Anzahl der Wellenberge, die an einem gegebenen Punkt innerhalb einer gegebenen Zeiteinheit vorbeilaufen.

Fresnel-Hologramm: Ein weiterer Name für unser gebräuchliches Hologramm. Bezieht sich auf ein Hologramm, bei dem das Objekt relativ nahe zum Aufnahmematerial aufgenommen worden ist.

Gabor-Hologramm: Das zuerst von Dennis Gabor erfundene Hologramm, bezeichnet als Ein-Strahl-Hologramm oder »In-Line«-Hologramm.

Gas-Laser: Der gebräuchlichste Laser, er funktioniert, indem Atome in einem Gasgemisch eine Populationsinvasion erfahren.

Geisterbild: Ein Zweitbild als Resultat einer Lichtreflexion an einer unerwünschten Oberfläche.

Gepulstes Hologramm: Ein Hologramm, das mit dem superkurzen Puls eines Puls-Lasers aufgenommen ist. Auf diese Weise können von lebendigen Modellen Hologramme gemacht werden.

Gitter (Beugungsgitter): Eine optische Vorrichtung, die Licht beugt, gemäß den Gesetzen der Beugung. Ein Hologramm ist ein spezieller Typus eines Beugungsgitters. Beugungsgitter werden hergestellt durch Ritzen, Anlagerung, akustisch oder eben holographisch.

Gleichphasig: Die Beziehung zweier Wellen mit derselben Frequenz, wenn sie ihre Maxima und Minima gleichzeitig durchlaufen und dieselbe Polarisationsrichtung besitzen. Hologramme können nur dann aufgenommen werden, wenn während der Belichtungsdauer die Wellen gleichphasig bleiben.

Glühlampenlicht: Licht einer Glühlampe entsteht, wenn elektrischer Strom durch den als Widerstand fungierenden Metalldraht läuft, der sich normalerweise in einer Vakuum-Birne befindet.

Grundzustand: Zustand, in dem Atome ihre niedrigste energetische Ladung, aber größte Stabilität besitzen. Atome im Grundzustand sind nicht in der Lage, Strahlung zu emittieren, sondern müssen erst in einen Aktivzustand gepumpt werden.

H-1: Weitere Bezeichnung für das Mutterhologramm.

H-2: Weitere Bezeichnung für das »kopierte Hologramm« oder Transferhologramm oder Hologramm zweiter Generation.

Harmonische Bewegung: Bewegung innerhalb einer gleichen Zeitspanne, die durch eine bestimmte Frequenz oder ein vielfaches hiervon verursacht worden ist.

Helium-Neon (He-Ne): Das meistbenutzte lasernde Material, das einen kontinuierlichen roten Strahl bei 632,8 nm erzeugt.

Helligkeit: Ein ganz und gar subjektiver Begriff, der die Menge an Licht bezeichnet, die man wahrnimmt.

Hertz (Hz): Ein Hertz ist die Frequenz eines periodischen Vorgangs mit der Periodendauer einer Sekunde.

HOE: Holographische optische Elemente. Hologramme, die bei monochromatischer Strahlung (Laserlinie) als optische Bauelemente eingesetzt werden können und wie eine Linse, ein Spiegel, oder eine komplexe Optik funktionieren können.

Hologramm: Ein Interferenzmuster, das das Resultat eines Referenzlichtes darstellt, das mit dem an einem Objekt gestreuten Licht zusammentrifft, und als solches in einem lichtempfindlichen Medium gespeichert wird.

Hologramm mit fokussierter Abbildung: Ein Ein-Schritt-Bildebenen-Hologramm, das man macht, indem man eine große Linse benutzt, um die Abbildung direkt auf die Bildebene des Hologramms zu fokussieren. Dieser Begriff wird mitunter auch als eine weitere Bezeichnung für das Offene-Blende-Hologramm benutzt.

Holographischer Film: Die Belebung einer dreidimensionalen holographischen Abbildung durch die Vorführung einer raschen Abfolge möglichst vieler Hologramme, also wie im Kino. Leider ist eine Projektion, wie wir sie vom Kino kennen, nur unter extremsten Schwierigkeiten möglich und die echten holographischen Filme sind noch in einem sehr experimentellen Stadium. Der Begriff wird leider auch ab und zu als Fehlbezeichnung für ein holographisches Stereogramm benutzt.

Holographischer Schnappschuß: Hologramme, die lediglich ein schnödes Objekt abbilden und seitens des Holographen mit einer absoluten kreativen Nulleistung glänzen.

Holographisches Stereogramm: Dieses Hologramm entsteht, indem zahlreiche Winkelansichten einer Szene gefilmt und diese Einzelbilder dann holographisch gespeichert werden. Jedes Auge sieht ein verschiedenes Einzelbild getrennt voneinander, so daß die Illusion eines stereoskopischen Bildes entsteht. Dies wird auch als multiples oder integrales Hologramm bezeichnet.

Holo-Kosmologie: Eine Theorie, die viele Zusammenhänge des Kosmos mit holographischen Begriffen oder Analogien zu erklären versucht.

Immersionslinse (Flüssigkeitslinse): Eine Linse, die gebaut ist aus selbstverformten Acrylplatten, die in einen Rahmen gespannt sind. Das Ganze ist mit einer brechungsindex-angleichenden Flüssigkeit gefüllt, um ungefähr das Verhalten einer Festkörperlinse zu erreichen. Kostet so natürlich viel weniger und besitzt eine größere Flexibilität.

Infrarot: Ist der Teil des Spektrums, den die Wellenlängen länger als die des roten Lichts präsentieren, die vom menschlichen Auge nicht wahrgenommen werden können und häufig als Hitze empfunden werden. Deckt den Bereich des Spektrums von 750 Nanometer bis 1000 Mikrometer ab.

Inkohärentes Licht: Licht, das sich nicht in Phase befindet. Das meiste Licht ist inkohärent.

In-Line-Hologramm: Ein Gabor-Hologramm. Auch Ein-Strahl-Hologramm genannt. Referenzstrahl und Objekt werden längs derselben Achse angeordnet. Dieser Aufbau ist nur geeignet für Hologramme von Dias oder durchsichtigen Dingen.

Intensität: Zeitlicher Mittelwert des auf eine Sekunde bezogenen Energieflusses einer Lichtwelle durch einen Quadratzentimeter senkrecht zur Strahlrichtung.

Interferenz: Die Verbindung zweier Lichtwellen, indem sich ihre Amplituden in jedem Punkt addieren. Wenn zwei kohärente Wellen übereinandergelegt werden, ergibt sich ein Zunehmen der Amplitude (konstruktive Interferenz) oder ein Abnehmen der Amplitude (destruktive Interferenz). Das Ergebnis ist ein Interferenzstreifen-muster, das die relative Phasenbeziehung der beiden Wellen zueinander ausdrückt. Auf diese Art wird das Schicksal der einzelnen Wellen gespeichert. So funktioniert also ein Hologramm.

Interferenzstreifen: Helle und dunkle Streifen, die sich aus konstruktiver und destruktiver Interferenz ergeben.

Interferenzstreifenabstand: Der Abstand zwischen den einzelnen Interferenzstreifen in einem Beugungsgitter (Raumfrequenz).

Interferometer: Ein optischer Aufbau, der die Interferenzfähigkeit des Lichts benutzt, um Veränderungen im System mit extremer Genauigkeit zu messen. Den Interferometer benutzt man, um die Stabilität eines holographischen Systems auszutesten.

Ion: Ein Atom, das ein Elektron hinzugewonnen oder verloren hat, so daß es sich entweder in einem positiven oder negativen Ladungszustand befindet.

Ionen-Laser: Ein Laser, bei dem die elektrische Ladung auftritt als Ergebnis einer Energieveränderung zwischen den beiden Ebenen eines Ions. Argon und Krypton sind die beiden meistgebräuchlichen Typen von Ionen-Laser.

Kohärentes Licht: Licht mit gleicher Wellenlänge und Phasengleichschritt. Laser geben kohärentes Licht ab.

Kohärenzlänge: Bezieht sich auf den Laser und bedeutet die Länge, innerhalb derer Interferenz nicht auftreten kann, wenn die Strahlen unterschiedlich lang sind. In der Holographie bestimmt die Kohärenzlänge des Lasers die Raumtiefe, in der aufzunehmende Objekte abgebildet werden können.

Kollimator: Ein optisches Teil, das man benutzt, um Licht zu kollimieren. Man stellt die Lichtquelle in den Brennpunkt einer Linse oder eines Parabolspiegels. Dieses Teil nennt man dann Kollimierungslinse bzw. -spiegel.

Kollimiertes Licht: Ein Lichtwellenbündel, das aus parallelen Einzelwellen besteht und weder konvergent noch divergent ist. Man spricht auch vom kollimierten Strahl.

Konkavlinse: Eine Linse, deren Oberflächen nach innen gewölbt sind. Licht wird gestreut, wird also divergent. Siehe auch negative Linse (Streulinse).

Konkavspiegel: Ein Spiegel, dessen Oberfläche nach innen gewölbt ist. Licht wird zusammenlaufend gebündelt, wird also konvergent.

Konvergenz: Optisches Bündeln von Lichtstrahlen, wie bei der Konvexlinse oder dem Konkavspiegel.

Konvexlinse: Eine Linse, deren Oberfläche nach außen gebogen ist. Das Licht wird gebündelt (Sammellinse) und in einem Punkt (Fokus) vereinigt.

Kopiertes Hologramm: (Auch H-2 oder Transferhologramm genannt). Ein anderer Begriff für das Bildebenenhologramm oder das Hologramm zweiter Generation, das von einem Mutterhologramm abholographiert wird. Eine Kontaktkopie stellt man her, indem man eine neue Platte mit dem Original in direkter Verbindung in Kontakt bringt.

Kopierte Platte: Ein anderer Begriff für das kopierte Hologramm. Bezieht sich auf die Platte, bevor sie belichtet wird.

Krypton-Laser: Ist ein Laser, der über einen weiten Bereich des Spektrums unterschiedliche Wellenlängen erzeugen kann. Die Wellenlängen sind blau, grün, gelb, wie auch die Hauptwellenlänge rot.

Laser: Engl. Kunstwort. Bedeutet: »Light Amplification by Stimulated Emission of Radiation«. Deutsch: »Lichtverstärkung anhand elektrischer Entladung von Strahlung«. Der Resonator eines Lasers ist mit einem Material gefüllt, das, wenn es mit der entsprechenden elektrischen Ladung angeregt wird, eine Inversion (Umkehrung der Drehungsrichtung) der angeregten Atome bewirkt. Das so erzeugte Licht fährt fort, sich in seiner Intensität zu verstärken, während es zwischen den beiden Spiegeln hin-und-her oszilliert, die an den jeweiligen Enden des Resonators angebracht sind. Der Frontspiegel (Auskuppelspiegel) ist so beschaffen, daß er 1 bis 2% des verstärkten Lichts hindurchläßt. Es tritt ein Strahl aus, der sehr intensiv und monochromatisch ist und aus kohärentem Licht besteht.

Laserlichtsichtbare Transmissionshologramme: Transmissionshologramme, die nur mit Laserlicht betrachtet werden können.

Latentes Bild: Das Bild oder Muster, das in einer Emulsion gespeichert worden ist, bevor dieses entwickelt wird.

Leith-Upatnieks-Hologramm: Weiterer Name für das außeraxiale Hologramm, nach ihren Erfindern benannt.

Leslie-Hologramm: Spezieller Typus eines holographischen Stereogramms. Es wird hergestellt, indem zweidimensionale Bilder auf einen Bildschirm projiziert werden und in Form von Streifenhologrammen Stück für Stück aufgenommen werden auf eine stehende Hologrammplatte, aber mit einer beweglichen Streifenmaske.

Lichtintensivitätsverhältnisse: Siehe Ratio.

Lichthof-Schutzschichtfreie Platte: (NAH = No Anti Halo) Holographische Emulsion ohne Lichthofschutzschicht.

Lichtstärke: Die Lichtstärke bezeichnet bei einer Linse oder bei einem gekrümmten Spiegel das Verhältnis der Brennweite zum Durchmesser.

Lippmann-Hologramm: Ohne Farbe, schwarzweiß: Der Begriff wird in optischen Systemen verwendet, um Linsen zu beschreiben, die hinsichtlich einer chromatischen Apparation korrigiert sind.

Lochblende: Die Blende mit dem kleinen Loch, durch das fokussiertes Licht eines Objektives in einen Raumfilter fällt.

»Matte-Screening«:(Eine Art Blueboxverfahren) Ein spezieller Typus einer Doppelbelichtung, bei der zwei verschiedene, sich jedoch überlagernde Rauminhalte gleichzeitig erscheinen können.

Medium: Jede Substanz oder Material, das eine Idee übermitteln kann. In der Physik wird jeder Stoff in einem Ausbreitungsraum von Wellen als Medium bezeichnet.

Mehrfachbelichtung: Mehr als eine Belichtung auf ein und derselben Platte oder Stück Film.

Mehrfarbenhologramm: Ein Hologramm, bei dem das Bild in mehr als nur einer klaren Spektralfarbe zu sehen ist. Der Begriff bezieht sich in der Regel auf Regenbogenhologramme, die durch Mehrfachbelichtung mehrere Farben zeigen können.

Mehrkanaliges Hologramm: Ein Hologramm, das mit zwei oder mehreren einzelnen Referenzstrahlen aufgenommen worden ist.

Metall-Halterungen: Vorrichtung zum Halten von Optiken auf schwingungsisolierten Tischen mit einer Stahloberfläche (Stahltische).

Metall-Tisch: (Stahltisch) Ein schwingungsisoliertes Tischsystem mit einer Metalloberfläche.

Mode: Bezeichnet den Grad, bis zu dem ein Laserstrahl räumlich kohärent ist. Wichtig ist der Grundmode TEM_{00} (transverse elecromagnetic mode). Dieser Mode hat im Strahlenquerschnitt einen einheitlichen Schwingungszustand und ergibt beste Fokussierbarkeit. Höhere transversale Moden wie TEM_{01} füllen ein größeres Volumen aus,und sehen aus wie Brötchen.

Moirémuster: Durch Überlagerung mehrerer Raster wie Gitter, Siebe u.ä. entstehen gut sichtbare Interferenzmuster.

Monochromatisch: ist ein Licht oder andere elektromagnetische Strahlung mit einer einzelnen Frequenz oder Wellenlänge. Da es kaum perfekt monochromatisches Licht gibt, wird der Begriff auch benutzt, um einen engen Wellenlängenbereich zu beschreiben.

Multiplex: Weiterer Name für das holographische Stereogramm.

Mutterhologramm: Jedes Hologramm, das ein Bild rekonstruiert, von dem wiederum ein weiteres Hologramm gemacht wird (auch als H-1 bezeichnet).

NAH (No Anti Halo): Eine holographische Platte ohne rückseitige Lichthofschutzschicht. Englisch auch unbacked plate genannt.

Negativlinse: Eine Linse, mit mindestens einer konkaven Oberfläche, mit der man Licht zerstreuen kann. Diese Zerstreuungslinse hat eine negative Brennweite.

Netzmittel: Chemisches Netzmittel, zur gleichmäßigen Verteilung des Wassers auf der Emulsion. Es wird mehr in der Entwicklung benutzt, um eine gleichmäßige Trocknung zu erreichen.

Newton-Ringe: Ring- oder Streifenmuster, das wegen der Interferenz zwischen zwei nahezu parallelen Oberflächen erscheint. Bei Hologrammen kann man häufig dieses Phänomen durch die Lichtinteraktion an der vorderen und hinteren Oberfläche der holographischen Platte beobachten.

Oberflächenspiegel: Spiegel, die ihre Verspiegelung an der Oberfläche haben. Die üblichen Rückflächenspiegel kommen für die Holographie nicht in Betracht, weil die Linsenwirkung der Glasschale eine »Geister«-Reflexion verursacht.

Objektiv: Optisches Bauelement eines Mikroskopes, das dazu dient, den Laserstrahl so zu fokussieren, daß er durch eine Lochblende in den Raumfilter hindurchkommt.

Objektstrahl: (auch Objektwelle) Derjenige Strahl/Welle, der das Objekt beleuchtet. Bezeichnet außerdem das gesamte Beleuchtungsbündel, das über einen Spiegel durch eine Aufweitungslinse auf das Objekt gerichtet ist und dann vom Objekt als diffus reflektiertes Licht auf das Hologramm gelangt.

Offene-Blende-Hologramm: Ein Weißlicht-Transmissions-Bildebenenholog ramm mit sowohl vertikaler als auch horizontaler Parallaxenfreiheit und üblicherweise sehr hellen Weißlichtabbildung.

Optik: Die Teile, die die Strahlung des Lichts verändern, wie z.B. Linsen, Spiegel, Strahlenteiler, Filter usw. Auch die Wissenschaft vom Licht, genauer: von elektromagnetischen Schwingungen, deren Enstehung, deren Ausbreitung und der Phänomene ihrer Wahrnehmung.

Optische Bauelemente: Aufbauten, die aus Optiken (Linsen, Spiegel etc.), Halterungen und Ständern gebildet und auf schwingungsisolierten Tischen verwendet werden.

Optische Röhre: Der Raum zwischen den beiden Spiegel in einem Laser. Die Röhre befindet sich üblicherweise in der Mitte des optischen Resonators.

Optischer Tisch: Weitere Bezeichnung für schwingungsisolierende Tische. Das sind die Tische, auf denen man Hologramme machen kann.

Optischer Zement: Ein Kleber, um optische Oberflächen zu verkleben. Man benutzt ihn auch zum Schutz eines Hologrammes, indem man ein Deckglas darauf laminiert.

Orthoskopisch: Ein Bild wird winkeltreu und richtigrum abgebildet.

Oszillator: Jedes schwingungsfähige mechanische oder elektrische System.

Parabolspiegel: Ein Spiegel mit einer gekrümmten Oberfläche in der Form eines Paraboloids. In der Astronomie als Teleskopspiegel eingesetzt, in der Holographie als Kollimierungsspiegel.

Parallaxe: Der Unterschied zwischen zwei verschiedenen Ansichten eines Objektes.

Para-Benzochinon: Bezeichnet ein Bleichbad, das man häufig für Reflexionshologramme benutzt, das die gleichnamige Chemikalie enthält.

Periode: Der komplette Zyklus einer Welle.

Perspektive: Die Warnehmung der Beziehung verschiedener Objekte in einem Raum zueinander, gesehen von einem bestimmten Punkt.

Phase: Die Position einer Welle im Raum, gemessen zu einem bestimmten Zeitpunkt.

Phasenhologramm: Hier wird Information gespeichert als Ergebnis einer Phasenverschiebung zwischen zwei Wellen (wie bei allen Hologrammen). Ein Phasenamplitudenhologramm speichert die Information als Ergebnis von Phasenverschiebungen, die sich als Variationen in seiner Amplitude darstellen. Ein reines Phasenhologramm speichert die Phasenverschiebung als Ergebnis von Brechungsindexunterschieden innerhalb des Materials.

Phasenverschiebung: Die Differenz der Anfangsphasen zweier frequenzgleicher Schwingungen bzw. Wellen. Das Ergebnis der Phasenverschiebung von kohärentem Licht ist die Interferenz.

Photochemie: Jegliche Art von Chemie, die mit der Interaktion von Licht und lichtempfindlichem Material zu tun hat.

Photon: Kleinste Einheit oder Quant einer elektromagnetischer Energie, die man heute kennt.

Photopolymere: Lichtempfindliches Plastik, das sehr empfindlich ist für die Echtzeit-

Holographie (Sofortbild-Holographie), weil es sich sofort entwickelt.

Photoresist: Chemische Substanz, die wasserunlöslich wird, wenn man sie Licht aussetzt (in der Regel ultraviolett). Obwohl sie hauptsächlich zur Mikro-Schaltkreisherstellung verwendet, kann man auch Hologramme damit herstellen.

Plankonkav: Eine Linse, die auf einer Seite eben, auf der anderen Seite nach innen gekrümmt ist.

Plankonvex: Eine Linse, die auf einer Seite eben, auf der anderen Seite nach außen gekrümmt ist.

Plattenhalter: Eine Vorrichtung, welche die holographische Platte oder den Film während der Belichtung festhält.

Polarisation: Beschränkung des Lichts oder anderer Strahlung, daß sie nur in einer Ebene schwingen kann.

Pseudofarbe: Die Herstellung von Farben in einem Hologramm, die nichts mit den echten Farben des Modells zu tun haben.

Pseudoskopisch: Das Gegenteil von orthoskopisch. Ein Bild das von innen nach außen gedreht ist.

Puls-Laser: Ein Laser, der einen Laserstrahl von superkurzer Dauer rausblitzt und zwischen den Impulsen inaktiv bleibt.

Punktlichtquelle: Ein Licht, das scheinbar von einem Punkt kommt, oder von einer Quelle mit einer relativ kleinen Ausdehnung. Die Sonne, wie auch eine klare Glühbirne sind beides Punktlichtquellen.

Quant: Der kleinste Teil, in den sich die Energie einer Welle teilen läßt.

Ratio: Als Ratio beschreibt man die Beziehung zwischen der Intensität des Referenzstrahls zum Objektstrahl gemessen an der Stelle des holographischen Plattenhalters in einem gegebenen Aufbau.

Raum: Natürlich ist nicht das Zimmer gemeint, sondern der Raum zwischen und einschließlich der Objekte.

Raumbeleuchtung:(Umgebungslicht) Das üblicherweise vorhandene Licht, die gegebene Lichtsituation. Bezüglich der Vorführung von Hologrammen ist hiermit das Licht gemeint, das den Kontrast der Hologramme herabsetzt.

Raumcollage: Eine holographische Collage, bei der sich einzelne, individuelle Rauminhalte überlagern.

Raumfilter: Die »Säuberung« des Laserstrahles, indem man ihn durch eine kleine Lochblende hindurch fokussiert. Nur das »gewünschte Licht« kann an dieser Stelle fokussieren. Verzögertes Licht, etwa durch Staub oder Kratzer auf den optischen Oberflächen entstanden, wird eliminiert.

Raumfrequenz: Dieser Ausdruck wird häufig in Zusammenhang mit der Linienanordnung (Gitterfurchen) von Beugungsgittern verwendet. Die Raumfrequenz ist reziprok dieser Linienanordnung und wird allgemein in Linienpaaren (Furchen) pro Millimeter angegeben. Siehe auch unter »Auflösung«.

Räumliche Kohärenz: Der Grad der Wechselbeziehung zweier Phasen monochromatischer Wellen, die von zwei verschiedenen Punkten ausgehen. Kohärente Wellenfelder strahlen mit gleichzeitig hoher Intensität und ergeben eine punktförmige Lichtquelle.

Raumzeit: Ein vierdimensionales Denkmodell, das die normalen drei Dimensionen des Raumes beinhaltet plus einer vierten, nämlich der Zeit.

Rauschen: Unerwünschtes Licht, das bei der Herstellung eines Qualitätshologrammes stört.

Reelles Bild: Ein Bild, produziert durch Licht, das sich im Raum davor ausbildet.

Referenzstrahl: Das unmodulierte reine Laserlicht, das auf die Platte gelegt wird, um mit der Objektwelle zu interferieren.

Referenzwinkel: Der Winkel, in dem die Referenzwelle auf die Hologrammebene trifft, wird üblicherweise in Grade von der Hologrammebene gemessen.

Reflexionshologramm: Ein Reflexionshologramm wird hergestellt, indem Referenzstrahl und Objektstrahl von entgegengesetzten Seiten auf die Platte treffen. Das fertige Hologramm wird sichtbar, indem Licht davon in Richtung des Betrachters reflektiert wird.

Regenbogenhologramm: Ein Transmissions-Bildebenenhologramm, das hergestellt wird, indem die Beleuchtung des Mutterhologramms bis auf einen horizontalen Streifen abgeblendet wird. So gleicht man bei Betrachtung des Bildes mit weißem Licht die chromatische Dispersion aus, allerdings wird dabei die vertikale Parallaxe geopfert. Das Hologramm ist so benannt, weil das Bild jeweils in den einzelnen Farben des Regenbogens gesehen werden kann, die sich je nach Blickwinkel verändern. Es wird auch Benton-Hologramm genannt, nach seinem Erfinder.

Rekonstruktionsstrahl: Beleuchtungslicht, durch das auf dem Hologramm das ursprüngliche Wellenfeld der Objektwelle wieder entsteht.

Resonanz: Das Mitschwingen eines schwingungsfähigen Gebildes, des Resonators, durch Anregung mit Frequenzen, die in der Nähe der Eigenfrequenz eines Systems liegen oder dieser entsprechen.

Sammellinse: Eine Linse mit einer nach außen gewölbten Oberfläche, die das Licht zusammenlaufen läßt, auch bekannt als konvexe Linse.

Sandgedämpftes System: Ein Schwingungsisolationssystem, in dem ein Sandkastentisch als (die zu erregende) träge Masse benutzt wird. Es wird auch einfach Sandtisch genannt.

Sandtischbauelemente (Komponenten, Bauteile): Stabförmige Halterungen, die man in einen Sandtisch stecken kann.

Schleierbildung: Bedeutet, daß außer der holographischen Belichtung unabsichtlich weiteres Licht, Nebellicht oder Streulicht den Film mitgeschwärzt hat. Ein verschleiertes Hologramm reduziert den Interferenzstreifenkontrast und bewirkt ein weniger helles Bild.

Schwarzes Loch: Ein kosmisches Phänomen. Die Masse und Dichtheit eines Gebildes überschreitet die kritischen Grenzwerte. Es verläßt unseren Geschwindigkeitsbereich oder überschreitet die Geschwindigkeit des Lichts. Materie oder Energie werden eingefangen und können nicht flüchten.

Schwingungsisolation: Eine Methode zur Entfernung von störenden Nebenschwingungen, speziell bei optischen Systemen. Schwingungsisolation muß während der Aufnahme eines Hologrammes eingesetzt werden, um jede Bewegung, die die Belichtung der Interferenzlinien stören könnte, zu vermeiden.

Schwingungsknoten: Die Stelle minimaler Amplitude in einer stehenden Welle.

Shadowgramm: Bezieht sich auf ein Hologramm, bei dem während der Belichtung bewußt das Aufnahmeobjekt bewegt wird oder bei dem man bewußt ein instabiles Modell benutzt. Auf diese Weise wird ein dreidimensionales Loch oder ein Schatten auf dem Hologramm verursacht, wo sich einst das Modell befand.

Silberhalogenid: Aufnahmematerial, bei dem die lichtempfindlichen Teile in Gelatine eingebettet sind.

Spaltoptik: Eine Optik, die Licht als einen Spaltstrahl weiterlaufen läßt. Dies passiert, wenn Licht durch eine zylindrische Oberfläche tritt.

Spannungs-Druck-Tisch: Ein Tisch für optische Aufbauten, versteift durch aufgebaute Spannung zwischen eng angeordneten, miteinander verschraubten Metallverstrebungen. Gewöhnlich wird bei diesem System Sand verwendet. Erfunden von Lloyd Cross.

Sprenkel-Phänomen: Das körnige Erscheinungsbild eines Objektes oder holographischen Bildes bei Betrachtung mit Laserlicht. Es wird verursacht durch winzige Lichtpunkte auf dem Objekt, indem Licht reflektiert wird und mit sich selbst interferiert.

Sphärische Aberration (Öffnungsfehler) (Abbildungsfehler): Das Unvermögen eines optischen Systems, ein perfektes Bild zu formen aufgrund der gekurvten Wellenfront.

Spiegelreflexion: Jede Reflexion von einer glatten polierten Oberfläche, wie der eines Spiegels.

Stabilität: Die Anforderung an holographische optische Systeme, während der Belichtung ohne störende Bewegung zu verbleiben.

Stehende Welle: Die Kombination zweier Wellen mit gleicher Frequenz und Amplitude, die sich jedoch in entgegengesetzter Richtung bewegen. Dieser Ausdruck wird im weiteren Sinn auch verwendet, um bewegungslos erscheinende Wellen zu beschreiben, da jede neue Welle genau die Position der vorherigen Welle einnimmt.

Stereogramm: Ein Bild, das eine dreidimensionale Illusion aufbaut, da jedem Auge ein unterschiedlicher Betrachtungswinkel eines Objektes geliefert wird.

Stereophotographie: Ein photographisches Stereogramm (Raumbild), wobei zwei unterschiedliche Bilder in einer Distanz, die dem durchschnittlichen Augenabstand entspricht aufgenommen werden. Das Raumbild wird in einer Anordnung (mit einem Apparat) betrachtet, bei dem das Auge nur die jeweils zugehörige Abbildung sieht.

Strahlenteilung: Der Vorgang des Teilens eines einzelnen Laserstrahles in zwei Komponenten. Dadurch können der Referenz- und der Objektstrahl getrennt kontrolliert werden.

Tachyon: Theoretisches Teilchen mit einer Geschwindigkeit, größer als die Lichtgeschwindigkeit.

TEM_{00} (transverse electromagnetic mode): Grundmode eines Laserstrahls. Dessen Strahlenquerschnitt ist räumlich kohärent.

Teststreifen: Ein Mittel zur visuellen Bestimmung der richtigen Belichtung, indem man eine Serie individueller Belichtungen mit unterschiedlichen Belichtungszeiten auf derselben Platte herstellt. Die geeignete Belichtungszeit wird durch die Auswahl des Streifens mit dem hellsten oder klarsten Bild bestimmt.

Thermoplastischer Film: Ein Aufnahmematerial, bei dem durch Effekte der elektrostatischen Kräfte und von Wärme eine Umformung erreicht wird, die dem aufgenommenen Interferenzmuster entspricht.

Tiefenschärfe : Der Tiefenbereich, innerhalb dessen eine ausreichende Abbildungsschärfe des Bildes erreicht werden kann. Dieser Begriff wird also auch in der Holographie benutzt, um die Tiefe des Abbildungsraums zu beschreiben, innerhalb dessen man ein Bild aufnehmen kann, gemäß den Beschränkungen der Kohärenzlänge.

Träge Masse: Eine große Masse, die im Ruhezustand, dazu tendiert, im Ruhezustand zu verbleiben.

Transfer-Hologramm: Weiterer Name für das kopierte Hologramm oder Hologramm zweiter Generation, H-2.

Transmissionshologramm: Alle Hologramme, bei denen das Hologramm von der gegenüberliegenden Seite des Betrachters beleuchtet wird. Transmissionshologramme werden hergestellt, indem sowohl Objektstrahl- als auch Referenzstrahl von der gleichen Seite eintreffen.

Tri-Äthanolamin: Ein chemisches Mittel um die Stärke einer holographischen Emulsion zu verändern, um verschiedene Farben des Objektes zu erzielen. Gewöhnlich wird es bei Reflexionshologrammen verwendet.

Überbelichtung: Es ist entweder zuviel Licht bei der Belichtung auf die Platte gefallen oder zu lange belichtet worden.

Ultraviolett: Ein unsichtbarer Teil des Spektrums mit Wellenlängen, die kürzer sind als das violette Licht im sichtbaren Bereich (ca. 100 - 400 nm).

Umgebungslicht: siehe Raumbeleuchtung.

Umlenkspiegel: Ein Spiegel, der Licht vom Laser zur gewünschten Arbeitsfläche am optischen Tisch umlenkt.

Unterbrechungsbad: Das chemische Bad in direkter Folge nach dem Entwickler, die den Entwickler veranlaßt, die chemische Reaktion einzustellen.

Variabler Strahlenteiler: Ein Strahlenteiler, bei dem sich das Verhältnis des durchgelassenen zum reflektierten Strahl ändert, wenn der Strahl an unterschiedlichen Punkten dieser Komponente auftrifft.

Verfall eines latenten Bildes: Ein Problem, das häufiger bei Feinstsilber-Emulsionen auftritt, natürlich auch bei den Emulsionen, die man in der Holographie benutzt. Der Verfall tritt auf, wenn die Emulsion nicht schnell genug nach der Belichtung entwickelt worden ist. Man bekommt Hologramme mit geringerer Dichte.

Verschluß: Eine Vorrichtung, um den Strahl abzublocken oder für die Belichtung freizugeben.

Virtuelles Bild: Ein Bild, das von Licht erzeugt wird, das nicht tatsächlich im Raum fokussiert, obwohl es so erscheint. Das Bild kann zwar gesehen, jedoch weder projiziert noch auf einer Emulsion aufgezeichnet werden.

Volumenhologramm: Ein Hologramm, das von kleinen - im Verhältnis zur Emulsionsstärke - Interferenzlinien aufgebaut wird. Diese Interferenzlinien, stehende Wellen, sind im Volumen der Emulsion geschichtet. Diese Hologramme werden im Winkel der Original-Referenzquelle beleuchtet, wie es die Braggsche Beugungstheorie verlangt.

Weißlicht-Transmissionshologramm: Jedes Transmissionshologramm, das mit weißem Licht betrachtet werden kann.

Wellenförmige Gestalt: Die charakteristische Form, die von einer Wellenform angenommen wird.

Wellenfront: Die Oberfläche einer sich ausdehnenden Welle, die alle Punkte gleicher Distanz zur Lichtquelle repräsentiert. Sie ist charakterisiert durch eine Periode einer Welle.

Wellenlänge: Die Distanz, über die ein kompletter Zyklus einer Welle abläuft. Die Wellenlänge ist umgekehrt proportional zur Frequenz.

Wellensalat: Das Phänomen, daß sich bei einem Farbhologramm mehrere überlagernde Bilder gleichzeitig bilden können. Z.B. ein Interferenzmuster, das für eine Farbe in ein Hologramm hineinbelichtet worden war, plötzlich noch eine zweite weitere Farbe rekonstruiert.

Xylol: Das gebräuchlichste chemische Mittel zur Brechungsindex-Verbindung, d.h. zwei verschiedene Komponenten werden optisch fehlerfrei miteinander verbunden. Xylol besitzt einen ähnlichen Brechungsindex wie Glas.

YAG-Laser: Ein Festkörperlaser, in dem Yttrium-Aluminium-Granat als laserndes Material eingesetzt ist.

Zonenplatte: Ein Muster, bestehend aus einem zentralen Punkt, der von konzentrischen Zonen umgeben wird. Diese Zonen sind abwechselnd transparent und lichtundurchlässig. Die gesamte Fläche der jeweiligen Zonen ist gleich. Es repräsentiert das reelle Bild eines durch Beugung erzeugten Punktes.

Zylindrischer Spiegel/Linse: Optisches Teil, das Licht in der Form fokussiert, daß es als Spalt oder Streifen erscheint, wenn es durch die Optik läuft oder von einer Oberfläche reflektiert wird, die nur in einer Richtung gebogen ist.

Literatur

Abramson, Nils: The Making and Evaluation of Holograms. London, New York, Toronto 1981

Bartolini, R.A.: Characteristics of relief phase holograms recorded in photoresists. In: Applied Optics 13 (1974), S. 129-39

Bartolini, R.A.: Improved development for holograms recorded in photoresists. In: Applied Optics 11 (1972), S. 1275-6

Benrey, Ronald: How to Build a Low Cost Laser. Rochelle Park 1974

Berkhout, Rudie: Einführung in die Holographie. Pulheim 1983

Berner, Jeff: The Holography Book. New York 1980

Bianchi, H.-J./Bianchi, U.: Holographie. Geldern 1982

Brown, Sam: Popular Optics. Barrington 1974

Camatini, E. (Hrsg.): Optical and Acoustical Holography. New York 1972

Cathey, W. T.: Optical Information Processing and Holography. New York

Caulfield, H.J.: Handbook of Optical Holography. New York 1979

Claus, Jürgen: Chipppp Kunst: Computer, Holographie, Kybernetik, Laser. Frankfurt 1985

Collier, Robert J., Christoph B. Burckhardt und Lawrence H. Lin: Optical Holography. New York 1971

Dändliker, René: Laser-Kurzlehrgang. Stuttgart, Aarau 1981

Denisyuk, Yu. N.: Fundamentals of Holography. Moskau 1984

Dowbenko, George: Homegrown Holography. New York 1978

Ernst, Bruno: Holographie - Zaubern mit Licht. Hückelhoven 1987

Ferretti, Marc: Laser, Maser, Hologramme. Eine Einführung in ihre Wirkungsweise und Technik. München 1977

Francon, M.: Holographie. Paris 1969

Freeman, W.H.: Lasers & Light. San Francisco 1969

Gregory, R.L.: The Intelligent Eye. New York 1970

Groh, Gunther: Holographie. Stuttgart 1973

Hariharan, P.: Optical Holography: Principles, Techniques and Applications. Cambridge 1983
Heckman, P.: The Magic of Holographie. New York 1986
Heiß, Peter: Holographie-Fibel - Hologramme verstehen und selbermachen. Hückelhoven 1988
Hewitt, Paul: Conceptual Physics: A New Introduction to Your Environment. Boston 1977

Jeong, T.H., J.E. Ludman: Practical Holography I. Lake Forest College 1986
Jeong, T.H.(ed.): Practical Holography II. Lake Forest College 1986
Jeong, T.H., A.B. Dick: Laser Holography, Experiments You Can Do... Southfield 1987

Karamanolis, Stratis: Das ABC der Lasertechnik. Neubiberg 1990
Kasper, Joseph, Steven Feller: The Complete Book of Holograms. How They Work and How to Make Them. New York 1987
Kiemle, Horst und Dieter Röss: Einführung in die Technik der Holographie. Frankfurt 1969
Klein, Arthur: Holography. New York 1970
Klein, Niler V.: Optics. New York 1969
Kock, Winston E.: Lasers and Holography: An Introduction to Coherent Optics. Dover 1981

Lehmann, Matt: Holography: Theory and Practice. London 1970
Leith, Emmett/Upatnieks, Juris: Photography by Laser. In: Scientific American, Juni 1965, S. 24-35
Leith, Emmett: White-Light Holograms. In: Scientific American, Okt. 1976, S. 80-95

Marwitz, Hartmut u.a.: Praxis der Holografie. Grundlagen, Standard- und Spezialverfahren. Ehningen 1990
Menzel, Eric, Mirande W. und Weingartner I.: Fourier-Optik und Holographie. Wien 1973
Miler, M.: Optische Holographie. München 1978
Müller, A.: Anwendungen des Lasers. Heidelberg 1988

Naumann, H./Schröder, G.: Bauelemente der Optik. München, Wien 1987

Ostrowski, J. I.: Dreidimensionale Bilder durch Holographie. Frankfurt 1974
Ostrowski, J. I.: Holographie - Grundlagen, Experimente und Anwendungen. Frankfurt/M. 1988
Outwater, Chris und Eric van Hamersfeld: A Guide to Practical Holography. Beverly Hills 1974

Radunskaja, Irina L.: Der gefesselte Lichtstrahl. Zürich, Frankfurt/M. 1974
Rainwater, Clarence: Light and Color. New York 1971
Reimer, Ludwig u.a.: Laserbeugung an elektronenmikroskopischen Aufnahmen. Opladen 1973
Ross, Franz/Yerkes Elizabeth: Holography Marketplace. Berkeley 1990
Reinert, Udo: Holographie - Medium der Zukunft. Ottersberg/Pliening 1986

Saxby, Graham: Holograms: How to make and display them. London 1980
Saxby, Graham: Practical Holography. London, New York 1988
Schreier, Dietmar u.a.: Synthetische Holographie. Weinheim 1984
Smith, Howard M.: Principles of Holography. New York 1975
Stroke, George W.: An Introduction to Coherent Optics and Holography. New York 1969

Treiber, Hanskarl, Martin Treiber: Holographie, Stuttgart 1987
Tschudi, Theo: Proceeding Book 1st International Exhibition and Conference Holographics 1990. Stuttgart 1990

Vikram, C. S./Vedam, K.: Filtering Unwanted Reference Beams in Holography. Optik 54, 1979, Nr. 1, S. 37-44

Wachutka, H.: Ein variables holographisches Interferometer. Optik 44, 1976, Nr. 3, S. 289-303
Walton, Paul: Space Light: Holography and Laser Spectacular. London, Sydney 1982
Wenyon, Michael: Understanding Holography. London 1978
Wilber, Ken: Das holographische Weltbild. München 1986

Zec, Peter: Holographie: Geschichte, Technik, Kunst. Köln 1987

Zeitschriften

Holosphere; herausgegeben vom Museum of Holography, 11 Mercer Street, New York, NY 10013 USA
Holography News; The International Business Newsletter of the Holography Industry; zu beziehen über Ian M. Lancaster, 1 Erica Court, Wych Hill Park, Woking, Surrey, England
The Holo-Gram; zu beziehen über Frank DeFreitas, The Holo-Gram, P.O.Box 9035, Allentown, PA 18105 USA
3-D Software; zu beziehen über Klaus Unbehaun, Hirschstr. 84, 5600 Wuppertal 2
Optische Fenomenen; zu beziehen über Nederlandse Stichting voor Waarneming & Holographie, Warenarburg 44, NL-2907 CL Capelle a/d IJssel
Holographics International; zu beziehen über Holographics International, BCM Holographics, London, WC1N 3XX, England

Ausstellungskataloge

Dieter Jung, Museum of Holography, New York, 1985
Holographie in Wien. Faszination und Zukunft eines neuen Mediums. Pulheim 1986
Holographie – Medium für Kunst und Technik. Deutsches Museum, München 1984
Holographische Visionen. Heidelberg 1991
Katalog des Museums für Holographie & und neue visuelle Medien. Pulheim 1990
Leuchtspuren; Holographie, Licht und Computer; Museum für Holographie & neue visuelle Medien. Pulheim 1985
Lipp, Achim und Peter Zec (Hrsg.): Mehr Licht: Künstlerhologramme und Lichtobjekte. Hamburg 1985
Licht-Blicke; Holographie - die 3. Dimension für Technik und Kunst, Frankfurt 1984. Lichtblicke, Strahlenbergerweg 8, 6000 Frankfurt 70
Licht/Spiele. Pulheim 1986
Die Wirklichkeit der Bilder. Pulheim 1986

Index

E

F

G

H

M

N

O

P

Abbildungs- und Photonachweis

NASA Seite 7
Photo vom Nobel-Preis Komitee, mit freundlicher Genehmigung des Museum of Holography (MOH) Seite 16
Photo von Dr. S.A. Benton, mit freundlicher Genehmigung des MOH Seite 17
Photo von Brad Cantos Seite 19
Photo von Sharon McCormack, mit freundlicher Genehmigung des MOH Seite 20
Photo von Sharon McCormack Seite 21
Photo von Bob Schlesinger Seite 130 und 131
»Chambered Nautilus«: Photo von Jeannene Hansen Seite 133
»Dichromate Jars«: Photo von Daniel Quat Seite 133
»Engine Nr. 9«: Photo von Daniel Quat, mit freundlicher Genehmigung des MOH Seite 262
Nick Philips: Photo vom MOH Seite 262
Prof. Victor G. Komar: Photo von Dr. S.A. Benton, mit freundlicher Genehmigung des MOH Seite 263
Gabor Portrait: Photo von S. Borns, mit freundlicher Genehmigung des MOH Seite 263
Photo von Sharon McCormack Seite 322
Photo von Daniel Quat, mit freundlicher Genehmigung des MOH Seite 323
Photo von Bob Schlesinger Seite 328
Photo von Knoedler Gallery, New York City, Mit freundlicher Genehmigung des MOH Seite 386
Photo von LOBE Laboratories, Besancon, Frankreich, mit freundlicher Genehmigung des MOH Seite 389
Photos von Nancy Satford, mit freundlicher Genehmigung des MOH Seite 393
Photo vom MOH Seite 395
Photo vom MOH Seite 396
Photo von Nancy Satford, mit freundlicher Genehmigung des MOH Seite 398
Photo von Bob Schlesinger Seite 399
Photo von Carol Benson Seite 401
Photo von Sing Sy Schwartz, mit freundlicher Genehmigung des MOH Seite 402
»Transparents Threats«: Photo von Ed Lowe Seite 414
»Voodoo Dolly«: Photo von A. Kurzen Seite 414
Photos von Sharon McCormack Seite 437 und 438